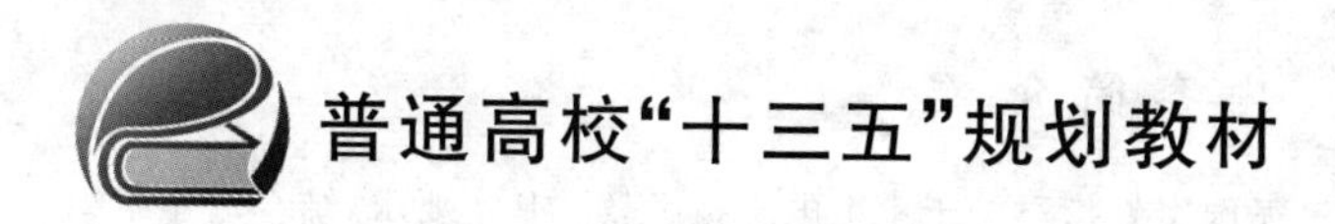

模拟电子技术

——研究型教学教程

江　冰　林善明　江　琴　等编著

北京航空航天大学出版社

内容简介

本教材面向21世纪电子技术的发展，并遵循国家教指委关于模拟电子技术教学基本要求，结合近年组织的模拟电子技术研究性教学实践经验和体会而编写成书。

本书吸取了国内外经典教材的优点，在内容上，突出理论严谨，强化研究性教学理念和工程性视角，注重模拟电子技术章节之间的知识链体系，融入教学改革成果；在形式上，语句精炼，深入浅出，图文并茂，控制篇幅，便于学习和阅读。

全书共分8章，内容包括半导体器件、二极管电路分析及应用、信号放大电路、集成运算放大器、反馈放大电路、功率放大电路、直流稳压电源和电子系统综合分析与设计。为了配合教学以及便于读者自学，各章配有内容提要、例题、研究性课题、本章小结、习题及仿真习题，本书还配有实验与实践学习教材，欢迎选用。

本书可作为高等学校工学门类——电气类、电子信息类、自动化类、计算机类等各专业模拟电子技术课程本科教材（建议学时64学时），也可以作为相关专业工程技术人员参考书。

图书在版编目(CIP)数据

模拟电子技术 : 研究型教学教程 / 江冰等编著. -- 北京 : 北京航空航天大学出版社，2015.10

ISBN 978-7-5124-1875-2

Ⅰ. ①模… Ⅱ. ①江… Ⅲ. ①模拟电路—电子技术—高等学校—教材 Ⅳ. ①TN710

中国版本图书馆CIP数据核字(2015)第212442号

模拟电子技术——研究型教学教程

江 冰 林善明 江 琴 等编著

责任编辑 金友泉

*

北京航空航天大学出版社出版发行

北京市海淀区学院路37号(邮编100191) http://www.buaapress.com.cn

发行部电话：(010)82317024 传真：(010)82328026

读者信箱：goodtextbook@126.com 邮购电话：(010)82316936

北京时代华都印刷有限公司印装 各地书店经销

*

开本：787×1092 1/16 印张：14.75 字数：378千字

2016年6月第1版 2016年6月第1次印刷 印数：3 000册

ISBN 978-7-5124-1875-2 定价：30.00元

若本书有倒页、脱页、缺页等印装质量问题，请与本社发行部联系调换。联系电话：(010)82317024

前　言

《模拟电子技术》是工学门类——电气类、电子信息类、自动化类等多学科专业重要的专业基础必修课程，又是大多数高校研究生入学考试课程；是一门理论性强，内容体系紧密，强调技术性和应用性的课程。作者结合多年从事模拟电子技术教学及研究性实践教学的经验和体会，充分吸收国内外经典教材的经验，组织编写了本书。编写中，注重结合现代电子技术发展的新技术，遵循国家教指委对课程提出的基本要求，重视理论严谨和联系实际的同时，还突出如下特点。

1. 研究性教学理念

教材内容的组织和设计，将有效地引导教师在使用本教材过程中，通过研究性课题等内容引导学生创造性地运用知识，自主提出问题、研究问题和解决问题，激励研究热情，通过课堂互动、研讨、课外研究制作、撰写技术报告等环节，提升分析问题和解决问题的能力，培养实践创新能力。

2. 知识链体系

章节内容安排上，第1章中的半导体器件涵盖了半导体二极管、三极管、场效应管和晶闸管，以器件的结构、原理、特性和参数介绍为核心，为后续学习放大电路、电子系统及其应用奠定扎实基础；第2～第6章突出电路，研究模拟信号放大、放大器性能分析与改善、集成放大器、信号处理与变换、信号产生等电路，突出模拟电子技术主线；第7章、第8章以系统为核心，重点介绍直流电源和电子系统综合分析与设计，具有较强的系统性和应用性。

章节结构安排上，每章均列出了内容提要，便于快速了解主要内容；集中安排例题，便于灵活教学；设置研究性课题，便于组织研究性教学；习题和仿真习题份量适中，有利于深入理解。

全书的内容和结构安排能较好地体现出“器件→电路→芯片→系统→应用”的知识链体系。

本书共分8章，由江冰负责组织并统稿，林善明、江琴协助完成了全部编写工作。参加编写工作主要有江冰（第3章）、林善明（第4、5章）、江琴（第6章）、戴卫力和蔡昌春（第1章）、刘祥（第2章）、李书旗（第7章）、单鸣雷（第8章），并由南京航空航天大学王友仁教授负责主审，在此表示衷心感谢！

编　者

2015年9月15日

目　　录

第1章　半导体器件

本章内容概要

半导体器件是构成各类电子电路或电子系统的基本组件，掌握常用的半导体器件，如二极管、三极管（或称晶体管）、场效应管和晶闸管等对于分析、设计和应用电子电路十分重要。本章首先介绍半导体基础知识，了解半导体的概念和特性，以此为基础，进一步讨论二极管、三极管、场效应管和晶闸管等器件的结构、符号、工作原理、特性和参数等内容。

1.1　半导体特性

自然界的各种物质，根据其导电能力，可分为导体、绝缘体和半导体三大类。通常，可将电阻率 $\rho<10^{-4}\ \Omega\cdot \text{cm}$ 的物质称为导体，如铜、铝和银等；将电阻率 $\rho>10^{9}\ \Omega\cdot \text{cm}$ 的物质称为绝缘体，如塑料、橡胶等；而导电性能处于导体和绝缘体之间的物质则统称为半导体，一般为四价元素，如硅(Si)、锗(Ge)等。

半导体具有掺杂特性、热敏特性和光敏特性。在纯净的半导体中掺入杂质（其他元素）其导电性显著变化，导电能力可控，这就是半导体被用来制造电子器件的主要原因。有些半导体对温度很敏感，温度变化使其导电能力显著变化，由此可制造出半导体热敏器件。有些半导体对光强度很敏感，光强度变化使其导电能力显著变化，由此可制造出半导体光敏器件。

根据半导体的纯净度又可分为本征半导体和杂质半导体两种，下面重点介绍。

1.1.1　本征半导体

本征半导体就是指纯净的、不含其他杂质的半导体。在本征半导体中，由于晶体共价键的结合力很强，规则排列，形成晶体结构，如图1.1.1(a)所示。一般情况下，由于价电子的能量不足以挣脱共价键的束缚，因而晶体中没有自由电子，半导体不能导电。

若能提供能量（如热或光等），则将有少量的价电子获得足够的能量挣脱共价健的束缚成为自由电子。此时，本征半导体具有一定的导电能力，但由于自由电子的数量较少，半导体的导电能力较弱，在价电子挣脱共价键的束缚成为自由电子时，在原来的共价键中就留下一个空位，这种空位被称为空穴，如图1.1.1(b)所示。自由电子（简称电子）用符号“·”表示，空穴用符号“◦”表示。

由于空穴的存在使得附近共价键中的电子就比较容易去填补，而在附近的共价键中留下一个新的空穴，从而使其他电子又来填补新的空穴，这种带负电的电子不断地填补运动，导致了带正电的空穴在相反方向的运动，称为空穴运动，并将空穴看成为带正电的载流子。

由此可见，半导体中存在着两种载流子：带负电的电子和带正电的空穴，两者运动方向相反。在本征半导体中，自由电子和空穴总是成对出现，称为电子-空穴对，因此，两种载流子的浓度相等。由于物质的运动，半导体中的电子-空穴对不断产生，同时，当电子与空穴相遇时又会因为复合而使电子-空穴对消失。在一定温度下，上述产生和复合两种运动将达到平衡，使

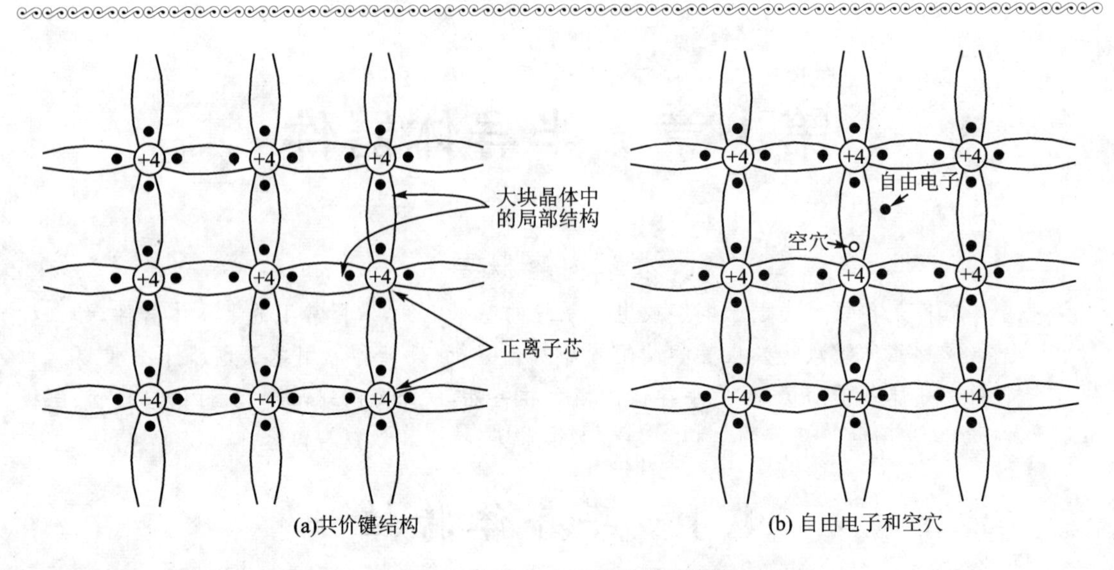

图 1.1.1 本征半导体的晶体结构

电子-空穴对的浓度一定。可以证明,本征半导体中载流子的浓度,除与半导体材料本身的性质有关外,还与温度密切相关,且随着温度的升高,基本上按指数规律增长。因此,本征载流子的浓度对温度十分敏感。如硅材料,温度每升高 8℃,本征载流子的浓度增加一倍;而锗材料,温度每升高 12℃,载流子浓度增加一倍。

1.1.2 杂质半导体

本征半导体中虽然存在两种载流子,但因其载流子的浓度很低,导电能力很差。为提高半导体的导电能力,可在本征半导体中掺入某种特定的杂质,使其成为杂质半导体。掺入杂质后,半导体的导电性能将发生显著变化。

1. N 型半导体

如果在硅或锗的晶体中掺入少量的五价杂质元素,如磷、锑、砷等,则原来晶体中的某些硅原子将被杂质原子代替。由于杂质原子的最外层有 5 个价电子,因此,它与周围 4 个硅原子组成共价键时就会多余一个电子。多余的电子不受共价键的束缚,仅受自身原子核的吸引,束缚力比较微弱,在室温下容易成为自由电子,如图 1.1.2(a)所示。由于电子的浓度高于空穴的浓度,故称为电子型半导体或 N 型半导体。五价杂质原子产生了多余的电子,视为失去电子,所以称为施主原子。

在 N 型半导体中,电子称为多数载流子(简称多子),空穴称为少数载流子(简称少子)。

2. P 型半导体

如果在硅或锗的晶体中掺入少量的三价杂质元素,如硼、镓、铟等,由于杂质原子的最外层只有 3 个价电子,当它和周围的硅原子组成共价键时,会因为缺少一个电子而形成空穴,如 1.1.2(b)所示。由于空穴的浓度高于电子的浓度,所以称空穴型半导体或 P 型半导体。三价的杂质原子能够产生多余的空穴,视为接受电子,所以称为受主原子。

在 P 型半导体中,多数载流子是空穴,而少数载流子是电子。

总之,在纯净的半导体中掺入杂质后,导电能力具有可控性,这是半导体的重要特性。将杂质半导体通过掺杂方法将 P 型半导体与 N 型半导体不同组合,可以制造出形形色色、品种

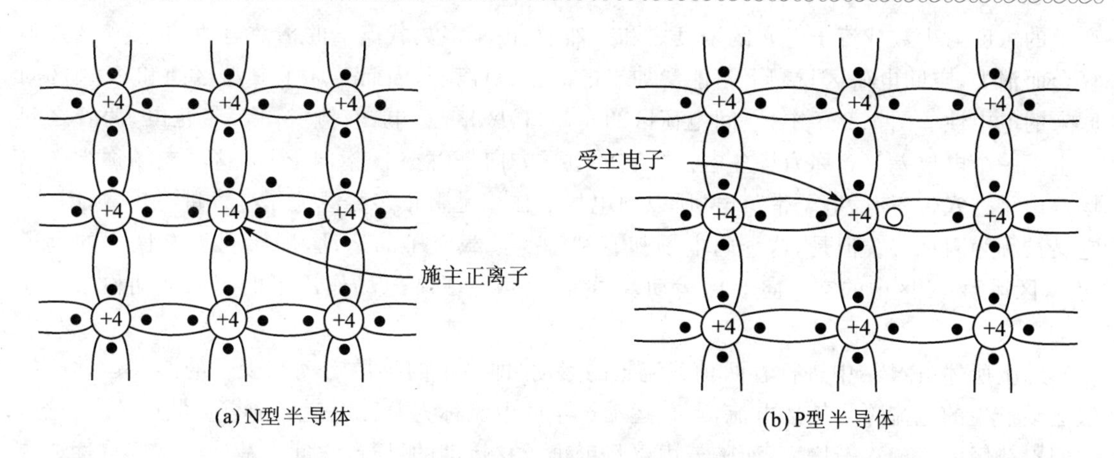

图 1.1.2　杂质半导体的晶体结构

繁多和用途各异的半导体器件。

1.2　半导体二极管

假设将一块半导体的一侧掺杂成为 P 型半导体,而另一侧掺杂成为 N 型半导体,那么在两者的交界处就会形成一个 PN 结。半导体二极管是由一个 PN 结制成,为了掌握其工作原理,首先讨论 PN 结中载流子的运动情况。

1.2.1　PN 结中载流子的运动

在 P 型和 N 型半导体的交界面两侧,由于电子和空穴的浓度相差悬殊,N 区中的多数载流子电子就会向 P 区进行扩散;同时,P 区中的多数载流子空穴也要向 N 区扩散。当电子和空穴相遇时,就会发生复合而消失。因此,在交界面的两侧就会逐步形成一个由不能移动的正、负离子组成的空间电荷区,也就是 PN 结,如图 1.2.1 所示。

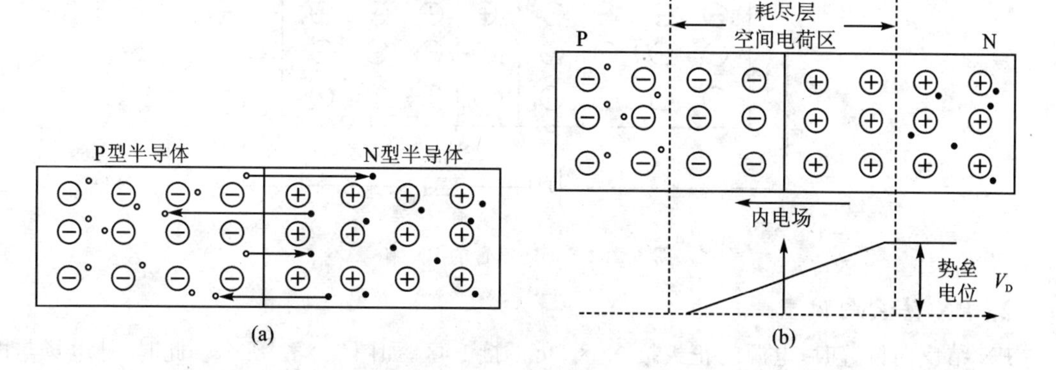

图 1.2.1　PN 结的形成

由于空间电荷区内缺少可以自由运动的载流子,故可称为耗尽层。在扩散之前,无论 P 型区间还是 N 型区间,各自都保持着电中性。因为在 P 型区间,多数载流子空穴的浓度等于负离子的浓度与少数载流子电子的浓度之和;而在 N 型区间,多数载流子电子的浓度等于正离子的浓度与少数载流子空穴的浓度之和。然而，由于多数载流子的扩散运动，电子和空穴因复合而消失，空间电荷区只剩下不能参加导电的正、负离子，因而破坏了 P 型区间和 N 型区间原来的电中性。图 1.2.1 中，空间电荷区的左侧（P 区）带负电，右侧（N 区）带正电，两者之间产生了一个电位差 V_D，称为势垒电位。它的电场方向是由 N 区指向 P 区，这个电场称为内电场。由于空穴带正电，电子带负电，所以内电场的作用是阻止多数载流子继续进行扩散，因此，它又被称为阻挡层。但是，这个内电场却有利于少数载流子的运动，即有利于 P 区中的电子向 N 区运动，N 区中的空穴向 P 区运动。通常，将载流子在电场作用下的定向运动称为漂移运动。

综上所述，PN 结中进行着两种载流子的运动，即多子的扩散运动和少子的漂移运动。扩散运动产生的电流称为扩散电流，漂移运动产生的电流称为漂移电流。随着扩散运动的进行，空间电荷区的宽度逐渐增大；而随着内电场助推漂移运动的进行，空间电荷区的宽度将逐渐减小。当到达平衡时，无论是电子或是空穴，它们各自产生的扩散电流和漂移电流都达到相等，PN 结总电流为零，空间电荷区的宽度也达到稳定。一般，空间电荷区很薄，其宽度约为几微米到几十微米，V_D 的大小与半导体材料有关，硅约为 0.6～0.8 V，锗约为 0.2～0.3 V。

1.2.2 PN 结的单向导电性

1. PN 结正向偏置

PN 结正向偏置时，电源的正极接 P 区，负极接 N 区，如图 1.2.2 所示。此时，外电场的方向与 PN 结中内电场的方向相反，因而削弱了内电场。外电场的作用，有利于 P 区中带正电的空穴向 N 区扩散和 N 区中带负电的电子向 P 区扩散，使空间电荷区的宽度变窄，势垒电位随之降低，回路中的扩散电流将大大超过漂移电流，形成较大的正向电流 I，其方向在 PN 结中是从 P 区流向 N 区。正向偏置时，只要在 PN 结两端加入正向电压，即可得到较大的正向电流。为了防止回路中电流过大，一般串联一个电阻 R 进行限流。

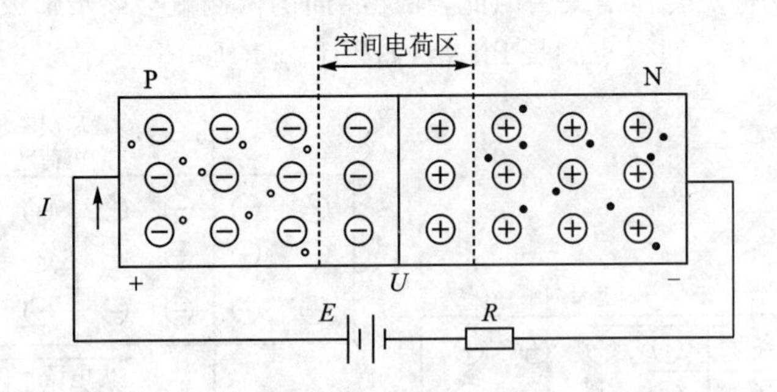

图 1.2.2 正向偏置的 PN 结

2. PN 结反向偏置

PN 结反向偏置时，电源的正极接 N 区，负极接 P 区，如图 1.2.3 所示。此时，外电场与内电场的方向一致，增强少数载流子的漂移运动，阻止多数载流子的扩散运动，使空间电荷区变宽，势垒电位也随之增高，在回路中形成了由少数载流子产生的反向电流 I_R，方向由 N 区指向 P 区。在一定温度下，若外加反向电压继续增大，因为少子的浓度很低，反向电流的数值非常小且趋于饱和，所以又称为反向饱和电流，通常用符号 I_S 表示。值得注意，反向饱和电流由少子产生，当温度增大时，少子数量将有所增加，因此，随着温度的升高，I_S 将增大。

综上所述，当PN结正向偏置时，回路中将产生一个较大的正向电流，PN结处于导通状态；当PN结反向偏置时，回路中的反向电流非常小，几乎等于零，PN结处于截止状态。因此，PN结具有单向导电性。

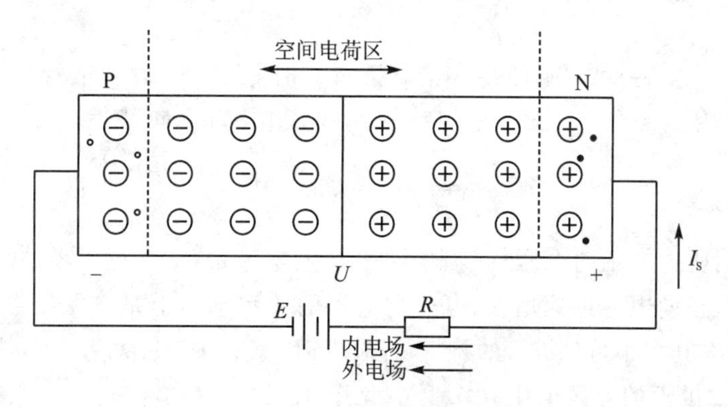

图1.2.3 反向偏置的PN结

1.2.3 二极管的结构与符号

如果对PN结进行封装，再引出两个电极，就可构成半导体二极管。二极管的类型很多，从制造材料划分，有硅二极管和锗二极管；从结构划分，可分为点接触型、面接触型和平面型三大类，如图1.2.4(a)、(b)、(c)所示。表示二极管器件的电气符号如图1.2.4(d)所示。

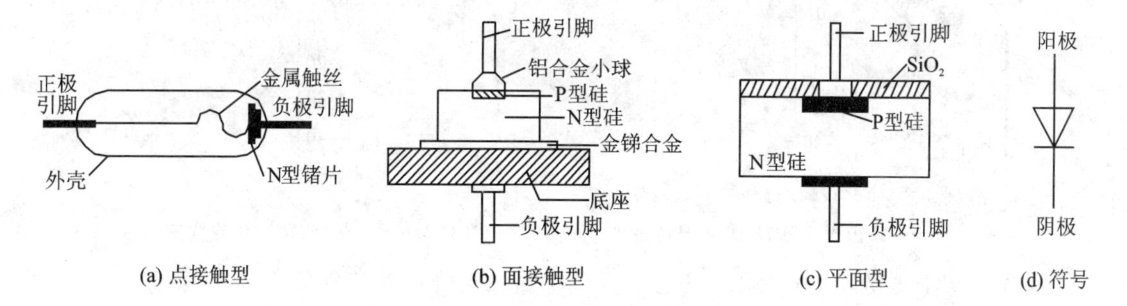

图1.2.4 二极管的结构类型与符号

对于点接触型二极管，其结构是用金属丝与晶片点接触，PN结的接触面积很小，因而极间电容很小，且只允许流过很小的电流，不能承受高的反向电压和大的反向电流，通常适用于高频电路和数字电路。如用于检波的二极管2AP5就是点接触型锗二极管，最大整流电流为16 mA，最高工作频率为150 MHz。

对于面接触型二极管，其结构是采用合金法或扩散法制成，PN结的结面积较大，可以承受较大的电流，但极间电容也大，比较适用于低频整流电路，如用于低频电路的整流二极管2CP2为面接触型硅二极管，其最大整流电流为400 mA，最高工作频率为3 kHz。

对于平面型二极管，其结构是在半导体单晶片上（主要是N型硅单晶片）扩散P型杂质，利用硅片表面氧化膜的屏蔽作用，在N型硅晶片上选择性地扩散一部分而形成PN结。由于PN结的表面被氧化膜覆盖，确保了二极管具有稳定性好、寿命长等优点，适合在脉冲数字电路中作为开关管使用。

1.2.4 二极管的伏安特性

二极管的伏安特性是指二极管两端电压 v_D 与流过二极管的电流 i_D 之间的关系，用曲线 $i_D = f(v_D)$ 表示。

典型的二极管伏安特性如图 1.2.5（锗二极管）和图 1.2.6（硅二极管）所示。以图 1.2.5 为例，特性曲线分为三部分：①段为正向特性曲线，②段为反向特性曲线，③段为击穿特性曲线。

1. 正向特性

当二极管两端所加的正向电压 v_D 比较小时，正向电流很小，接近于零；随着 v_D 的增大且超过某一数值 V_{th} 时，正向电流迅速增大，电流与电压的关系基本上是一条指数曲线。在这里将 V_{th} 称为“死区电压”，其大小与二极管的材料及温度等因素有关，一般情况下，锗二极管取 0.1 V（见图 1.2.5），硅二极管的死区电压取 0.5 V（见图 1.2.6）。

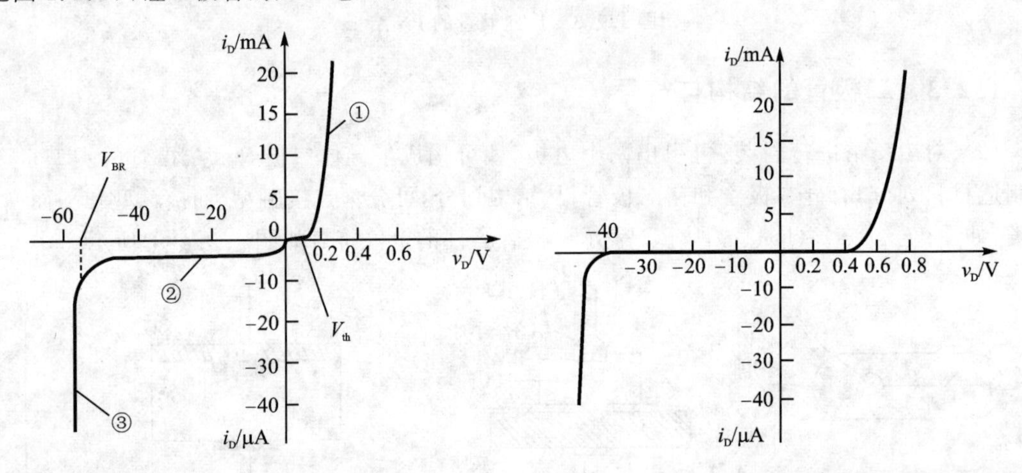

图 1.2.5 二极管 2AP15 的伏安特性　　图 1.2.6 二极管 2CP10 的伏安特性

根据半导体的物理原理，从理论上分析后得到二极管伏安特性的表达式，如式（1-1）所示。即

$$i_D = I_S(e^{v_D/V_T} - 1) \tag{1-1}$$

式中：I_S 为反向饱和电流，V_T 是温度的电压值，在常温（300 K）下，$V_T \approx 26$ mV。

2. 反向特性

当二极管两端加反向电压时，由少数载流子产生的反向电流很小且趋于饱和，即为反向饱和电流。

随着反向电压继续升高，反向饱和电流几乎不变。一般情况下，锗二极管的反向饱和电流大于硅二极管的反向饱和电流，因此，硅二极管的单向导电性要优于锗二极管。

3. 击穿特性

当反向电压升高到超过 V_{BR} 时，反向电流将急剧增大，这种现象称为击穿，并将 V_{BR} 定义为反向击穿电压。二极管击穿后，不再具有单向导电性。

需说明的是，二极管发生击穿并不意味着二极管被损坏。实际上，当反向击穿时，只要注意控制反向电流的数值，阻止二极管因过热而烧坏，二极管可恢复正常；但是，一旦过渡到热击穿，器件将被损坏。

1.2.5　二极管的主要性能参数

电子器件的参数是其特性的定量描述，也是实际工作中根据要求选用器件的主要依据。各种器件的参数可由手册查得。半导体二极管的主要参数有以下 4 种。

1. 最大整流电流 I_F

I_F 是指二极管长期运行时，允许通过管子的最大正向平均电流。I_F 的数值是由二极管允许的温升所限定。使用时，管子的平均电流不得超过此值，否则可能使二极管过热而损坏。

2. 最高反向工作电压 V_R

V_R 是指二极管工作时加在两端的反向电压不得超过此值，否则二极管可能被击穿。为了留有余地，通常将击穿电压 V_{BR} 的一半定为 V_R。

3. 反向电流 I_R

I_R 是指在室温条件下，在二极管两端加上一定的反向电压时，流过管子的反向电流。通常希望 I_R 值愈小愈好，反向电流愈小，说明二极管的单向导电性愈好。此外，由于反向电流是由少数载流子形成，所以 I_R 受温度的影响很大。

4. 最高工作频率 f_M

f_M 主要取决于二极管的结电容大小，结电容愈大，二极管允许的最高工作频率愈低。使用中，若信号频率超过此值，二极管的单向导电性将变差。

1.2.6　二极管的电容效应

二极管除了具有单向导电性外，当加在二极管上的电压发生变化时，由于 PN 结中存储的电荷量也随之发生变化，因此，二极管具有一定的电容效应。二极管的电容效应包括两部分，即势垒电容和扩散电容。

1. 势垒电容 C_b

势垒电容是由 PN 结的空间电荷区（或耗尽层）形成的，又称为结电容。在空间电荷区中，不能移动的正、负离子具有一定的电荷量，因此在 PN 结中存储了一定的电量。当加上正向电压时，空间电荷区变窄，电荷量减少；当加上反向电压时，空间电荷区变宽，电荷量则增加。总之，当加在 PN 结上的电压 V 改变时，电荷量 Q 就发生变化，如同电容的放电和充电过程，如图 1.2.7 所示。

势垒电容的大小可用式(1-2)表示，即

$$C_b = \frac{dQ}{dU} = \varepsilon \frac{S}{l} \tag{1-2}$$

式中：ε 为半导体材料的介电系数，S 为结面积，l 为耗尽层宽度。

注意：势垒电容不是一个常数，C_b 与外加电压 E 之间的关系可用图 1.2.8 中的曲线表示。

2. 扩散电容 C_d

扩散电容是由多数载流子在扩散过程中的积累而引起的。当二极管加正向电压时，N 区中的多子（电子）向 P 区扩散，同时 P 区中的多子（空穴）也向 N 区扩散。在某个正向电压下，P 区中电子浓度 n_P 的分布曲线如图 1.2.9 所示。图中 $x=0$ 处表示 P 区与 N 区的交界处。由

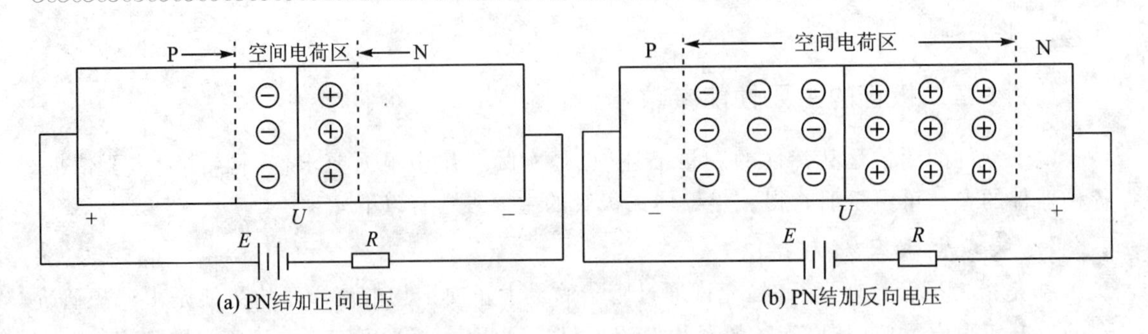

图 1.2.7 二极管的空间电荷区

图可见，在 $x=0$ 时，电子的浓度最高。随着 x 的增大，由于扩散运动的进行，电子的浓度逐渐降低。这些扩散过程中的电子在 P 区积累了一定数量的电荷，总的电荷量 Q 可用曲线以下斜线部分的面积表示。

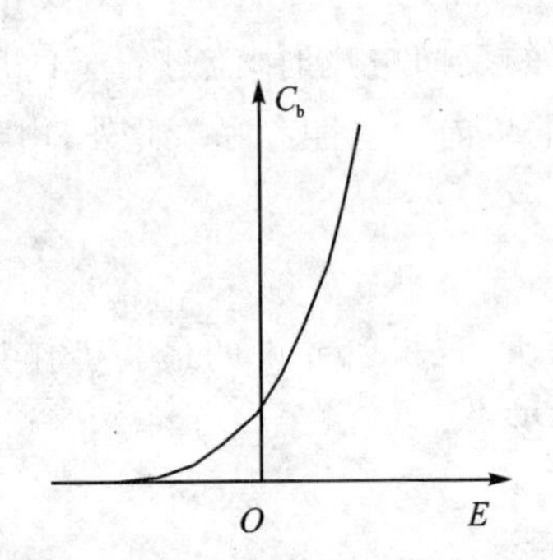

图 1.2.8 势垒电容 C_b 与外加电压 E 的关系

图 1.2.9 二极管的扩散电容

综上所述，PN 结总的结电容 C_j 包括势垒电容 C_b 和扩散电容 C_d 两部分。一般来说，当二极管正向偏置时，扩散电容起主要作用，即可认为 $C_j \approx C_d$；当反向偏置时，势垒电容起主要作用，可以认为 $C_j \approx C_b$。C_b 和 C_d 的值都很小，通常为几个皮法到几十皮法，有些结面积大的二极管可达几百皮法。

1.2.7 特殊二极管

1. 稳压管

由二极管特性可知，如果工作在反向击穿区，则当反向电流的变化量 ΔI 较大时，管子两端相应的电压变化量 ΔV 却很小，说明其具有“稳压”特性。利用这种特性可以做成稳压管。稳压管实质上就是一个二极管，但它通常工作在反向击穿区。稳压管的符号及伏安特性如图 1.2.10 所示。

稳压管的参数主要有以下几项。

(1) 稳定电压 V_Z

V_Z 是稳压管工作在反向击穿区时的稳定电压值，是作为挑选稳压管的主要依据之一。由于稳定电压随着工作电流的不同而略有变化，所以测试 V_Z 时应使稳压管的电流为规定值。不同型号的稳压管，其稳定电压的值不同；同一型号的稳压管，由于制造工艺的分散性，V_Z 值也有差别。例如，2CW55 稳压值在 6～7.5 V 之间。

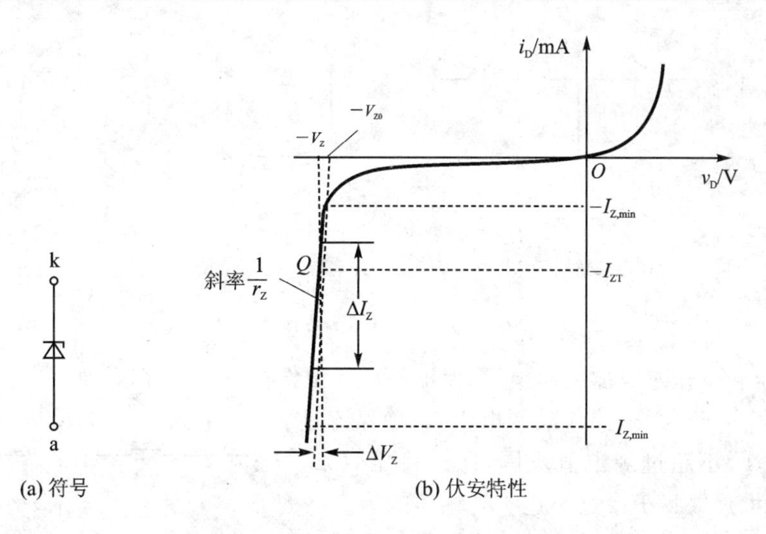

(a) 符号　　(b) 伏安特性

图 1.2.10　稳压管的伏安特性

(2) 稳定电流 I_Z

I_Z 是使稳压管正常工作时的参考电流。若工作电流低于 I_Z，则管子的稳压性能变差；如工作电流高于 I_Z，只要不超过额定功耗，稳压管可以正常工作，且工作电流较大时稳压性能较好。I_Z 可以理解为最小稳定电流 $I_{Z,min}$。

(3) 动态内阻 r_Z

r_Z 是指稳压管两端的电压和流过的电流变化量之比，即

$$r_Z = \frac{\Delta U}{\Delta I} \tag{1-3}$$

稳压管的 r_Z 值愈小愈好。对于同一个稳压管，工作电流愈大时，r_Z 值愈小。手册上给出的 r_Z 值是在规定的稳定电流下得到的。

(4) 电压的温度系数 α_U

α_U 表示当稳压管的电流保持不变时，环境温度每变化 1℃时所引起的稳定电压变化的百分比。一般来说，稳定电压大于 7 V 的稳压管，其 α_U 为正值；稳定电压小于 4 V 的稳压管，其 α_U 为负值；而稳定电压在 4～7 V 之间的稳压管，α_U 的值比较小，说明其稳定电压受温度的影响较小，性能比较稳定。

此外，还有一类具有温度补偿的稳压管，如 2DW7 系列稳压管，其结构及外形如图 1.2.11 所示。管子内部包含两个对接的温度系数相反的二极管，工作时一个二极管处于反向偏置，具有正温度系数；而另一个二极管处于正向偏置，具有负温度系数，两者互相补偿，受温度影响很小，例如 2DW7C，$\alpha_U = 0.005\ \%/℃$。这种稳压管常用于电子设备的精密稳压源中。

(5) 额定功耗 P_Z

由于稳压管两端加有电压 V_Z，而管子中又流过一定的电流，因此要消耗一定的功率。这部分功耗转化为热能，使稳压管发热。额定功耗 P_Z 决定于稳压管允许的温升，也有的手册上给出最大稳定电流 I_{ZM}。稳压管的最大稳定电流 I_{ZM} 与耗散功率 P_Z 之间存在以下关系，即 $I_{ZM} = P_Z/V_Z$。如果手册上只给出 P_Z，可由上式自行计算出 I_{ZM}。

使用稳压管需要注意的几个问题(以图 1.2.12 为例)：

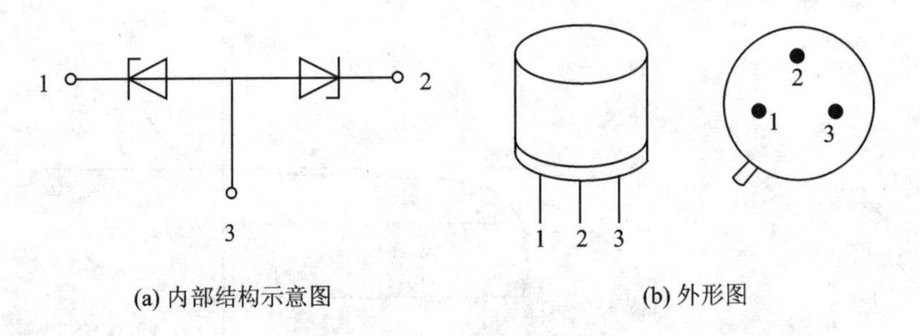

(a) 内部结构示意图　　(b) 外形图

图 1.2.11　2DW7 稳压管

第一，稳压管工作时应加反向电压，保证稳压管工作在反向击穿区，如图 1.2.12 所示。

第二，配合稳压管必须接入限制电阻 R，确保流过稳压管的电流 I_Z 不超过规定值范围，保证稳压效果，以防止电流过大烧毁管子或过小达不到稳压效果。

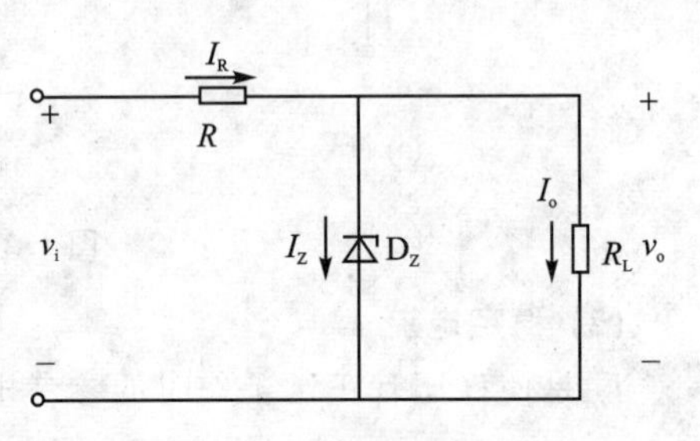

图 1.2.12　基本稳压电路

第三，稳压管应与负载电阻 R_L 并联，由于稳压管两端电压的变化量很小，因而使输出电压比较稳定。

2. 发光二极管

发光二极管（Light Emitting Diode，LED）是一种将电能转换为光能的半导体元件，其电气符号、结构和实物图如图 1.2.13 所示。LED 通常只工作在正向偏置电压下，当正向偏置电压作用于 PN 结时，电子和空穴在其内复合而发出单色光，这就是所谓的电致发光效应，而光线的波长、颜色跟其所采用的半导体材料种类与掺入的元素杂质有关。LED 主要由磷化镓、磷砷化镓材料制成，具有体积小，工作电压低，工作电流小，效率高，发光均匀、寿命长等优点。发光二极管的发光颜色取决于二极管所用的材料，目前，有红、绿、黄、橙等多种。

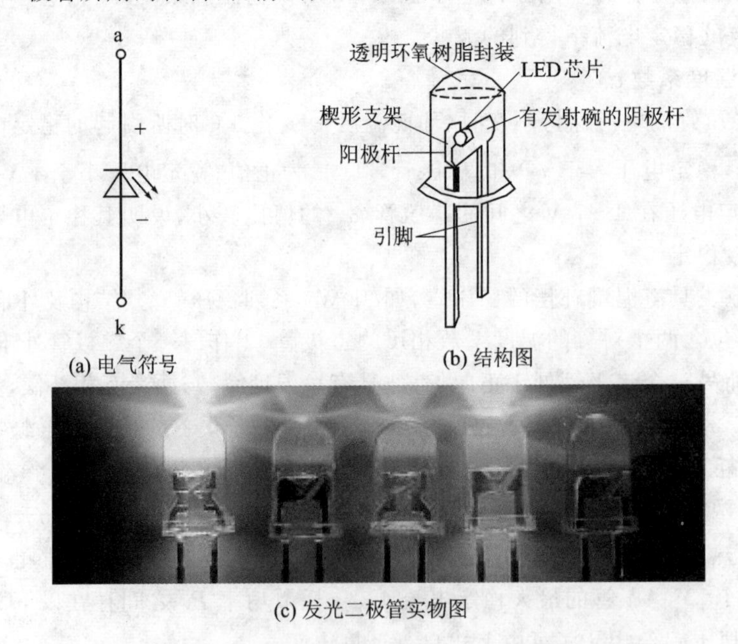

(a) 电气符号　　(b) 结构图

(c) 发光二极管实物图

图 1.2.13　发光二极管的电气符号、结构和实物图

发光二极管在一些光电控制设备中常被用做光源，在许多电子设备中用做信号显示器。把它的管芯做成条状，用七条条状的发光管组成七段式半导体数码管，每个数码管可显示 0～9 共十个数字，如图 1.2.14 所示。高效的单色光 LED 现常用于交通信号灯、汽车信号灯、大面积显示屏以及用做照明以期在未来取代传统的照明灯光源。

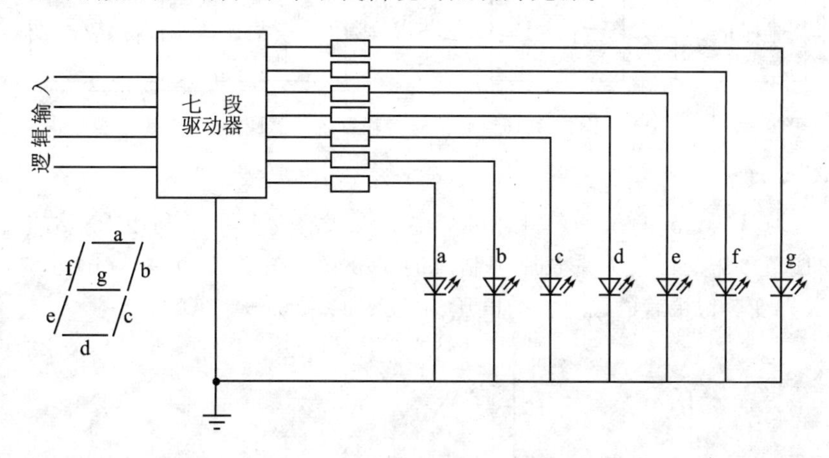

图 1.2.14　七段式半导体数码管

3. 光电二极管

光电二极管(Photo - Diode)是将光信号变换成电信号的半导体器件。为了便于接收入射光照，光电二极管的 PN 结面积应尽量大，电极面积应尽量小。与发光二极管的工作状态不同，光电二极管充分利用 PN 结的光敏特性，将接收到的光转换成电流量。这种器件的 PN 结在反向偏置状态下工作，其反向电流随关照强度的增加而上升。图 1.2.15 是光电二极管的电气符号和特性曲线。

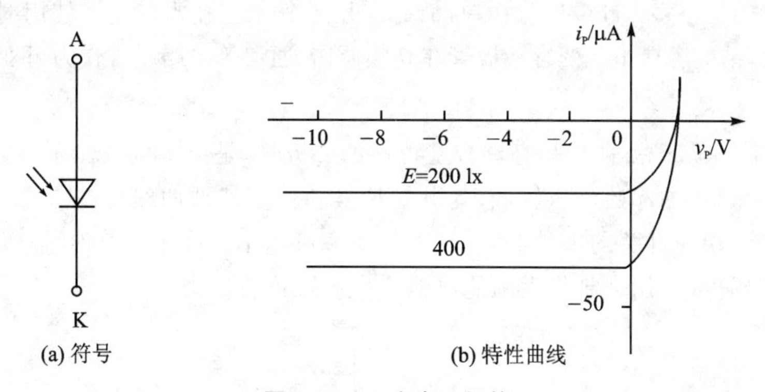

图 1.2.15　光电二极管

PN 结型光电二极管与其他类型的光探测器一样，在诸如光敏电阻、感光耦合元件以及光电倍增管中有着广泛的应用。它们根据所受光照的强度来输出相应的模拟信号或者在数字电路的不同状态间进行切换(如控制开关、数字信号处理)；光电二极管在消费电子产品，例如 CD 播放器、烟雾探测器以及控制电视机、空调的红外线遥控设备中也有应用。所有类型的光传感器都可以用来检测突发的光照，或者探测同一电路系统内部的发光。

光电二极管常和发光器件(通常是发光二极管)合并在一起组成一个模块，这个模块常被称为光电耦合元件。该元件通过光电隔离，可提高系统的抗干扰性和安全性。光电二极管和发光二极管结合可以构成如图 1.2.16 所示的光信号传输系统，因为光信号在光纤中几乎能实现全反射，很少被光纤材料吸收，因此，由发射端输出的光信号通过光纤能长距离传输。

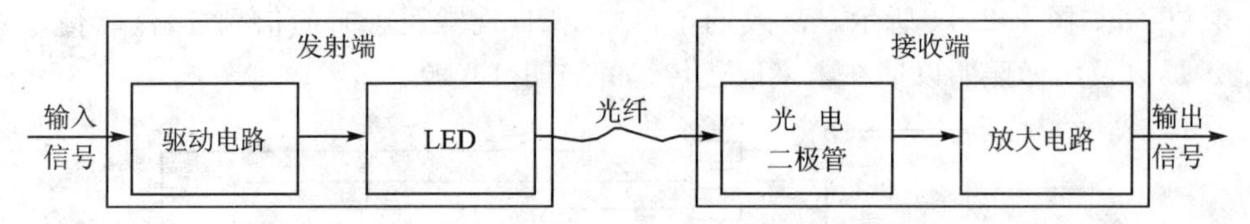

图 1.2.16 光信号传输系统示意图

4. 变容二极管

变容二极管(Varactor Diodes)又称"可变电抗二极管"，是一种利用 PN 结电容(势垒电容)与其反向偏置电压的依赖关系及原理制成的二极管。图 1.2.17(a)、(b)分别是变容二极管的电气符号和变容二极管的结电容与电压的关系曲线。

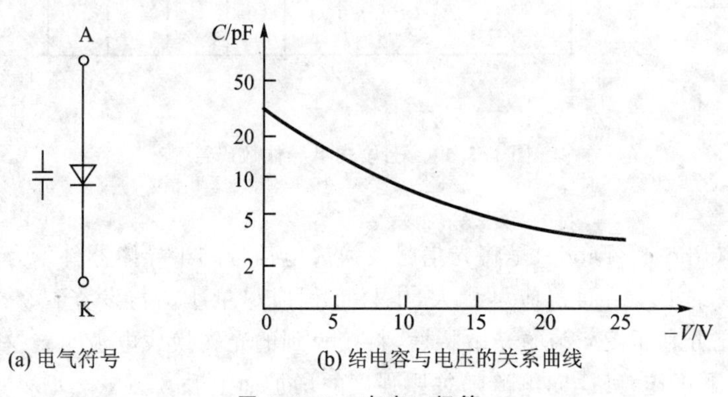

(a) 电气符号　　(b) 结电容与电压的关系曲线

图 1.2.17 变容二极管

变容二极管的材料多为硅或砷化镓单晶，并采用外延工艺技术制造。使用时，加反偏电压，其反偏电压愈大，结电容愈小。变容二极管在高频调谐、通信等电路中常作为可变电容器使用。

5. 肖特基二极管

肖特基(Schottky)二极管是具有肖特基特性的二极管，是由多数载流子导电，而少数载流子的存储效应甚微，正向起始电压较低，其电气符号和伏安特性曲线如图 1.2.18 所示。肖特基二极管是高频和快速开关的理想器件，其工作频率可达 100 GHz；MOS(金属-绝缘体-半导体)型肖特基二极管可以用来制作太阳能电池或发光二极管。

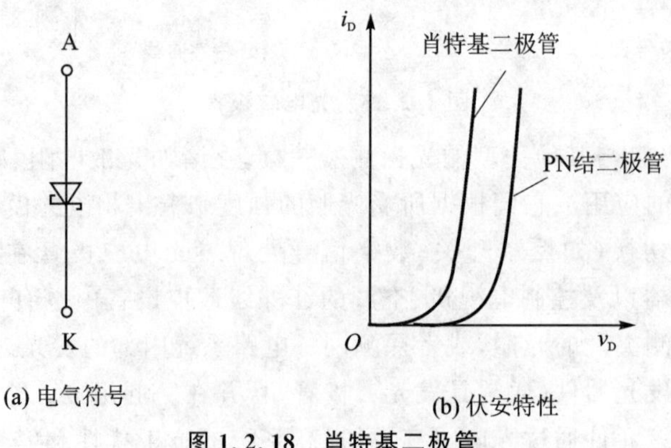

(a) 电气符号　　(b) 伏安特性

图 1.2.18 肖特基二极管

1.3　半导体三极管

半导体三极管也可称为晶体管，其内部包含两个PN结，在结构上分为NPN和PNP型。无论是NPN型还是PNP型，三极管内部均包含两个PN结：发射结和集电结；包含三个区：发射区、基区和集电区；引出三个电极：发射极、基极和集电极。图1.3.1分别给出了NPN型和PNP型两种三极管的结构和电气符号。

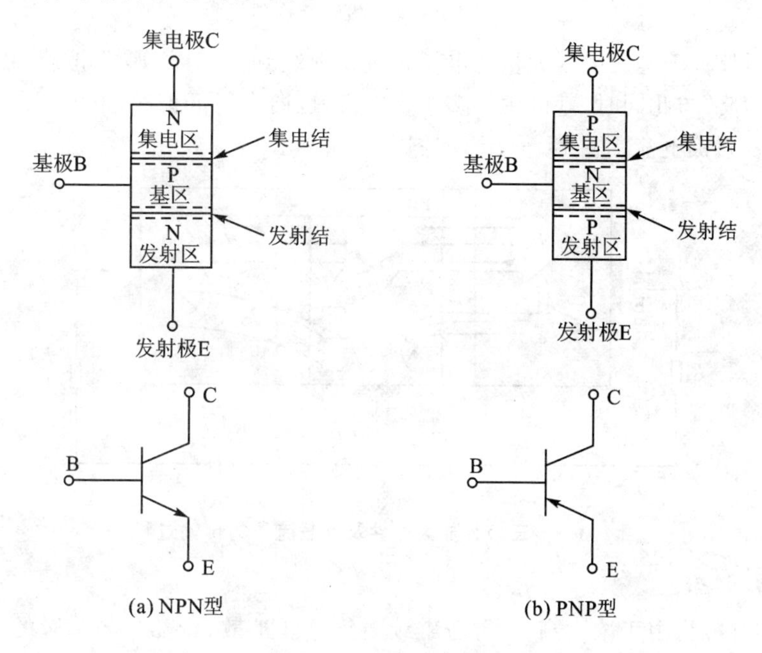

图1.3.1　三极管的结构和电气符号

下面将以NPN型三极管为例，详细介绍三极管的特性。

1.3.1　三极管的电流放大作用

三极管是组成放大电路的核心器件，放大电路的功能是将微弱的电信号不失真地放大到所需要的数值，在实际电子系统中经常用到。下面以NPN型三极管为例，重点讨论三极管的放大作用。

为了使三极管具备放大能力，必须满足三极管的内部结构条件和外部偏压条件。

NPN型三极管的结构剖面如图1.3.2所示。保证其具备放大能力的内部结构条件是：

① 发射区掺杂浓度最高；

② 集电区掺杂浓度低于发射区，且面积大；

③ 基区做得很薄，通常只有几微米到几十微米，且掺杂浓度最低。

三极管放大作用的外部偏压条件：使三极管的发射结处于正向偏置状态，而集电结处于反向偏置状态。如图1.3.3所示，V_{EE}保证了发射结正偏，V_{CC}保证了集电结反偏。

在满足三极管的内部和外部放大条件的情况下，其内部载流子的运动有以下三个过程。

1. 发　射

由于发射结正向偏置，因而外加电场有利于多数载流子的扩散运动。又因为发射区的多

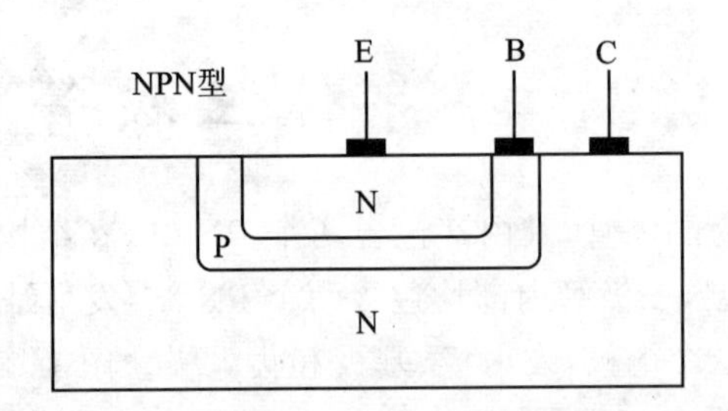

图 1.3.2　NPN 型三极管结构剖视面

子为电子，浓度很高，于是发射区大量的电子越过发射结到达基区，形成电流 I_{EN}，其方向与电子扩散的方向相反；与此同时，基区中的多子为空穴，也向发射区扩散，形成空穴电流 I_{EP}，方向与 I_{EN}一致，总发射极电流 $I_E=I_{EN}+I_{EP}$，如图 1.3.3 所示。

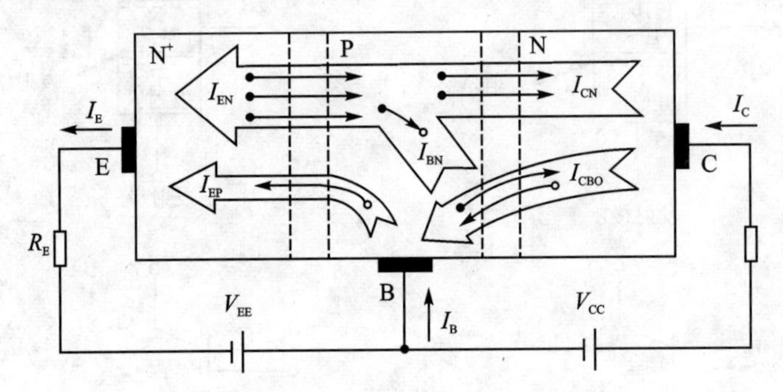

图 1.3.3　三极管放大条件及其载流子的传输过程

2. 复合和扩散

电子到达基区后，由于浓度高，一部分继续向集电区扩散，少部分与基区的多子空穴复合形成基极电流 I_{BN}，基区被复合掉的空穴由外电源 V_{EE}不断进行补充。由于基区很薄，空穴的浓度比较低，所以，到达基区的电子与空穴复合的机会很少，因而基极电流 I_{BN} 比发射极电流 I_E小得多。大多数电子在基区中继续向集电区扩散。

3. 收　集

由于集电极反向偏置，外电场的方向将有利于通过基区中扩散来的电子收集到集电区而形成集电极电流 I_{CN}。

以上分析了三极管中载流子的运动过程。实际上，由于集电结反向偏置，集电区中的少子空穴和基区中的少子电子在外电场的作用下产生漂移运动而形成反向电流，这个电流称为反向饱和电流，用 I_{CBO}表示，因少子的数目少，所以 I_{CBO}值很小。图 1.3.3 中，集电极电流 I_C由 I_{CN}、I_{CBO}两部分组成，即

$$I_C = I_{CN} + I_{CBO} \tag{1-4}$$

发射极电流 I_E也包括两部分，即

$$I_E = I_{CN} + I_{BN} \tag{1-5}$$

为了衡量集电极电流在发射极电流中所占的比例，将 I_{CN}与 I_E 之比定义为共基直流电流放大系数，用符号 $\bar{\alpha}$ 表示，有

$$\bar{\alpha} = \frac{I_{CN}}{I_E} \tag{1-6}$$

三极管的 $\bar{\alpha}$ 值一般可达 0.95～0.99，将式(1-6)代入式(1-4)，有

$$I_C = \bar{\alpha} I_E + I_{CBO} \tag{1-7}$$

一般情况下，$I_{CBO} \ll I_C$ 时，可将 I_{CBO} 忽略，则

$$\bar{\alpha} \approx \frac{I_C}{I_E} \tag{1-8}$$

由图 1.3.3 可见，三极管中三个极的电流之间应该满足节点电流定律，即

$$I_E = I_C + I_B \tag{1-9}$$

式(1-9)很重要，后续电路分析中常用，将式(1-9)代入式(1-7)，即得

$$I_C = \bar{\alpha}(I_C + I_B) + I_{CBO} \tag{1-10}$$

式(1-10)经移项、整理后成为

$$I_C = \frac{\bar{\alpha}}{1-\bar{\alpha}} I_B + \frac{1}{1-\bar{\alpha}} I_{CBO} \tag{1-11}$$

令

$$\bar{\beta} = \frac{\bar{\alpha}}{1-\bar{\alpha}} \tag{1-12}$$

$\bar{\beta}$ 称为共射直流电流放大系数。将式(1-12)代入式(1-11)，可得

$$I_C = \bar{\beta} I_B + (1+\bar{\beta}) I_{CBO} \tag{1-13}$$

式(1-13)中的后一项用符号 I_{CEO} 表示，即

$$I_{CEO} = (1+\bar{\beta}) I_{CBO} \tag{1-14}$$

I_{CEO} 称为穿透电流，则 I_C 又可表示为

$$I_C = \bar{\beta} I_B + I_{CEO} \tag{1-15}$$

当 $I_{CEO} \ll I_C$ 时，忽略 I_{CEO}，则由式(1-15)可得

$$\bar{\beta} \approx \frac{I_C}{I_B} \tag{1-16}$$

一般三极管的 $\bar{\beta}$ 值约为几十到几百。$\bar{\alpha}$ 和 $\bar{\beta}$ 是表征三极管放大作用的两个重要参数，体现了三极管电流放大能力。例如：若 $\bar{\beta}=100$，当三极管的基极电流 $I_B=20\ \mu A$ 时，可计算出 $I_C=2\ mA$，说明三极管具有电流放大作用。

通常将集电极电流与基极电流的变化量之比定义为二极管的共射电流放大系数，用 β 表示，即

$$\beta = \frac{\Delta I_C}{\Delta I_B} \tag{1-17}$$

相应地，将集电极电流与发射极电流的变化量之比定义为共基电流放大系数，用 α 表示，即

$$\alpha = \frac{\Delta I_C}{\Delta I_E} \tag{1-18}$$

故 α 与 β 两个参数之间满足以下关系式，即

$$\alpha = \frac{\beta}{1+\beta} \text{ 或 } \beta = \frac{\alpha}{1-\alpha} \tag{1-19}$$

由前面讨论可知，直流参数 $\bar{\alpha}$、$\bar{\beta}$ 与交流参数 α 和 β 的含义是不同的。但是，对于大多数三极管来说，α 与 $\bar{\alpha}$，β 与 $\bar{\beta}$ 的数值差别不大，在计算中不再将它们严格地区分。

1.3.2 三极管的特性曲线

描述三极管各极电流和电压之间关系的特性曲线一般有两种：输入特性曲线和输出特性曲线。本节主要介绍 NPN 型三极管的共射接法的特性曲线，所谓共射接法指输入回路和输出回路的公共端是发射极，这种共射接法的应用最为广泛。

1. 三极管的输入特性

图 1.3.4 是三极管共射特性曲线测试电路，三极管输入特性可以表示为

$$i_B = f(v_{BE})\big|_{v_{CE}=\text{常数}} \tag{1-20}$$

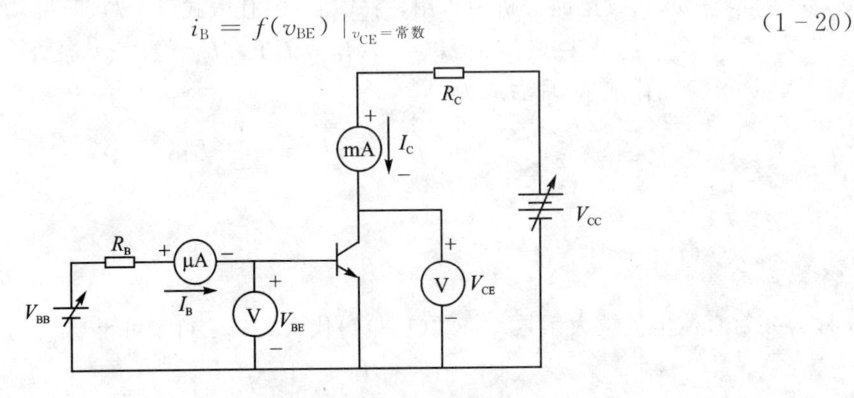

图 1.3.4 三极管共射特性曲线测试电路

当 v_{CE}不变时，输入回路中的电流 i_B 与电压 v_{BE}之间的关系曲线称为输入特性。

当 $v_{CE}=0$ 时(见图 1.3.5(a))，从三极管的输入回路看，基极和发射极之间相当于两个 PN 结(发射结和集电结)并联，如图 1.3.5(b)所示。当 B、E 之间加上正向电压时，三极管的输入特性应为两个二极管并联后的正向伏安特性，如图 1.3.6 所示。

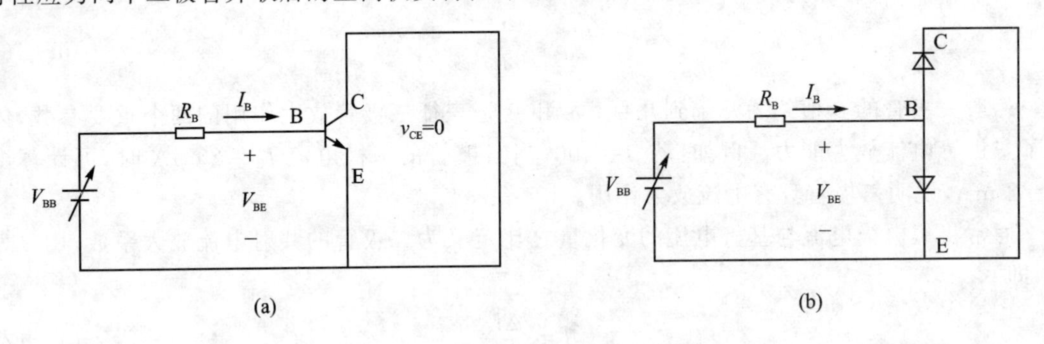

图 1.3.5 $v_{CE}=0$ 时三极管的输入回路

当 $v_{CE}>0$ 时，这个电压的极性有利于将发射区扩散到基区的电子收集到集电极。如果 $v_{CE}>V_{BE}$，则三极管的发射结正向偏置，集电结反向偏置，三极管处于放大状态。此时发射区的电子只有小部分在基区与空穴复合，成为 I_B，大部分将被集电极收集，成为 I_C。所以，与 $v_{CE}=0$ 时相比，在同样的 V_{BE}之下，基极电流 I_B 将减小，这种情况的输入特性曲线在图 1.3.6 中可见为右移。

当 v_{CE}继续增大时，当 v_{CE}大于某一数值(例如 1 V)以后，在一定的 v_{BE}之下，集电极的反向偏置电压已足以将注入基区的电子基本上都收集到集电极，即使 v_{CE}再增大，i_B 也不会减小很多。因此，v_{CE}大于某一数值后，不同 v_{CE}的各条输入特性十分密集，几乎重叠在一起，因此对于

小功率三极管，可以用 $v_{CE}>1$ V 的任何一条输入曲线代表其他各条输入特性曲线。

2. 输出特性

当 i_B 不变时，输出回路中的电流 i_C 与电压 v_{CE} 之间的关系曲线称为输出特性，其表达式为

$$i_C = f(v_{CE})\,|_{i_B=常数} \tag{1-21}$$

NPN 型三极管的输出特性曲线示例如图 1.3.7 所示。它可以划分为三个区域：截止区、放大区和饱和区。

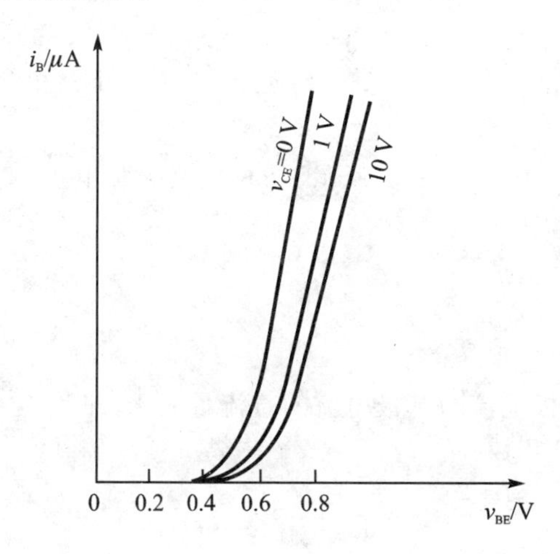

图 1.3.6　三极管输入特性曲线

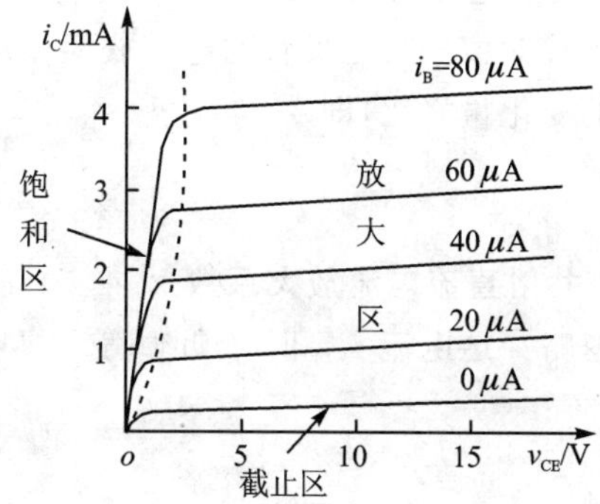

图 1.3.7　三极管输出特性曲线

(1) 截止区

一般将 $i_B \leqslant 0$ 的区域称为截止区，由于 $i_B \approx 0$，此时 $i_C \approx 0$。由于管子的各极电流都基本上等于零，所以三极管处于截止状态，没有放大作用。事实上，集电极回路的电流并不真正为零，而是有一较小的穿透电流 I_{CEO}，通常硅三极管小于 1 μA，所以在输出特性曲线上无法表达出来；锗三极管的穿透电流较大，约为几十到几百微安。在截止区，三极管的发射结和集电结都处于反向偏置状态，对于 NPN 型三极管，此时 $v_{BE}<0$，$v_{BC}<0$。

(2) 放大区

在放大区内，各条输出特性比较平坦，近似为水平的直线，即当 i_B 一定时，i_C 的值基本上不随 v_{CE} 值的大小而变化。而当基极电流有一个微小的变化量 ΔI_B 时，相应的集电极电流将产生较大的变化量 ΔI_C，电流放大了 β 倍，即

$$\Delta I_C = \beta \Delta I_B \quad 即\ i_C = \beta i_B \tag{1-22}$$

这体现了三极管的电流放大作用。在放大区，三极管的发射结正向偏置，集电结反向偏置。对于 NPN 型三极管，$v_{BE}>0$，$v_{BC}<0$。

(3) 饱和区

在图 1.3.7 中，虚线以左的区域为三极管的饱和区。在这个区域，v_{CE} 较小，管子的集电极电流 i_C 基本上不随基极电流 i_B 而变化，三极管失去了电流放大作用，此时 $i_C<\beta i_B$。

一般认为，当 $v_{CE}=v_{BE}$，即 $v_{CB}=0$ 时，三极管达到临界饱和状态；当 $v_{CE}<v_{BE}$ 时称为过饱和。三极管饱和时的管压降用 V_{CES} 表示，对于小功率硅三极管，饱和管压降 $V_{CES}<0.4$ V。

三极管工作在饱和区时，发射结和集电结都处于正向偏置状态，对于 NPN 型三极管，$v_{BE}>0$，$v_{BC}>0$。

以上介绍了三极管的输入特性和输出特性，都涉及三个变量之间的关系，是以曲线簇呈现。管子的特性曲线和参数是选用三极管的主要依据，各种型号三极管的特性曲线可从半导体器件手册查得，如欲测试某个管子的特性曲线，除了逐点测试以外，也可以利用专用的晶体管特性图示仪观察屏上完整地显示三极管的特性曲线。

1.3.3 三极管的主要参数

1. 电流放大系数

三极管的电流放大系数是表征管子放大作用大小的参数。综上所述，有以下几个参数。

(1) 共射电流放大系数 β

体现共射接法时三极管的电流放大作用如图 1.3.8(a)所示。β 的定义为集电极电流与基极电流的变化量之比，即

$$\beta = \frac{\Delta i_C}{\Delta i_B} \tag{1-23}$$

(2) 共射直流电流放大系数

当忽略穿透电流 I_{CEO} 时，$\bar{\beta}$ 近似等于集电极电流与基极电流的直流量之比，即

$$\bar{\beta} \approx \frac{I_C}{I_B} \tag{1-24}$$

(3) 共基电流放大系数 α

α 反映三极管共基极接法时的电流放大作用。共基极接法是指输入回路和输出回路的公共端为基极，如图 1.3.8(b)所示。α 的定义是集电极电流与发射极电流的变化量之比，即

$$\alpha \approx \frac{\Delta i_C}{\Delta i_E} \tag{1-25}$$

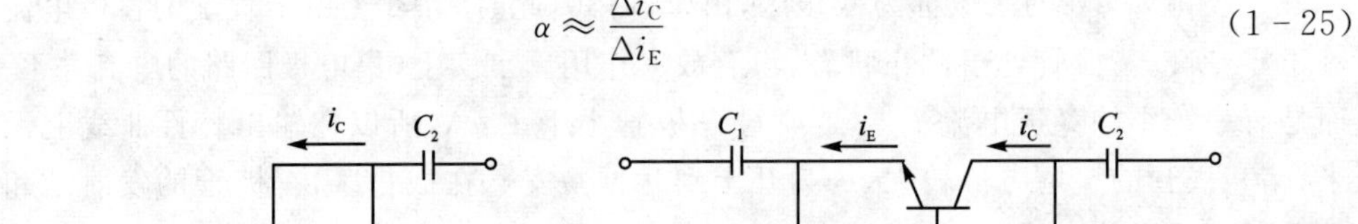

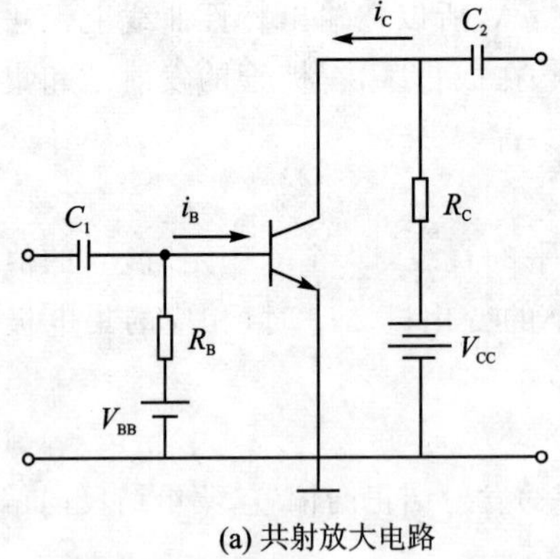

(a) 共射放大电路

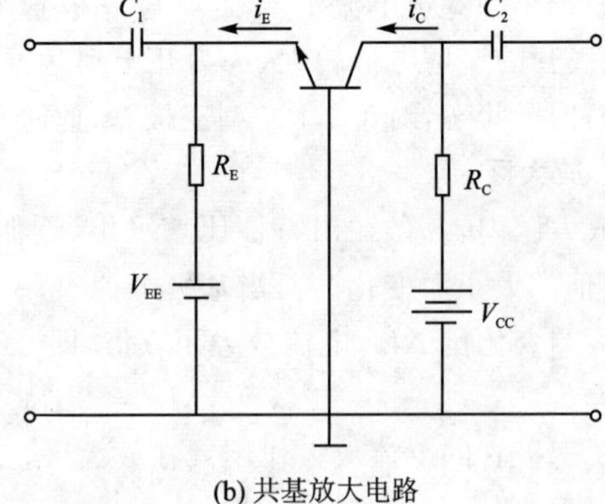

(b) 共基放大电路

图 1.3.8 共射和共基放大电路

(4) 共基直流电流放大系数 $\bar{\alpha}$

当忽略反向饱和电流 I_{CBO} 时，$\bar{\alpha}$ 近似等于集电极电流与发射极电流的直流量之比，即

$$\bar{\alpha} \approx \frac{I_C}{I_E} \tag{1-26}$$

通过前面的分析已经知道，β 和 α 这两个参数不是独立的，而是互相联系的，两者之间存在以下关系，即

$$\alpha=\frac{\beta}{1+\beta}\text{或}\beta=\frac{\alpha}{1-\alpha}\tag{1-27}$$

2. 反向饱和电流

(1) 集电极和基极之间反向饱和电流 I_{CBO}

I_{CBO}表示当发射极E开路时，集电极C和基极B之间的反向电流。测量I_{CBO}的电路见图1.3.9(a)。一般小功率锗三极管的I_{CBO}约为几微安至几十微安，硅三极管的I_{CBO}要小得多，有的可以达到纳安数量级。

(2) 集电极和发射极之间的穿透电流 I_{CEO}

I_{CEO}是指当基极B开路时，集电极C和发射极E之间的电流。测量I_{CEO}的电路如图1.3.9(b)所示。上述两个反向电流之间存在以下关系，即

$$I_{CEO}=(1+\bar{\beta})I_{CBO}\tag{1-28}$$

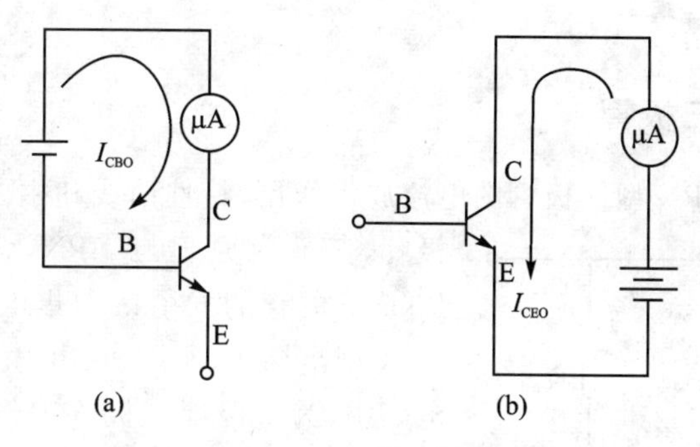

图1.3.9　反向饱和电流的测量电路

因此，如果三极管的$\bar{\beta}$值愈大，则该管的I_{CEO}也愈大。

因为I_{CBO}和I_{CEO}都由少数载流子的运动形成的，所以对温度非常敏感。当温度升高时，I_{CBO}和I_{CEO}都将急剧增大。实际工作中选用三极管时，要求三极管的反向饱和电流I_{CBO}和穿透电流I_{CEO}尽可能小些，这两个反向电流的值愈小，表明三极管的质量愈高。

3. 极限参数

三极管的极限参数是指使用时不得超过的限度，以保证三极管的安全或保证三极管参数的变化不超过规定的允许值。主要有以下参数。

(1) 集电极最大允许电流 I_{CM}

三极管的β值与集电极电流I_C值有关，I_C值增大，β值会减小。I_{CM}是指管子的β值下降到额定值的2/3时对应的集电极电流。管子正常应用时，I_C不应超过I_{CM}，I_{CM}是管子安全工作的上边界。

(2) 集电极最大允许耗散功率 P_{CM}

当三极管工作时，管子两端的压降为v_{CE}，集电极流过的电流为i_C，因此损耗的功率为$p_C=i_C v_{CE}$。集电极消耗的电能将转化为热能使管子的温度升高。如果温度过高，将使三极管的性能恶化甚至被损坏，所以集电极损耗有一定的限制。在三极管的输出特性上，将i_C与v_{CE}乘积所得的p_{CM}值的各点连接起来，可以获得一条双曲线，如图1.3.10所示。

双曲线左下方的区域中，满足$i_C v_{CE}<p_{CM}$是安全的；而在双曲线的右上方，$i_C v_{CE}>p_{CM}$，即三极管的功率损耗超过了允许的最大值，属于过损耗区。

(3) 极间反向击穿电压

极间反向击穿电压表示外加在三极管各电极之间的最大允许反向电压，如果超过这个限度，则管子的反向电流急剧增大，甚至可能被击穿而损坏。极间反向击穿电压主要有两个指标：

$V_{(BR)CEO}$——基极开路时，集电极和发射极之间的反向击穿电压；

$V_{(BR)CBO}$——发射极开路时，集电极和基极之间的反向击穿电压。

根据给定的极限参数 P_{CM}、I_{CM} 和 $V_{(BR)CEO}$，可以在三极管的输出特性曲线上画出管子的安全工作区，如图 1.3.10 所示。

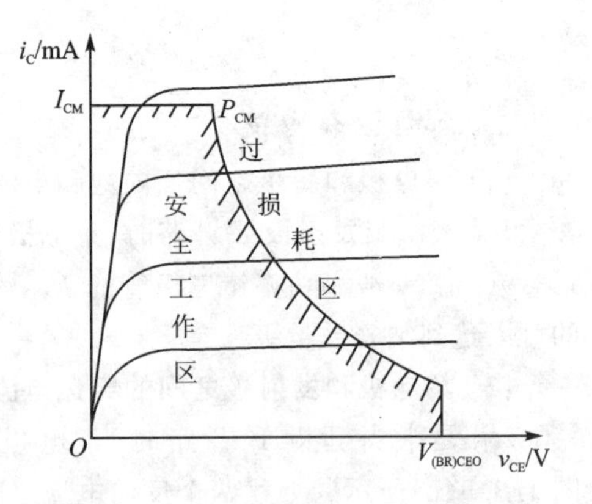

图 1.3.10　三极管的功率极限损耗线

1.3.4　PNP 型三极管

前面重点讨论了 NPN 型三极管的电流放大作用、特性曲线和主要参数。对于 PNP 型三极管，其放大原理与 NPN 型基本相同。但是，由于 PNP 三极管的发射区和集电区是 P 型半导体，基区是 N 型半导体，所以，在由 PNP 型三极管组成的放大电路中，为了保证三极管工作在放大区，必须外加负电源 V_{CC}，即保证管子的发射结正向偏置和集电结反向偏置，如图 1.3.11 所示。

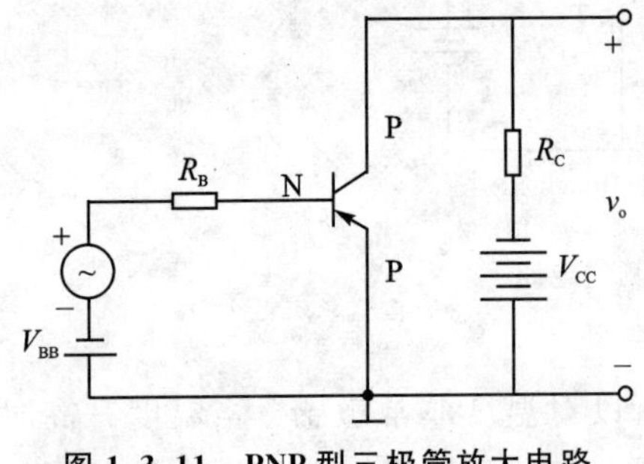

图 1.3.11　PNP 型三极管放大电路

PNP 型三极管组成的放大电路，其原理、特性和参数等分析方法类同，这里不详细讨论。

1.4　半导体场效应管

前面介绍的半导体三极管称为双极型三极管(英文缩写 BJT)，这里的"双极型"是指参与导电的有两种极性的载流子，即半导体中多子和少子同时参与导电；而半导体场效应管是一种极性的载流子(多子)参与导电，所以称为单极性三极管。

由于半导体三极管具有电流控制电流的能力，所以称为电流控制器件；而半导体场效应管是用电压控制电流，所以称为电压控制器件。

按照结构划分，场效应管可以分为两类：绝缘栅场效应管(MOSFET)和结型场效应管(JFET)。根据导电载流子的带电极性划分，可分为 N 沟道(电子型)和 P 沟道(空穴型)场效应管；按照导电机理不同，可分为增强型和耗尽型场效应管，具体分类如图 1.4.1 所示。

1.4.1　绝缘栅型场效应管

绝缘栅型场效应管由金属、氧化物和半导体制成，所以称为金属(Metal)-氧化物(Oxide)-半导体(Semiconductor)场效应管，或简称 MOS 场效应管。由于这种场效应管的栅极被绝缘层(例如 SiO_2)隔离，因此其输入电阻更高，可达 $10^9\,\Omega$ 以上。在分类上，绝缘栅场效应管具有

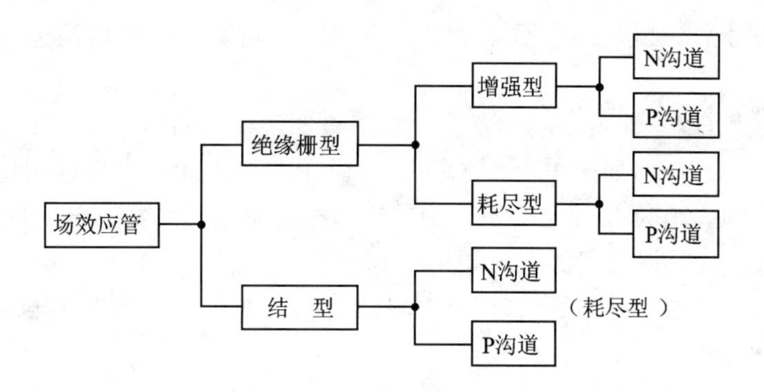

图 1.4.1　场效应管分类示意图

N 沟道增强型、P 沟道增强型、N 沟道耗尽型和 P 沟道耗尽型四种。本节将以 N 沟道增强型 MOS 场效应管为主，讨论其器件结构、工作原理、特性和参数等。

1. N 沟道增强型 MOS 场效应管

(1) 结　构

N 沟道增强型 MOS 场效应管的结构及符号如图 1.4.2(a)、(b)所示。用一块掺杂浓度较低的 P 型硅片作为衬底，在其表面上覆盖一层二氧化硅(SiO_2)绝缘层，再在二氧化硅层上刻出两个窗口，通过扩散形成两个高掺杂的 N 区(用 N^+ 表示)，分别引出源极 S 和漏极 D，然后在源极和漏极之间的二氧化硅上面引出栅极 G，栅极与其他电极之间是绝缘的。衬底引线，用 B 表示，通常情况下将 B 与源极 S 在管子内部相连。从结构上可见，这种场效应管是由金属、氧化物和半导体组成。

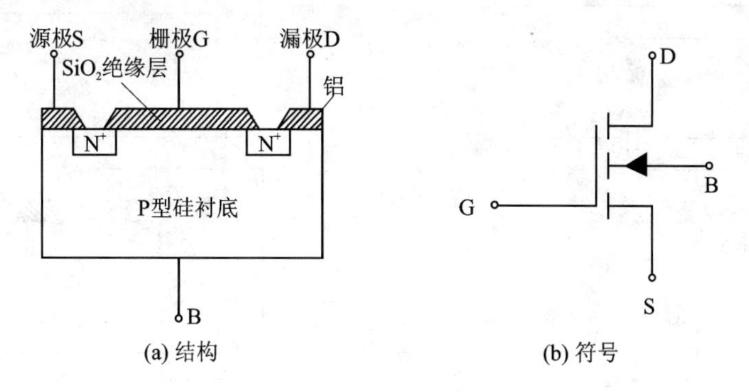

图 1.4.2　N 沟道增强型 MOS 场效应管的结构及符号

(2) 工作原理

绝缘栅场效应管是利用栅源电压 v_{GS} 来控制感应电荷，以改变由感应电荷形成的导电沟道达到控制漏极电流的目的。如果当 $v_{GS}=0$ 时漏源之间不存在导电沟道，称为增强型场效应管；当 $v_{GS}=0$ 时漏源之间已经存在导电沟道，则称为耗尽型场效应管。

假设场效应管的 $v_{DS}=0$，同时 $v_{GS}>0$，如图 1.4.3(a)所示。此时栅极的金属极板(铝)与 P 型衬底之间构成一个平板电容，中间为二氧化硅绝缘层作为介质。由于栅极的电压为正，它所产生的电场对 P 型衬底中的空穴(多子)起排斥作用，而将电子(少子)吸引到衬底靠近二氧化硅的一侧，与空穴复合，于是产生了由负离子组成的耗尽层，且若增大 v_{GS}，耗尽层变宽。当 v_{GS} 增大到一定值时，在 P 型半导体中感应出 N 型电荷层，称为反型层；形成反型层所需的 v_{GS} 称为开启电压,用符号 V_T 表示。随着 v_{GS}继续升高,感应电荷增多,导电沟道变宽。但因 $v_{DS}=0$,故 i_D 为零。

假设使 v_{GS}为大于某一个 V_T 的固定值,并在漏极和源极之间加上正电压 v_{DS},且 $v_{DS}<v_{GS}-V_T$,即 $v_{GD}=v_{GS}-v_{DS}>V_T$,如图 1.4.3(b)所示。由于漏源之间存在导电沟道形成的回路,所以产生电流 i_D。但是,因为 i_D 流过导电沟道时产生电压降落,使沟道上各点电位不同,靠近漏极处电位最高,故该处栅漏之间的电位差 $v_{GD}=v_{GS}-v_{DS}$最小,因而感应电荷产生的导电沟道最窄;而沟道上靠近源极处电位最低,栅源之间的电位差 v_{GS}最大,所以导电沟道最宽,使导电沟道呈现一个楔形分布。

当 v_{DS}增大时,i_D 将随之增大,导电沟道宽度的不均匀性也加剧。当 v_{DS}增大到 $v_{DS}=v_{GS}-V_T$,即 $v_{GD}=v_{GS}-v_{DS}=V_T$ 时,靠近漏极处的沟道达到临界开启的程度,出现了预夹断的情况,如图 1.4.3(c)所示。如果继续增大 v_{DS},则沟道的夹断区逐渐延长,则 $v_{DS}>v_{GS}-V_T$,如图 1.4.3(d)所示。在此过程中,由于夹断区的沟道电阻很大,所以当 v_{DS}逐渐增大时,增加的 v_{DS}几乎都降落在夹断区上,而导电沟道两端的电压几乎没有增大,基本保持不变,因而漏极电流 i_D 也基本不变。

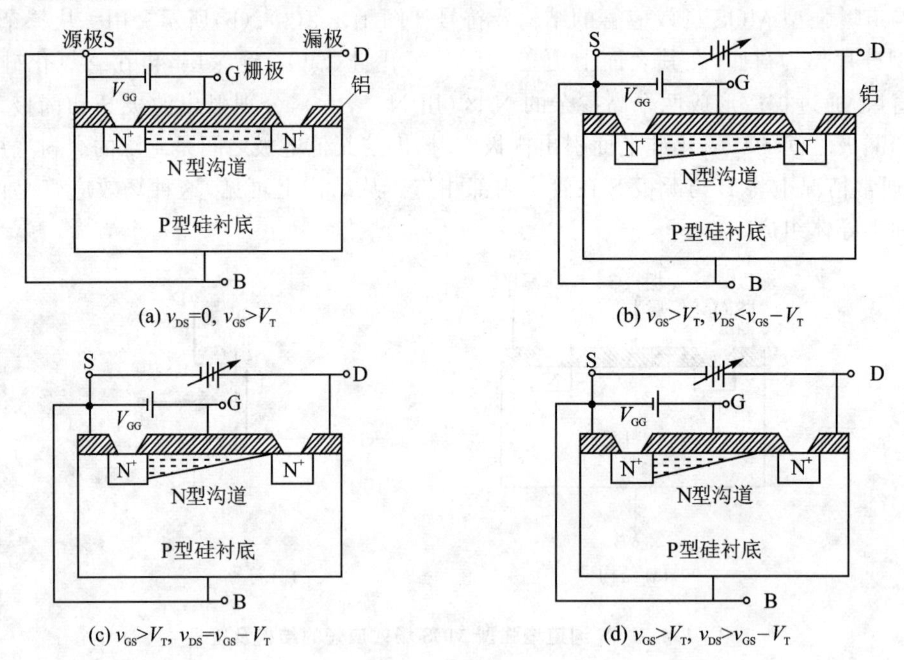

图 1.4.3 N 沟道增强型场效应管的基本工作原理示意图

(3) 特性曲线

① 转移特性 当场效应管在漏源之间电压 v_{DS}保持不变时,漏极电流 i_D 与栅源之间电压 v_{GS}的关系称为转移特性,其表达式如下

$$i_D = f(v_{GS})\big|_{v_{DS}=\text{常数}} \tag{1-29}$$

N 沟道增强型 MOS 场效应管的转移特性如图 1.4.4 所示。当 $v_{GS}<V_T$ 时,由于尚未形成导电沟道,因此 i_D 基本为零;当 $v_{GS}\geqslant V_T$ 时,形成了导电沟道,且随着 v_{GS}的增大,导电沟道变宽,沟道电阻减小,i_D 随之增大。

图 1.4.4 所示的转移特性可用以下近似公式表示,即当 $v_{GS}>V_T$ 时

$$i_D = I_{DO}\left(\frac{v_{GS}}{V_T}-1\right)^2 \tag{1-30}$$

式中，I_{DO}为当 $v_{GS}=2V_T$ 时的 i_D 值。

② 输出特性　场效应管在栅源之间的电压保持不变时，漏极电流 i_D 与漏源电压 v_{DS}之间的关系称为输出特性，即

$$i_D = f(v_{DS})\big|_{v_{GS}=\text{常数}} \tag{1-31}$$

N 沟道增强型 MOS 场效应管的输出特性如图 1.4.5 所示。该特性分为三个区域：可变电阻区、饱和区（或恒流区）和截止区。

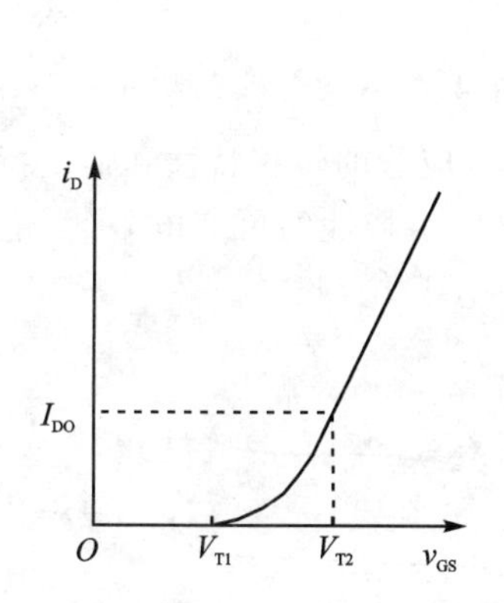

图 1.4.4　N 沟道增强型 MOS 场效应管的转移特性

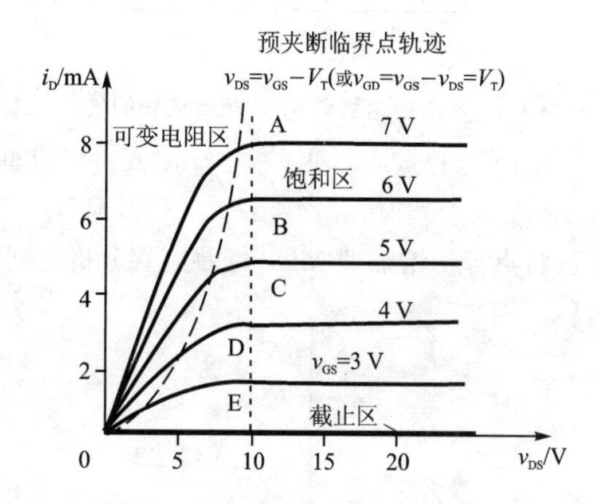

图 1.4.5　N 沟道增强型 MOS 场效应管的输出特性

可变电阻区对应于预夹断临界点轨迹左侧区域，即 v_{DS}比较小，导电沟道还没有发生预夹断。当 v_{GS}确定时，i_D 随着 v_{DS}增加近似于线性增加，场效应管可视为一个电阻；当 v_{GS}变化，斜率发生变化，阻值也随之改变。因此，该区域的场效应管可以看作是一个受 v_{GS}控制的可变电阻，称压控电阻。

饱和区（或恒流区）对应于预夹断临界点轨迹右侧区域，v_{DS}比较大，导电沟道已经发生预夹断。当 v_{GS}确定时，随着 v_{DS}增加 i_D 几乎不变，趋于饱和，特性曲线呈现为一条水平线；当改变 v_{GS}时，同理形成另一条水平线，因此，其输出特性曲线是一个曲线簇。在该区域工作的场效应管具有电压控制电流的能力，即放大能力，因此，MOS 场效应管作为放大器时管子应工作在该区域。

截止区对应于靠近横坐标区域，该区域导电沟道被全部夹断，所以 $i_D=0$。

2. N 沟道耗尽型 MOS 场效应管

由前面分析可知，对于 N 沟道增强型 MOS 场效应管，只有当 $v_{GS}>V_T$ 时，漏极和源极之间才存在导电沟道。耗尽型的 MOS 场效应管则不然，由于在制造过程中，事先在二氧化硅的绝缘层中掺入了大量的正离子，因此，即使 $v_{GS}=0$，这些正离子产生的电场也能在 P 型衬底中“感应”出足够多的负电荷，产生 N 型的导电沟道，形成“反型层”，如图 1.4.6 所示。在此条件下，只要 $v_{DS}>0$ 时，就会产生一个较大的漏极电流 i_D。

如果在栅源极之间加入负电压，即 $v_{GS}<0$，其电场将削弱原来二氧化硅绝缘层中正离子产生的电场，使感应负电荷减少，于是 N 型的沟道变窄，从而使 i_D 减小。当 v_{GS}更负，负到某一值时，感应电荷被“耗尽”，导电沟道消失，于是 $i_D\approx 0$，因此这种管子称为耗尽型 MOS 场效应管。

使 $i_D \approx 0$ 时的 v_{GS} 值称为夹断电压，用符号 V_P 表示。

N 沟道耗尽型 MOS 场效应管的电气符号如图 1.4.7 所示。

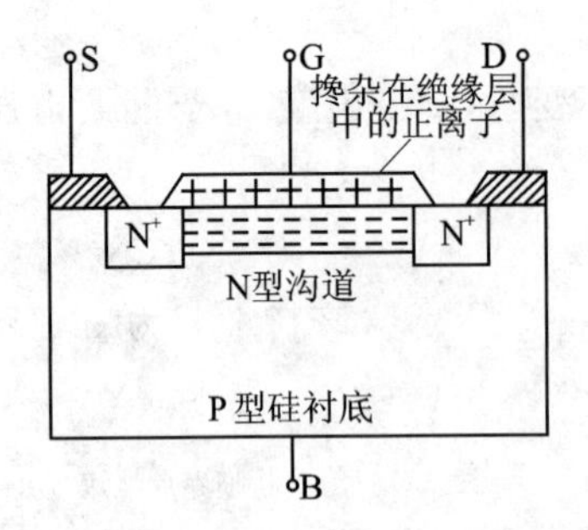

图 1.4.6 N 沟道增强型 MOS 场效应管的结构示意图

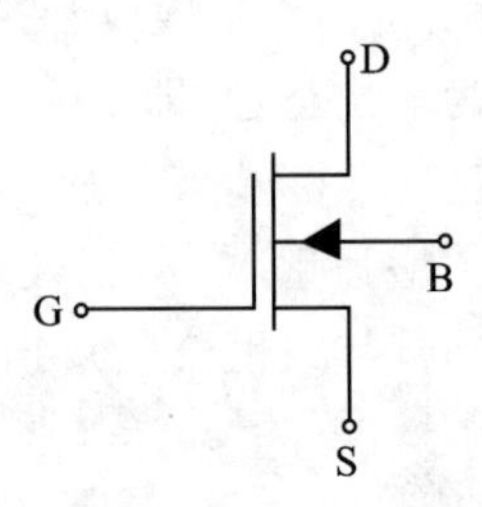

图 1.4.7 N 沟道耗尽型 MOS 场效应管的符号

由图 1.4.8(a)和(b)所示为 N 沟道耗尽型 MOS 场效应管的转移特性和输出特性。由图可见，当 $v_{GS}>0$ 时，i_D 增大；当 $v_{GS}<0$ 时，i_D 减小。关于输出特性的可变电阻区、饱和区和截止区特点等与增强型 MOS 场效应管分析类同，不再进一步讨论。

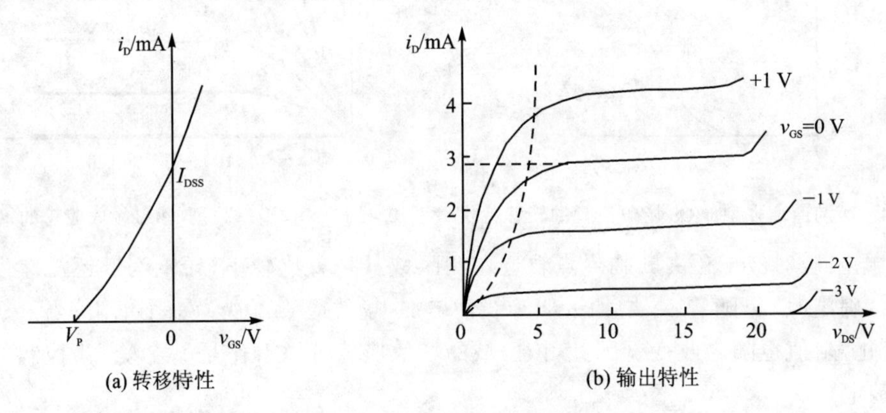

图 1.4.8 N 沟道耗尽型 MOS 场效应管的转移和输出特性

3. P 沟道 MOS 场效应管

与 N 型 MOS 场效应管相似，P 型 MOS 场效应管也有增强型和耗尽型两种，其电气符号如图 1.4.9(a)、(b)所示。除了代表衬底 B 的箭头方向与 N 沟道的 MOS 相反外，其他部分均与 N 沟道 MOS 相同，不再赘述。

为了能使 P 沟道 MOS 正常工作，其 v_{DS} 必须是负值，开启电压 V_T 也是负值，而实际的电流方向为流出漏极。

1.4.2 结型场效应管

本节主要介绍结型场效应管的结构、工作原理和特性曲线。

1. 结型场效应管的结构

结型场效应管是耗尽型结构，分为 N 沟道和 P 沟道两种类型。图 1.4.10 是 N 沟道结型场效应管的结构及其电气符号（栅极上的箭头指向内部）；图 1.4.11 是 P 沟道结型场效应管的结构及其电气符号（栅极上的箭头指向外侧）。

现以图 1.4.10(a)为例，讨论结型场效应管的结构特征。在一块 N 型硅的两侧，利用合金

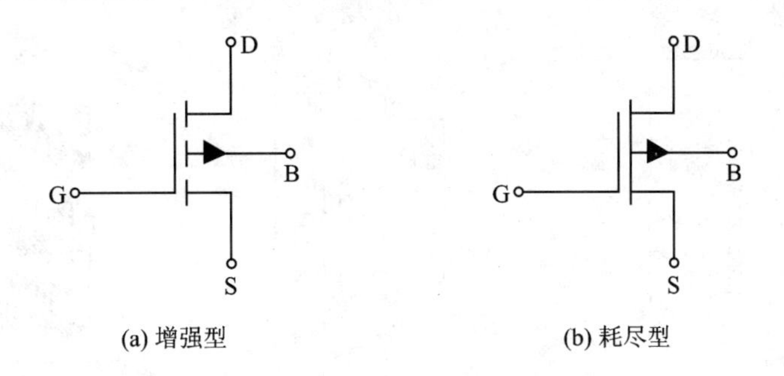

(a) 增强型　(b) 耗尽型

图 1.4.9　P 沟道 MOS 场效应管的符号

法、扩散法或其他工艺做成掺杂程度比较高的 P 型区(用符号 P^+ 表示),则在 P^+ 型区和 N^+ 型区的交界处形成一个 PN 结(或称为耗尽层)。将两侧的 P^+ 型区连接在一起,引出一个电极,称为栅极(G),再在 N 型硅一端引出源极(S),另一端引出漏极(D),形成三个电极。由于这种场效应管的导电沟道是 N 型,所以称为 N 沟道结型场效应管。

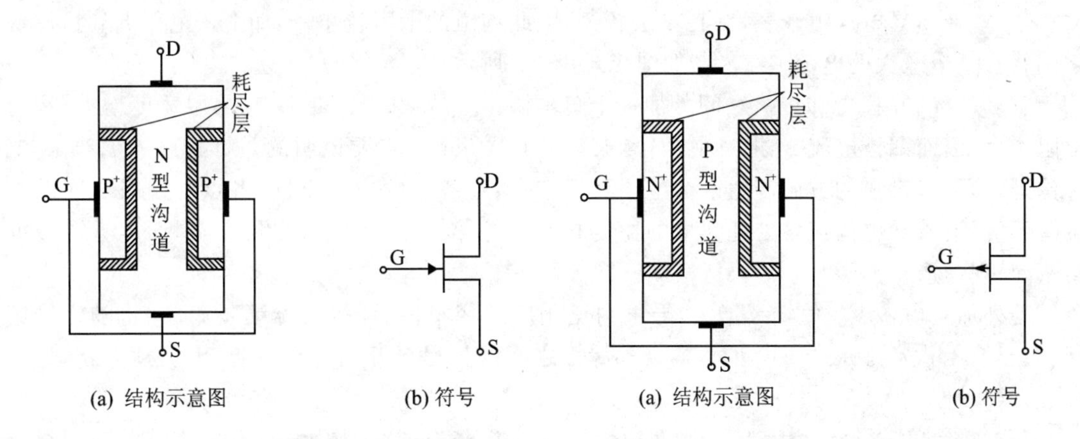

(a) 结构示意图　(b) 符号　(a) 结构示意图　(b) 符号

图 1.4.10　N 沟道结型场效应管结构和符号　　图 1.4.11　P 沟道结型场效应管结构和符号

上述两种场效应管的工作原理相类似,下面以 N 沟道结型场效应管为例,介绍它们的工作原理和特性。

2. N 沟道结型场效应管的工作原理

在 N 沟道结型场效应管的栅极和源极之间加入电压 v_{GS},观察 v_{GS}变化对导电沟道和漏极电流 i_D 产生的影响。

① 首先假设 $v_{DS}=0$,即将漏极和源极短接,在栅源之间加上负电源 V_{GG},然后改变 V_{GG} 的大小,观察其对导电沟道和漏极电流 i_D 的影响,如图 1.4.12 所示。

当栅源之间的反向偏置电压 $v_{GS}=0$ 时,耗尽层比较窄,导电沟道比较宽,如图 1.4.12(a)所示;当加大 v_{GS},耗尽层逐渐加宽,导电沟道相应地变窄,如图 1.4.12(b)所示;当加大 v_{GS}达到某一值 $V_P(v_{GS}=V_P)$,使两侧的耗尽层合拢在一起,出现导电沟道被夹断,如图 1.4.12(c)所示。这里,将 V_P 称为夹断电压。对于 N 沟道结型场效应管,夹断电压 V_P 是一个负值。

上述分析说明:一方面,改变 v_{GS}可以控制导电沟道的宽度(或耗尽层的宽度),表现出 v_{GS}对沟道的控制作用;另一方面,在改变 v_{GS}过程中,因为漏极和源极之间没有外加电源电压($v_{DS}=0$),即使 v_{GS}变化导致导电沟道宽度发生变化,但漏极电流 i_D 总是等于零($i_D=0$)。

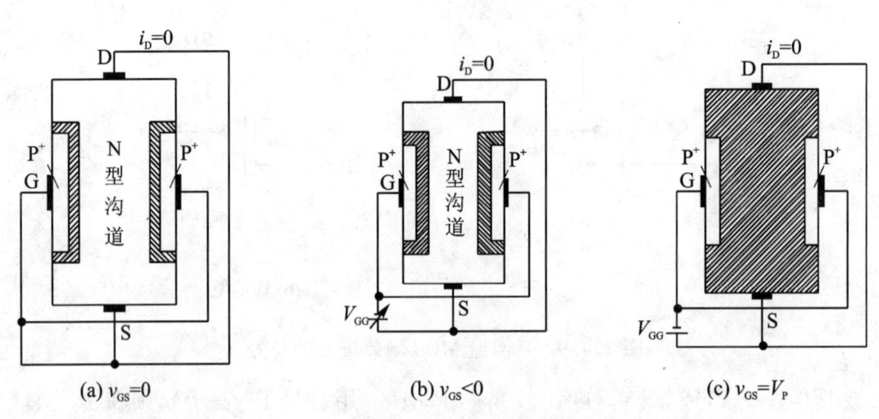

图 1.4.12　$v_{DS}=0$ 时，v_{GS} 改变对导电沟道和 i_D 的影响

② 假设 $v_{DS}\neq 0$，在漏极和源极之间加上一个正的电源电压 V_{DD}，同时栅极和源极之间加上负电源 V_{GG}，再来观察 v_{GS} 变化时对导电沟道和漏极电流 i_D 的影响，如图 1.4.13 所示。

若 $v_{GS}=0$，导电沟道较宽，则耗尽层较窄，因此沟道的电阻较小；当加上正电压 v_{DS} 时，漏源之间将有一个较大的电流 i_D 产生，如图 1.4.13(a)所示。

若 $v_{GS}\neq 0$，在栅极和漏极之间外加一个负电源 V_{GG}，导电沟道变窄，耗尽层宽度增大，沟道电阻增大，因而漏极电流 i_D 将减小，如图 1.4.13(b)所示。需要说明的是，因 $v_{DS}>0$，当 i_D 流过沟道时，沿着沟道的方向产生一个电压降落，沟道上各点的电位不同，各点与栅极之间的电位差不等，沿着导电沟道各处耗尽层的宽度并不相等，靠近漏极处耗尽层最宽，而靠近源极处最窄，呈现锲形。

若外加负电源 V_{GG} 值继续增大，导电沟道相应地变窄，则耗尽层继续展宽，i_D 将随之继续减小；当 V_{GG} 增大到 $v_{DG}=|V_P|$ 时，栅极和漏极之间的耗尽层开始碰在一起，出现预夹断，如图 1.4.13(c)所示。

预夹断后，如果继续增大 V_{GG}，则两边耗尽层的接触部分逐渐增大，当 $v_{GS}\leqslant V_P$ 时，耗尽层全部合拢，导电沟道完全夹断，场效应管的 i_D 基本上等于零，这种情况称为夹断，如图 1.4.13(d)所示。

根据以上分析可知，改变栅极和源极之间的电压 v_{GS}，可以控制漏极电流 i_D，这是场效应管可以作为放大器件的主要特点。对于结型场效应管，总是在栅极和源极之间加一个反向偏置电压，使 PN 结反向偏置，此时可以认为栅极基本上不取电流，因此，场效应管的输入电阻很高。

3. N 沟道结型场效应管的特性曲线

与 MOS 场效应管类似，N 沟道结型场效应管的特性曲线也包括转移特性和输出特性。

(1) 转移特性

结型场效应管的转移特性描述了漏源电压 v_{DS}、漏极电流 i_D 与栅源电压 v_{GS} 三者之间的关系。这体现在漏源电压 v_{DS} 一定时，栅源电压 v_{GS} 对漏极电流 i_D 的控制作用。N 沟道结型场效应管的转移特性曲线如图 1.4.14(a)所示。当 $v_{GS}=0$ 时，i_D 达到最大，即 I_{DSS}；v_{GS} 越负，则 i_D 越小；当 v_{GS} 等于夹断电压 V_P 时，$i_D\approx 0$。

从转移特性上可以得到场效应管的两个重要参数。一是转移特性与横坐标轴交点处的电压，表示 $i_D=0$ 时的 v_{GS}，即为夹断电压 V_P；二是转移特性和纵坐标轴交点处的电流，表示 $v_{GS}=0$

时的漏极电流,称为饱和漏极电流,用符号 I_{DSS} 表示。

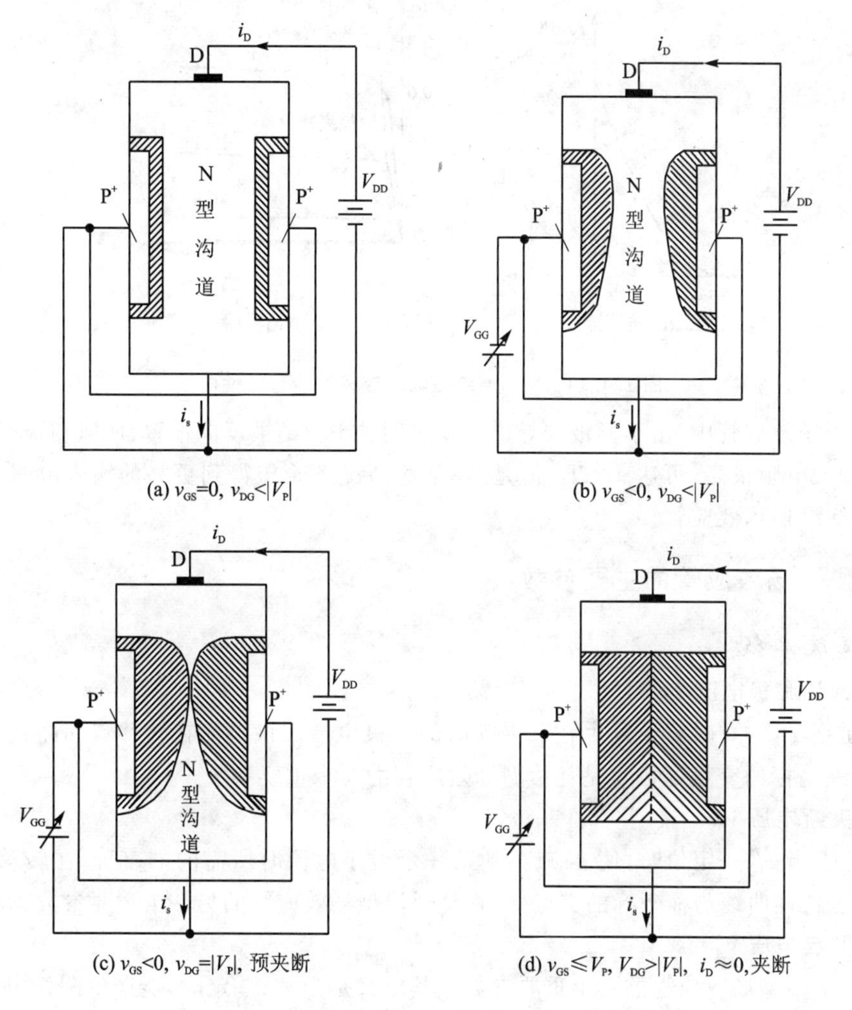

(a) $v_{GS}=0,\ v_{DG}<|V_P|$　(b) $v_{GS}<0,\ v_{DG}<|V_P|$

(c) $v_{GS}<0,\ v_{DG}=|V_P|$, 预夹断　(d) $v_{GS}\leqslant V_P,\ V_{DG}>|V_P|,\ i_D\approx 0$,夹断

图 1.4.13　当 $v_{DS}>0$ 时,v_{GS} 对导电沟道和 i_D 的影响

结型场效应管的转移特性曲线可以近似用以下公式表示,即当 $V_P\leqslant v_{GS}\leqslant 0$ 时

$$i_D = I_{DSS}\left(1-\frac{v_{GS}}{V_P}\right)^2 \tag{1-32}$$

(2) 输出特性

结型场效应管的输出特性描述了栅源电压 v_{GS}、漏源电压 v_{DS} 和漏极电流 i_D 三者之间的关系,体现在栅源电压 v_{GS} 一定时,漏源电压 v_{DS} 对漏极电流 i_D 的控制作用。N 沟道结型场效应管的输出特性曲线如图 1.4.14(b)所示,同样可划分为三个区:截止区(Ⅰ区)、可变电阻区(Ⅱ区)和饱和区(Ⅲ区)。

截止区(Ⅰ区)对应于漏极电流 $i_D\approx 0$ 的区域;可变电阻区(Ⅱ区)的 v_{DS} 比较小,i_D 随着 v_{DS} 的增加而近似于线性上升,场效应管可视为一个线性电阻,又由于改变 v_{GS} 斜率随之变化,相应的电阻值也变化,因此,该区域的场效应管呈现为一个由 v_{GS} 控制的可变电阻;饱和区(Ⅲ区)的 i_D 基本上不随 v_{DS} 变化,i_D 的值主要决定于 v_{GS},各条漏极特性曲线近似为水平的直线,可称为恒流区或饱和区,场效应管用于放大电路时,应工作在该区域。

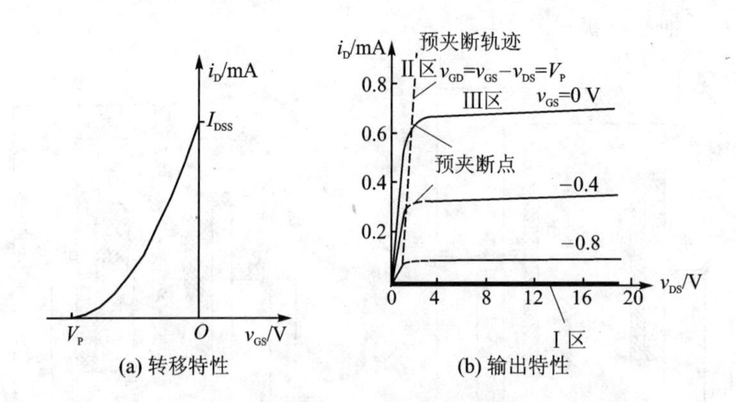

图 1.4.14 N沟道结型场效应管的转移特性曲线

在结型场效应管中，由于栅极与导电沟道之间的PN结被反向偏置，所以栅极基本上不取电流，其输入电阻很高，可达$10^7\ \Omega$。但是，在某些情况下希望得到更高的输入电阻，此时可以考虑采用绝缘栅场效应管。

1.4.3 场效应管的主要参数

1. 直流参数

(1) 饱和漏极电流 I_{DSS}

I_{DSS}是指 $v_{GS}=0$ 时管子发生在预夹断时的漏极电流。该电流在转移特性曲线上，位于特性曲线与纵坐标的交点处，I_{DSS}是耗尽型场效应管的一个重要参数。

(2) 夹断电压 V_P

V_P 是指当 v_{DS}一定值时，使 i_D 减小到某一个微小电流时所需的 v_{GS}值。在转移特性曲线上，V_P 位于特性曲线与横坐标的交点处，它是耗尽型场效应管的另一个重要参数。

(3) 开启电压 V_T

V_T 是增强型场效应管的一个重要参数。其定义是当 v_{DS}一定时，能产生漏极电流 i_D 所需的 v_{GS}值，在转移特性曲线上，V_T 是转移特性曲线在横坐标上的交点。

(4) 直流输入电阻 R_{GS}

R_{GS}指栅源之间所加电压与产生的栅极电流之比。由于场效应管的栅极几乎不取电流，因此其输入电阻很高。由于结型场效应管的 R_{GS}一般在$10^7\ \Omega$以上，因此，绝缘栅场效应管的输入电阻更高，一般大于$10^9\ \Omega$。

2. 交流参数

(1) 低频跨导 g_m

g_m 描述了栅源之间的电压 v_{GS}对漏极电流 i_D 的控制作用。其定义是当 v_{DS}一定时，i_D 与 v_{GS}的变化量之比，即

$$g_m = \left.\frac{\partial i_D}{\partial v_{GS}}\right|_{v_{DS}=\text{常数}} \tag{1-33}$$

若 i_D 的单位是毫安(mA)，v_{GS}的单位是伏(V)，则 g_m 的单位是毫西门子(mS)。

(2) 极间电容

极间电容是指场效应管三个电极之间的等效电容，包括 C_{GS}、C_{GD}和 C_{DS}。极间电容越小，

则管子的高频性能越好,一般为几个皮法。

3. 极限参数

(1) 漏极最大允许耗散功率 P_{DM}

场效应管的漏极耗散功率 P_{DM} 等于漏极电流与漏源电压的乘积,即 $P_{DM}=I_D V_{DS}$。这部分功率将转化为热能,使管子的温度升高,P_{DM} 决定于场效应管允许的温升。

(2) 漏源击穿电压 $V_{(BR)DS}$

$V_{(BR)DS}$ 是指漏极电流 i_D 急剧上升而产生雪崩击穿时的 v_{DS} 值。管子工作时外加在漏源之间的电压不得超过此值。

(3) 栅源击穿电压 $V_{(BR)GS}$

$V_{(BR)GS}$ 是指栅极与沟道间 PN 结发生反向击穿时的栅源电压。对于结型场效应管,栅源之间的 PN 结处于反向偏置状态,若 V_{GS} 过高,PN 结将被击穿;对于 MOS 场效应管,栅极与沟道之间有一层很薄的二氧化硅绝缘层,当 V_{GS} 过高时,可能将二氧化硅绝缘层击穿,使栅极与衬底发生短路。这种击穿不同于一般的 PN 结击穿,而与电容器击穿的情况类似,属于破坏性击穿,一般栅源间发生击穿,MOS 管即被破坏。

1.5 半导体晶闸管

晶闸管也称可控硅,是一种大功率开关型半导体器件,类型众多,如单向晶闸管、双向晶闸管、光控晶闸管、可关断晶闸管、快速晶闸管和温控晶闸管等。

1.5.1 单向晶闸管的结构及原理

1. 单向晶闸管的结构

晶闸管的外形如图 1.5.1(a)所示,有直插形、螺栓形和平板形三种结构。其中直插形晶闸管主要用于小电流控制的设备中,螺栓形晶闸管主要用于中、小型容量的设备中,而平板形晶闸管主要用于额定电流大于 200 A 以上的大电流设备中。

晶闸管的结构及电气符号如图 1.5.1(b)、(c)所示。单向晶闸管具有 PNPN 四层半导体结构的开关器件,它有三个 PN 结和阳极 A、阴极 K 和门级 G 三个电极。

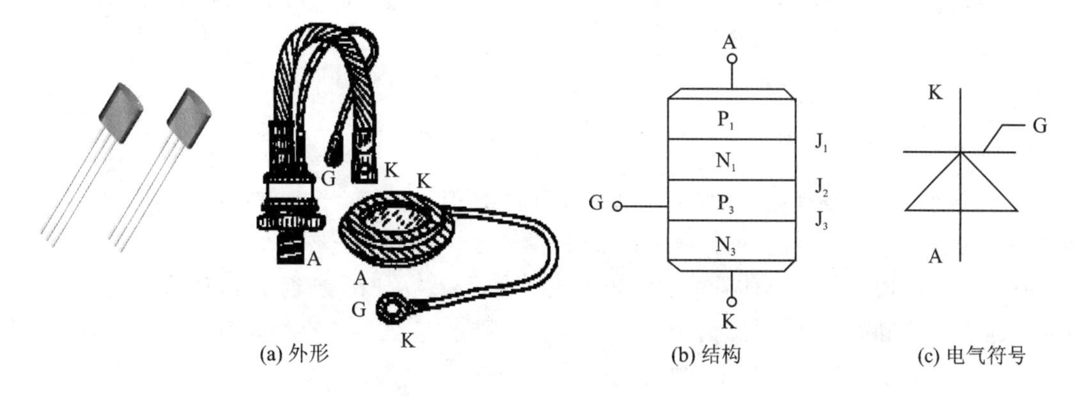

(a) 外形　(b) 结构　(c) 电气符号

图 1.5.1　晶闸管的外形、结构和电气符号

2. 单向晶闸管的工作原理

单向晶闸管等效图解如图 1.5.2 所示。在 P_1、N_1、P_2、N_2 这 4 个区中，从 P_1 区引出阳极 A，N_2 区引出阴极 K，P_2 区引出门极 G。4 个区形成 J_1、J_2、J_3 共 3 个 PN 结。如果在器件上取一倾斜的截面，则晶闸管可看做为 $P_1N_1P_2$ 和 $N_1P_2N_2$ 构成的 2 个晶体管 T_1、T_2 组合而成。

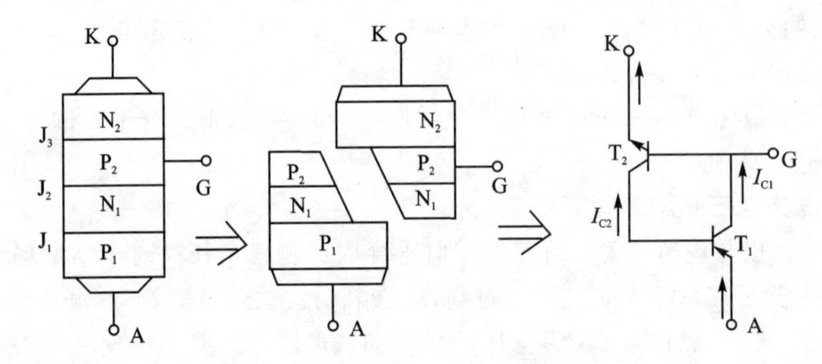

图 1.5.2 晶闸管的等效图解

图 1.5.2 中，若外电路向门极注入电流 i_G，则 i_G 流入晶体管 T_2 的基极，产生集电极电流 I_{C2}，并为晶体管 T_1 提供基极电流，由此产生集电极电流 I_{C1}，该电流又进一步增大 T_2 的基极电流，如此形成强烈的正反馈，最后 T_1 和 T_2 进入完全饱和状态，即晶闸管饱和导通。此时如果撤掉外电路注入门极的电流 i_G，晶闸管由于内部已形成了强烈的正反馈会仍然维持导通状态。然而，若要使晶闸管关断，必须去掉阳极 A 所加的正向电压，或者给阳极施加反压，或者设法使流过晶闸管的电流降低到接近于零的某一数值以下，晶闸管才能关断。所以，对晶闸管的驱动过程更多的是称为触发，由此产生注入门极的触发电流 i_G 的电路称为门极触发电路。也正是由于通过其门极只能控制其开通，不能控制其关断，晶闸管才被称为半控型器件。

阻断状态可以写出下列方程，即

$$I_{C1}=\alpha_1 I_A+I_{CBO1} \tag{1-34}$$

$$I_{C2}=\alpha_2 I_K+I_{CBO2} \tag{1-35}$$

$$I_K=I_A+i_G \tag{1-36}$$

$$I_A=I_{C1}+I_{C2} \tag{1-37}$$

式中，α_1 和 α_2 分别是 T_1 和 T_2 晶闸管的共基极电流增益；I_{CBO1} 和 I_{CBO2} 分别是 T_1 和 T_2 的共基极漏电流。

联立方程式(1-34)～式(1-37)求解得

$$I_A=\frac{\alpha_2 i_G+I_{CBO1}+I_{CBO2}}{1-(\alpha_1+\alpha_2)} \tag{1-38}$$

硅晶闸管的共同特性是：在低发射极电流下 α 是很小的，而当发射极电流建立起来后，α 迅速增大。在正常阻断情况下，$i_G=0$，而 $\alpha_1+\alpha_2$ 很小，因此漏电流稍大于两个单管漏电流之和。如用触发手段使各个晶体管的发射极电流增大，导致 $\alpha_1+\alpha_2$ 趋近于 1，I_A 将趋近无穷大，从而实现器件饱和导通。当然，由于外电路负载的限制，I_A 实际上会维持有限值。

使晶闸管触发导通可能有下列几种情况：

① 门极触发 由两个晶闸管之间的强烈的正反馈使复合晶闸管的 $\alpha_1+\alpha_2\approx1$，器件进入饱和导通状态。

② 阳极电压作用　如正向阳极电压升至相当高的数值，在中间结的少数载流子漏电流(集电极结电流)会由雪崩效应而增大，而正反馈又导致漏电流的放大，最终使器件导通。

③ dv/dt 作用　如阳极电压以某一高速率上升，则在中间结电容 C 中产生位移电流 $i=Cdv/dt$，将导致晶体管的发射极电流增大，并最后引起导通。

④ 温度作用　在较高结温下，晶体管的漏电流增大，最后引起晶闸管导通。

⑤ 光触发　用光直接照射在硅片上，产生电子空穴对，在电场的作用下，产生触发晶闸管的电流。

上述多数作用是综合起来影响器件导通的，从控制角度看，门极触发是最通用的方法，可以精确限定瞬间地触发晶闸管；升高阳极电压使之开通，这不但会引起器件的局部过热、易击穿，也不便控制；dv/dt 更难控制，过大的 dv/dt 会使晶闸管损坏，并用保护措施来限制 dv/dt；光触发晶闸管是一种专门设计的晶闸管，常用在高压直流输电中，将器件用串、并联方法连接起来，用光触发可保证控制电路与主电路之间有良好的绝缘。

1.5.2　晶闸管的伏安特性

由前面介绍的基本工作原理可知，晶闸管正常工作时具备如下特点：

① 当晶闸管承受反向电压时，不论门极承受何种电压，晶闸管都处于关断状态。

② 当晶闸管承受正向电压时，仅在门极有触发电流的情况下晶闸管才能导通，正向阳极电压和正向门极电压两者缺一不可。

③ 晶闸管一旦导通，门极就失去控制作用，不论门极电流是否还存在，晶闸管都保持导通，故导通的控制信号只需正向脉冲电压，故称之为触发脉冲。

④ 要使晶闸管关断，只能利用外加电压或外电路作用使流过晶闸管的电流降低到接近于零的某一数值以下。

能反映出上述特点的是，可以用晶闸管的伏安特性来描述。这称为静态伏安特性，如图 1.5.3 所示。

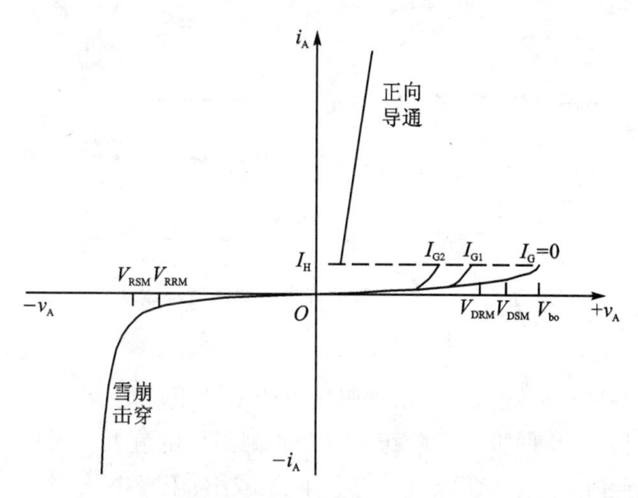

图 1.5.3　晶闸管的伏安特性($I_{G2}>I_{G1}>I_G$)

晶闸管的伏安特性是指晶闸管阳极与阴极间的电压和阳极电流间的关系。位于第Ⅰ象限的是正向特性，第Ⅲ象限的是反向特性。当 $i_G=0$ 时，如果在器件两端施加正向电压，则如前述，J_2 结处于反偏，晶闸管处于正向阻断状态，只流过很小的正向漏电流；如果正向电压超过临界极限即正向转折电压 V_{b0}，则漏电流急剧增大，器件导通（由高阻区经虚线负阻区到低阻区）；随着门极电流幅值的增大，正向转折电压降低。导通后晶闸管特性和二极管的正向特性相仿，即使通过较大的阳极电流，晶闸管本身的压降却很小。导通期间，如果门极电流为零，并且阳极电流降到维持电流 I_H 以下，则晶闸管又回到正向阻断状态，I_H 称为维持电流。当在晶闸管上施加反向电压时，器件的 J_1、J_3 结呈反偏，这时伏安特性类似二极管的反向特性。晶闸管处于反向阻断状态时，只有极小的反向漏电流通过，当反向电压超过一定限度，达到反向击穿电压后，反向漏电流便急剧增大，导致晶闸管反向击穿，且可能损坏。

1.5.3 晶闸管的动态特性

晶闸管在电子系统中，常作为开关使用。由于器件的开通和关断的时间很短，如果开关频率很低时（如 50 Hz 的工频），可假定晶闸管是瞬时开通和关断，不需计其动态特性和损耗；如果工作频率较高时，因工作周期缩短，晶闸管的开通和关断的时间就不能忽略，动态损耗所占比例相对增大，并逐渐转化成晶闸管发热的主要原因，这就必须考虑其动态特性和动态损耗问题。

图 1.5.4 为晶闸管动态特性。它描述了晶闸管开通和关断过程。在开通过程，描述了使门极在坐标原点时刻开始受到理想阶跃电流触发的情况；在关断过程，描述了已导通的晶闸管，外电路所加电压在某一时刻突然由正向变为反向的情况。

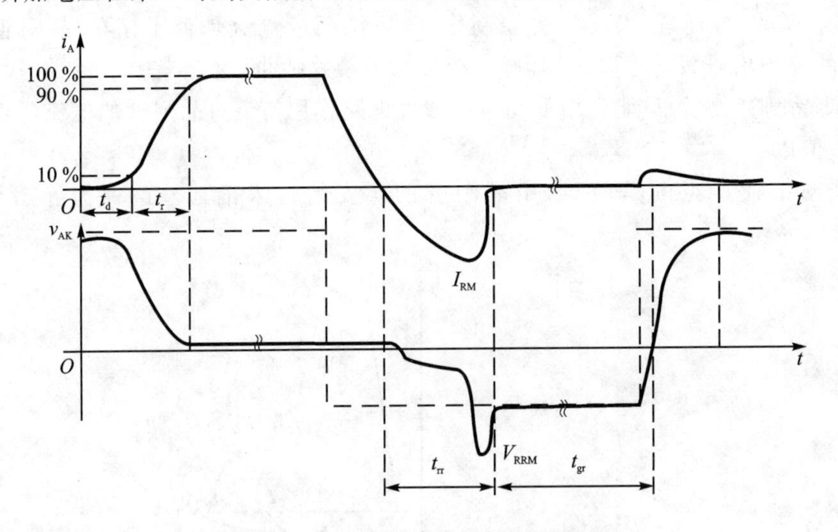

图 1.5.4 晶闸管的开通和关断过程波形

1. 开通过程

当门极受到理想阶跃电流的触发，由于阳极电流增长不可能瞬时完成，因此，晶闸管内部的正反馈过程需要时间。从门极电流阶跃时刻开始到阳极电流上升到稳态值的 10 %所需时间称为延迟时间 t_d，此时，阳极与阴极间的压降也在减小；阳极电流从 10 %上升到稳态值的 90 %所需的时间称为上升时间 t_r。开通时间 t_{gt}定义为两者之和，即

$$t_{gt} = t_d + t_r \tag{1-39}$$

普通晶闸管，其 $t_d=(0.5\sim1.5)\ \mu s$，$t_r=(0.5\sim3)\ \mu s$，这类晶闸管的延迟时间随门极电流

的增大而减小。上升时间 t_r 表示晶闸管本身的特性，但是外部电路也会影响 t_r。延迟时间和上升时间受阳极电压的影响甚大，提高阳极电压，J_2 结自建电场增强，J_2 结的表面上电荷层厚度增加，使 P_2 区的有效厚度减小，因而 α_2 增大，可使内部正反馈过程加速，延迟时间和上升时间都可显著缩短。

2. 关断过程

对于已导通的晶闸管，当电源电压突然改变方向，晶闸管过渡到阻断状态的全过程可分阶段说明。由于晶闸管电路中带有电感性元件，阳极电流在衰减过程中必有过渡过程，从导通时的电流逐步衰减到零，然后以由电路漏感决定的换向斜率 di/dt 在反方向建立恢复电流，经过最大值 I_{RM} 后，再反方向衰减至接近于零。在恢复电流快速衰减时，由于漏感的作用，引起晶闸管两端出现尖峰电压 V_{RRM}，零电流时，中间 J_2 结继续保持正向偏置，最终中间结恢复其电压阻断能力，并且可以成功地施加正向电压。电源电压反向后，从正向电流降为零起到能重新施加正向电压为止的时间间隔，定义为晶闸管的电路换向关断时间 t_q，它亦由两部分组成，即

$$t_q = t_{rr} + t_{gr} \tag{1-40}$$

式中：t_{rr} 为反向阻断恢复时间，是电流反向的持续期；t_{gr} 为正向阻断恢复时间。

由于载流子复合过程比较慢，所以正向阻断恢复时间比反向阻断恢复时间长得多，过早地施加正向电压会引起晶闸管误导通。在实际应用中，电路必须给晶闸管提供足够长时间的反向电压，保证晶闸管充分恢复其阻断能力，才能使它工作可靠。

普通晶闸管的关断时间约几百微秒，用于某些频率较高的逆变电路的快速晶闸管，其关断时间为几微秒至几十微秒。

1.5.4 晶闸管的主要参数

普通晶闸管在反向稳态下，一定是处于阻断状态。与二极管不同的是，晶闸管在正向工作时不但处于导通状态，也可能处于阻断状态。因此，在提到晶闸管的参数时，断态和通态都是为了区分正向的不同状态，因此“正向”二字可省去。此外，各项主要参数的给出往往是与晶闸管的结温相联系的，在实际应用中应注意参考器件参数和特性曲线的具体规定。

1. 电压定额

① 断态重复峰值电压 V_{DRM}：在门极断路而器件的结温为额定值时，允许重复加在器件上的正向峰值电压（见图1.5.3）。国标规定重复频率为 50 Hz，每次持续时间不超过 10 ms。规定断态重复峰值电压 V_{DRM} 为断态不重复峰值电压（即断态最大瞬时电压）V_{DSM} 的 90 %。断态不重复峰值电压应低于正向转折电压 V_{bo}，所留余量大小由生产厂家自行规定。

② 反向重复峰值电压 V_{RRM}：反向重复峰值电压是在门极断路而结温为额定值时，允许重复加在器件上的反向峰值电压。规定反向重复峰值电压 V_{RRM} 为反向不重复峰值电压（即反向最大瞬态电压）V_{RSM} 的 90 %。反向不重复峰值电压应低于反向击穿电压，所留余量大小由生产厂家自行规定。

③ 通态（峰值）电压 V_{TM}：是指晶闸管通以某一规定倍数的额定通态平均电流时的瞬态峰值电压。通常，选取晶闸管的 V_{DRM} 和 V_{RRM} 中较小的标值作为该器件的额定电压。选用时，额定电压要留有一定的余量，一般取额定电压为正常工作时晶闸管所承受峰值电压的 2～3 倍。

2. 电流定额

① 通态平均电流 $I_{T(av)}$：国标规定通态平均电流为晶闸管在环境温度为 40℃ 和规定的冷

却状态下，稳定结温不超过额定结温时所允许流过的最大工频正弦半波电流的平均值。该参数取决于正向电流造成的器件本身通态损耗的发热效应。在使用时应按照实际波形的电流与通态平均电流造成的发热效应相等，即有效值相等的原则来选取晶闸管的通态平均电流，并留有一定的余量。一般取其通态平均电流为按此原则所得计算结果的 1.5～2 倍。

② 维持电流 I_H：维持电流是指晶闸管维持导通所必需的最小电流，一般为几十到几百毫安。I_H 与结温有关，结温越高，则 I_H 越小。

③ 擎住电流 I_L：擎住电流是指晶闸管刚从断态转入通态并移除触发信号后，能维持导通的最小电流。对同一晶闸管，通常 I_L 约为 I_H 的 2～4 倍。

④ 浪涌电流 I_{TSM}：浪涌电流是指电路异常情况引起的使结温超过额定结温的不重复性最大正向过载电流。浪涌电流有上下两个级，该参数可用来作为设计保护电路的依据。

3. 动态参数

除开通时间和关断时间外，还有：

① 断态电压临界上升率：这是指在额定结温和门极开路的情况下，不导致晶闸管从断态到通态转换的外加电压最大上升率。

② 通态电流临界上升率：这是指在规定条件下，晶闸管能承受而无有害影响的最大通态电流上升率。如果电流上升太快，则晶闸管刚一开通，便会有很大的电流集中在门极附近的小区域内，从而造成局部过热而使晶闸管损坏。

1.6 研究性课题

图 1.6.1 是一个恒温控制电路，它由整流电路 $D_1 \sim D_4$ 和温控电路组成，RT_1 和 RT_2 为 PTC 热敏电阻器，用于检测不同区域的温度，并与 R_P、C、D_6 构成单向晶闸管 VS 的触发电路。R_P 兼有预设恒温值的作用。

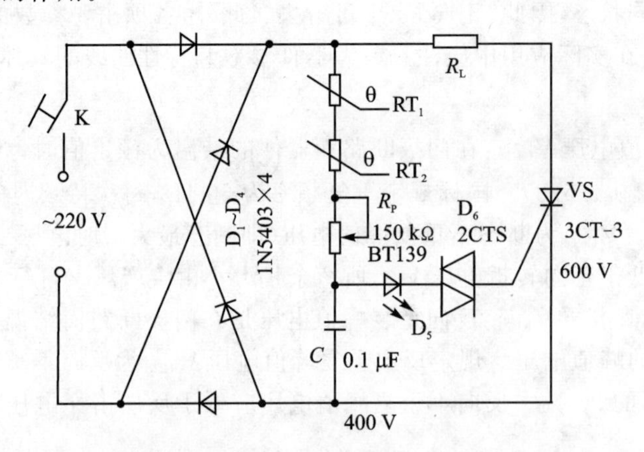

图 1.6.1 电热毯恒温控制电路

① 学生组成研究小组，查找资料，利用所学知识，对电路中各个半导体器件进行分析，阐述其原理和特性。

② 进一步分析电路工作原理，写出简单的分析报告。

③ 选择合适的器件，列出元件清单，画出电路图，利用课余时间采购元器件、制作并调试

电路。

④ 撰写制作心得。

1.7　本章小结及复习要求

电子电路中常用的半导体器件有二极管、稳压管、双极型三极管、场效应管和晶闸管等。制造这些器材的主要材料是半导体，例如硅和锗等；半导体中存在两种载流子，即电子和空穴；纯净的半导体称为本征半导体，它的导电能力很差，掺有少量其他元素的半导体称为杂质半导体；杂质半导体分为N型半导体（多数载流子是电子）和P型半导体（多数载流子是空穴）两种。在一块半导体材料上掺杂方式，一侧形成P型半导体，另一侧形成N型半导体，其交界处称为PN结，PN结是制造各种半导体器件的基础。

二极管是利用一个PN结加上封装外壳，引出两个电极而制成。其主要特点是具有单向导电性，掌握二极管的伏安特性和主要参数，对于二极管电路分析和应用十分重要。若二极管工作在反向击穿区时，即使流过管子的电流变化很大，而管子两端的电压变化很小，利用这种特性可以制成稳压管；特殊二极管还包括发光二极管、光电二极管和变容二极管等。

双极型三极管有两种类型：NPN型和PNP型。无论何种类型，内部均包含两个PN结，即发射结和集电结，并引出三个电极，即发射极、基极和集电极。利用三极管的电流控制作用可以实现信号放大。实现放大作用在结构上要满足的内部条件是：发射区掺杂浓度很高，基区掺杂浓度很低且很薄，集电区面积大。实现放大作用的外部条件是：外加电源的极性应保证发射结正向偏置，集电结反向偏置。描述三极管放大作用的重要参数是共射电流放大系数$\beta=\Delta I_C/\Delta I_B$和共基电流放大系数$\alpha=\Delta I_C/\Delta I_E$。另外可以用输入、输出特性曲线来描述三极管的特性，三极管的共射输出特性可以划分为三个区，即截止区、放大区和饱和区。为了对输入信号进行线性放大，避免产生严重的非线性失真，应使三极管工作在放大区内。

场效应管利用栅源之间电压的电场效应来控制漏极电流，是一种电压控制器件。场效应管分为结型和绝缘栅型两大类，后者又称为MOS场效应管。无论结型或绝缘栅型场效应管，均有N沟道和P沟道之分。对于绝缘栅场效应管，又有增强型和耗尽型两种类型，但结型场效应管只有耗尽型。表征场效应管放大作用的重要参数是跨导$g_m=\partial i_D/\partial v_{GS}$。也可用转移特性来描述场效应管各极电流与电压之间的关系。场效应管的主要特点是输入电阻高，而且易于大规模集成，具有良好的发展前景。

晶闸管属电流半控型器件，在大电流应用场合具有导通压降低的优点，被广泛地应用于电子系统中，特别是高压直流输电装置和柔性交流输电装置等电力系统设备。晶闸管正常工作时，若承受反向电压，不论门极为何种电压，晶闸管都处于关断状态；若承受正向电压，仅在门极有触发电流的情况下晶闸管才能导通，且要求正向阳极电压和正向门极电压两者缺一不可；晶闸管一旦导通，门极就失去控制作用，不论门极电流是否还存在，晶闸管都保持导通，故导通的控制信号只需正向脉冲电压，称之为触发脉冲；要使导通中的晶闸管关断，只能利用外加电压或外电路作用使流过晶闸管的电流降低到接近于零的某一数值以下。

1.8 习题

【习题 1-1】 已知二极管 2AP9 的伏安特性如图 1.8.1 所示。

① 若将其按正向接法直接与 1.5 V 电池相连，估计会出现什么问题？

② 若将其按反向接法直接与 30 V 电源相连，又会出现什么问题？

③ 分析二极管、稳压管在电路中常常与限流电阻相连的必要性。

④ 画出两只 2AP9 二极管在同向串联、反向串联、同向并联、反向并联四种情况下的合成伏安特性曲线。

【习题 1-2】 二极管的伏安特性曲线如图 1.8.2 所示。试问：

① 二极管能够承受的最大反向电压 V_{RM} 为多少？

② 若温度升高 20 ℃，则二极管的反向电流 I_S 应为多大？

③ 当温度升高 20 ℃时，定性画出变化后的伏安特性曲线。

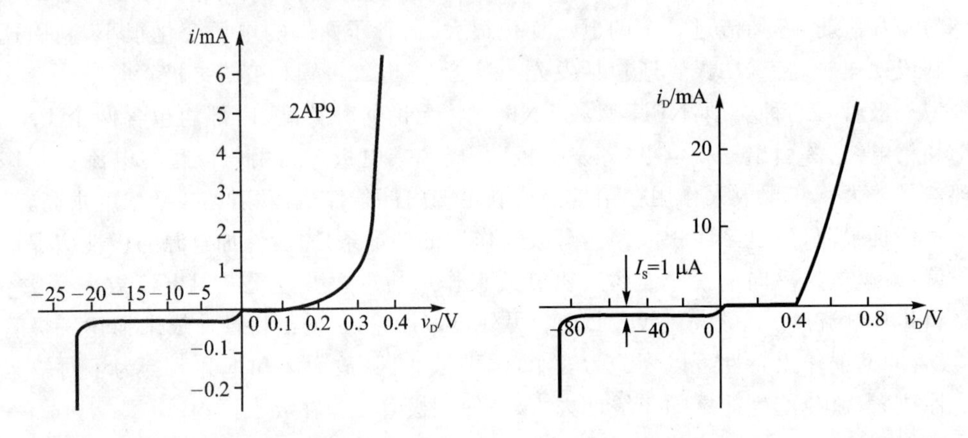

图 1.8.1 【习题 1-1】图　　**图 1.8.2 【习题 1-2】图**

【习题 1-3】 有二个半导体三极管，一个 $\beta = 200$，$I_{CEO} = 200\ \mu A$；另一个 $\beta = 50$，$I_{CEO} = 10\ \mu A$，其余参数大致相同。你认为应选用哪个管子用于放大电路较稳定？

【习题 1-4】 某一放大电路中有甲、乙两个三极管一时辨认不出型号，但可从电路中测出它们的三个未知电极 X、Y、Z 对公共地电位分别为：甲管 $V_X = 9$ V，$V_Y = 6$ V，$V_Z = 6.7$ V；乙管 $V_X = 9$ V，$V_Y = 6$ V，$V_Z = 6.2$ V。试分析辨认甲乙两个三极管的发射极、基极和集电极。请指出它们分别是 NPN 型还是 PNP 型，是锗管还是硅管？

【习题 1-5】 根据图 1.8.3 所示各三极管电极上测得的对地电压，分析各管的类型和电路中所处的工作状态。请问：

① 是锗管还是硅管？

② 是 NPN 型还是 PNP 型？

③ 是处于放大、截止或饱和状态中的哪一种？或是否可能损坏？

【习题 1-6】 绝缘栅场效应管漏极特性曲线如图 1.8.4 所示。

① 说明图(a)～图(d)曲线对应何种类型的场效应管。

② 根据图中曲线粗略地估计：开启电压 V_T、夹断电压 V_P 和饱和漏极电流 I_{DSS} 的数值。

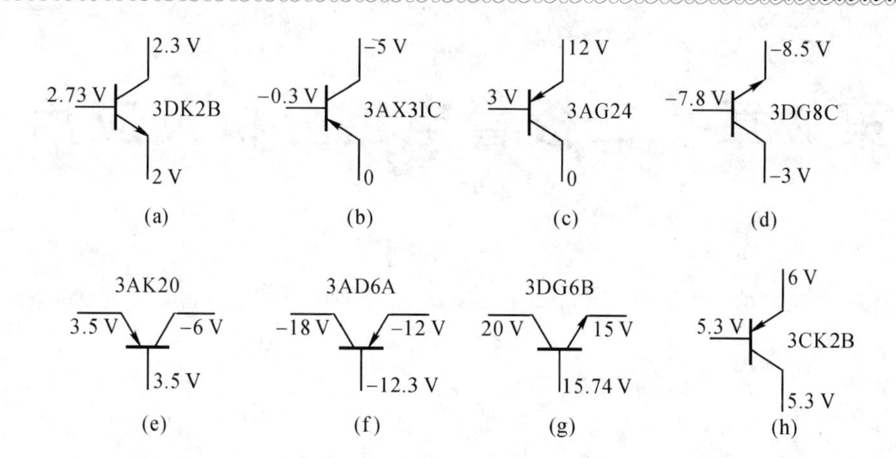

图 1.8.3 【习题 1-5】图

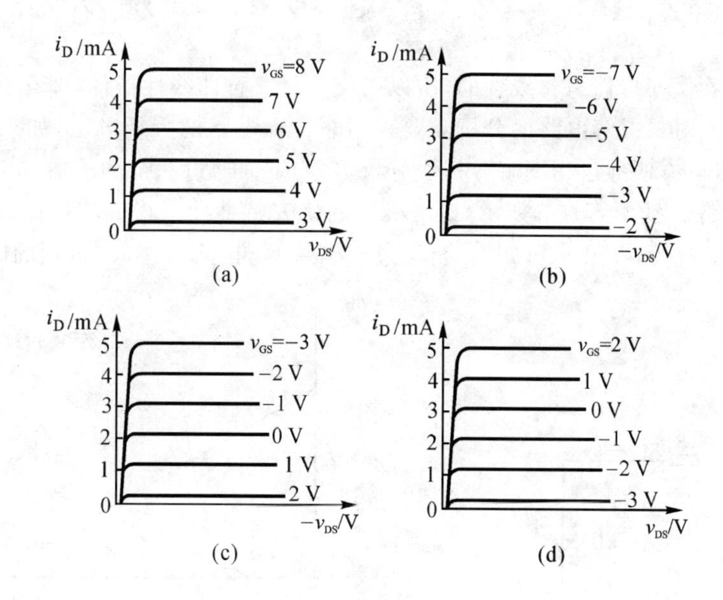

图 1.8.4 【习题 1-6】图

【习题 1-7】场效应管的转移特性曲线如图 1.8.5 所示。试问：

① I_{DSS}、V_P值为多大？

② 根据给定曲线，估算当 $i_D=1.5$ mA 和 $i_D=3.9$ mA 时，g_m约为多少？

③ 根据 g_m 的定义：$g_m=\partial i_D/\partial v_{GS}$，计算 $v_{GS}=-1$ V 和 $v_{GS}=-3$ V 时相对应的 g_m值。

【习题 1-8】简述晶闸管的导通条件和关断条件。

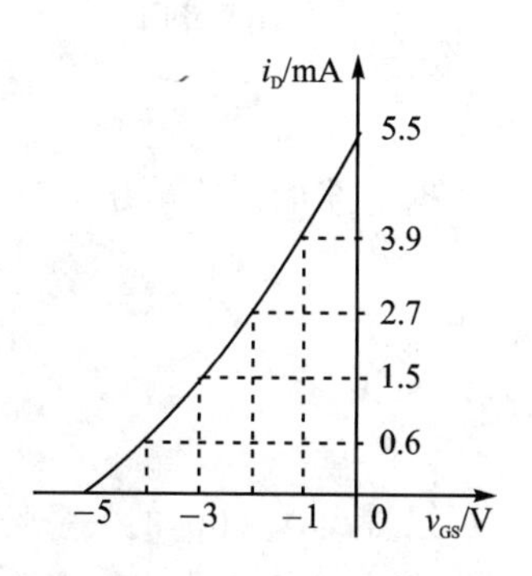

图 1.8.5 【习题 1-7】图

第 2 章　二极管电路分析及应用

本章内容概要

二极管是最简单的半导体器件，由一个 PN 结构成。其特点是单向导电性，在电子系统中被广泛应用。

本章首先介绍二极管电路的图解法，然后重点讨论了二极管的三种线性化模型，通过二极管线性建模与分析，给出分析非线性器件的基本方法——建立线性化模型。在此基础上，介绍了二极管的应用电路：整流电路、倍压电路、限幅电路、电平选择电路、保护电路和稳压电路等。

2.1　二极管电路图解分析法

由于二极管伏安特性是非线性的，所以二极管是一种非线性器件，即含有二极管的电路就是非线性电路。对二极管电路的分析需要采用非线性电路的分析方法，如果已知二极管伏安特性曲线，就可以方便地运用图解分析法分析电路，下面通过一个例子加以说明。

二极管电路如图 2.1.1(a)所示，设二极管的伏安特性曲线（V－I 特性）如图 2.1.1(b)所示，电路中电源 V_{DD} 和电阻 R 已知，分析流过二极管两端电压 v_D 和二极管的电流 i_D。

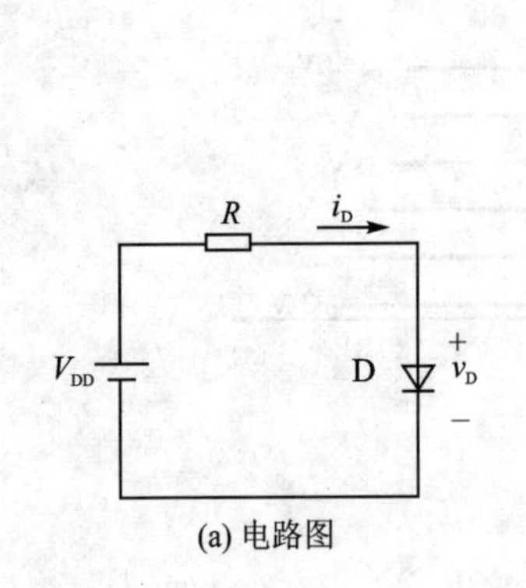

(a) 电路图

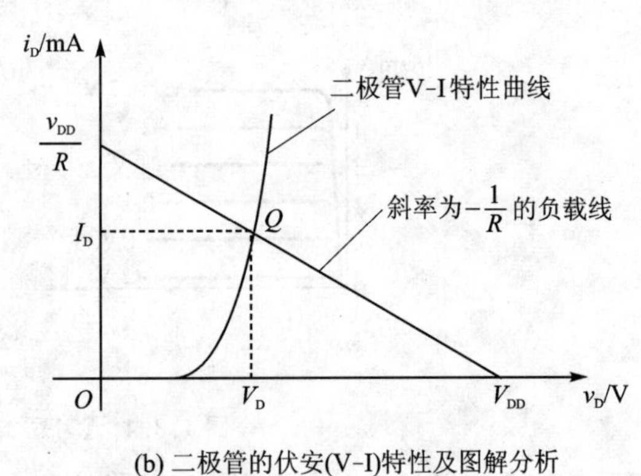

(b) 二极管的伏安(V-I)特性及图解分析

图 2.1.1　二极管电路

根据电路的回路电压方程可得

$$i_D R + v_D = V_{DD} \tag{2-1}$$

可写成

$$i_D = -\frac{1}{R}v_D + \frac{1}{R}V_{DD} \tag{2-2}$$

可以看出，i_D 和 v_D 的关系是斜率为 $-1/R$ 的一条直线，称为负载线。负载线与二极管 V－I 特性曲线的交点 Q 称为静态工作点，Q 点的坐标值（V_D，I_D）就是流过二极管两端电压 v_D 和二极管的电流 i_D。

用图解法分析二极管电路简单直观，但须知二极管的 V－I 特性曲线，因此，图解分析法具有局限性。现介绍二极管线性化模型分析法，在一定条件下，运用二极管线性化模型将非线性器件进行线性化处理。

2.2　二极管电路线性化模型分析法

对于二极管非线性电路的分析，可以采用线性化模型分析法。其方法是采用若干线性电路器件来代替实际二极管，对二极管非线性特性进行分段线性化处理，将非线性电路等效为线性电路，这样就可以将复杂的非线性电路转为线性电路分析问题。该方法尤其对于小信号电路分析精度更高。

2.2.1　二极管线性化模型

二极管等效的线性化模型有三种：折线模型、恒压模型和理想模型，下面就这三种模型进行分析。

1. 折线模型

如果用折线与水平直线（实线）来拟合二极管 V－I 特性曲线（虚线）（见图 2.2.1(a)），可以将非线性特性等效为线性特性。折线中的转折点所对应的电压为死区电压 $V_{D(on)}$，是二极管导通和截止分界点，其中硅管的死区电压 $V_{D(on)}$ 约为 0.5 V，锗管约为 0.2 V。描述此折线关系的电路模型如图 2.2.1(b)所示，称为二极管的折线模型。

折线模型中，二极管两端的导通压降 v_D 不恒定，随着流过二级管电流增大而增大。折线模型所对应的电路模型，有二极管（理想）、电压源（$V_{D(on)}$）和二极管内阻三者串联而成。二极管截止时等效为开路，导通时等效成一个大小为 $V_{D(on)}$ 的电压源和一个电阻 r_D 串联。

在计算中，一般 r_D 取值为 200 Ω，确定的方法是按二极管导通电流为 1 mA，导通压降 v_D 为 0.7 V 时，于是 r_D 的值可计算如下

$$r_D = \frac{0.7\ \text{V} - 0.5\ \text{V}}{1\ \text{mA}} = 200\ \Omega \tag{2-3}$$

由于器件参数的分散性，一般情况下 $V_{D(on)}$ 和 r_D 不是固定值。

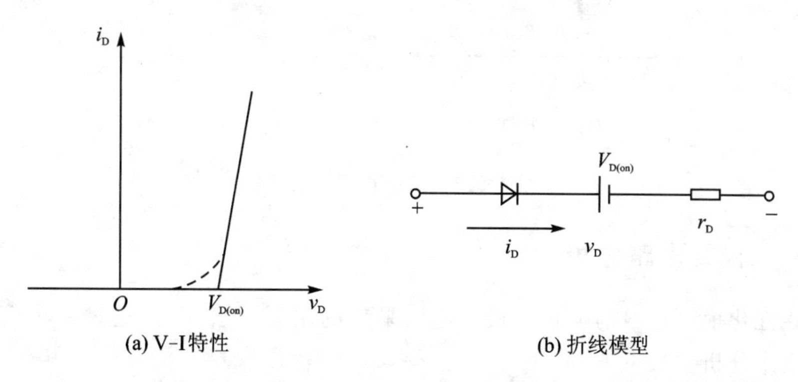

(a) V-I特性　　(b) 折线模型

图 2.2.1　二极管折线模型

2. 恒压模型

如果用两条垂直的直线（实线）拟合二极管的 V－I 特性曲线（虚线）（见图 2.2.2(a)），分

析方法可以进一步简化，描述其等效线性关系的模型称为恒压模型，如图 2.2.2(b)所示。

恒压模型是将折线模型中的电阻 r_D忽略，那么二极管导通之后，其导通压降为 V_D（恒定值），不随电流变化，通常硅管的恒压 V_D取 0.7 V，锗管取 0.3 V。

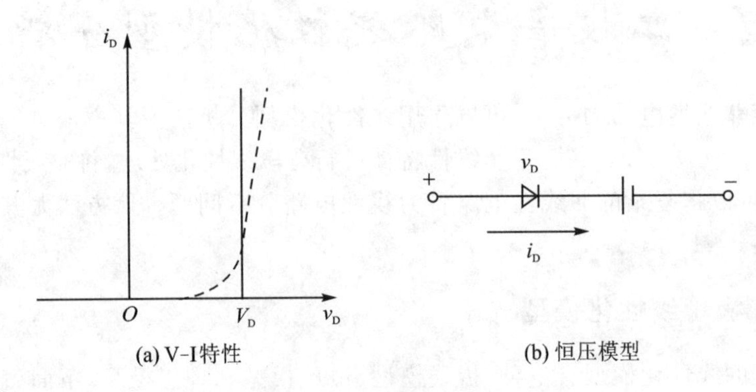

图 2.2.2　二极管恒压模型

3. 理想模型

如果用横轴和纵轴两条直线（实线）拟合二极管的 V－I 特性曲线（虚线）（见图 2.2.3(a)），分析方法可以再进一步简化，描述其等效线性关系的模型称为理想模型，如图 2.2.3(b)所示。

理想模型是将恒压模型中的 V_D忽略不计，那么外加正向电压只要大于 0，就认为二极管导通；外加反向电压时，二极管截止。理想二极管相当于一个开关，导通时开关闭合，截止时开关打开。

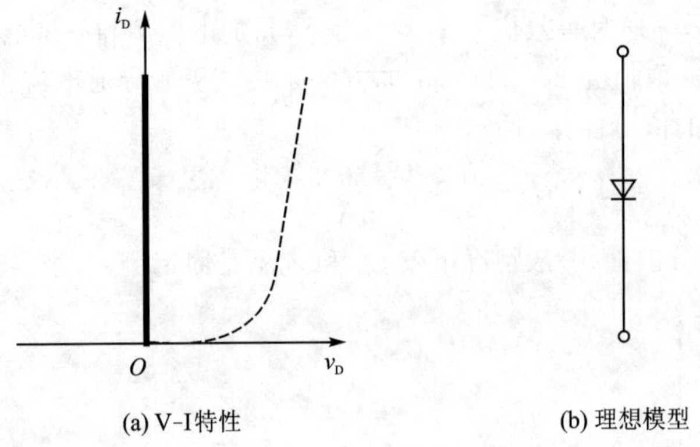

图 2.2.3　二极管理想模型

2.2.2　二极管电路分析

二极管线性化模型是目前分析二极管电路采用的主要方法，下面通过一个简单的例子分别用三种模型来分析。

设普通硅二极管基本电路如图 2.2.4(a)所示，对于下列三种情况，理想模型、恒压模型和折线模型分析电路，确定 i_D和 v_D的值（设折线模型中 r_D＝200 Ω）。

① R＝8 kΩ，V_S＝10 V；

② R＝8 kΩ，V_S＝1 V；

③ $R=1\ k\Omega, V_S=10\ V$。

对于电路2.2.4(a)，采用理想模型、恒压模型和折线模型，其等效电路分别见图2.2.4(b)、(c)、(d)，具体分析如下：

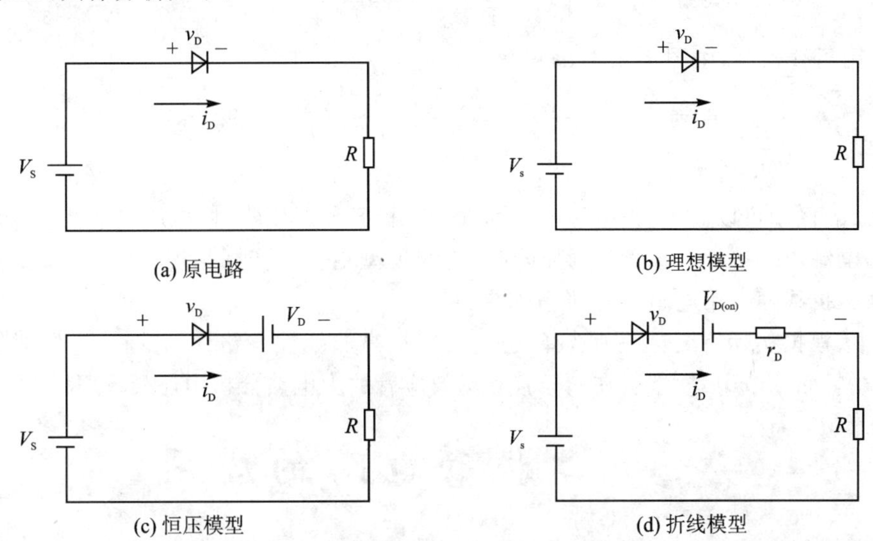

图2.2.4　电路及其三种模型等效电路

1. 对于 $R=8\ k\Omega, V_S=10\ V$ 的情况

① 使用理想模型，由图2.2.4(b)得

$$v_D = 0\ V,\quad i_D = V_S/R = 10\ V/8\ k\Omega = 1.25\ mA$$

② 使用恒压模型，由图2.2.4(c)得

$$v_D = 0.7\ V,\quad i_D = \frac{V_S - V_D}{R} = \frac{10\ V - 0.7\ V}{8\ k\Omega} = 1.16\ mA$$

③ 使用折线模型，由图2.2.4(d)得

$$i_D = \frac{V_S - V_{D(on)}}{R + r_D} = \frac{10\ V - 0.5\ V}{8\ k\Omega + 0.2\ k\Omega} = 1.159\ mA$$

$$v_D = V_{D(on)} + i_D r_D = 0.5\ V + 1.159\ mA \times 0.2\ k\Omega = 0.73\ V$$

2. 对于 $R=8\ k\Omega, V_S=1V$ 的情况

① 使用理想模型，由图2.2.4(b)得

$$v_D = 0\ V,\quad i_D = V_S/R = 1\ V/8\ k\Omega = 0.125\ mA$$

② 使用恒压模型，由图2.2.4(c)得

$$v_D = 0.7\ V,\quad i_D = \frac{V_S - V_D}{R} = \frac{1\ V - 0.7\ V}{8\ k\Omega} = 0.038\ mA$$

③ 使用折线模型，由图2.2.4(d)得

$$i_D = \frac{V_S - V_{D(on)}}{R + r_D} = \frac{1\ V - 0.5\ V}{8\ k\Omega + 0.2\ k\Omega} = 0.061\ mA$$

$$v_D = V_{D(on)} + i_D r_D = 0.5\ V + 0.061\ mA \times 0.2\ k\Omega = 0.512\ V$$

3. 对于 $R=1\ k\Omega, V_S=10\ V$ 的情况

① 使用理想模型，由图2.2.4(b)得

$$v_D = 0\ \text{V},\quad i_D = V_S/R = 10\ \text{V}/1\ \text{k}\Omega = 10\ \text{mA}$$

② 使用恒压模型，由图 2.2.4(c)得

$$v_D = 0.7\ \text{V},\quad i_D = \frac{V_S - V_D}{R} = \frac{10\ \text{V} - 0.7\ \text{V}}{1\ \text{k}\Omega} = 9.3\ \text{mA}$$

③ 使用折线模型，由图 2.2.4(d)得

$$i_D = \frac{V_S - V_{D(on)}}{R + r_D} = \frac{10\ \text{V} - 0.5\ \text{V}}{1\ \text{k}\Omega + 0.2\ \text{k}\Omega} = 7.92\ \text{mA}$$

$$v_D = V_{D(on)} + i_D r_D = 0.5\ \text{V} + 7.92\ \text{mA} \times 0.2\ \text{k}\Omega = 2.08\ \text{V}$$

从上面的例子可以看出，当电源电压远大于二极管导通压降时，恒压模型就能得出较合理的结果；当电源电压接近二极管导通压降时，折线模型更符合实际情况；如果流过二极管的电流较大，那么折线模型中电阻 r_D 应谨慎选择。

分析中，根据实际情况合理地选择模型，可以提高非线性电路计算的精度，同时简化了分析过程。在后面章节中，模型法在三极管和场效应管放大电路分析中还会采用。

2.3　二极管电路的应用

二极管器件种类很多，利用其单向导电性可以组成整流、限幅、检波等电路，也可以用于数字电路中作为开关器件；特殊二极管还有稳压二极管、发光二极管、光电二极管和变容二极管等，它们在电子系统中均具有广泛的应用。

2.3.1　整流电路

把交流电转变成单向脉动直流电的过程称为整流。一个简单的二极管半波整流电路如图 2.3.1(a)所示。若二极管为理想二极管，电路输入正弦波，分析可知：正半周时，二极管导通，$v_o = v_i$；负半周时，二极管截止，$v_o = 0$，其输入、输出波形如图 2.3.1(b)所示。由于该整流方式只利用了一半的输入波形，称做半波整流，常作为直流稳压电源的输入部分。整流电路也有检波的作用，本电路可以将输入电压大于 0 的波形检测出来；小于 0 的部分滤去。

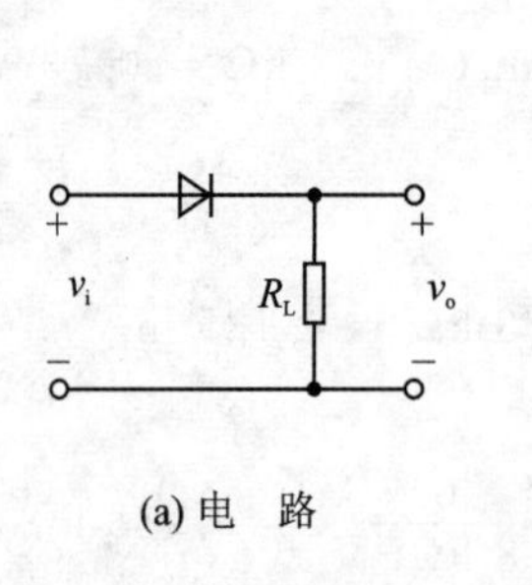

(a) 电　路

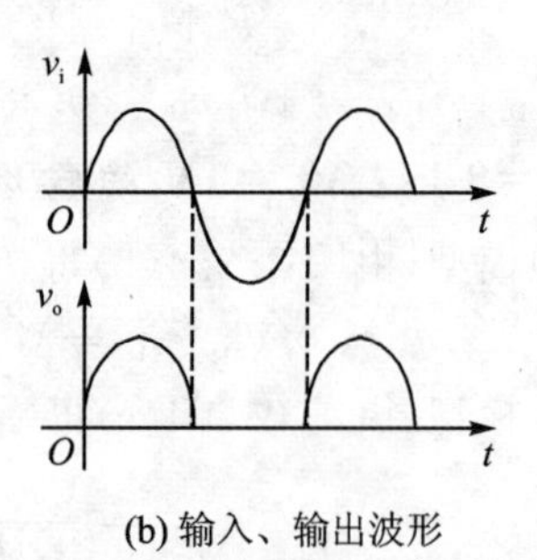

(b) 输入、输出波形

图 2.3.1　二极管半波整流电路及其波形

2.3.2　限幅电路

限幅电路是将电路输出信号的幅值限制在一定的范围内，常用于波形变换、整形或过压保护等，图 2.3.2 (a)为一简单的限幅电路。

若二极管为理想二极管，当 $v_i > E = 3$ V时，二极管导通，$v_o = 3$ V，即 v_o 的最大电压限制在3 V上；当 $v_i \leqslant E = 3$ V时，二极管截止，二极管断开，$v_o = v_i$。图2.3.3(b)即为输入、输出波形图。显然，电路将输入信号中高出3 V的部分削平了，所以这个例子是上限幅电路。

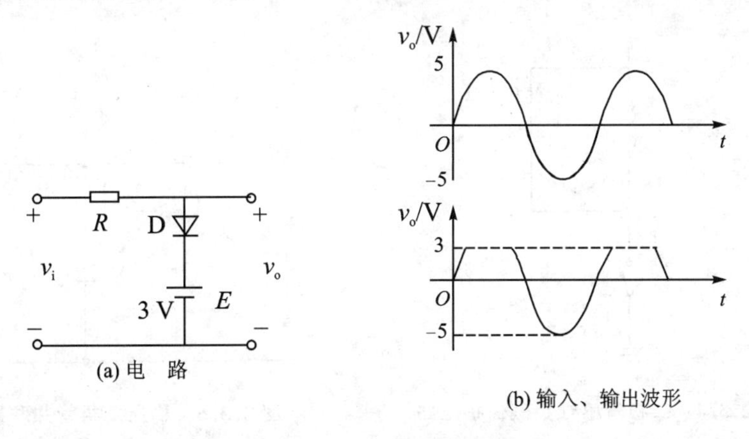

图2.3.2 二极管限幅电路及波形

如果将图中二极管反接，并适当调整 E 值，电路则变为下限幅电路。将上、下限幅电路适当组合，可组成双向限幅电路，读者可自行设计双向限幅电路。

2.3.3 电平选择电路

从多路输入信号中选出最低电平或最高电平的电路，称为电平选择电路。如图2.3.3所示电路，设电路输入信号 v_1、v_2 均小于 E。表面上看似乎 D_1、D_2 都能导通，但实际上若 $v_1 < v_2$，则 D_1 导通后将把 v_o 限制在低电平 v_1 上，使 D_2 截止。反之，若 $v_2 < v_1$，则 D_2 导通，使 D_1 截止。只有当 $v_1 = v_2$ 时，两管才能都导通。可见，该电路能选出任意时刻两路信号中的低电平信号。分析此类电路时，首先应判断二极管是导通还是截止，然后根据其通断情况分析电路。

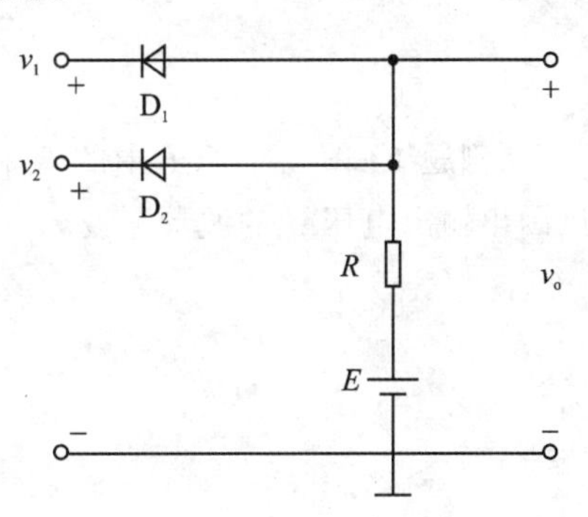

图2.3.3 二极管电平选择电路

2.3.4 保护电路

由电感的伏安关系可知，流过电感的电流不能发生突变。假如突然断开一个给电感提供电流的开关，那么就会有一个无限大的电压加在电感两侧。显然，这类控制感性负载的电子器件在电路中很容易受损。

在实际中，常在一个电感线圈两侧并联一个二极管，如图2.3.4所示。当开关接通期间，二极管是反向偏压而截止；在开关断开时，二极管进入导通状态，给感性负载提供了一个电流流动的通道，对电子线路起到了保护作用。

2.3.5 稳压电路

稳压二极管在正向偏置时，其作用与普通二极管相同，但是将其工作在反向击穿区时，可以起到稳压作用。图 2.3.5 所示为并联稳压电路，D_Z为稳压管，R 为限流电阻，通过它限定电路的工作电流($I_{Z,\min}<I_Z<I_{Z,\max}$)达到最佳稳压效果，负载两端得到一个稳定的电压 V_Z，稳压二极管通过调整自身电流实现稳压。

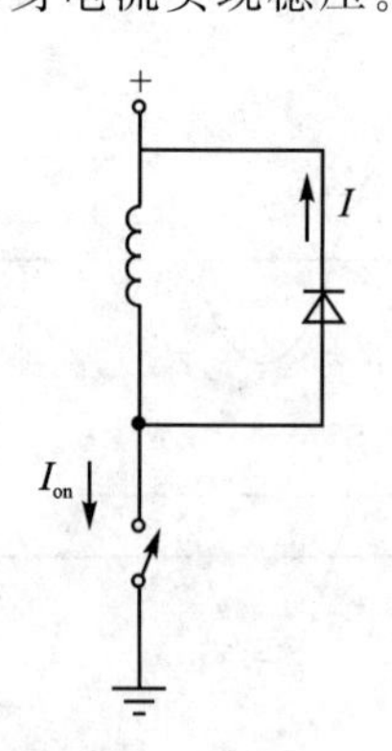

图 2.3.4 二极管感性负载保护电路

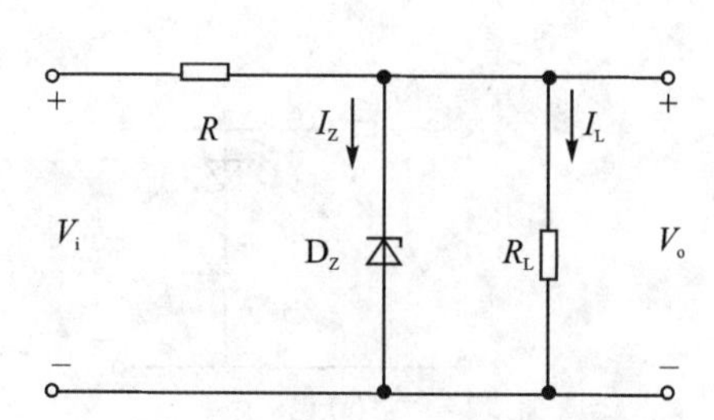

图 2.3.5 稳压二极管并联稳压电路

稳压二极管在直流稳压电源中有着广泛的应用，V_i为待稳定的直流电源电压，一般是由整流滤波电路提供。

2.4 例 题

【例题 1】图 2.4.1(a)中的 R 和 C 构成一微分电路。当输入电压 v_i 如图 2.4.1(b)所示，试画出输出电压 v_o的波形。设 $t=0$ 时电容无储能。

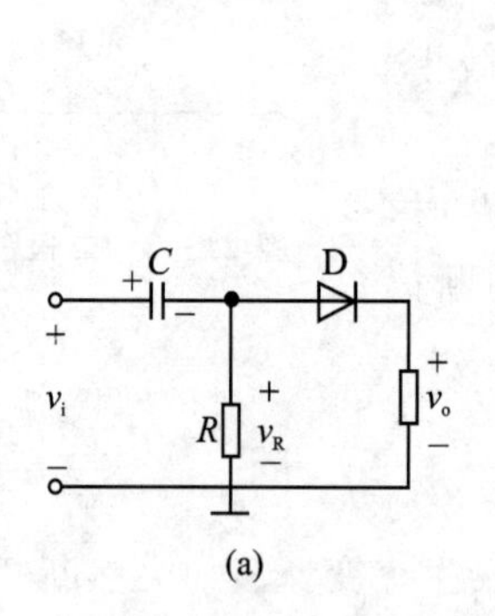

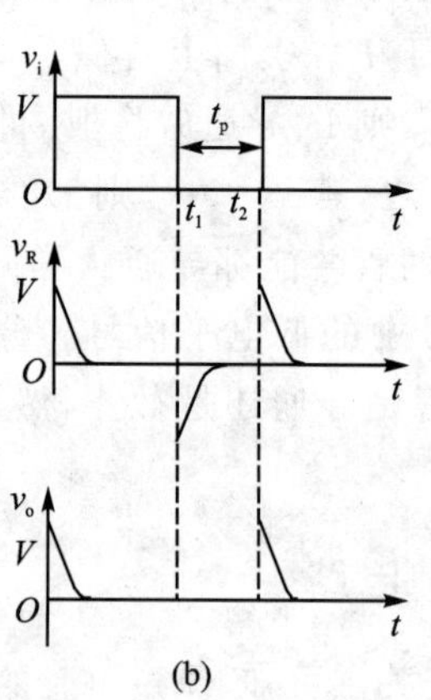

图 2.4.1 【例题 1】图

解:在 $0\sim t_1$时间段，电容充电，充电过程很快使电容两端电压达到伏(V)量级，极性如图所示。此时 v_R为一正尖脉冲，二极管 D 导通，$v_o=v_R$。

在 $t_1\sim t_2$期间，v_i在 t_1瞬间由 V 下降到 0，在 t_2瞬间又从 0 上升到 V。在 t_1瞬间，电容器经电阻 R 放电，v_R为一负脉冲，二极管 D 截止，$v_o=0$。在 t_2瞬间，v_i经过 R 和 R_L对电容器充电，这时二极管是导通的，$v_o=v_R$，均为正尖脉冲，输出电压 v_o的波形如图 2.4.1(b)所示。

本例中二极管起到检波作用，将大于 0 的波形检出，小于 0 的波形滤去。例题中，假设二极管是理想的，实际使用这一检波电路时，二极管导通后会有正向压降，对输出有影响，针对这一问题，课后可以研究设计一个可以补偿这个正向压降的电路。

【例题 2】如图 2.4.2 所示的稳压电路，输入电压为 V_i，负载为 R_L，为使稳压二极管 D_Z 能够正常工作，输出稳定电压 V_Z，请讨论限流电阻 R 的选择方法。

解：由前一章图 1.2.10 所示稳压二极管 V－I 特性曲线可知，当 V_i、R_L 变化时，I_Z 应始终满足 $I_{Z,min}<I_Z<I_{Z,max}$，这样就能输出稳定电压 V_Z。

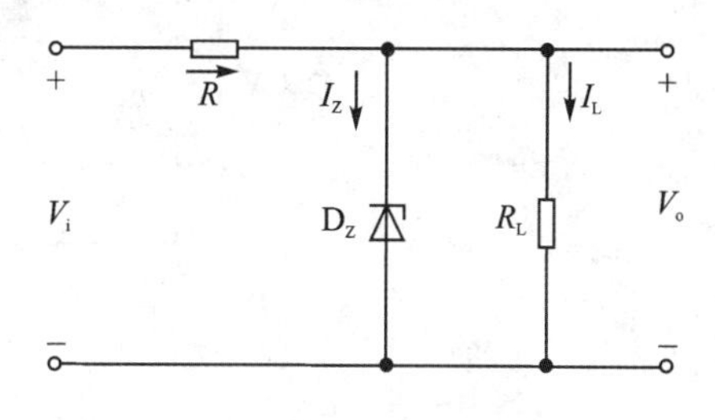

图 2.4.2 【例题 2】图

由图 2.4.2 可知：

$$I_Z=\frac{V_i-V_Z}{R}-\frac{V_Z}{R_L} \tag{2-4}$$

所以

$$I_{z,min}\leqslant\frac{V_i-V_Z}{R}-\frac{V_Z}{R_L}\leqslant I_{Z,max} \tag{2-5}$$

当 $V_i=V_{i,max}$、$R_L=R_{L,max}$，R 取最小时，I_Z最大，这时应满足

$$\frac{V_{i,max}-V_Z}{R_{min}}-\frac{V_Z}{R_{L,max}}=I_{Z,max} \tag{2-6}$$

即

$$R_{min}=\frac{V_{i,max}-V_Z}{R_{L,max}I_{Z,max}+V_Z}R_{L,max} \tag{2-7}$$

当 $V_i=V_{i,min}$、$R_L=R_{L,min}$，R 取最大时，I_Z最小，这时应满足

$$\frac{V_{i,min}-V_Z}{R_{max}}-\frac{V_Z}{R_{L,min}}=I_{Z,min} \tag{2-8}$$

即

$$R_{max}=\frac{V_{i,min}-V_Z}{R_{L,min}I_{Z,min}+V_Z}R_{L,min} \tag{2-9}$$

由式(2－7)，式(2－9)解得限流电阻的取值范围是

$$R_{min}<R<R_{max}$$

2.5 研究性课题

【课题 1】如图 2.5.1 所示简易电热毯控温电路分为两挡——高温和低温，分析该电路的原理。如果将该电路用于调节电风扇(感性负载)的快慢可否使用该电路，若不能可另选器件设计电路。

【课题 2】在电子电路中，二极管用途十分广泛，请学生组成研究小组，根据本章所学知识，自行选题，设计一个实用电路(使用器件不限制，但必须有二极管)。

要求：

① 设计电路总体框图和原理图；

② 采用仿真软件分析原理，并测试电路；

③ 有条件情况下，选用器件，制作电路，并完成调试；

④ 撰写设计报告。

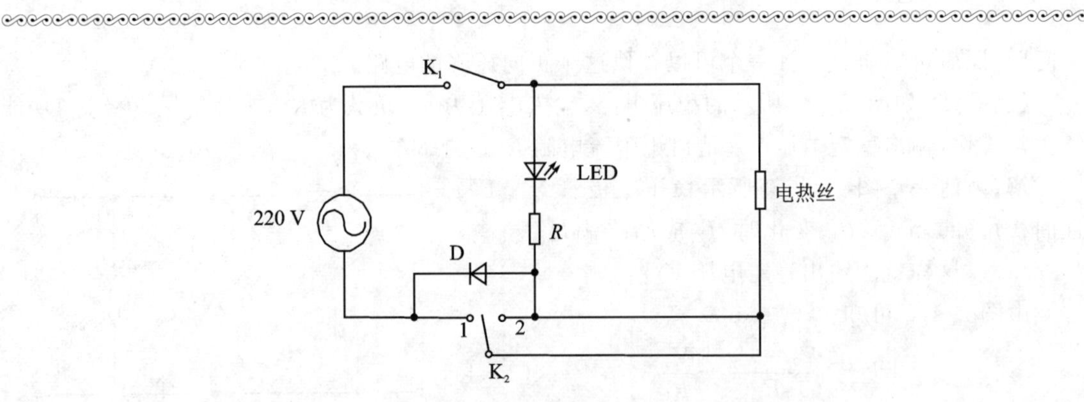

图 2.5.1 简易电热毯控温电路

2.6 本章小结及复习要求

二极管是非线性器件，通常采用线性化模型来对二极管电路进行分析。线性化模型主要有折线模型、恒压模型和理想模型，折线模型包括理想二极管、电源($V_{D(on)}$)和 r_D；如果将电阻 r_D忽略，V_D就为恒压，形成恒压模型；如果将压降 V_D也忽略，那就形成理想模型。根据信号的大小，选用不同的模型可以方便地分析和计算二极管电路的电量。

各类二极管在电子电路中被广泛应用，例如：整流、限幅、电平选择、保护、稳压、开关、发光指示和光电转换等，掌握二极管特性和参数对于分析二极管应用电路十分重要，运用仿真工具辅助电路设计或分析是现代电子技术的发展方向。

2.7 习　题

【习题 2-1】二极管整流电路如图 2.7.1 所示，已知 $v_i = 100\sin\omega t$(V)。要求：① 采用理想模型，画出 v_o的波形；② 若二极管为硅材料，采用恒压模型，画出 v_o的波形。

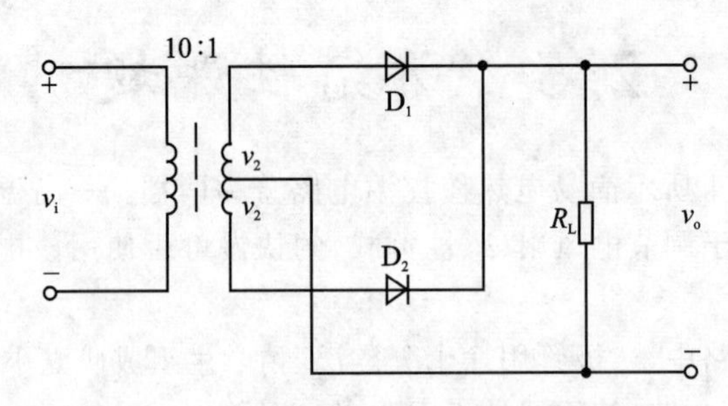

图 2.7.1 【习题 2-1】图

【习题 2-2】二极管电路如图 2.7.2 所示，设二极管均为理想二极管，$v_i = 9\sin\omega t$(V)。

① 画出负载 R_L两端电压 v_o的波形；

② 若 D_4开路，试重画 v_o的波形；

③ 若 D_4被短路，会出现什么现象？

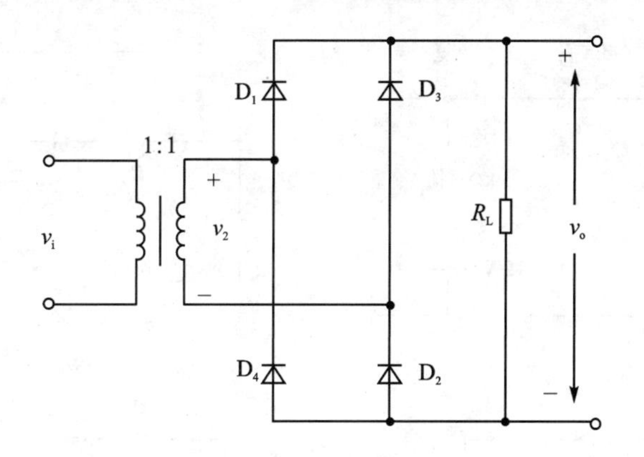

图 2.7.2 【习题 2-2】图

【习题 2-3】在图 2.7.3 所示电路中，若二极管均为理想二极管，电阻 R 为 2 kΩ。要求：① $V_1=0$ V，$V_2=3$ V；② $V_1=3$ V，$V_2=3$ V；③ $V_1=0$ V，$V_2=0$ V，求流过电阻 R 的电流 I 和输出电压 V_o。

【习题 2-4】在如图 2.7.3 所示电路中，若二极管为硅材料，电阻 R 为 2 kΩ，$v_1=3$ V，$v_2=0$ V。要求：① 请用恒压模型求出流过电阻 R 的电流 I 和输出电压 v_o；② 请用折线模型求出流过电阻 R 的电流 I 和输出电压 v_o（设 r_D 为 100 Ω）。

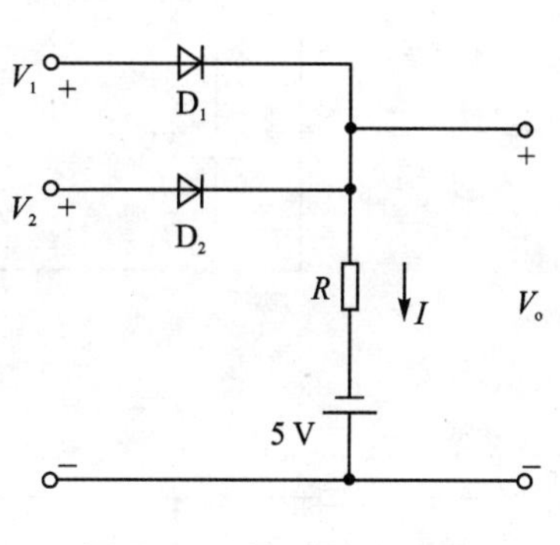

图 2.7.3 【习题 2-4】图

【习题 2-5】二极管限幅电路如图 2.7.4(a)、(b)、(c) 所示，若 $v_i=6\sin\omega t$(V)，若二极管为理想二极管，试画出 v_o 的波形。

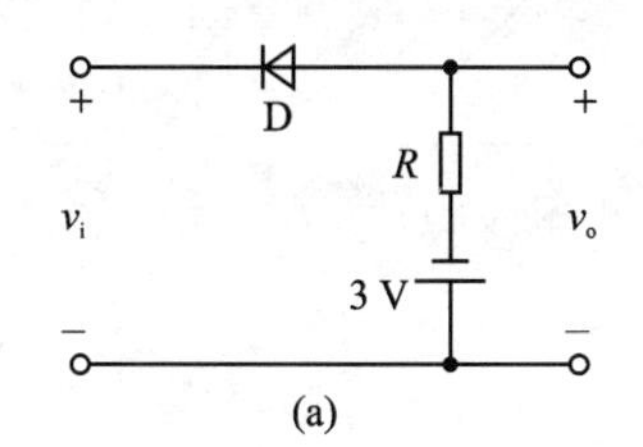

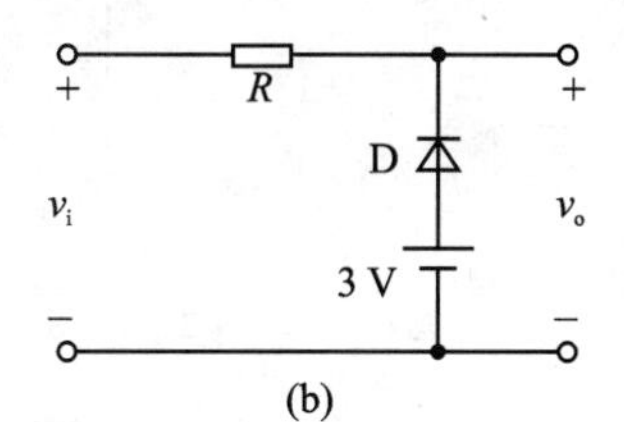

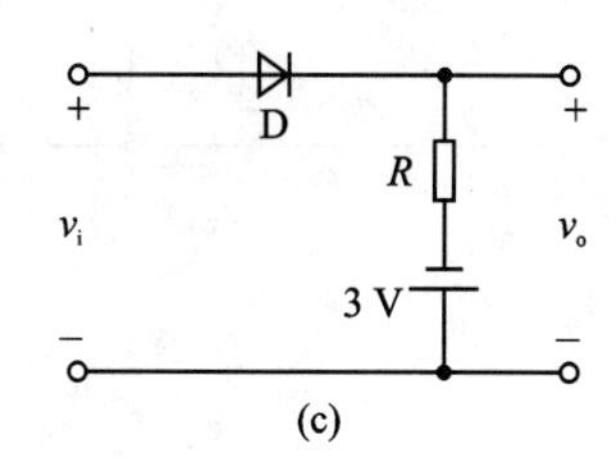

图 2.7.4 【习题 2-5】图

【习题 2-6】在如图 2.7.5 各电路中，设二极管均为理想二极管。试判断各二极管是否导通，并求 v_o 的值。

【习题 2-7】二极管双向限幅电路如图 2.7.6(a) 所示。若输入 v_i 为图 2.7.6(b) 所示的三角波，① 若二极管为理想二极管，试画出 v_o 的波形；② 采用恒压模型，画出 v_o 的波形。

【习题 2-8】在如图 2.7.7 所示的电路中，设二极管为理想二极管。当输入电压 v_i 由 0 逐渐增加到 10 V 时，试画出输出电压 v_o 和 v_i 的关系曲线。

【习题 2-9】有两只稳压二极管 D_{Z1}、D_{Z2}，其稳定电压分别为 $V_{Z1}=6.5$ V、$V_{Z2}=9.5$ V，正向导通压降均为 0.5 V。如果要得到 0.5 V，3 V，7 V，10 V 和 16 V 共 5 种电压，应该如何连接稳压二极管（包括限流电阻）？请设计电路。

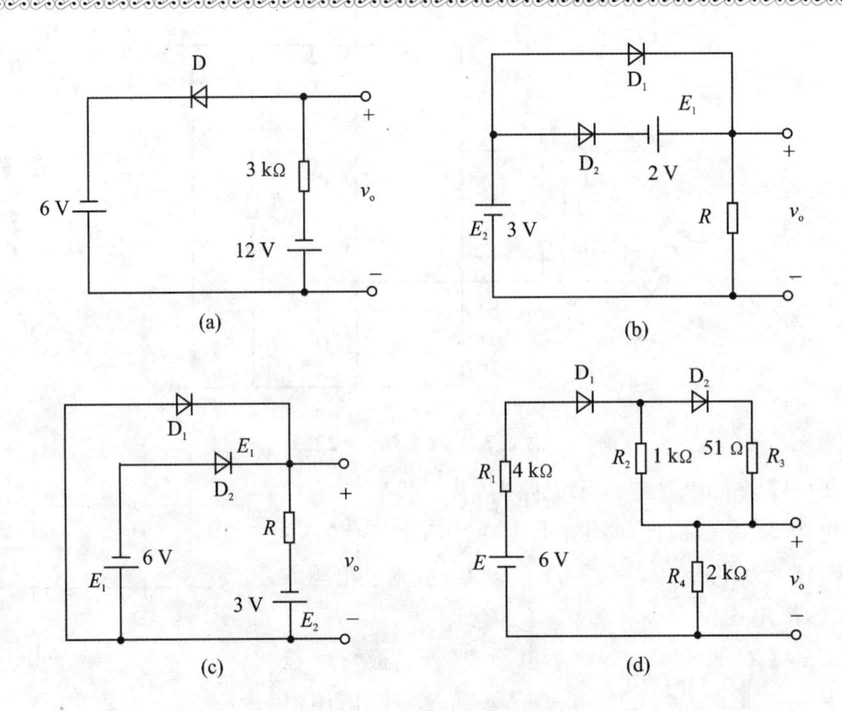

图 2.7.5 【习题 2-6】图

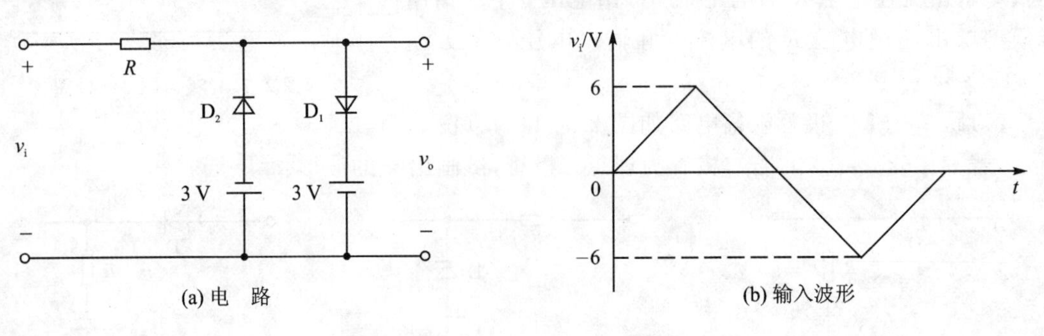

图 2.7.6 【习题 2-7】图

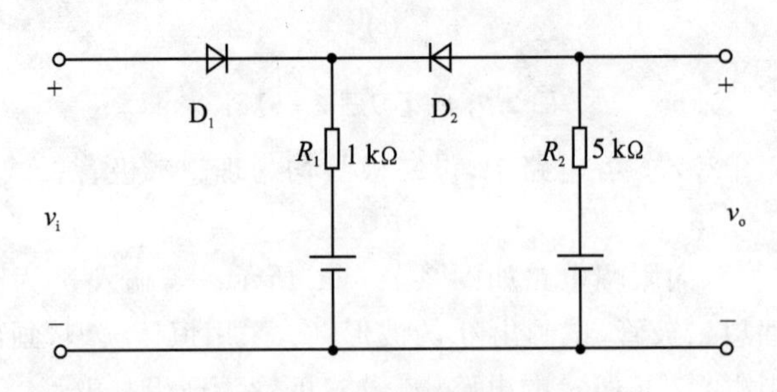

图 2.7.7 【习题 2-8】图

【习题 2-10】稳压二极管电路如图 2.7.8 所示，已知稳压管的 $V_Z=6\ \text{V}$，限流电阻 $R=100\ \Omega$。

① 当 $R_L=200\ \Omega$ 时，稳压管的 $I_Z=$？ $V_o=$？

② 当 $R_L=50\ \Omega$ 时，$I_Z=$？ $V_o=$？

【习题 2－11】在如图 2.7.9 所示电路中，设稳压管的 $V_Z=6$ V，正向导通压降为 0.7 V。若 $v_i=12\sin\omega t$(V)，试画出 v_o 的波形。

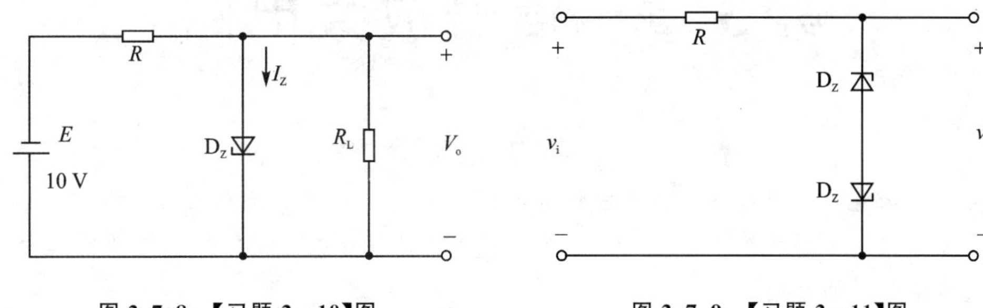

图 2.7.8　【习题 2－10】图　　　　图 2.7.9　【习题 2－11】图

【习题 2－12】稳压电路如图 2.7.10 所示，① 请写出稳压二极管的耗散功率 P_Z的近似表达式，说明 P_Z达到最大或最小值时，输入电压 v_i和负载 R_L的关系；② 写出限流电阻 R 消耗功率的表达式和负载吸收功率的表达式。

【习题 2－13】电路如图 2.7.10 所示，已知 V_{D_Z} 的稳定电压 $V_{D_Z}=10$ V，$I_{Z,\max}=100$ mA，$I_{Z,\min}=2$ mA，$R=100$ Ω。

① 若 $R_L=200$ Ω，试求出 v_i允许的变化范围。

② 若 $v_i=20$ V，试求出 R_L允许的变化范围。

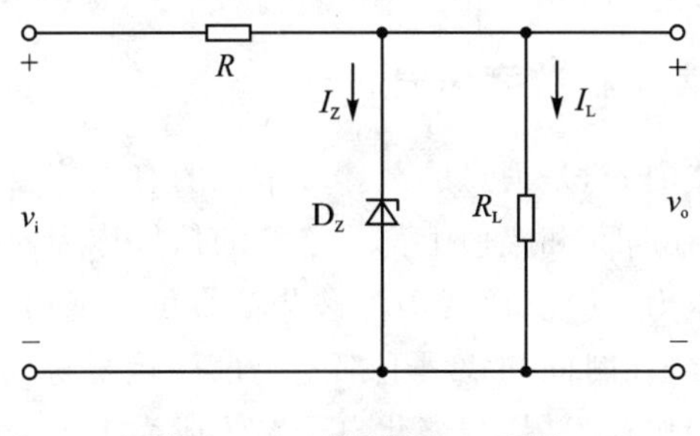

图 2.7.10　【习题 2－13】图

【习题 2－14】设计一稳压管并联式稳压电路，要求输出电压 $v_o=5$ V，输出电流 $I_o=12$ mA，若输入直流电压 $v_i=12\sim13.6$ V。试选择稳压二极管及限流电阻，并检验功率定额。

2.8　仿真习题

【仿真习题 2－1】利用 Multisim 仿真软件对图 2.7.6 所示的限幅器电路的功能进行仿真验证。

① 设输入 $v_i=4\sin 2\pi\times10^3\ t$(V)，观察 v_o波形。

② 设输入 $v_i=8\sin 2\pi\times10^3\ t$(V)，重新观察 v_o波形，并比较。

【仿真习题 2－2】利用 Multisim 仿真软件验证本章 2.7 节习题【习题 2－10】。

第3章　信号放大电路

本章内容概要

放大电路的主要作用是将微弱的电信号不失真地放大到需要的数值，而晶体管或场效应管又是放大电路最重要的核心器件，因此，半导体器件的结构、工作原理、特性曲线和主要参数等知识是本章学习的基础。

本章首先以晶体管共射放大电路为例，介绍放大电路的组成原则、放大原理和主要技术指标；随后着重介绍放大电路的静态分析和动态分析方法，包括公式法或图解法求解静态工作点，小信号等效电路法或图解法分析放大电路的动态性能，求其电压增益、输入电阻和输出电阻。以此为基础，进一步分析晶体管共集、共基组态放大电路和场效应管共源、共漏组态放大电路。最后介绍了多级放大电路静态和动态分析方法，以及放大电路的频率响应。

3.1 信　号

3.1.1 信号、模拟信号和数字信号

信号是运载信息的具体内容，是消息的载体。常见的有电信号、光信号和声信号等。信号包括模拟信号和数字信号，在时间和幅值上都是连续的信号称为模拟信号，日常生活中多数信号都是模拟信号，如温度、压力、速度、语音等。这些信号可以通过相应的传感器获取，并输入到模拟电路进行相应的处理；在时间和幅值上都是离散的信号称为数字信号，如二进制码、脉冲信号等。随着信息技术的快速发展，智能化电子系统成为主流，其主要特征是采用计算机或微处理器对数字信号进行处理，这就需要将模拟信号转换为数字信号。

3.1.2 放大电路与增益

放大电路的主要作用是将微弱信号进行不失真地放大。由于电子系统中绝大多数被测信号是微弱的模拟信号，各类传感器变换后的电信号也十分微弱（μV 或 mV 级），需要把这些微弱的电信号放大到数百毫伏（mV）级或数伏（V）级，才能驱动后级负载或进行数字化处理。有些电子系统甚至需要输出较大的功率驱动负载，这就必须研究模拟信号的放大电路，包括电压放大电路和功率放大电路等。本章重点介绍电压放大电路，而功率放大电路将在第 6 章中介绍。

放大电路是典型的双端口网络，如图 3.1.1 所示。在输入端口，v_S 为信号源，R_S 为信号源内阻，v_i、i_i 分别为输入电压和输入电流；在输出端口，v_o、i_o 分别为输出电压和输出电流，R_L 为放大电路负载；V_1、V_2 是直流供电电源，符号⊥表示公共端（也称公共“地”）。在实际应用中，经常用“增益”来衡量放大电路对信号的放大能力。例如：电压增益 $A_v=v_o/v_i$、电流增益 $A_i=i_o/i_i$、电阻增益 $A_R=v_o/i_i$、电导增益 $A_G=i_o/v_i$、功率增益 $A_o=P_o/P_i$ 等。

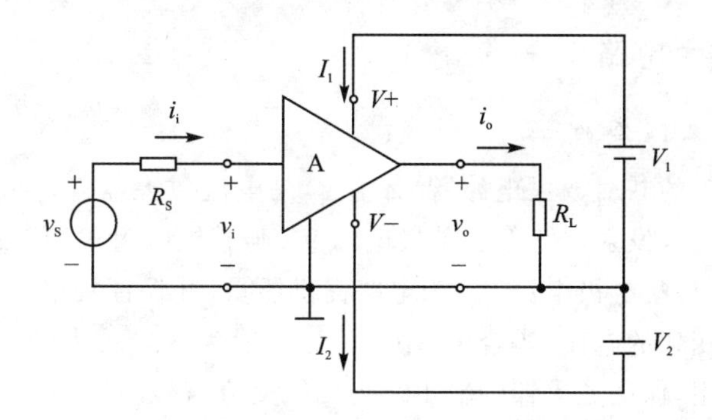

图 3.1.1 典型双端口网络结构图

3.1.3 放大电路的静态与动态

由图 3.1.1 可见，通常放大电路工作时处于交、直流共存的状态。为了方便分析，一般是将交流和直流分开讨论，由此引入两个重要的概念：静态和动态。静态是指放大电路无交流信号输入时，电路的电压和电流都是直流的状态；动态是指电路有交流信号输入时，电路中的电压和电流随输入信号做相应变化的状态。

对于放大电路的静态分析利用电路理论比较容易解决，但是对于动态分析，由于半导体器件具有非线性特性，分析难度大，解决的方法是对非线性器件做线性化处理，建立小信号等效模型，在此基础上，分析计算放大电路的性能及指标。本章将从 3.2 节开始重点分析晶体管放大电路和场效应管放大电路。

3.2 晶体管放大电路

三极管具有电流放大或电流控制作用，利用这一特性可以组成各种放大电路，常见的有三种组态放大电路，即共射、共基、共集。三者连接方式上的区别是：共射是基极为输入端，集电极为输出端，发射极为公共端；共基是发射极为输入端，集电极为输出端，基极为公共端；共集是基极为输入端，发射极为输出端，集电极为公共端。由此可见，以公共端命名的三种组态，如图 3.2.1 所示。三种组态的放大电路均是二端口网络结构，从输出电流与输入电流的关系可见，共射组态电流增益为 β，共基组态电流增益为 α，共集组态电流增益为$\frac{1}{1-\alpha}$。

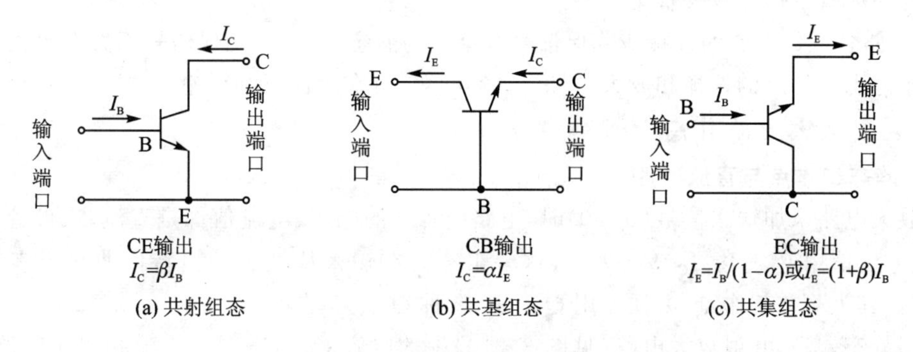

图 3.2.1 三种组态放大电路组态

3.2.1 共射放大电路

1. 电路组成及工作原理

图 3.2.2 是最简单的共射放大电路，晶体管 T 是电流放大器件，要使晶体管工作在放大区，必须保证集电结反偏，发射结正偏。基极电源 V_{BB} 与基极电阻 R_B 使发射结处于正偏，并提供大小适合的基极电流；集电极电源 V_{CC} 为电路提供能量，并保证集电结反偏；集电极电阻 R_C 将变化的电流转变为变化的电压；耦合电容 C_{B1}、C_{B2} 一般为容量较大的有极性的电解电容，具有隔直流通交流的作用，保证放大器的输出端得到纯交流信号。

为了分析方便，对图 3.2.2 简化后形成图 3.2.3，用 V_{CC} 取代 V_{BB} 可以确保晶体管 T 继续满足放大条件，V_{CC} 采用电子系统常用的习惯画法，表示正端接于 R_C 和 R_B，负端接公共地。

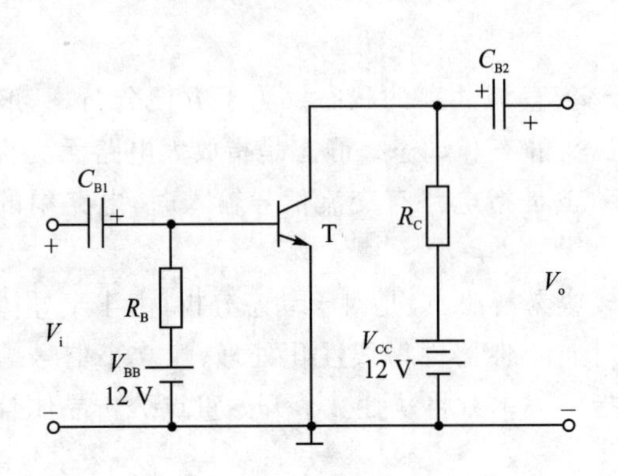

图 3.2.2 基本共射放大电路

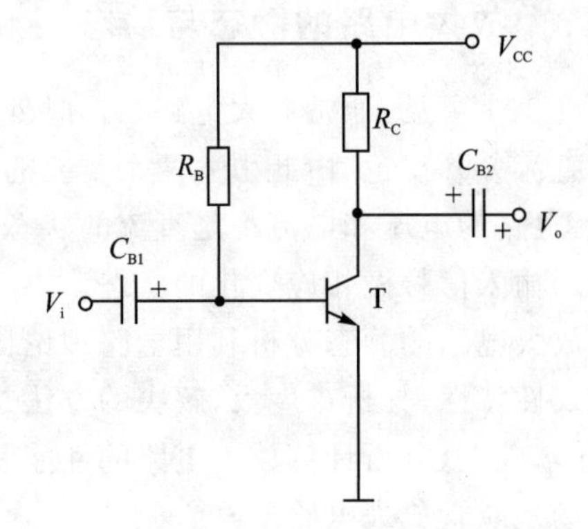

图 3.2.3 基本共射放大电路简化电路

以共射放大电路图 3.2.2 为例，简单分析其放大原理：当输入电压 V_i 为 0 时（见图 3.2.4(a)），电路中各电压和电流均是直流，则 i_B、i_C、i_E、v_{CE} 分别为直流量 I_B、I_C、I_E 和 V_{CE}，电容 C_{B1}、C_{B2} 隔断直流，故 $V_o=0$；当输入电压 v_i 为正弦电压时（见图 3.2.4(b)），电路中的 i_B、i_C、i_E、v_{CE} 分别在各自直流信号基础上迭加交流信号，且满足 $i_C=\beta i_B$，v_{CE} 与 i_C 成反比变化趋势且与 V_i 相位相反，在输出端 v_{CE} 信号的直流分量被 C_{B2} 隔断，所以在 V_o 获得了纯交流正弦信号。结果为：V_o 幅度得到放大，但相位与 V_i 相反。

综合上述分析，可得基本放大电路的组成原则：

① 必须有直流电源，电源的设置应使晶体管发射结正偏（正向电压），集电结反偏（反向电压），保证晶体管工作在放大状态。

② 电路各元件参数的选择应确保信号有合适的静态工作点，确保信号不失真的放大。

关于静态工作点的选择和放大信号失真等问题，将在后面详细讨论。

2. 共射放大电路静态分析

(1) 静态工作点与直流通路

当放大电路未加输入信号（$v_i=0$）时，电路中各处的电压、电流值都是直流，三极管各电极的电压、电流值用 V_{BE}、I_B、I_C、V_{CE} 表示，这一组数值在输入特性和输出特性曲线上表示一个点，所以称其为静态工作点，习惯上用 Q 表示，或称 Q 点。

对于静态，基本共射放大电路（见图 3.2.3）中的电容 C_{B1}、C_{B2} 对于直流相当于断路，这时画出直流电流流经的通路如图 3.2.5 所示，此电路称为基本共射放大电路的直流通路。

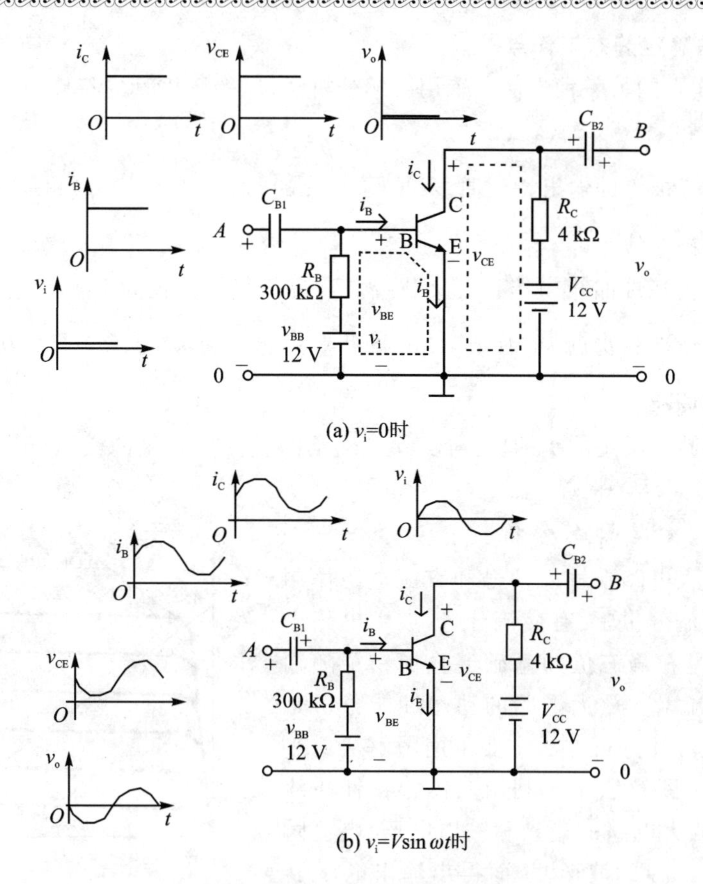

(a) v_i=0时

(b) $v_i=V\sin\omega t$时

图 3.2.4 共射放大电路放大原理图

(2) 用公式法估算静态工作点

对于图 3.2.5 所示直流通路，有 $V_{CC}=I_B\cdot R_B+V_{BE}$，故

$$I_B=\frac{V_{CC}-V_{BE}}{R_B} \tag{3-1}$$

式中：V_{BE}为三极管发射结电压，对于硅管约为 0.7 V 左右，对于锗管约为 0.3 V 左右。一般情况 $V_{CC}>V_{BE}$，所以近似有

$$I_B\approx\frac{V_{CC}}{R_B} \tag{3-2}$$

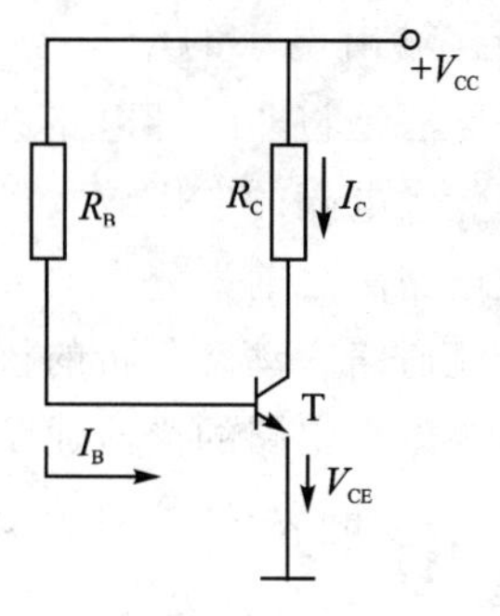

图 3.2.5 共射放大电路的直流通路

式中：I_B 为固定值，通常称 I_B 为基极偏置电流，R_B 为基极偏置电阻。

三极管在线性放大区满足

$$I_C\approx\beta I_B \tag{3-3}$$

由图 3.2.5 电路可得

$$V_{CE}=V_{CC}-I_CR_C \tag{3-4}$$

由此可见，在已知三极管 β 值的情况下，通过式(3-1)～式(3-4)可以很容易估算出放大电路的静态工作点，即 Q 点 I_B、I_C 和 V_{CE} 值 。

(3) 用图解法确定静态工作点

确定静态工作点的另一种方法是采用图解分析法，借助三极管的特性曲线，通过画图确定 Q 点，具体步骤如下：

第一步，已知三极管的输出特性曲线(见图 3.2.6)，通过 $I_B=\dfrac{V_{CC}-V_{BE}}{R_B}$确定 I_B，找到曲线簇中 I_{BQ}对应的一条曲线。

第二步，在输出特性曲线中作直流负载线。直流负载线方程为 $V_{CE}=V_{CC}-I_C R_C$，它是一条直线，该直线与横坐标交点为 $N(V_{CC},0)$、与纵坐标交点为 $M\left(0,\dfrac{V_{CC}}{R_C}\right)$，连接 MN 两点确定的直线称为直流负载线。

第三步，由步骤一确定的 I_B 曲线与步骤二确定的直流负载线的交点即为静态工作点 Q，从该 Q 点可读出 I_{BQ}、I_{CQ}和 V_{CEQ}值。

3. 共射放大电路动态分析

在动态时，放大电路在输入信号和直流电源作用下，电路中既有直流分量，又有交流分量，放大电路中的电流和电压都是在静态值的基础上叠加一个随输入信号变化的交流量。放大电路的动态性能分析是本章重要内容之一，其分析方法主要采用图解法或小信号等效电路法。图解法主要利用晶体管特性曲线及输入信号分析放大电路的输入和输出电压、电流瞬时值，即 v_{BE}、i_B、i_C、v_{CE} 的波形，从而得出输出电压 v_o 的波形、输出电压 v_o 与输入电压 v_i之间的相位关系，以及研究输出电压的动态范围和失真问题。小信号等效电路法是将非线性电路进行线性化处理，建立放大电路的小信号等效电路模型，进一步分析计算放大电路的电压放大倍数、输入电阻、输出电阻等性能参数。下面在学习图解法和小信号等效电路法之前先建立放大电路交流通路的概念。

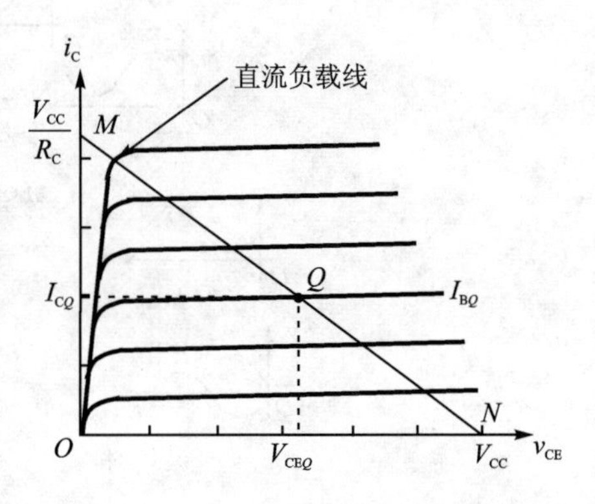

图 3.2.6 图解法确定 Q 点

交流通路　动态分析的核心是关注交流量以及交流量的传输过程，因此，将交流量通过的路径称为放大电路的交流通路。以图 3.2.3 为例，画出该电路的交流通路的方法是：利用耦合电容 C_{B1}、C_{B2}的容量大，对于交流量可视为短路；直流电源 V_{CC}的内阻很小，电源端电压的变化量基本等于零，对于交流量可视为短路，若考虑外接负载 R_L，得出共射放大电路的交流通路如图 3.2.7 所示。

放大电路的交流通路为学习和掌握图解法和小信号等效电路法奠定了基础，以便进一步掌握放大电路的动态性能、信号的非线性失真等有效的分析方法。

(1) 图解分析法

图解分析法可以直观地分析放大电路的动态信号波形以及波形失真情况，主要借助于晶体管的输入特性和输出特性，并通过动态负载线辅助确定输出电流和输出电压的变化范围；分析放大电路动态性能，观察波形的失真情况。

① 动态性能分析　图 3.2.8(a)、(b)给出了某晶体管的输入、输出特性。图中的静态工作点(Q)是各信号变化范围(从 Q'到 Q'')的中心点。对于晶体管而言，Q 点是指电路工作在静态

时的 I_B、I_C、V_{CE}之值，该三个电量值对应特性曲线坐标系可唯一确定一点。

对应图3.2.8(a)输入特性而言，当 $v_i = V\sin\omega t$ 时，将电压 v_i经过 v_{BE} 轴确定的动态范围转化为电流 i_B(可读出 i_B范围为20～60 μA)。

对应图3.2.8(b)输出特性而言，首先要画出一条动态负载线，即该直线由式(3-5)方程确定，即

$$v_{CE} = V_{CE} - (i_C - I_C) \cdot R'_L \quad (3-5)$$

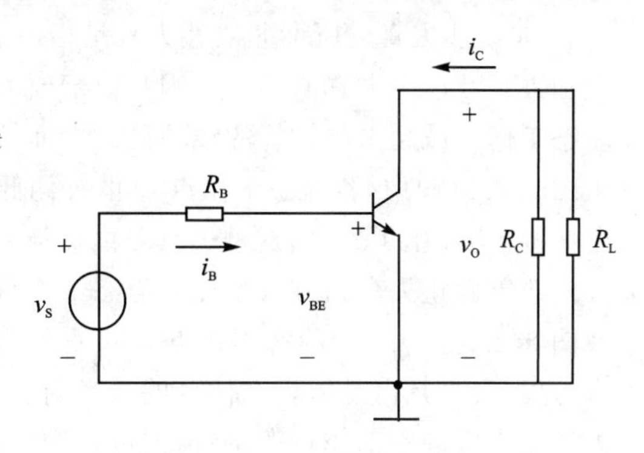

图3.2.7　共射放大电路的交流通路

在输出特性曲线上画出动态负载线的简单方法是采用两点确定一条直线。由于正弦波过零点时，电路的动态和静态相同，所以动态负载线一定通过 Q 点；又由于方程式(3-5)与横轴交点为 $V_{CE} + i_C R'_L$，其中 $R'_L = R_C /\!/ R_L$(考虑外接负载)，依据这两个点可以方便地画出动态负载线。

上述分析可见，方程式(3-5)对于快速画出流动态负载线十分重要，其推导过程如下：

设电路中的动态信号表示为 i_C、v_{CE}，直流量表示为 I_C、V_{CE}，交流量表示为 i_c、v_{ce}，则

$$i_C = I_C + i_c \quad (3-6)$$

$$v_{CE} = V_{CE} + v_{ce} \quad (3-7)$$

由交流通路(见图3.2.7)可知

$$v_{ce} = -i_c \cdot R'_L = -(i_C - I_C) \cdot R'_L \quad (3-8)$$

将式(3-8)代入式(3-7)得到动态负载线

$$v_{CE} = V_{CE} - (i_C - I_C) \cdot R'_L \quad (3-9)$$

根据图3.2.8(a)确定的 i_B范围，在图3.2.8(b)找到 i_B与动态负载线的交点，便可以确定被放大的 i_C、v_{CE}信号范围，v_{CE}交流分量就是输出电压 v_o，它是与 v_i 同频率且幅度被放大的正弦波，但两者相位相反，这是共射放大电路的重要特点。

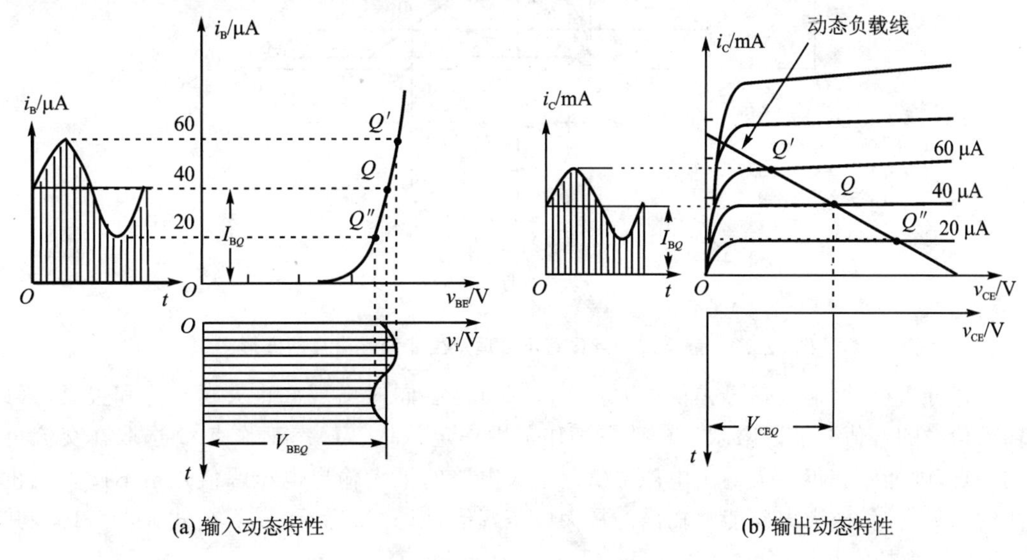

(a) 输入动态特性　　(b) 输出动态特性

图3.2.8　图解法分析动态特性

② 非线性失真　所谓非线性失真是指由于晶体管的非线性而造成的失真，包括截止失真和饱和失真。产生失真的基本原因是由于放大电路的静态工作点设置不当或输入信号太大，使动态工作区域超出晶体管的线性区。下面结合图 3.2.9 来分析两种非线性失真。

图 3.2.9(a)中，若静态工作点 Q 设置偏低，即使 v_i 输入的是正弦电压，产生的电流 i_B、i_C 和电压 v_{CE} 均发生了失真，这种失真是由晶体管在信号的负半周进入截止区造成的，称为截止失真。改善截止失真的方法是提高静态工作点的位置，即可以减小 R_B 电阻或提高 I_B。

图 3.2.9(b)中，若静态工作点 Q 设置偏高，如果 v_i 输入的是正弦电压，i_B、i_C、v_{CE} 也会产生失真，这种失真是由晶体管在信号的正半周进入饱和区造成的，称为饱和失真。改善饱和失真的方法是降低静态工作点的位置，即可以增大 R_B 或减小 I_B。

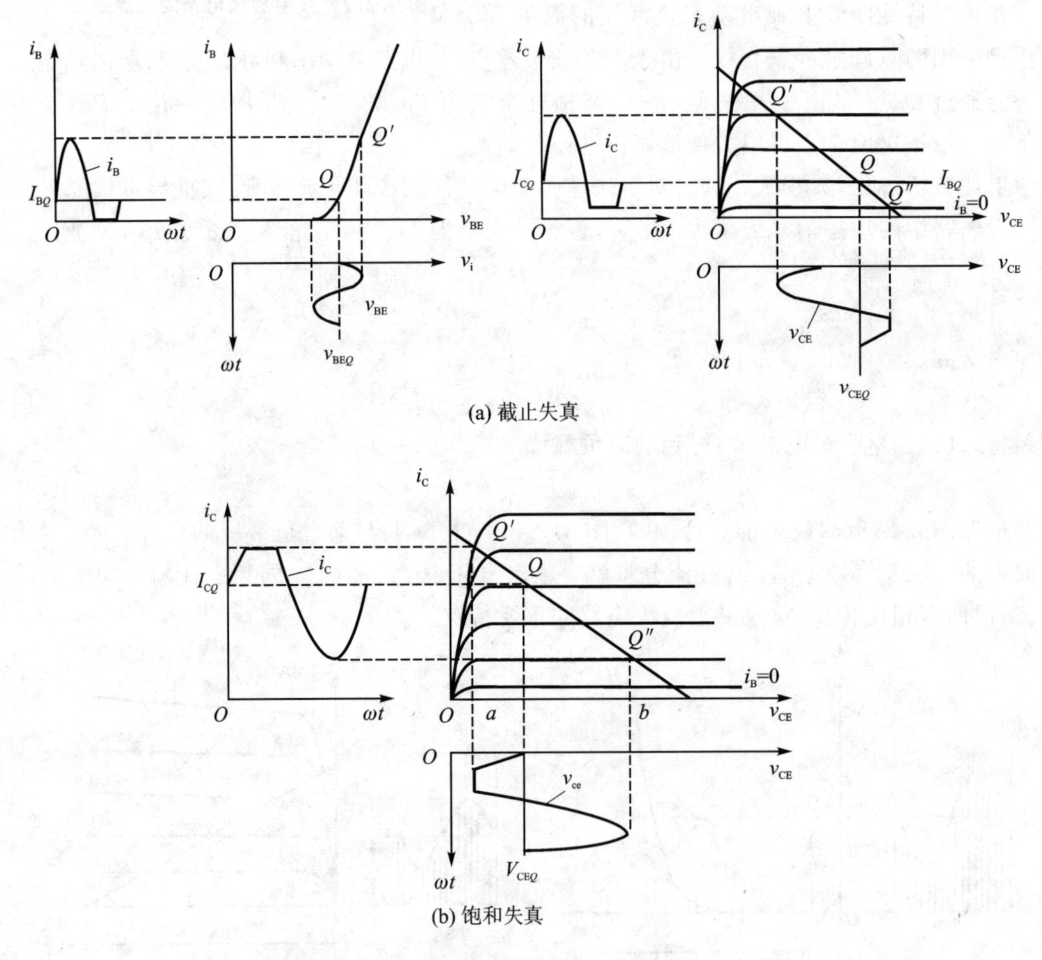

图 3.2.9　静态工作点设置不合适产生非线性失真的波形图

上述分析可见，输入信号幅值过大，v_{CE} 和 v_o 可能会同时出现截止失真和饱和失真，因此，对输入信号的幅值要加以限制。若动态工作范围一定，那么，静态工作点 Q 选取在交流负载线的中点，则能够获得最大输出电压幅值。放大电路的最大输出电压幅值是指不产生截止失真或饱和失真时，放大电路能够输出的最大电压幅值，用 $v_{o,max}$ 表示，估算公式如(3-10)，其中 V_{CES} 为晶体管的饱和压降，一般取 1 V，即

$$v_{o,max} = \min[(V_{CE} - V_{CES}), I_C R_L'] \quad (3-10)$$

图解法分析放大电路的优点是可以直观、全面地了解放大电路的工作情况，帮助理解静态和动态等重要概念，能够在特性曲线上合理地设置静态工作点和选择电路参数。但是，图解法也有其局限性，它不便于计算出放大信号的幅值、电压放大倍数以及放大电路的输入电阻和输出电阻等动态性能指标。为此需要介绍另一种分析方法——小信号等效电路法。

(2) 小信号等效电路分析法

在分析各种放大电路的性能指标过程中，由于三极管具有非线性特性，直接运用数学分析方法困难大，因此采用对非线性器件进行线性化处理，建立三极管小信号等效电路线性模型是分析放大电路常用的方法。"小信号"是指当放大电路的输入信号电压很小时，可以把三极管小范围内的特性曲线近似地用直线来代替，以满足精度要求，从而将三极管这个非线性器件所组成的电路当作线性电路来处理，简化了电路的分析。

① 三极管小信号等效电路模型的建立　对于 BJT 双口网络，已知输入输出特性曲线函数描述为

$$i_B = f(v_{BE})\big|_{v_{BE}=\text{const}}, \quad i_C = f(v_{CE})\big|_{i_B=\text{const}} \tag{3-11}$$

$$\left.\begin{aligned} v_{BE} &= f_1(i_B, v_{CE}) \quad (3-12)\\ i_C &= f_2(i_B, v_{CE}) \quad (3-13) \end{aligned}\right\}$$

求偏导可以改写为：

$$\left.\begin{aligned} dv_{BE} &= \frac{\partial v_{BE}}{\partial i_B}\bigg|_{V_{CE}} \cdot di_B + \frac{\partial v_{BE}}{\partial v_{CE}}\bigg|_{I_B} \cdot dv_{CE} \\ di_C &= \frac{\partial i_C}{\partial i_B}\bigg|_{V_{CE}} \cdot di_B + \frac{\partial i_C}{\partial v_{CE}}\bigg|_{I_B} \cdot dv_{CE} \end{aligned}\right\} \tag{3-14}$$

用交流量代替变化量，用 h 参数代替四个不同量纲的变化量比值关系，即

$$v_{be} = h_{iE} i_b + h_{rE} v_{ce} \tag{3-15}$$

$$i_c = h_{fE} i_b + h_{oE} v_{ce} \tag{3-16}$$

其中：$h_{iE} = \dfrac{\partial v_{BE}}{\partial i_B}\bigg|_{V_{CE}}$　V_{ce}交流短路时的输入电阻 r_{be}　(3-17)

$h_{fE} = \dfrac{\partial i_C}{\partial i_B}\bigg|_{V_{ce}}$　V_{CE}交流短路时电流放大系数 β　(3-18)

$h_{rE} = \dfrac{\partial v_{BE}}{\partial v_{CE}}\bigg|_{I_B}$　输入端交流开路时的反向电压传输比 v_t　(3-19)

$h_{oE} = \dfrac{\partial i_C}{\partial v_{CE}}\bigg|_{I_B}$　输入端交流开路时的输出电导 $1/r_o$　(3-20)

四个参数量纲各不相同，故称为混合参数(h 参数)。

用放大电路常用参数代替 h 参数，得

$$v_{be} = r_{be} i_b + v_t v_{ce} \tag{3-21}$$

$$i_C = \beta i_b + v_{ce}/r_o \tag{3-22}$$

三极管的小信号等效电路模型如图 3.2.10 所示。考虑到 v_t 很小和 r_o 很大，可忽略这两项，该模型可以进一步简化为图 3.2.11 形式，更加方便分析。

一般对于小功率三极管，r_{be}可以由下面公式计算，即

$$r_{be} = r_B + (1+\beta)\frac{26\ \text{mV}}{I_E} = 200\ \Omega + (1+\beta)\frac{26\ \text{mV}}{I_E(\text{mA})} \tag{3-23}$$

式中：I_E 是发射极电流的静态值，r_B 为基区体电阻，取值范围在 100～300 Ω 之间，对于低频小功率三极管一般取 200 Ω。

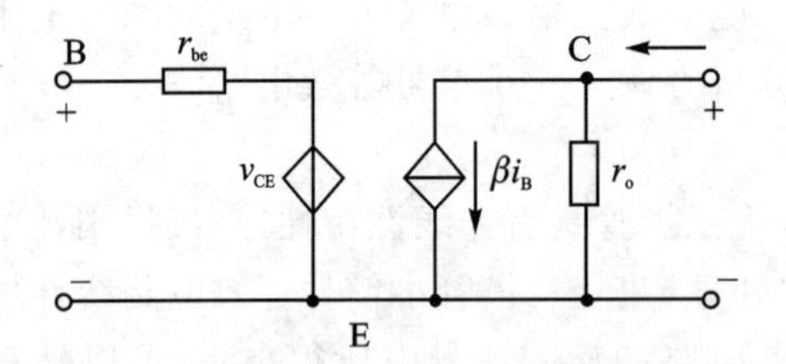

图 3.2.10 三极管小信号等效电路简化模型

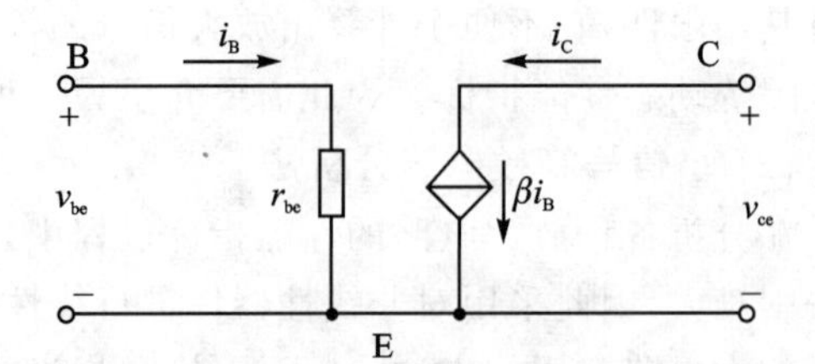

图 3.2.11 三极管小信号等效电路模型

② 小信号等效模型法分析共射放大电路　以图 3.2.12(a)基本共射放大电路为例，采用小信号等效模型法分析放大电路动态性能指标步骤如下。

第一步，画出放大电路的小信号等效电路

首先画出图 3.2.12(a)所示的放大电路的交流通路，再将晶体管小信号等效模型(见图 3.2.11)替换晶体管 T，形成如图 3.2.12(b)所示的基本共射放大电路的小信号等效电路。由于放大电路的输入信号通常是正弦信号，故等效电路中的电压、电流以及放大倍数可以用相量表示，图中方向均为参考方向。

第二步，计算电压增益 A_v

电压增益是衡量放大电路放大能力的性能指标，其定义为输出电压与输入电压之比。即

$$A_v=\frac{V_o}{V_i} \tag{3-24}$$

由图 3.2.12(b)可列出

$$\dot{A}_V=\frac{\dot{V}_o}{\dot{V}_i}=\frac{-\beta i_B(R_C\ /\!/\ R'_L)}{i_B r_{be}}=-\frac{\beta R'_L}{r_{be}} \tag{3-25}$$

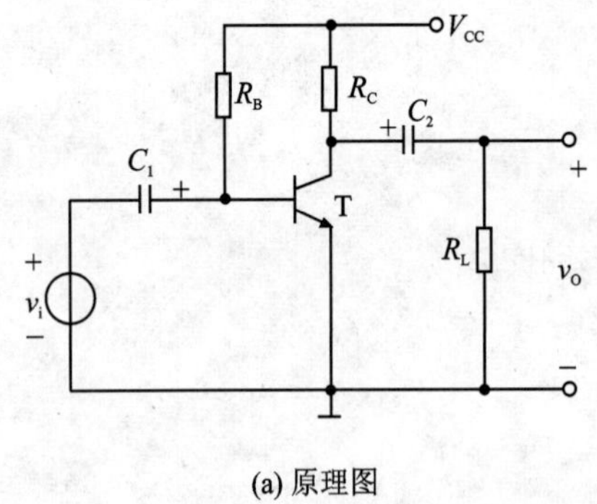

(a) 原理图

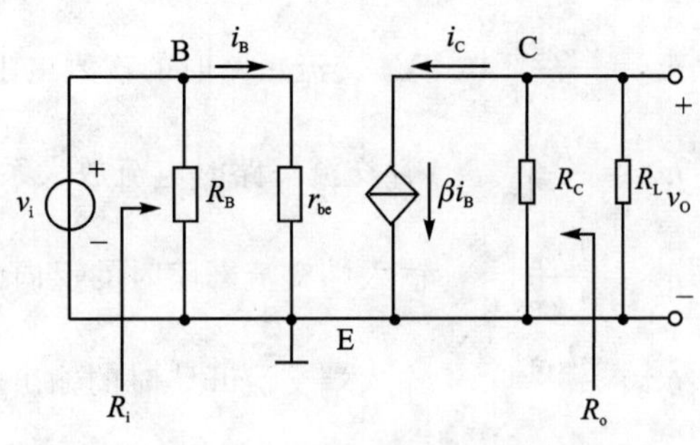

(b) 小信号等效电路

图 3.2.12 基本共射放大电路

由式(3-25)可见，输出电压与输入电压相位相反，电压增益较高，实现了电压放大作用。

第三步，计算输入电阻 R_i

放大电路的输入电阻定义：输入电压与输入电流的比值，即 $R_i=\frac{v_i}{i_i}$，其阻值越大反映放大电路从信号源获取的信号幅值就越大。

由图 3.2.12(b)可列出

$$R_i = R_B \,/\!/\, \frac{v_i}{i_B} = R_B \,/\!/\, \frac{i_B r_{BE}}{i_B} = R_B \,/\!/\, r_{BE} \tag{3-26}$$

第四步,计算输出电阻 R_o。

依据输出电阻的定义,在输出端空载(负载 R_L 开路),信号源短路($v_s=0$,若有信号源内阻 R_s 则保留)的条件下,放大电路输出端加测试电压 V_t,产生测试电流 I_t,两者的比值定义为放大电路的输出电阻,即

$$R_o = \left.\frac{V_t}{I_t}\right|_{R_L=\infty,\, v_s=0} \tag{3-27}$$

如图 3.2.13 为放大电路输出电阻求解框图。R_o 阻值越大反映了放大电路带负载能力就越强。带负载能力是指放大电路输出量随着负载变化的程度。当负载变化时,输出量变化小,表明带负载能力强。

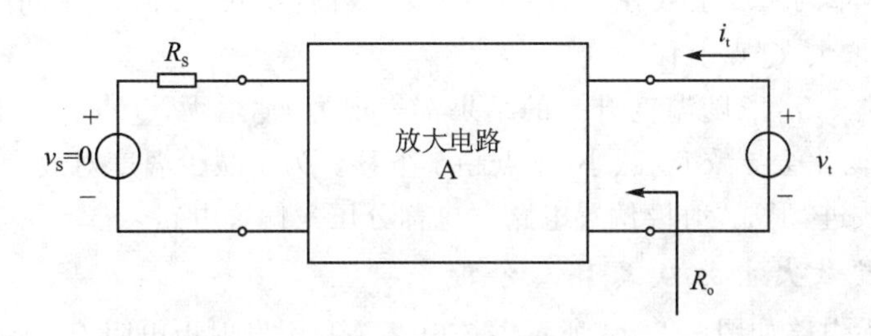

图 3.2.13　放大电路输出电阻求解框图

结合图 3.2.12(b)可列出

$$R_o = \left.\frac{V_t}{I_t}\right|_{R_L=\infty,\, v_i=0\to i_B=0\to i_C=0} = R_C \,/\!/\, \frac{v_t}{i_c} \approx R_C \tag{3-28}$$

本节通过对图解法和小信号等效电路法的学习,读者可以看出,两者在放大电路动态分析中各具特点,且相互补充,在实际中可以灵活应用。一般情况,输入为小信号或晶体管应在线性范围内工作,因此采用小信号等效电路法分析比较方便;而对于大信号,如功率放大电路,则采用图解法分析比较适合。

3.2.2　射极偏置放大电路

为了使放大电路具有良好的放大作用,晶体管不仅要有一个合适的静态工作点,而且还要使静态工作点稳定,通常采用具有共射组态结构的射极偏置放大电路。本节将重点研究射极偏置放大电路的静态工作点稳定原理、静态工作点的确定和动态性能指标计算等问题。

在分析电路之前,首先应了解静态工作点与哪些参数关联,以便从概念上理解射极偏置放大电路稳定静态工作的本质。

1. 静态工作点稳定问题

放大电路在实际应用中,由于直流电源 V_{CC} 的波动,电路器件老化或参数分散性、环境温度影响等因素,都会导致静态工作点的不稳定,其中温度的变化对晶体管的 I_{CBO}、V_{BE}、β 的影响是造成 Q 点不稳定的主要因素。温度发生较大变化时,晶体管参数 I_{CBO}、V_{BE}、β 都会直接或间接导致放大电路的静态电流 I_{CQ} 变化,造成静态工作点移动,严重时导致放大信号产生失真。

温度对晶体管参数及特性的影响情况分析如下:

(1) 温度对 I_{CBO} 的影响

I_{CBO}是集电区和基区的少数载流子在集电结反向电压的作用下形成的漂移电流,对温度十分敏感。实验结果表明:温度每升高 1℃,I_{CBO}约增大一倍。由于 $I_{CQ}=\beta I_{BQ}+I_{CEQ}=\beta I_{BQ}+(1+\beta)I_{CBQ}$,故 I_{CBO}增大会导致I_{CQ}增大,在晶体管输出特性曲线上表现为曲线簇向上平移,Q点上移。

(2) 温度对 β 的影响

温度升高时,加快了晶体管内部载流子的扩散速度,减少了基区内载流子的复合作用,因而β增大。实验结果表明:温度每升高 1℃,β增大 0.5 %~1.0 %。β的增大在晶体管输出特性曲线上表现为曲线簇间距变宽,Q点上移,I_{CQ}增大。

(3) 温度对 V_{BE} 的影响

多数晶体管V_{BE}的温度系数在-2.2 mV/℃。当温度升高时,V_{BE}的值会下降,导致放大电路I_{BQ}增大,I_{CQ}增大,Q点上移。

综上所述,I_{CBO}、V_{BE}、β随温度升高的结果都表现为I_{CQ}增大,Q点趋于上移;相反,温度降低,I_{CBO}、V_{BE}、β的变化会导致I_{CQ}减小,Q点趋于下移。为了减少温度对放大电路Q点的影响,提出对图 3.2.3 改进,形成"射极偏置电路"(也称分压式偏置电路)。

2. 射极偏置放大电路及其静态分析

射极偏置放大电路如图 3.2.14 所示。该电路是利用发射极电阻R_E上的压降V_E,通过负反馈调节作用达到稳定静态工作点的目的。

(1) 静态工作点稳定原理

电路中,R_{B1}和R_{B2}组成分压器,如果$I_1 \gg I_B$,$V_B \gg V_{BE}$。一般$I_1=(5\sim10)I_B$,$V_B=3\sim5$ V,就可以认为V_B为常数。即

$$V_B \approx \frac{R_{B2}}{R_{B1}+R_{B2}} \cdot V_{CC} \tag{3-29}$$

由式(3-29)可见,V_B与晶体管参数无关,不受温度影响。电路稳定静态工作点的过程可以表述为

$$温度升高 \rightarrow I_{CQ}\uparrow \rightarrow V_E\uparrow \rightarrow V_{BE}\downarrow \rightarrow I_B\downarrow \rightarrow I_{CQ}\downarrow$$

从稳定过程可以看出,R_E愈大,反映V_E受I_{CQ}变化影响愈大,稳定静态工作点效果愈好。但是在动态分析中将会发现:R_E愈大,电压增益将会明显下降,因此后面还将对电路进一步改进。

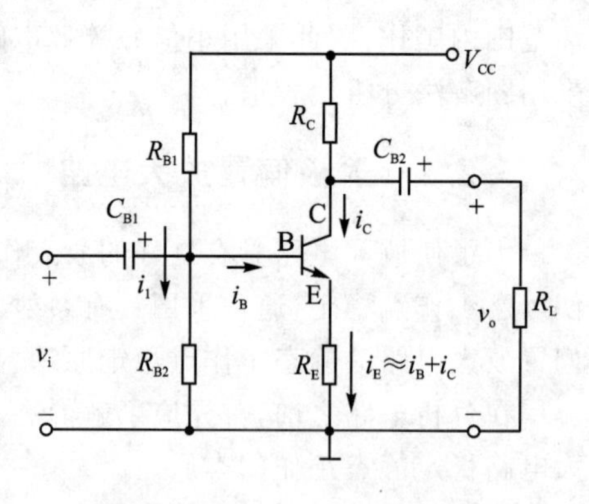

图 3.2.14 射极偏置放大电路

(2) 静态分析

图 3.2.14 射极偏置放大电路的直流通路如图 3.2.15 所示。

在$I_1=(5\sim10)I_B$条件下

$$V_B \approx \frac{R_{B2}}{R_{B1}+R_{B2}} \cdot V_{CC} \tag{3-30}$$

$$I_C \approx I_E = \frac{V_B - V_{BE}}{R_E} \tag{3-31}$$

$$V_{CE} = V_{CC} - I_C R_C - I_E R_E \approx V_{CC} - I_C(R_C + R_E) \tag{3-32}$$

$$I_B = \frac{I_C}{\beta} \tag{3-33}$$

(3) 动态分析

采用小信号等效电路分析法，首先画出图 3.2.14 电路的小信号等效电路，如图 3.2.16 所示。

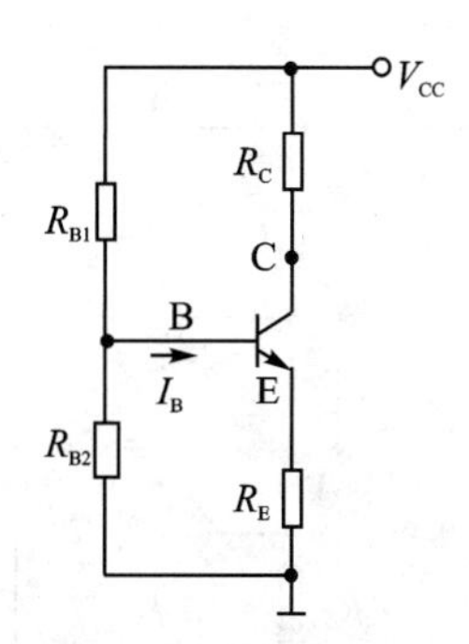

图 3.2.15　直流通路

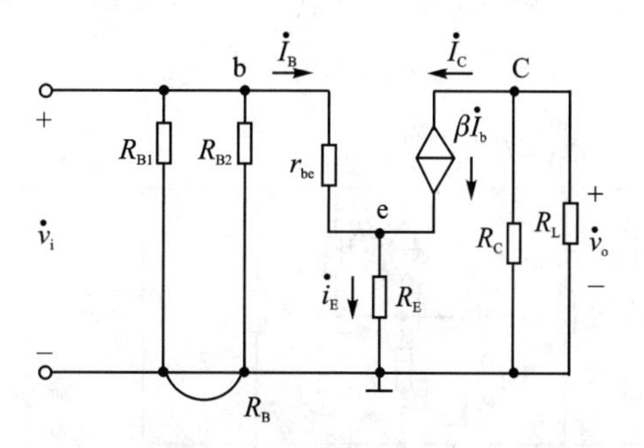

图 3.2.16　射极偏置放大电路的小信号等效电路

在建立了小信号等效电路的基础上，计算放大电路的电压增益、输入电阻和输出电阻并分析如下：

因为：

$$V_o = -I_c R'_L = -\beta I_b R'_L \quad (式中\ R'_L = R_C \,/\!/\, R_L) \tag{3-34}$$

$$V_i = I_b[r_{be} + (1+\beta)R_E] \tag{3-35}$$

则电压增益：

$$A_v = \frac{V_o}{V_i} = \frac{-\beta I_b R'_L}{I_b[r_{be} + (1+\beta)R_E]} = \frac{-\beta R'_L}{r_{be} + (1+\beta)R_E} \tag{3-36}$$

从电路的输入端看：

$$R_i = R_{B1} \,/\!/\, R_{B2} \,/\!/\, R'_i \tag{3-37}$$

$$R'_i = \frac{V_i}{I_b} = r_{be} + (1+\beta)R_E \tag{3-38}$$

将式(3-38)代入式(3-37)，得放大电路的输入电阻为

$$R_i = R_{B1} \,/\!/\, R_{B2} \,/\!/\, [r_{be} + (1+\beta)R_E] \tag{3-39}$$

求输出电阻需要根据定义画出其等效电路，为了使推导计算结果便于参考，用信号源 V_S 和其内阻 R_S 串联取代电路 V_i，并考虑晶体管输出电阻 r_{ce}，画出求输出电阻的等效电路，该电路如图 3.2.17 所示。

输出电阻的计算可以通过列写 KVL 方程推导出

$$I_b(r_{be} + R'_S) + (I_b + I_C)R_E = 0 \tag{3-40}$$

$$V_T = (I_C - \beta I_b)r_{CE} - (I_B + I_C)R_E \tag{3-41}$$

式中：

$$R'_S = R_S \,/\!/\, R_{B1} \,/\!/\, R_{B2}$$

$$R'_o = \frac{V_T}{I_C} = r_{CE}\left(1 + \frac{\beta R_E}{r_{be} + R'_S + R_E}\right) \tag{3-42}$$

一般取 $R'_o \gg R_C$，所以

$$R_o = R_C \,/\!/\, R'_o = R_C \,/\!/\, r_{CE}\left(1+\frac{\beta R_E}{r_{be}+R'_S+R_E}\right) \approx R_C \tag{3-43}$$

以上述分析可知：在静态时，R_E 电阻通过负反馈控制作用，稳定了静态工作点，其值越大，稳定效果越好；而动态时，R_E 值越大，A_v 越小。为了解决这个矛盾，实际应用中常在 R_E 两端并联一个射极旁路电容 C_E（一般几十到几百微法），如图 3.2.18 所示。由于静态时 C_E 作开路处理，因此不影响 R_E 稳定 Q 点的作用，而动态时 C_E 作短路处理，R_E 不会降低 R_v。

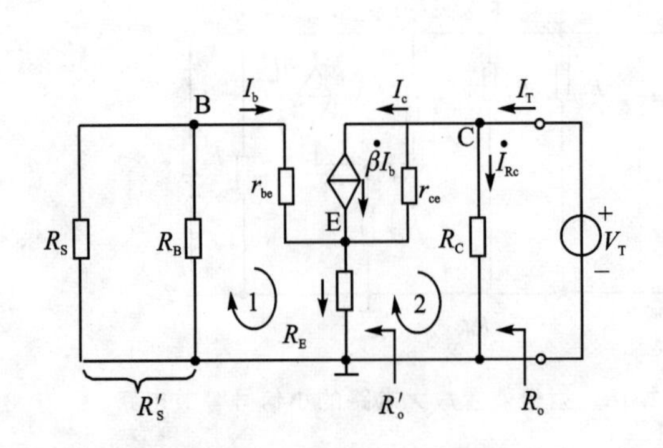

图 3.2.17　求输出电阻等效电路

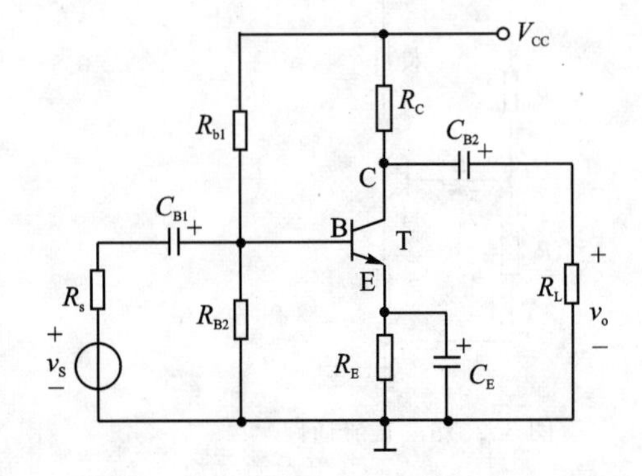

图 3.2.18　带旁路电容的射极偏置放大电路

3.2.3　共集放大电路

1. 电路组成

共集放大电路如图 3.2.19 所示，集电极为公共端，输入信号接入基极与“地”之间，输出信号从发射极与“地”之间取出，故该电路也称为射极输出器。

2. 静态分析

为了方便分析，首先画出共集放大电路的直流通路（见图 3.2.20），采用公式估算法分析放大电路的静态工作点 Q。

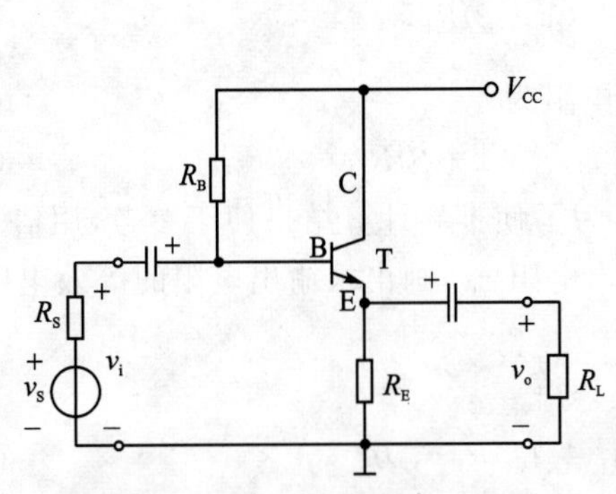
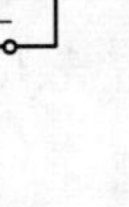

图 3.2.19　共集放大电路

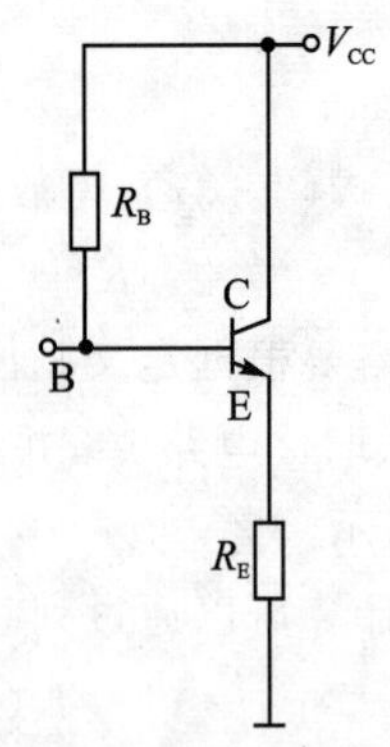

图 3.2.20　共集放大电路的直流通路

$$V_{CC} = I_B R_B + V_{BE} + (1+\beta) I_B R_E \tag{3-44}$$

$$I_B = \frac{V_{CC} - V_{BE}}{R_B + (1+\beta) R_E} \tag{3-45}$$

$$I_C = (1+\beta)I_B \approx \beta I_B \tag{3-46}$$

$$V_{CE} = V_{CC} - I_E R_E \approx V_{CC} - I_C R_E \tag{3-47}$$

3. 动态分析

为了方便分析共集放大电路的动态性能，首先画出共集放大电路的交流通路(见图 3.2.21(a))，再用三极管小信号等效电路取代图中的三极管形成共集放大电路的小信号等效电路，如图 3.2.21(b)所示。动态参数 A_V、R_i、R_o 分析如下。

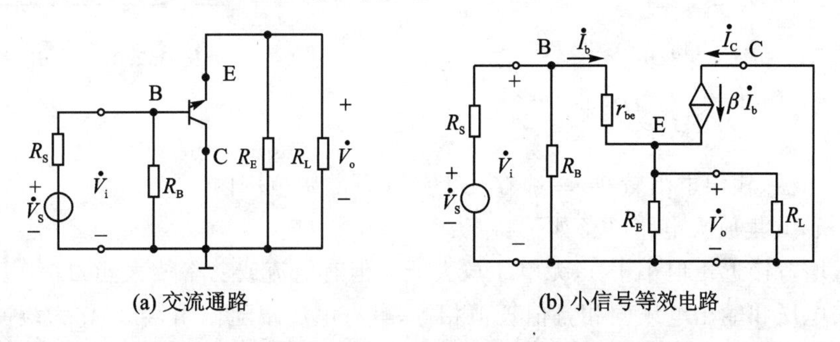

(a) 交流通路　　(b) 小信号等效电路

图 3.2.21　共集放大电路的交流通路及其小信号等效电路

(1) 电压增益 A_V

由图 3.2.21(b)可知

$$v_i = \dot{I}_b r_{be} + (1+\beta)\dot{I}_b R'_L \tag{3-48}$$

$$v_o = (1+\beta)\dot{I}_b R'_L \tag{3-49}$$

式中

$$R'_L = R_E // R_L$$

所以

$$A_V = \frac{\dot{V}_o}{\dot{V}_i} = \frac{(1+\beta)\dot{I}_b R'_L}{\dot{I}_b r_{be} + (1+\beta)\dot{I}_b R'_L} = \frac{(1+\beta)R'_L}{r_{be} + (1+\beta)R'_L} \approx 1 \tag{3-50}$$

由于$(1+\beta)\dot{I}_b R'_L \gg r_{be}$，故电压增益 A_V 小于 1，但接近于 1，$\dot{V}_o$ 与 $\dot{V}_i$ 同相且近似相等，故共集放大电路又称为射极跟随器。共集放大电路不具备电压放大能力，但它具有电流放大能力和功率放大能力。

(2) 输入电阻 R_i

由图 3.2.21(b)可知

$$R_i = \frac{V_i}{I_i} = R_B // R'_i \tag{3-51}$$

因为

$$R'_i = \frac{V_i}{\dot{I}_b} = \frac{\dot{I}_b r_{be} + (1+\beta)\dot{I}_b R'_L}{I_b} = r_{be} + (1+\beta)R'_L \tag{3-52}$$

$$R_i = R_B // R'_i = R_B // (r_{be} + (1+\beta)R'_L) \tag{3-53}$$

(3) 输出电阻 R_o

根据放大电路输出电阻的定义，将放大电路的信号源 V_S 短路，负载 R_L 开路，画出等效电路如图 3.2.22 所示。

列写联立方程

$$\dot{I}_{t}+\dot{I}_{b}+\beta\dot{I}_{b}=I' \tag{3-54}$$

$$\dot{V}_{t}=-\dot{I}_{b}(r_{be}+R'_{S}),R'_{S}=R_{S}\ /\!/\ R_{b} \tag{3-55}$$

$$\dot{V}_{t}=\dot{I}'R_{e} \tag{3-56}$$

$$R_{o}=\frac{\dot{V}_{t}}{\dot{I}_{t}}=R_{e}\ /\!/\ \frac{R'_{S}+r_{be}}{1+\beta} \tag{3-57}$$

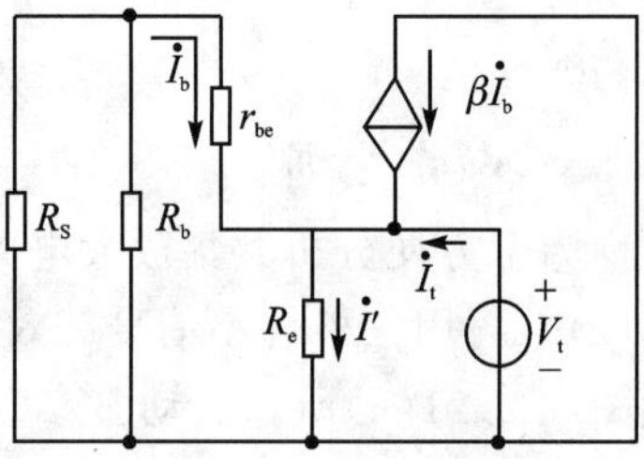

图 3.2.22 求 R_o 等效电路

当 $R_{e}\gg\dfrac{R'_{S}+r_{be}}{1+\beta}$ 且 $\beta\gg1$，得

$$R_{o}\approx\frac{R'_{S}+r_{be}}{\beta} \tag{3-58}$$

由式(3-58)可见，输出电阻较小，一般在几十到几百欧姆范围内。

综上分析，共集放大电路具备如下特点：

① 电压增益接近 1 但小于 1，无电压放大能力但有电流或功率放大能力；

② 输入电压和输出电压同相且值近似相等，具有电压跟随作用，可以作为缓冲器；

③ 具有较高输入电阻和较低输出电阻，减小了信号源功率损耗，并具备较强的带负载能力。

3.2.4 共基放大电路

1. 电路的组成

共基放大电路如图 3.2.23 所示，基极为公共端，输入信号接入发射极与“地”之间，输出信号从集电极与“地”之间取出。

2. 静态分析

首先画出共基放大电路的直流通路(见图 3.2.24)，采用公式估算法分析放大电路的静态工作点 Q。

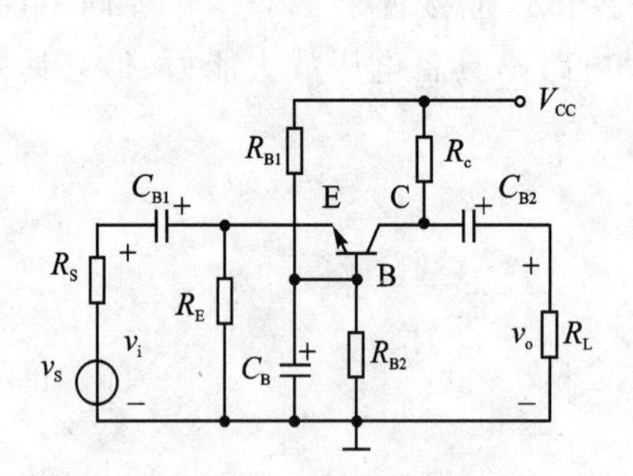

图 3.2.23 共基放大电路

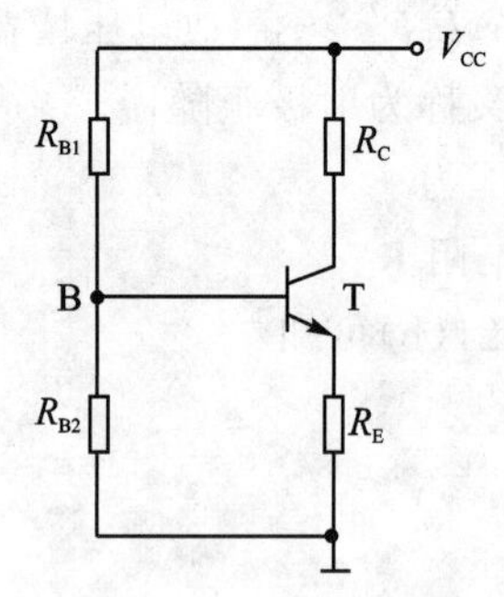

图 3.2.24 直流通路

$$V_{B}\approx\frac{R_{B2}}{R_{B1}+R_{B2}}\cdot V_{CC} \tag{3-59}$$

$$I_{C}\approx I_{E}=\frac{V_{B}-V_{BE}}{R_{E}} \tag{3-60}$$

$$I_{B}=\frac{I_{C}}{\beta} \tag{3-61}$$

$$V_{CE}=V_{CC}-I_CR_C-I_ER_E\approx V_{CC}-I_C(R_C+R_E) \tag{3-62}$$

3. 动态分析

首先画出共基放大电路的交流通路如图 3.2.25(a)所示。用三极管小信号等效电路取代图中的三极管形成共基放大电路，如图 3.2.25(b)所示。动态参数 A_V、R_i、R_o 分析如下：

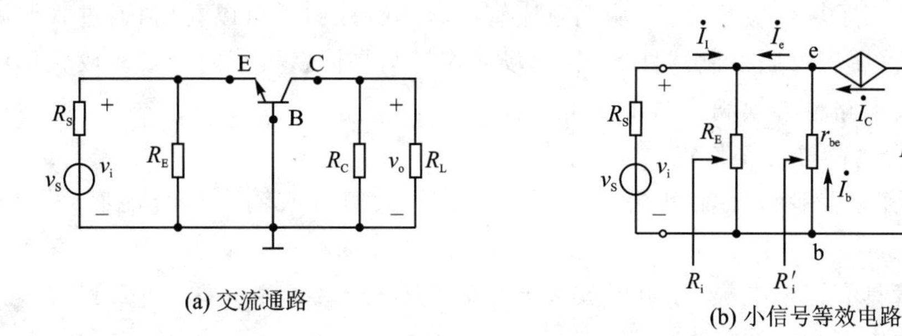

图 3.2.25 共基放大电路

(1) 电压增益 A_V

由图 3.2.25(b)可知

$$\dot{V}_i=-\dot{I}_br_{be} \tag{3-63}$$

$$\dot{V}_o=\dot{I}_CR_L',\quad R_L'=R_C\ /\!/\ R_L$$

$$\dot{A}_V=\frac{\dot{V}_o}{\dot{V}_i}=\frac{-\beta\dot{I}_bR_L'}{-\dot{I}_br_{be}}=\frac{\beta R_L'}{r_{be}} \tag{3-64}$$

(2)输入电阻 R_i

由图 3.2.25(b)可知

$$R_i=\frac{\dot{V}_i}{\dot{I}_i}=R_e\ /\!/\ R_i' \tag{3-65}$$

$$R_i'=\frac{\dot{V}_i}{\dot{I}_e}=\frac{-\dot{I}_br_{be}}{-(\dot{I}_b+\beta\dot{I}_b)}=\frac{r_{be}}{1+\beta} \tag{3-66}$$

所以

$$R_i=R_E\ /\!/\ R_i'=R_E\ /\!/\ \frac{r_{be}}{1+\beta}\approx\frac{r_{be}}{1+\beta} \tag{3-67}$$

由式(3-67)可见，共基放大电路输入电阻较小，一般为几欧到几十欧姆。

(3) 输出电阻 R_o

根据输出电阻定义，将图 3.2.25(b)信号源短路，则有 $\dot{I}_b=0$，受控电流源 $\beta\dot{I}_b=0$，从输出端看进去，放大电路等效输出电阻为

$$R_o=R_C \tag{3-68}$$

综上分析，共基放大电路具备如下特点：

① 具有电压放大能力，但无电流放大能力(电流放大系数 $\alpha=I_c/I_e$ 小于 1 且接近于 1，可称为电流跟随器)，具有功率放大能力；

② 输入电压和输出电压同相；

③ 输入电阻小，输出电阻大，低输入电阻对于输入信号的电流信号情况更有利。

3.3 场效应管放大电路

在第1章中介绍了场效应管器件，从场效应管的输出特性曲线可以看出，通过其栅源电压可以控制漏极电流，属于电压控制器件。因此，场效应管与晶体三极管同样具有放大作用。

场效应管放大电路也必须满足两个基本条件：

① 电路要有合适的静态工作点；

② 加入输入信号后能够在输出端获得不失真的放大信号或输出信号能有效地作用于负载。

由于场效应管具有三个电极，在组成放大电路时也有三种组态：共源、共栅和共漏。本节重点分析共源放大电路和共漏放大电路。

3.3.1 共源放大电路

场效应管放大电路和普通晶体管放大电路一样，要建立合适的Q点，需要提供直流偏置。所不同的是，场效应管是电压控制器件，需要有合适的栅源电压。常用的共源放大电路其偏置方式有两种：自给偏置和分压式偏置。

1. 电路组成及静态分析

(1) 自给偏压方式

自给偏压方式只适合于耗尽型MOS管和结型场效应管，由于耗尽型MOS管和结型场效应管在栅源电压$V_{GS}=0$时就有导电沟道，在漏源电压V_{DS}的作用下产生漏极电流I_D，利用I_D在源极电阻R_S上产生的电压为管子提供偏置，故称为自给偏压方式。以结型场效应管为例，自给偏压式共源放大电路如图3.3.1所示。

静态时，C_1、C_2、C_s均开路，栅极无电流，栅源之间将有负栅压$V_{GS}=-I_DR$，它是自给偏置。对场效应管放大电路的静态分析，可采用图解法和公式法。采用公式法求解静态工作点比较简单，其计算过程如下：

由于耗尽型MOS管转移特性方程为

$$I_D = I_{DSS}(1-V_{GS}/V_P)^2 \qquad (3-69)$$

又因为

$$V_{GS} = -I_DR \qquad (3-70)$$

$$V_{DS} = V_{DD} - I_D(R_D + R) \qquad (3-71)$$

确定Q点时，只要对自偏压电路上述表达式联立求解即可。

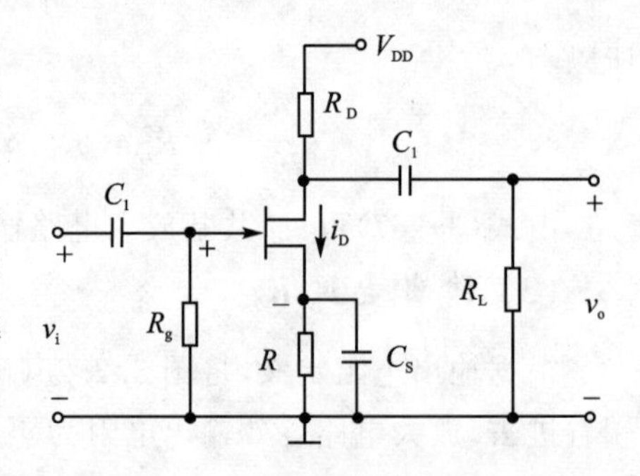

图3.3.1 自给偏压式共源放大电路

(2) 分压式偏置方式

图3.3.2是一种带源极电阻的NMOS分压式偏置共源放大电路，R_{G1}、R_{G2}为分压电阻，其分压比可以通过电阻参数进行调整，所以在静态工作点的设置上更具有灵活性，这种方式适用于各种场效应管。

采用公式法求解静态工作点计算如下：

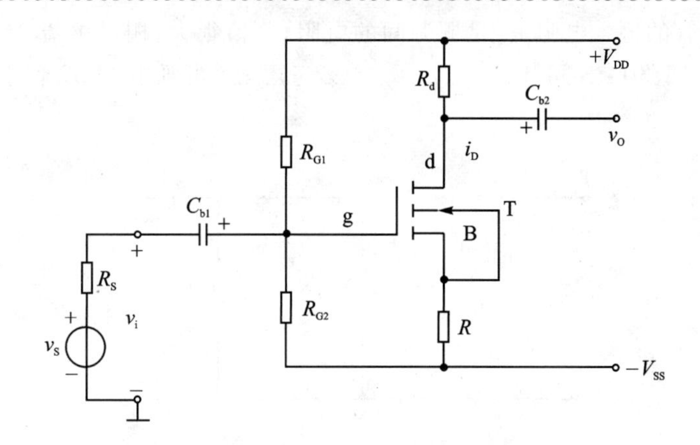

图 3.3.2 分压式偏置共源放大电路

$$V_{GS} = V_{R_{G2}} - V_R = \frac{R_{G2}}{R_{G1} + R_{G2}}(V_{DD} + V_{SS}) - I_D R \tag{3-72}$$

式中,对于 N 沟道耗尽型管,V_{GS}为负值;对于 N 沟道增强型管,V_{GS}为正值。

增强型 MOS 管转移特性方程为

$$I_D = K_n(V_{GS} - V_T)^2 \tag{3-73}$$

式中:K_n 为常数,V_T 为开启电压。由图 3.3.2 可知

$$V_{DS} = (V_{DD} + V_{SS}) - I_D(R_d + R) \tag{3-74}$$

确定 Q 点时,对于分压式偏置电路可联立求解上述表达式。

2. 动态分析

类似晶体管,场效应管也是非线性器件,分析动态特性可以用图解法或小信号等效电路法。如果输入信号很小,且工作在线性放大区(即输入特性中的恒流区)时,采用小信号等效电路法定量分析场效应管放大电路动态性能也十分方便。

下面以 N 沟道增强型 MOS 管为例,首先建立 MOS 管小信号等效模型,然后,进一步分析共源放大电路的动态性能。

(1) MOS 管小信号等效模型

已知 MOS 管的栅极电流为零,设管子工作在饱和区(亦可以称为放大区),饱和区的 V－I 特性为

$$\begin{aligned} i_D &= K_n(v_{GS} - V_T)^2 = K_n(V_{GS} + v_{gs} - V_T)^2 \\ &= K_n(V_{GS} - V_T)^2 + 2K_n(V_{GS} - V_T)v_{gs} + K_n {v_{gs}}^2 \end{aligned} \tag{3-75}$$

式中:直流分量为 $K_n(V_{GS}-V_T)^2$,线性交流分量为 $2K_n(V_{GS}-V_T)v_{gs}^2$,二次交流分量为 $K_n v_{gs}^2$(谐波项或非线性失真项)。由于输入小信号,一般要求 $v_{gs} \ll 2K_n(V_{GS}-V_T)$,故 $K_n {v_{gs}}^2$ 项可以忽略不计。

由式(3－73)可得

$$\begin{aligned} i_D &= K_n(V_{GS} - V_T)^2 + 2K_n(V_{GS} - V_T)v_{gs} \\ &= I_{DQ} + g_m v_{gs} \end{aligned}$$

式中:$I_{DQ}=K_n(V_{GS}-V_T)^2$,$g_m=2K_n(V_{GS}-V_T)$,$i_d=g_m v_{gs}$

$$i_D = I_{DQ} + i_d \tag{3-76}$$

考虑到 MOS 管的输入电阻 r_{GS} 是栅源间的电阻，其值很大，栅极电流 $I_G \approx 0$，可以认为小信号等效电路输入回路 G、S 间开路，而 $i_d = g_m v_{gs}$，考虑 r_{ds}，可画出 MOS 管小信号等效电路如图 3.3.3 所示。

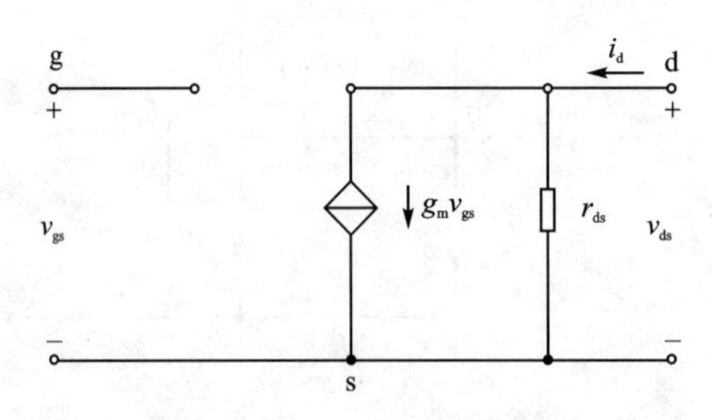

图 3.3.3 MOS 管小信号等效电路

(2) 共源放大电路小信号等效电路

与 3.2 节晶体管放大电路动态分析方法类似，图 3.3.2 小信号等效电路可以通过画出电路的交流通路，再用图 3.3.3 的 MOS 管小信号等效电路替换 MOS 管T，便形成放大电路的小信号等效电路(见图 3.3.4)，具体步骤不再重述。

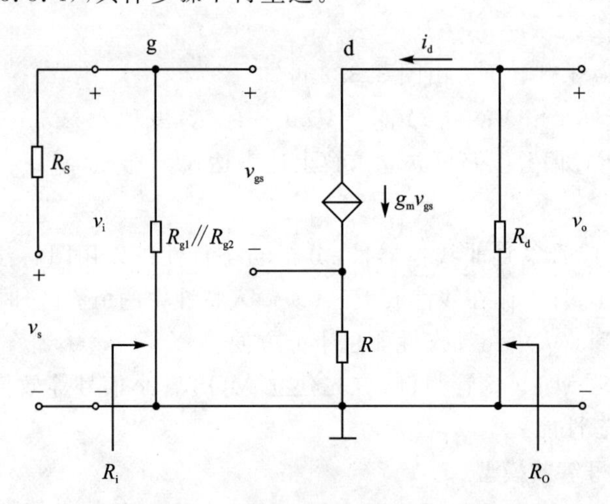

图 3.3.4 共源放大电路小信号等效电路

(3) 计算电压增益 A_V、输入电阻 R_i、输出电阻 R_o

① 电压增益 A_v：由图 3.3.4 可知

$$v_i = v_{gs} + g_m v_{gs} R \tag{3-77}$$

$$v_o = - g_m v_{gs} R_d \tag{3-78}$$

$$A_v = \frac{V_o}{V_i} = - \frac{g_m R_d}{1 + g_m R} \tag{3-79}$$

由式(3－79)可见，共源放大电路的输入电压与输出电压相位相反。

② 输入电阻 R_i：由图 3.3.4 可知

$$R_i = R_{g1} /\!/ R_{g2} \tag{3-80}$$

③ 输出电阻 R_o：根据输出电阻的定义，同三极管共射放大电路类同的方法，可求得输出电阻 R_o 为

$$R_o \approx R_d \tag{3-81}$$

由上述分析可知,共源极放大电路的输出电压与输入电压反相;输入电阻高;输出电阻主要由漏极电阻决定。

3.3.2 共漏放大电路

1. 电路组成及静态分析

图 3.3.5 为 MOS 管共漏放大电路,由于输出信号取自源级,故也称源极输出器。采用公式法求其静态工作点分析如下:

$$V_{GS} = \frac{R_{g2}}{R_{g1}+R_{g2}}V_{DD} - I_D R \tag{3-82}$$

$$I_D = K_n(V_{GS}-V_T)^2 \tag{3-83}$$

$$V_{DS} = V_{DD} - I_D R \tag{3-84}$$

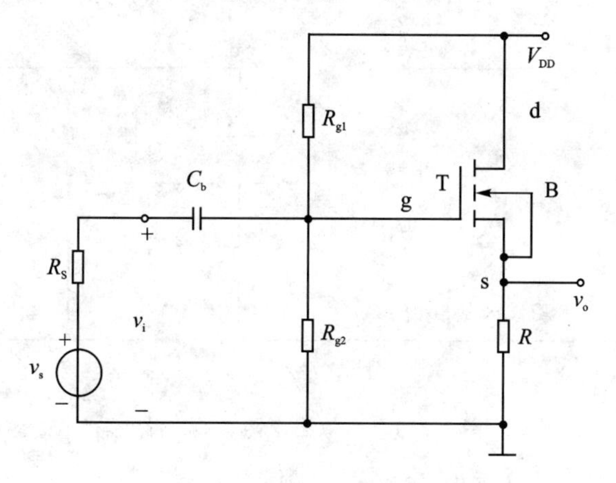

图 3.3.5 共漏放大电路

可见,利用式(3-82)~式(3-84)即可确定静态工作点 Q。

2. 动态分析

采用小信号等效电路法,首先画出共漏放大电路小信号等效电路(见图 3.3.6),求其电压增益 A_V、输入电阻 R_i 和输出电阻 R_o,具体分析如下:

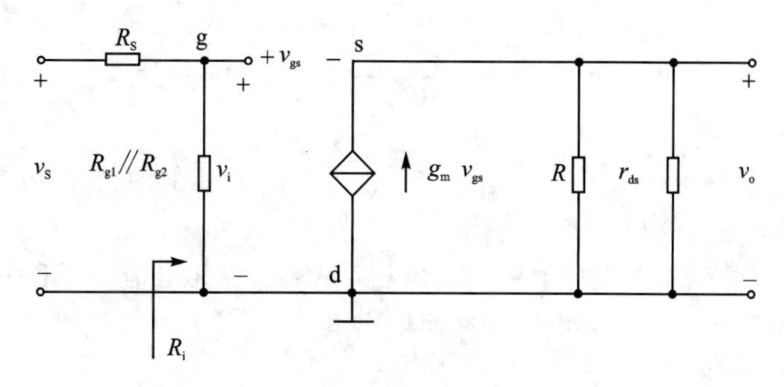

图 3.3.6 共漏放大电路小信号等效电路

(1) 电压增益 A_V

$$v_o = g_m v_{gs}(R \,/\!/\, r_{ds}) \tag{3-85}$$

$$v_i = v_{gs} + v_o = v_{gs}[1 + g_m(R \,/\!/\, r_{ds})] \tag{3-86}$$

由此得

$$A_V = \frac{V_o}{V_i} = \frac{g_m(R \,/\!/\, r_{ds})}{1 + g_m(R \,/\!/\, r_{ds})} \tag{3-87}$$

可见,输出电压与输入电压同相,且 A_V 小于1但接近1。

(2) 输入电阻 R_i

由图3.3.6得

$$R_i = R_{g1} \,/\!/\, R_{g2} \tag{3-88}$$

(3) 输出电阻 R_o

令信号源 $\dot{V}_S=0$,保留其内阻;令负载电阻 R_L 开端,在输出端加一测试电压 $\dot{V}_T$,由此可画出求共漏电路输出电阻 R_o 的等效电路,如图3.3.7所示。

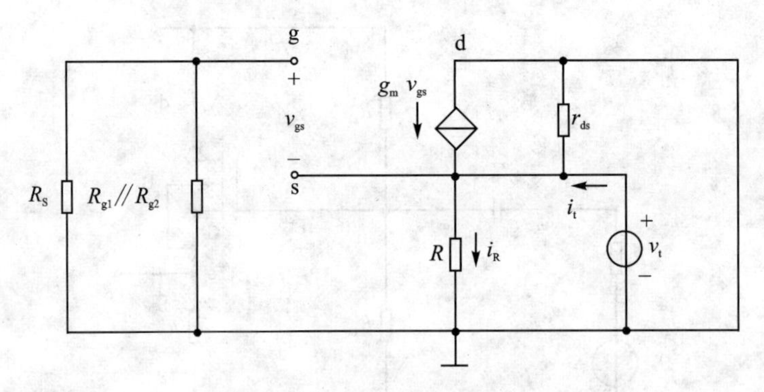

图 3.3.7 求输出电阻等效电路

由图3.3.7可知,r_{ds} 支路电流小,忽略不计,则

$$i_t = i_R - g_m v_{gs} = \frac{v_T}{R} - g_m v_{gs} \tag{3-89}$$

$$v_t = - v_{gs} \tag{3-90}$$

$$i_t = v_t\left(\frac{1}{R} + g_m\right) \tag{3-91}$$

故

$$R_o = \frac{v_t}{i_t} = \frac{1}{\dfrac{1}{R} + g_m} = R \,/\!/\, \frac{1}{g_m} \tag{3-92}$$

由以上分析可知,源极输出器和晶体管的射极输出器有相似的特点:$A_V<1$,但接近于1;R_i 大,R_o 小。与射极输出器相比,它的输入电阻更高,一般可达几十兆欧(射极输出器为几千欧至几百千欧),而它的输出电阻比射极输出器相对大些。为取长补短,可采用场效应管-晶体管混合跟随器,它能大大提高输入电阻和减小输出电阻,这种混合跟随器作为多级放大电路的输入级或输出级是理想的。

3.4　多级放大电路

3.4.1　多级放大电路分析基础

1. 多级放大电路的组成

多级放大电路是由 $n(>2)$ 级放大电路级联组成，分输入级、中间级、输出级三个主要部分，如图 3.4.1 所示。

各级之间的连接方式称耦合方式，常见的耦合方式有：阻容耦合、直接耦合和变压器耦合方式。

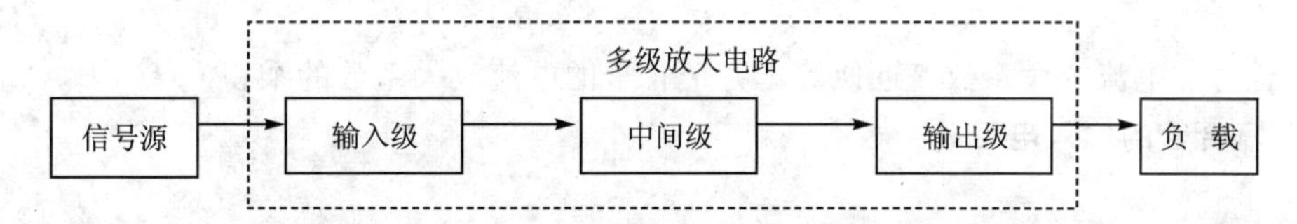

图 3.4.1　多级放大电路结构图

2. 多级放大电路的静态分析

多级放大电路的静态分析与多级放大电路的耦合方式有关。对于阻容耦合方式，因各级间存有耦合电容，它的“隔直”作用使各级放大电路之间静态互不影响，分析时只要按各级的直流通路独立求出各级 Q 点；对于直接耦合方式，由于各级之间直接相连，静态工作点相互影响，因此静态计算比较烦琐，一般应根据具体电路列出各级输入回路、输出回路的直流负载线方程，经过联立方程组求解出各级 Q 点，其详细分析将在后文结合具体电路介绍。

3. 多级放大电路的动态分析

以图 3.4.2 所示的两级放大电路为例，推导其电压增益为

$$\dot{A}_V=\frac{\dot{V}_o}{\dot{V}_i}=\frac{\dot{V}_{o1}}{\dot{V}_i}\cdot\frac{\dot{V}_o}{\dot{V}_{o1}}=\frac{\dot{V}_{o1}}{\dot{V}_i}\cdot\frac{\dot{V}_o}{\dot{V}_{i2}}=A_{v1}\cdot A_{v2} \tag{3-93}$$

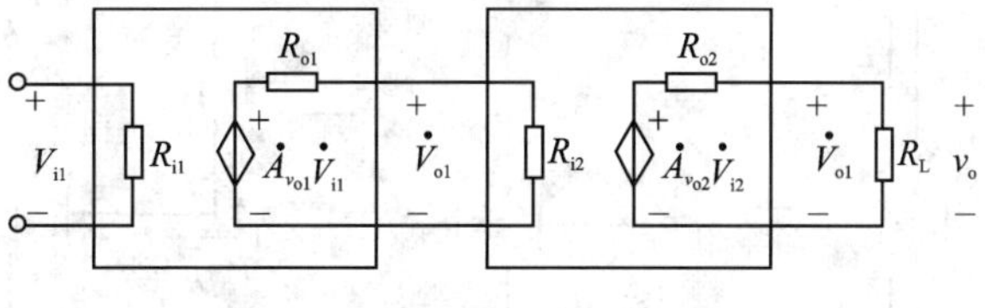

图 3.4.2　两级放大电路组成结构

对于 n 级放大电路，总电压增益 $\dot{A}_v$ 则为

$$\dot{A}_v=\frac{\dot{V}_o}{\dot{V}_i}=\frac{V_{o1}}{V_i}\cdot\frac{V_{o2}}{V_{o1}}\cdots\frac{V_o}{V_{o(n-1)}}=\dot{A}_{v_1}\dot{A}_{v_2}\cdots\dot{A}_{v_n} \tag{3-94}$$

多级放大器的输入电阻就是第一级的输入电阻 R_{i1}；多级放大器的输出电阻就是最末级的输出电阻 R_{on}，但是在计算时要处理好如下两个问题（以两级放大电路为例）：

第一，在计算多级放大器输入电阻 $R_i=R_{i1}$ 时，应将后级的输入电阻 R_{i2} 视为第一级的负

载。即

$$R_i = R_{i1}\ |_{R_{L1}=R_{i2}} \tag{3-95}$$

第二,在计算多级放大器的输出电阻 $R_o=R_{o2}$,应将前级的输出电阻 R_{o1} 作为末级的信号源内阻。即

$$R_o = R_{o2}\ |_{R_{s2}=R_{o1}} \tag{3-96}$$

4. 复合管的概念

将两个或两个以上的晶体管组合形成复合管(也称为达林顿管),常见的复合管结构如图3.4.3所示。以图3.4.3(a)为例,复合管的主要参数可以推导如下。

(1) 复合管的电流放大系数 β

$$i_c = i_{c1} + i_{c2} = \beta_1 i_{B1} + \beta_2 i_{B2} = \beta_1 i_B + \beta_2(1+\beta_1)i_B \tag{3-97}$$

$$\beta = i_c/i_B = \beta_1 + \beta_2 + \beta_1\beta_2 \approx \beta_1\beta_2 \tag{3-98}$$

可见,复合管的电流放大系数 β 近似等于各个管子的电流放大系数的乘积。

(2) 复合管的输入电阻 r_{BE}

$$r_{be} = r_{be1} + (1+\beta)r_{be2} \tag{3-99}$$

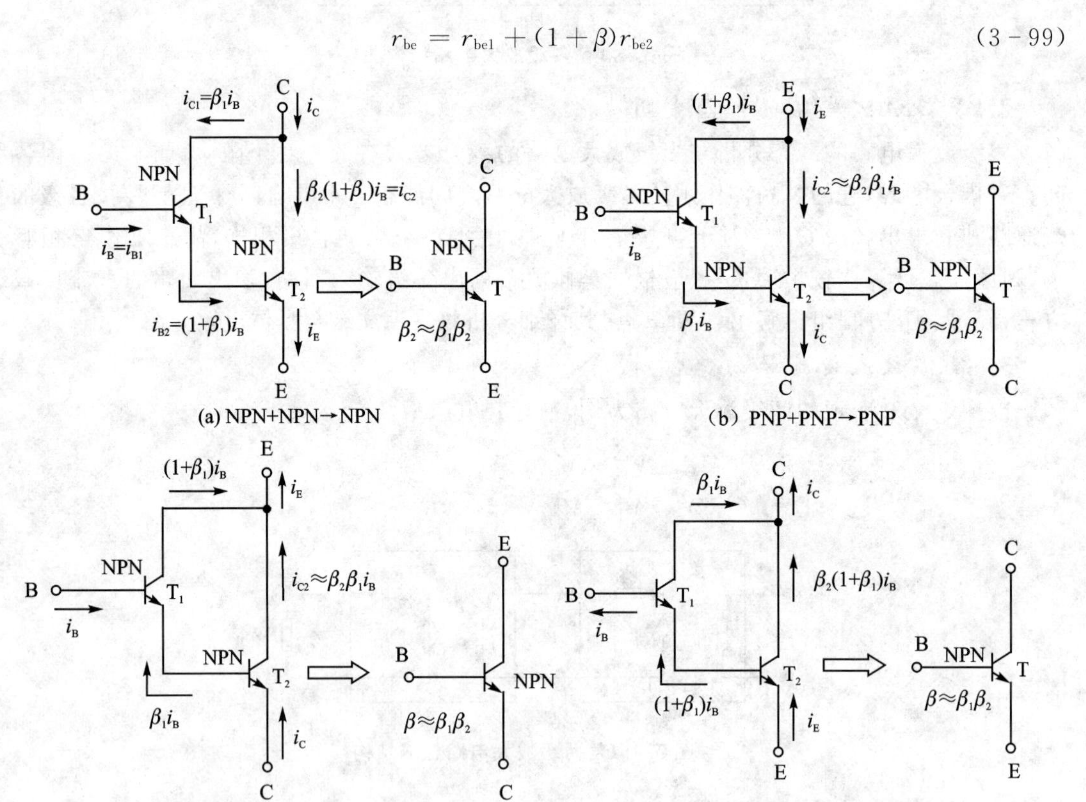

图 3.4.3 常见的复合管结构

综上分析,复合管具有以下特征:

第一,复合管内部结构上的连接必须要保证各个管子的电流有通路;

第二,复合后的管子类型(NPN 或 PNP)与第一个管子类型一致;

第三，复合管具有很高的电流放大系数，能够有效提高放大电路的电压增益、输入电阻、输出功率，因此，复合管在电子电路中应用广泛，在改善放大电路的性能方面发挥了作用。

3.4.2 典型多级放大电路分析

共射—共集两级放大电路及其电路参数如图 3.4.4 所示。

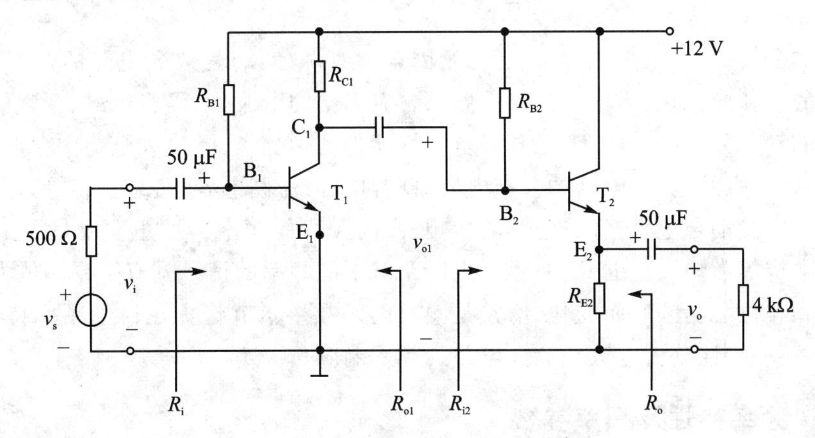

图 3.4.4 共射—共集两级放大电路

1. 静态分析

由图 3.4.4 可见，两级放大器之间采用阻容耦合方式，所以静态工作点互不影响，可以独立分析。

第一级静态工作点为

$$I_{B1} = \frac{V_{CC} - V_{BE1}}{R_{B1}} \tag{3-100}$$

$$I_{C1} = \beta_1 I_{B1} \tag{3-101}$$

$$V_{CE1} = V_{CC} - I_{C1} R_{C1} \tag{3-102}$$

第二级静态工作点为

$$I_{B2} = \frac{V_{CC} - V_{BE2}}{R_{B2} + (1 + \beta_2) R_{E2}} \tag{3-103}$$

$$I_{C2} = \beta_2 I_{B2} \tag{3-104}$$

$$V_{CE2} = V_{CC} - I_{E2} R_{E2} \approx V_{CC} - I_{C2} R_{E2} \tag{3-105}$$

2. 动态分析

(1) 电压增益 $\dot{A}_v$

$$\dot{A}_v = A_{v1} \cdot A_{v2} = \frac{\beta_1 (R_{C1} \,//\, R_{I2})}{r_{be1}} \cdot 1 \tag{3-106}$$

式中：

$$R_{I2} = R_{B2} \,//\, (r_{be2} + (1 + \beta_2) R'_L) \tag{3-107}$$

$$R'_L = R_{E2} \,//\, R_L \tag{3-108}$$

(2) 输入电阻 R_i

$$R_i = R_{B1} \,//\, r_{be1} \tag{3-109}$$

(3) 输出电阻 R_o

$$R_o = R_{E2} \mathbin{/\!/} \frac{(R_{o1} \mathbin{/\!/} R_{B2}) + r_{be2}}{1+\beta_2} = R_{E2} \mathbin{/\!/} \frac{(R_{o1} \mathbin{/\!/} R_{B2}) + r_{be2}}{1+\beta_2} \tag{3-108}$$

3.5 放大电路的频率特性

在前面的分析中，为了简化分析，有两个因素没有考虑：一是放大电路的输入信号均假设为单一频率的正弦波，而实际输入信号一般都含有丰富的谐波，如语音信号、视频信号等；二是在放大电路的动态分析中，没有考虑各种电抗性元件的影响，实际放大电路中存在着多种电抗性元件，如器件的极间电容，电路的分布电容、耦合电容、旁路电容、负载电容等。其中，低频段的频率特性主要受耦合电容、旁路电容的影响大；高频段的频率特性主要受管子的极间电容、电路的分布电容等影响大。因此，实际放大电路对不同频率的信号具有不同的放大能力，电压增益的幅值和相位会随频率而变化，增益是频率的函数。本节将重点讨论频率特性的基本概念、放大电路频率特性分析方法和放大电路的频率响应。

3.5.1 频率特性及频率参数

1. 频率特性

放大电路对不同频率的正弦波的稳态响应特性称为频率特性。通常频率特性表示为

$$\dot{A}_v(f) = |\dot{A}_v(f)| \angle\varphi(f) \tag{3-109}$$

式中，$|\dot{A}_v(f)|$称为幅频特性；$\varphi(f)$称为相频特性。

通常幅频特性用分贝表示为

$$|\dot{A}_v(f)| = 20\lg|\dot{A}_v(f)| \quad (\mathrm{dB}) \tag{3-110}$$

以共射放大电路为例，如图 3.5.1 所示的频率特性通常定义放大倍数下降到中频区放大倍数的 0.707 倍(用分贝表示为-3 dB)时对应的频率为截止频率，低频段的截止频率称为下限频率 f_L；高频段的截止频率为上限频率 f_H；定义 $f_{BW}=f_H-f_L$ 为通频带，通频带是衡量放大电路对不同频率的输入信号响应能力的重要指标之一，若输入信号的频率范围超出了通频带宽度，则将产生线性失真，线性失真又包括幅频失真和相频失真。

2. 频率参数

共射电流放大系数为

$$\dot{\beta} = \frac{\beta_0}{1+\mathrm{j}\dfrac{f}{f_\beta}} \tag{3-111}$$

式中：定义$|\beta|$值下降到 $0.707\beta_0$ 时对应的频率称共射电流放大系数 β 的截止频率 f_β。定义$|\beta|$值降为 1 时的频率称为三极管的特征频率 f_T。

共基电流放大系数

$$\dot{\alpha} = \frac{\dot{\beta}}{1+\dot{\beta}} = \frac{\alpha_0}{1+\mathrm{j}\dfrac{f}{f_\alpha}} \tag{3-112}$$

式中：定义当$|\alpha|$值下降到 $0.707\alpha_0$ 时对应的频率称共基电流放大系数 α 的截止频率 f_α。由于

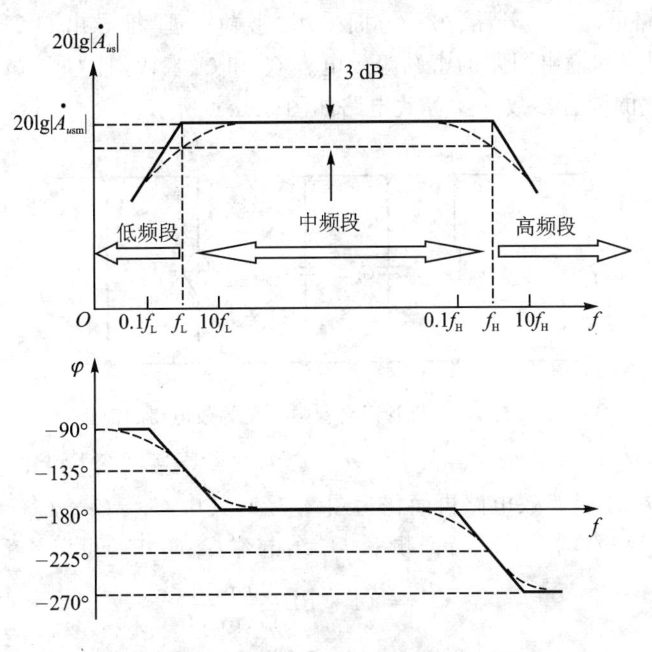

图 3.5.1　共射放大电路频率特性

$\beta_0 \gg 1$，一般情况下频率参数满足如下关系

$$f_\alpha \approx \beta f_\beta = f_T \tag{3-113}$$

3.5.2　混合参数 π 型等效电路

3.2.1 节中建立的 h 参数小信号模型适用于中、低频动态电路的分析。在高频区域，由于三极管电容效应存在(见图 3.5.2)，用 h 参数分析放大电路已不适合，为此引出如图 3.5.3 所示的混合参数 π 型等效电路模型。该模型中，C_π(或 $C_{B'E'}$)称发射结电容，C_μ(或 $C_{B'C'}$)称集电结电容，$r_{B'B}$ 为基区的体电阻，$r_{B'E}$ 为发射结电阻，$r_{B'C}$ 为集电结电阻。

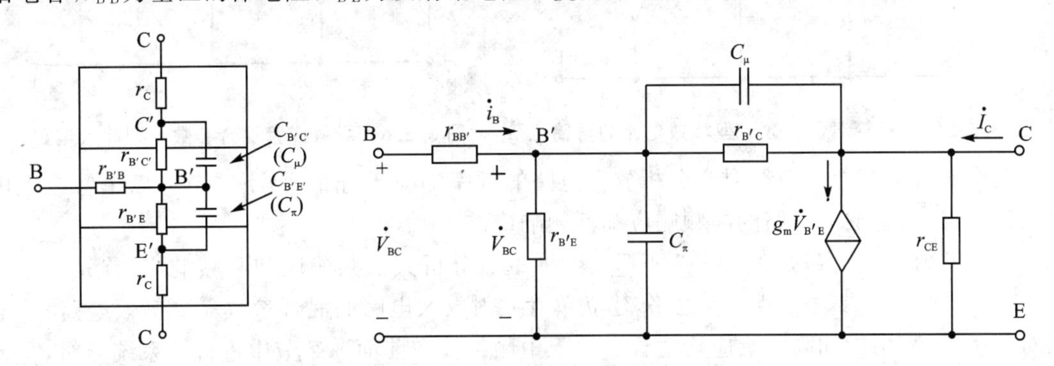

图 3.5.2　三极管电容效应　　　　图 3.5.3　三极管混合参数 π 型等效电路

由于结电容的影响，图 3.5.3 中的受控电流源不完全受控 βI_B，而改用 $g_m V_{B'E}$，g_m 称为互导或跨导，其定义为

$$g_m = \frac{\partial i_C}{\partial v_{B'E}}\bigg|_{V_{CE}} = \frac{\Delta i_C}{\Delta v_{B'E}}\bigg|_{V_{CE}} \tag{3-114}$$

为了方便分析，可以对图 3.5.3 混合参数 π 型等效电路进一步简化，一方面考虑 r_{ce}、$r_{B'E}$

数值很大，并联支路可以视为开路；另一方面采用“密勒定理”推导出 C_μ，这个 C_μ 可以用两个分别并联在输入回路和输出回路的密勒等效电容 C'_μ 和 C''_μ 替代，且 $C'_\mu=(1-A'_v)C_\mu$，$C''_\mu=(1-1/A'_v)C_\mu$，形成简化的混合参数 π 型等效电路如图 3.5.4 所示。

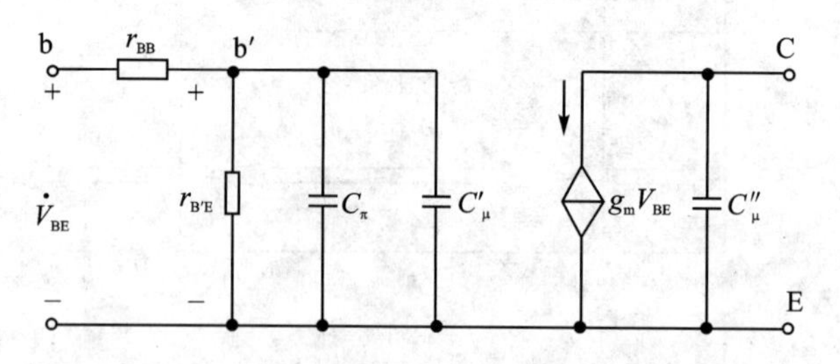

图 3.5.4 三极管混合参数 π 型等效电路的简化

由于 $A_{v'}=V_0/V_{b'e}=-g_mR'_L$，一般 $C'_\mu\gg C_\mu$，$C''_\mu\approx C_\mu$，考虑 C''_μ 容抗大，在等效电路中并联可以将 C''_μ 的影响忽略，于是等效电路再简化为图 3.5.5，其中 $C'_\pi=C_\pi+C'_\mu$。其他参数计算如式(3-115)～式(3-118)，电阻 $r_{bb'}$、特征频率 f_T、结电容 $C_{ob}(\approx C_\mu)$ 可以从手册中查得。

$$r_{B'E}=(1+\beta)\frac{26\ \mathrm{mV}}{I_E(\mathrm{mA})} \tag{3-115}$$

$$g_m=\frac{I_E\mathrm{mA}}{26(\mathrm{mV})} \tag{3-116}$$

$$G_\pi=\frac{g_m}{2\pi f_T} \tag{3-117}$$

对于场效应管，为了便于分析，本节直接给出其混合参数 π 型等效电路如图 3.5.6 所示。

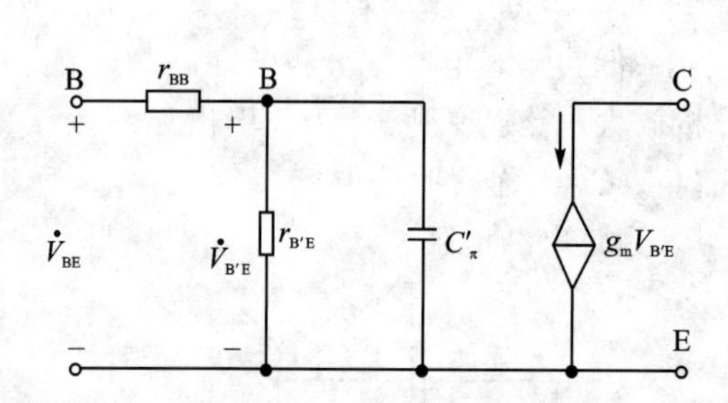

图 3.5.5 三极管混合参数 π 型等效电路的再简化

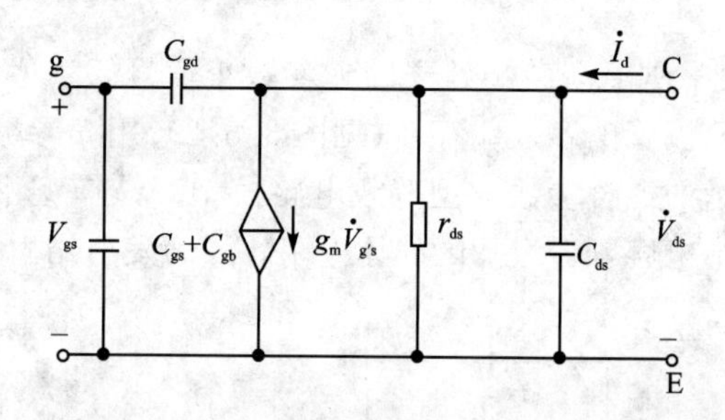

图 3.5.6 场效应管混合参数 π 型等效电路

混合参数 π 型等效电路对于分析放大电路的频率响应十分重要，下一节将以单管放大电路为例，讨论共射放大电路的高频响应和低频响应。

单管共射放大电路如图 3.5.7 所示。为了重点分析其低频响应和高频响应，首先结合图 3.5.5 三极管混合参数 π 型等效电路，建立单管共射放大电路的混合参数 π 型等效电路，该电路对分析低频、中频和高频响应均适合。由于中频特性在前面 3.2 节中进行了系统分析，本节则重点对其高频响应和低频响应作定性分析。

3.5.3 单管共射放大电路的高频响应

在高频段，电容效应对放大电路频率特性影响大的是 C'_π，而耦合电容 C_{B1}、C_{B2}、C_E 因容抗小串联可以视为短路，由此得出单管共射放大电路高频等效电路如图 3.5.8 所示，其中：$R_B=(R_{B1}/\!/R_{B2})$。

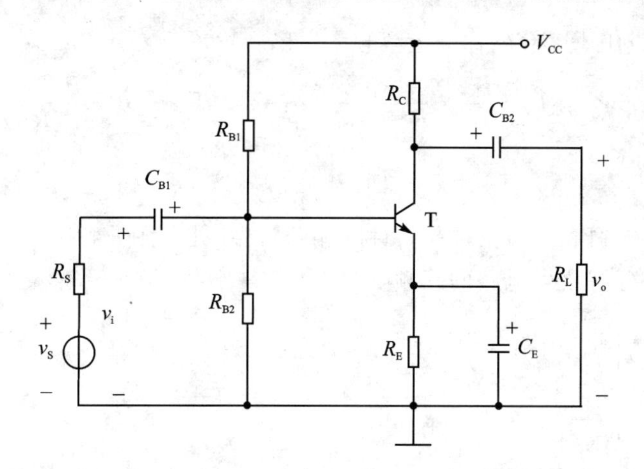

图 3.5.7 单管共射放大电路

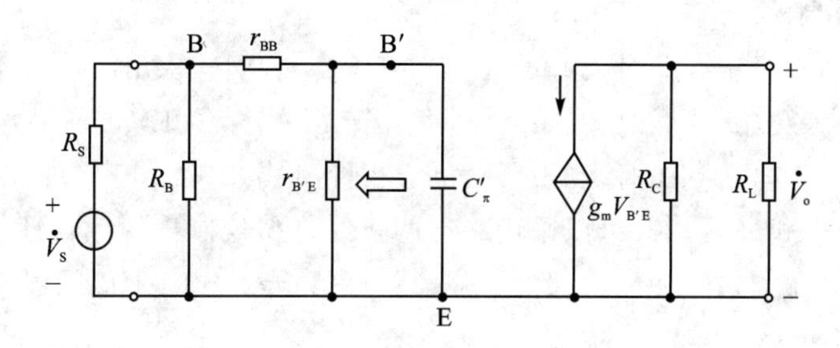

图 3.5.8 单管共射放大电路高频等效电路

为了简化分析，将 B′左侧看进去的等效电阻用 R 表示，即

$$R = r_{B'E} \mathbin{/\!/} (r_{BB'} + R_B \mathbin{/\!/} R_s)$$

令式中

$$C = C_\pi + C'_\mu, \quad C_\pi = \frac{g_m}{2\pi f_T}, \quad C'_\mu = (1 + g_m R'_L) C_\mu$$

$$R'_L = R_C \mathbin{/\!/} R_L$$

运用戴维南定理可以推导：$V'_S = \dfrac{r_{B'E}}{r_{BB'} + r_{B'E}} \cdot \dfrac{R_B \mathbin{/\!/} (r_{BB'} + r_{B'E})}{R_s + R_B \mathbin{/\!/} (r_{BB'} + r_{B'E})} \dot{V}_S$

由此，高频等效电路可以再简化成如图 3.5.9 所示。下面着重分析放大电路的高频响应，具体步骤如下。

首先列写电路方程：

$$\dot{V}_{B'E} = \frac{1}{1 + j\omega RC} V'_s \qquad (3-118)$$

$$V'_o = -g_m R'_L V_{B'E} \qquad (3-119)$$

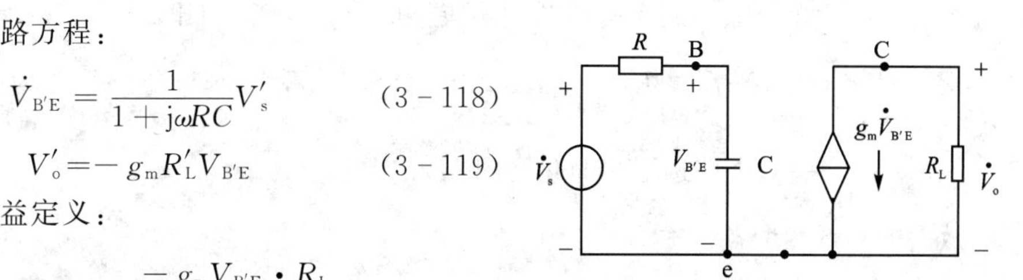

图 3.5.9 高频等效电路的再简化电路

根据电压增益定义：

$$\dot{A}_{VSH} = \frac{\dot{V}_o}{\dot{V}_S} = \frac{-g_m V_{B'E} \cdot R_L}{\dfrac{(r_{BB'} + r_{B'E})[R_s + R_B \mathbin{/\!/} (r_{BB'} + r_{B'E})] V'_S}{r_{B'E}[R_B \mathbin{/\!/} (r_{BB'} + r_{B'E})]}}$$

$$= \frac{A_{VSM}}{1 + j(f/f_H)} \qquad (3-120)$$

式中 $\dot{A}_{VSM}$ 称为中频电压增益，f_H 称为上限频率，且满足

$$\dot{A}_{VSM}=-g_m R'_L \cdot \frac{r_{b'e}}{r_{be}} \cdot \frac{R_b // r_{be}}{R_s+R_b // r_{be}}=-\frac{\beta_0 R'_L}{r_{be}} \cdot \frac{R_b // r_{be}}{R_s+R_b // r_{be}} \tag{3-121}$$

$$f_H=\frac{1}{2\pi RC} \tag{3-122}$$

下面，采用分贝的概念分析其幅频特性和相频特性，并利用波特图表示特性的幅频特性和相频特性，以便直观理解放大电路的高频响应。

$$\begin{cases} 20\lg|\dot{A}_{VSH}|=20\lg|\dot{A}_{VSM}|-20\lg\sqrt{1+\left(\dfrac{f}{f_H}\right)^2} & (3-123) \\ \varphi=-180^\circ-\arctan\dfrac{f}{f_H} & (3-124) \end{cases}$$

绘制波特图，采用折线法绘图，具体如下：

1. 绘制幅频特性

对于式(3-123)，当 $f=f_H$ 时，$20\lg|A_{VSH}|=20\lg|A_{VM}|-3(\text{dB})$ (3-125)

当 $f<f_H$ 时，$20\lg|A_{VSH}|=20\lg|A_{VM}|\ (\text{dB})$ (3-126)

当 $f>f_H$ 时，$20\lg|A_{VSH}|=20\lg|A_{VM}|-20\lg f/f_H(\text{dB})$ (3-127)

由式(3-125)～式(3-127)可以采用一点两折线近似绘制出幅频特性如图 3.5.10(a)所示。在高频区域，电压增益随频率增大而下降，其斜率为-20 dB/十倍频程。

2. 绘制相频特性

对于式(3-124)，当 $f=f_H$ 时

$$\varphi=-225^\circ \tag{3-128}$$

当 $f<f_H$ 时

$$\varphi=-180^\circ \tag{3-129}$$

当 $f>f_H$ 时

$$\varphi=-270^\circ \tag{3-130}$$

由式(3-128)～式(3-130)可以采用一点两折线近似绘制出相频特性，如图 3.5.10(b)所示。

3.5.4 单管共射放大电路的低频响应

图 3.5.7 为单管共射放大电路低频响应小信号等效电路如图 3.5.11 所示。

由于 $R_b=(R_{b1}//R_{b2})\gg R_{i'}$，$\dfrac{1}{\omega C_e}\ll R_e$，故 R_b 和 R_e 可以忽略，电路简化为图 3.5.12(a)；设 $C_1=\dfrac{C_{b1}C_e}{(1+\beta)C_{b1}+C_e}$，电路进一步简化为图 3.5.12(b)。

放大电路低频增益

$$\dot{A}_{VSL}=\frac{\dot{V}_o}{\dot{V}_S}=\frac{\beta R'_L}{R_S+r_{be}} \cdot \frac{1}{1-j/\omega C_1(R_S+r_{be})} \cdot \frac{1}{1-j/\omega C_{b2}(R_c+R_L)}=$$

$$\frac{A_{VSM}}{[1-j(f_{L1}/f)][1-j(f_{L2}/f)]} \tag{3-131}$$

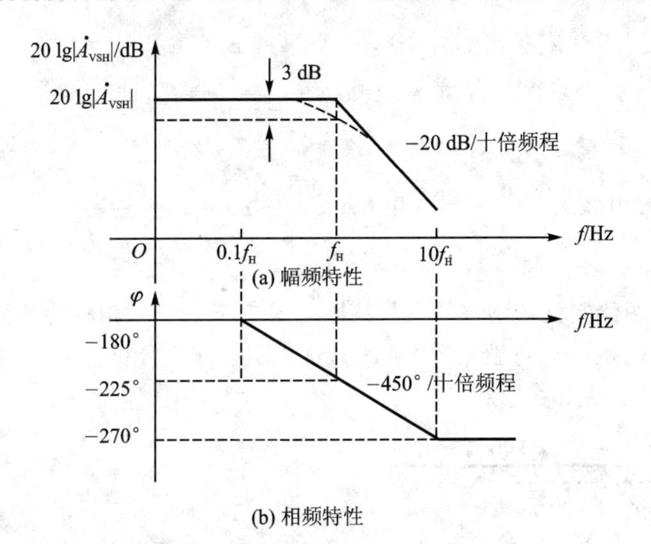

(b) 相频特性

图 3.5.10　放大电路高频响应波特图

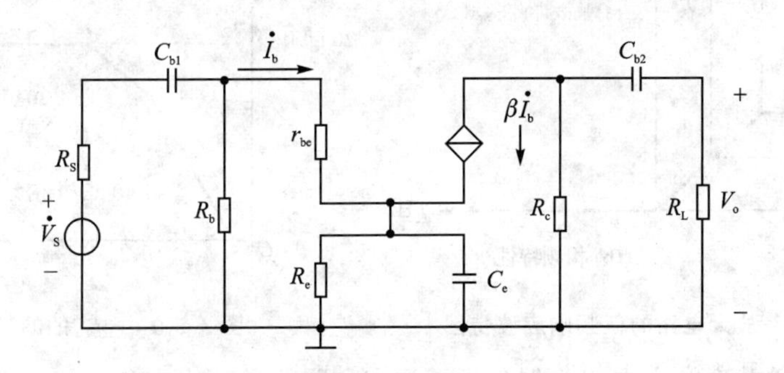

图 3.5.11　放大电路低频响应小信号等效电路

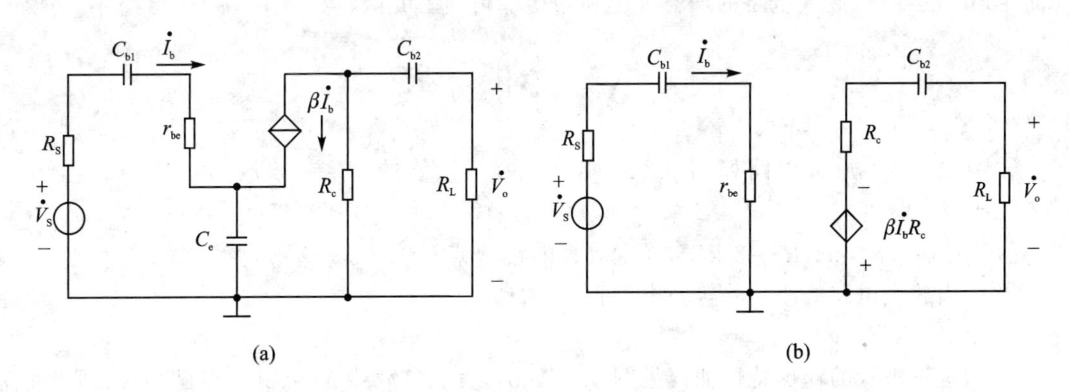

图 3.5.12　低频响应小信号等效电路简化

式中，$\dot{A}_{VSM}=-\dfrac{\beta R_L'}{R_s+r_{be}}$，称为中频电压增益，且为常数；

$$f_{L1}=\frac{1}{2\pi C_1(R_s+r_{be})},\quad f_{L2}=\frac{1}{2\pi C_{b2}(R_c+R_L)}$$

称为下限频率，表明低频响应具有 f_{L1} 和 f_{L2} 两个转折频率。当 $f_{L1}>4f_{L2}$ 时，下限频率取决于 f_{L1}。

低频增益可以简化表示为

$$\dot{A}_{\mathrm{VSL}} = \dot{A}_{\mathrm{VSM}} \cdot \frac{1}{1-\mathrm{j}(f_{\mathrm{L1}}/f)}$$

其幅频特性表示为

$$20\ \lg|\dot{A}_{\mathrm{VSL}}| = 20\ \lg|\dot{A}_{\mathrm{VSM}}| + 20\ \lg\frac{1}{\sqrt{1+(f_{\mathrm{L1}}/f)^2}}$$

相频特性表示为：$\varphi=-180°-\arctan(-f_{\mathrm{L1}}/f)=-180+\arctan(f_{\mathrm{L1}}/f)$

同样采用波特图绘制低频增益的幅频特性见图 3.5.13(a)，相频特性见图 3.5.13(b)。

实际上，包括 f_{L2} 的幅频特性见图 3.5.14，这里不再详细分析。

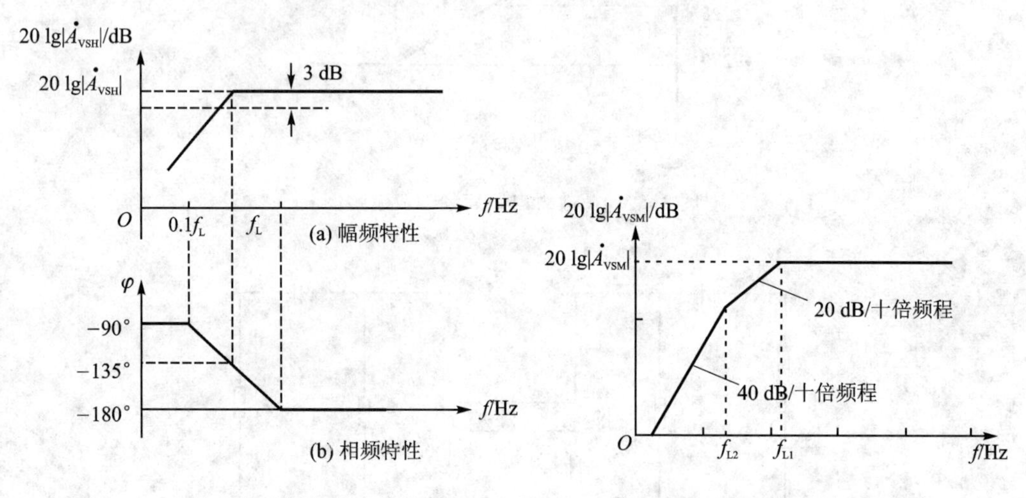

图 3.5.13　放大电路的低频响应波特图　　　图 3.5.14　f_{L2} 的幅频特性

本节以三极管共射放大电路为例分析了放大电路的高频响应和低频响应，分析表明：由于电抗性元件的存在，放大电路的增益大小和相移都是频率的函数。

3.6　例　　题

【例题 1】共射放大电路如图 3.6.1(a)所示，三极管的 $V_{\mathrm{BE}}=0.7$ V，$V_{\mathrm{CC}}=12$ V，$R_{\mathrm{L}}=3$ kΩ，$\beta=50$。求：

① 若 $R_{\mathrm{b}}=280$ kΩ，$R_{\mathrm{c}}=3$ kΩ，确定放大电路 Q 点；

② 画出放大电路的小信号等效电路；

③ 求 A_v、R_{i}、R_{o}；

④ 给定三极管的输出特性曲线见图 3.6.1(b)，直流负载线 MN 和 Q 点已知，试画出交流负载线，并确定最大不失真输出信号 V_{o} 的幅值。

解：① Q 点对应的 I_{BQ}、I_{CQ}、V_{CEQ} 分别为

$$I_{\mathrm{B}} = \frac{V_{\mathrm{CC}}-V_{\mathrm{BE}}}{R_{\mathrm{b}}} \approx \frac{(12-0.7)\ \mathrm{V}}{280\ \mathrm{k\Omega}} = 40\ \mu\mathrm{A}$$

$$I_{\mathrm{C}} = \beta \cdot I_{\mathrm{B}} = 50 \times 40\ \mu\mathrm{A} = 2\ \mathrm{mA}$$

$$V_{\mathrm{CE}} = V_{\mathrm{CC}} - R_{\mathrm{C}} \cdot I_{\mathrm{C}} = 12\ \mathrm{V} - 3\ \mathrm{k\Omega} \times 2\ \mathrm{mA} = 6\ \mathrm{V}$$

② 将耦合电容短路处理，并将直流电源对地短路，画出放大电路的交流通路见图 3.6.2

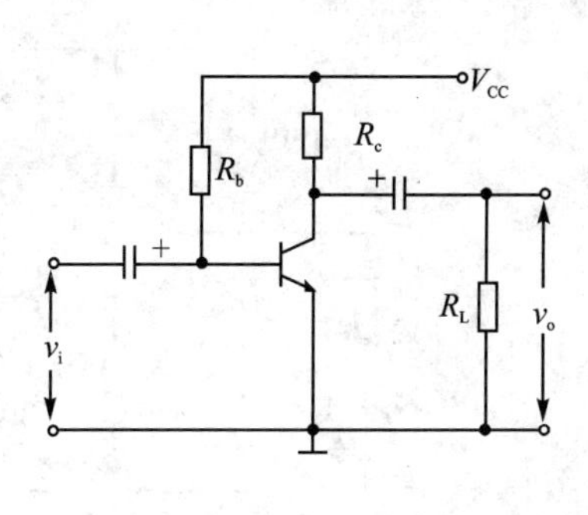

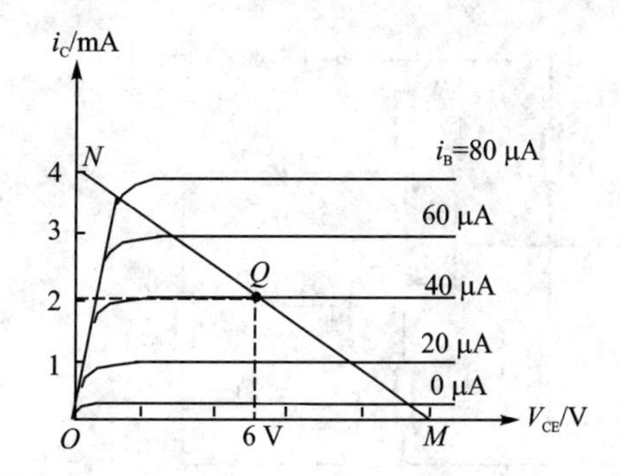

图 3.6.1　【例题 1】图

(a);再将三极管小信号等效电路模型对应 b、c、e 点取代三极管 T,形成放大电路的小信号等效电路见图 3.6.2(b)。

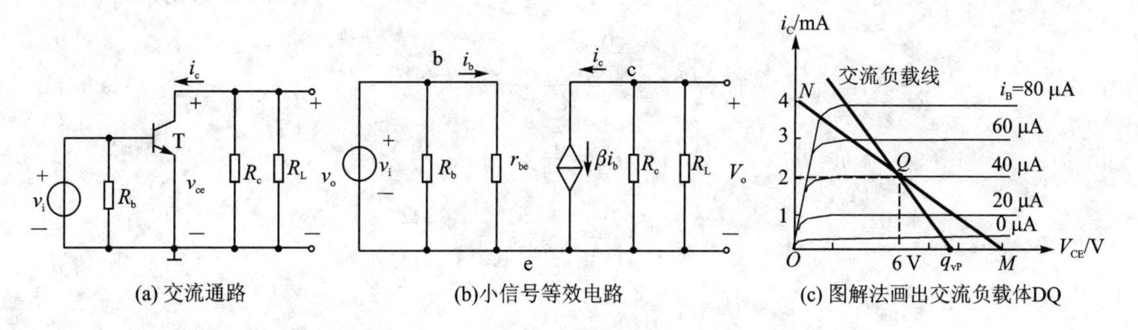

图 3.6.2　【例题 1】电路的交流通路和小信号等效电路

③ 先确定图 3.6.2(b)中的参数 r_{be} 值,再求 A_v、R_i、R_o,计算如下:

$$r_{be} \approx 200\ \Omega + (1+\beta)\frac{26(\text{mV})}{I_E(\text{mA})} \approx 200\ \Omega + (1+\beta)\frac{26(\text{mV})}{I_C(\text{mA})} = 863\ \Omega$$

$$\dot{A}_v = \frac{\dot{V}_o}{\dot{V}_i} = \frac{-\dot{I}_c \cdot (R_C /\!/ R_L)}{\dot{I}_b \cdot r_{be}} = \frac{-\beta \cdot \dot{I}_b \cdot (R_C /\!/ R_L)}{\dot{I}_b \cdot r_{be}} = -\frac{\beta \cdot (R_C /\!/ R_L)}{r_{be}} =$$

$$-\frac{50 \times 1.5}{0.863} = -86.9$$

$$R_i = R_B /\!/ r_{be} \approx r_{be} = 863\ \Omega$$

$$R_o = R_C = 3\ \text{k}\Omega$$

④ 交流负载线通过 Q 点,且通过横坐标($V_{CEQ}+I_{CQ}R_L'$,0)

$$V_{CEQ} + I_{CQ}R_L' = 6\ \text{V} + 2 \times 1.5\ \text{k}\Omega = 9\ \text{V}$$

图解法画出交流负载线 PQ,如图 3.6.2 所示。放大电路不失真输出 V_{om}=(9－6) V＝3 V。

【例题 2】双极型晶体管组成的基本放大电路如图题 3.6.3(a)、(b)所示。设各 BJT 的 $r_{b'b}$=200 Ω,β=50,V_{BE}=0.7V。求:

① 计算各电路的静态工作点;

② 画出各电路的小信号等效电路,指出它们的放大组态;

③ 求电压增益 $\dot{A}_v$、输入电阻 R_i和输出电阻 R_o。

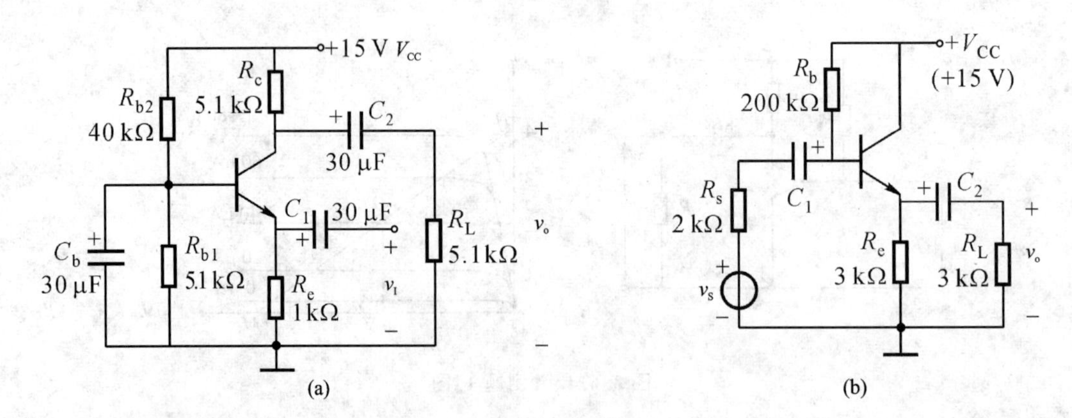

图 3.6.3 【例题 2】图

解(a)：① 求静态工作点可通过直流通路(电容 C_b、C_1、C_2 均视为开路，未画出)求得

因为 $V_B=\dfrac{R_{b1}}{R_{b1}+R_{b2}},V_{CC},I_{EQ}=\dfrac{V_B-V_{BE}}{R_e}=\dfrac{\dfrac{R_{b1}}{R_{b1}+R_{b2}}-V_{BE}}{R_e}=\dfrac{\dfrac{5.1\ \text{k}\Omega}{(5.1+40)\text{k}\Omega}\times 15-0.7\text{V}}{1\ \text{k}\Omega}=0.996\ \text{mA}$

所以
$$I_{CQ}\approx I_E=0.996\ \text{mA},I_{BQ}=\frac{I_C}{\beta}=\frac{0.996\ \text{mA}}{50}=19.9\ \mu\text{A}$$
$$V_{CEQ}=V_{CC}-(R_c+R_e)I_{CQ}=15\ \text{V}-(5.1+1)\ \text{k}\Omega\times 0.996\ \text{mA}=8.92\ \text{V}$$

② 小信号等效电路如图 3.6.4 所示，该电路为共基组态(CB)。

③ 动态指标计算

$$r_{be}=r_{b'b}+(1+\beta)\frac{V_T}{I_{EQ}}=200\ \Omega+\frac{26\ \text{mA}}{0.996\ \text{mA}}=1.53\ \text{k}\Omega$$
$$\dot{A}_v=\frac{\dot{V}_o}{\dot{V}_i}=\frac{-\beta\dot{I}_b(R_c\ /\!/\ R_L)}{-\dot{I}_b r_{be}}=\frac{50\times(5.1\ /\!/\ 5.1)}{1.53}=83.3$$
$$R_i=\frac{\dot{V}_i}{\dot{I}_i}=R_e\ /\!/\ \frac{r_{be}}{1+\beta}=\left(1\ /\!/\ \frac{1.53}{51}\right)\ \Omega=30\ \Omega$$
$$R_o\approx R_c=5.1\ \text{k}\Omega$$

④ 当截止失真时，$V_{om1}=I_{CQ}\cdot R_L'=(0.9\times(5.1/\!/5.1))\ \text{V}=2.3\ \text{V}$

当饱和失真时，$V_{om2}=V_{CEQ}-V_{CES}=(9.5-0.7)\ \text{V}=8.8\ \text{V}$

所以，首先出现截止失真，$V_{om}=2.3\ \text{V}$。

解(b)：

① 求静态工作点。同理在直流通过(略画)上讨论，得

$$\frac{V_{CC}-V_{BE}}{R_b+(1+\beta)R_e}=\frac{(15-0.7)\ \text{V}}{(200+51\times 3)\ \Omega}=40.5\ \mu\text{A}$$
$$I_{CQ}=\beta I_{BQ}=2\ \text{mA}$$
$$V_{CEQ}=V_{CC}-I_{CQ}\cdot R_e=(15-2\times 3)\ \text{V}=9\ \text{V}$$

② CC 组态，小信号等效电路如图 3.6.5 所示，该电路为共集组态(CC)。

③ 动态指标计算

$$r_{be}=r_{bb'}+(1+\beta)\frac{V_T}{I_{EQ}}=200\ \Omega+\frac{26\ \text{mV}}{2\ \text{mA}}=0.863\ \text{k}\Omega$$

$$\dot{A}_v = \frac{\dot{V}_o}{\dot{V}_i} = \frac{(1+\beta)\dot{I}_b(R_c \,//\, R_L)}{\dot{I}_b r_{be} + (1+\beta)\dot{I}_b(R_c \,//\, R_L)} = \frac{51 \times 1.5}{0.88 + 51 \times 1.5} = 0.99$$

$$R_i = \frac{\dot{V}_i}{\dot{I}_i} = R_b \,//\, [r_{be} + (1+\beta)(R_e \,//\, R_L)] = 200\ \text{k}\Omega \,//\, [0.88 + 51 \times 1.5]\ \text{k}\Omega = 55.8\ \text{k}\Omega$$

$$R_o = \left.\frac{\dot{V}'_o}{\dot{I}'_o}\right|_{\substack{\dot{V}_s=0 \\ R_L=\infty}} = R_e \,//\, \frac{r_{be} + R_s \,//\, R_b}{1+\beta} = \left(3 \,//\, \frac{0.863 + 2 \,//\, 200}{51}\right)\Omega = 55\ \Omega$$

$$\dot{A}_{vs} = \frac{R_i}{R_s + R_i}\dot{A}_v = \frac{55.8\ \text{k}\Omega}{(2+55.8)\ \text{k}\Omega} \times 0.99 = 0.96$$

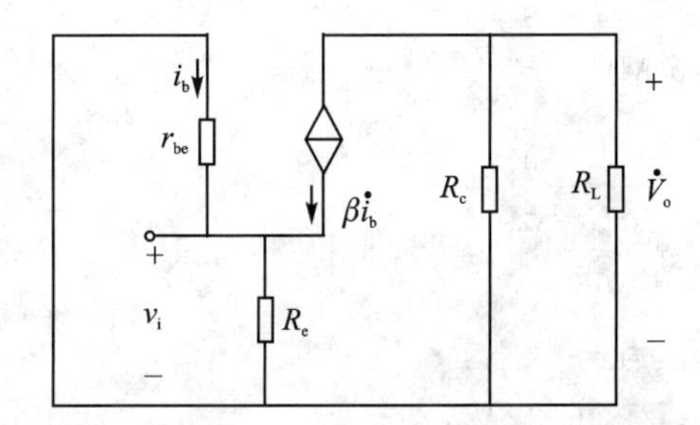

图 3.6.4 CB组态小信号等效电路

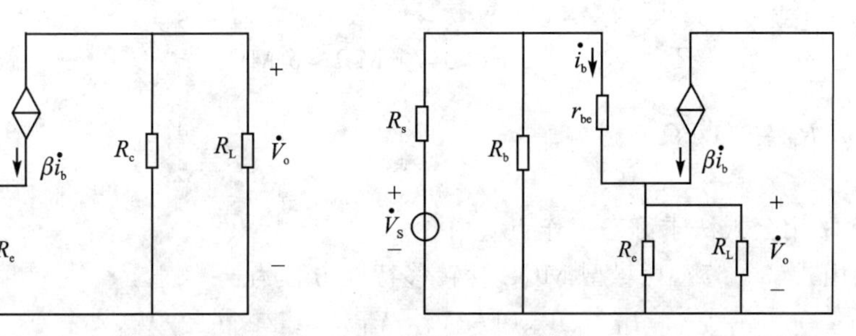

图 3.6.5 CC组态小信号等效电路

【例题 3】 FET 组成的基本放大电路如图 3.6.6(a)、(b)所示。设各 FET 的 g_m=2 MS,耗尽型 FET 的 I_{DSS}=2 mA,V_P=−4 V;增强型 FET 的 V_T=2 V,K_n=0.2 mA/V²。① 试求各放大电路的静态工作点 Q;② 画出各电路的小信号等效电路,指出其放大组态;③ 试求电压放大倍数 $\dot{A}_v$、输入电阻 R_i 和输出电阻 R_o。

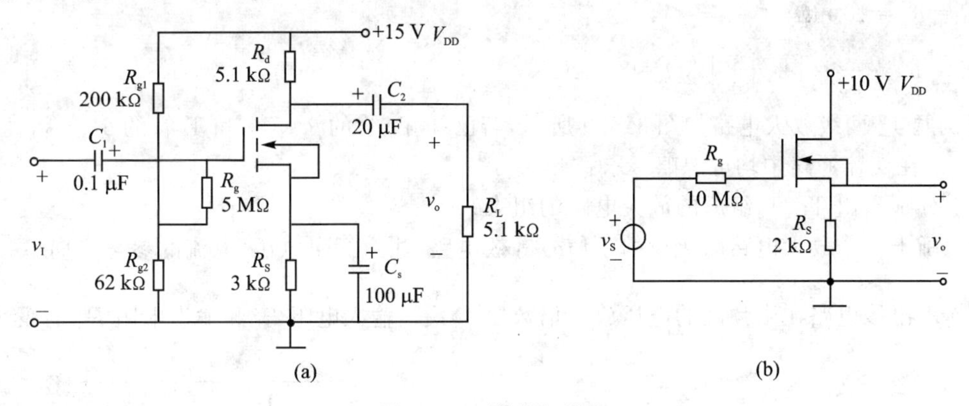

图 3.6.6 【例题 3】图

解(a):

① 采用公式法求静态工作点 Q,由式(3-70)得

$$V_{GS} = V_{R_{g2}} - V_{RS} = \frac{R_{g2}}{R_{g1}+R_{g2}}V_{DD} - I_D R_S = \frac{62}{200+62} \times 15 - 3I_D = 3.55 - 3I_D$$

根据转移特性方程式(3-71)得:$I_D = K_n(V_{GS}-V_T)^2 = 0.2 \times (V_{GS}-2)^2$

通过联立方程求解,V_{GS}=3 V,I_D=0.2 mA。

$V_{DS} = V_{DD} - I_D(R_d + R_S) = 15\ \text{V} - 0.2(5.1+3) = 13.4\ \text{V}$

② 电路为共源(CS)组态,小信号等效电路如图 3.6.7 所示,该电路为共源组态(CS)。

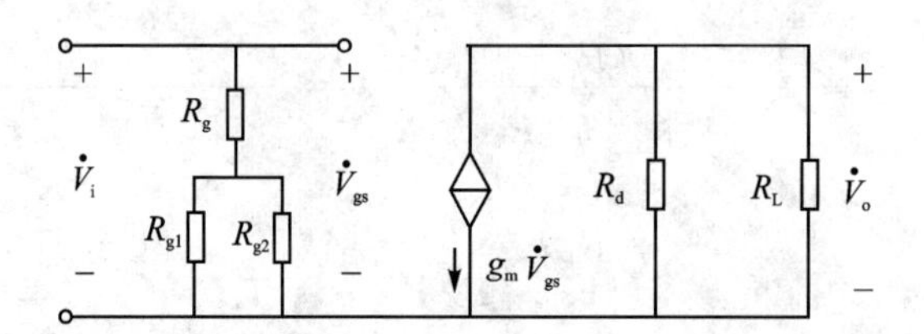

图 3.6.7 【例题 3】电路(a)的小信号等效电路

③ $\dot{A}_v=\dfrac{\dot{V}_o}{\dot{V}_i}=\dfrac{-g_m\dot{V}_{gs}(R_d/\!/R_L)}{\dot{V}_{gs}}=-g_m(R_d/\!/R_L)=-2\times(5.1/\!/5.1)=-5.1$

$R_i=\dfrac{\dot{V}_i}{\dot{I}_i}=R_g+R_{g1}/\!/R_{g2}=(5+0.047)\ \text{M}\Omega\approx 5\ \text{M}\Omega$

$R_o=R_d=5.1\ \text{k}\Omega$

解(b):

① 采用公式法求静态工作点 Q

利用式(3-67),耗尽型 MOS 管转移特性方程为:

$$I_D=I_{DSS}(1-V_{GS}/V_P)^2=2\times(1-V_{GS}/-4)^2$$

由图 3.6.6(b)知,$V_{GS}=-I_DR_S=-2I_D$,求解得:$I_D=0.76\ \text{mA}$,$V_{GS}=-1.5\ \text{V}$;

$$V_{DS}=V_{DD}-I_DR_S=(10-0.76\times 2)\ \text{V}=8.5\ \text{V}$$

② 为 CD 组态,小信号等效电路如图 3.6.8 所示。

③ $\dot{A}_{vs}=\dfrac{\dot{V}_o}{\dot{V}_s}=\dfrac{g_m\dot{V}_{gs}R_S}{\dot{V}_{gs}+g_m\dot{V}_{gs}R_S}=\dfrac{2\times 2}{1+2\times 2}=0.8$

$R_i=R_g=10\ \text{m}\Omega$

$R_o=R_S/\!/\dfrac{1}{g_m}=\left(2/\!/\dfrac{1}{2}\right)\ \text{k}\Omega=0.4\ \text{k}\Omega$

【例题 4】两级放大电路如图 3.6.9 所示,若已知 T_1 管的 β_1、r_{be1} 和 T_2 管的 β_2、r_{be2},且电容 C_1、C_2、C_e 在交流通路中均可忽略。求:

① 分别指出 T_1、T_2 组成的放大电路的组态;

② 画出整个放大电路简化后的小信号等效电路(注意标出电压、电流的参考方向);

③ 求出该电路在中频区的电压放大倍数 $\dot{A}_v=\dfrac{\dot{V}_o}{\dot{V}_i}$、输入电阻 R_i 和输出电阻 R_o 的表达式。

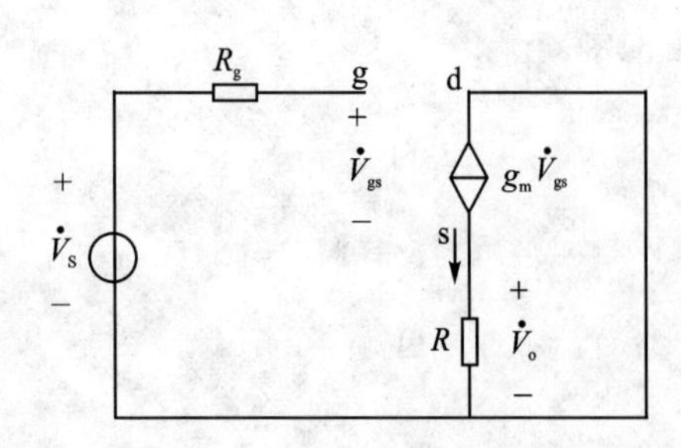

图 3.6.8 【例题 3】电路(b)小信号等效电路

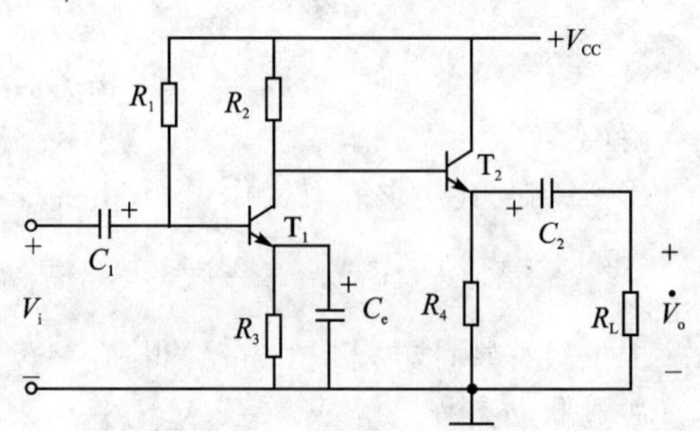

图 3.6.9 两种放大器电路

解:① T_1 管组成共射(CE)组态,T_2 管组成共集(CC)组态。

② 整个放大电路的小信号等效电路如图3.6.10所示。

③ 第一级的电压放大倍数为:

$\dot{A}_{v1}=\dfrac{\dot{V}_{o1}}{\dot{V}_i}=\dfrac{-\beta_1(R_2/\!/R_{i2})}{r_{be1}}$,$R_{i2}$ 是第二级放大电路的输入电阻,$R_{i2}=r_{be2}+(1+\beta_2)(R_4/\!/R_L)$。

第二级放大电路为射极跟随器,所以 $\dot{A}_{v2}\approx1$, $\dot{A}_v=\dot{A}_{v1}\cdot\dot{A}_{v2}=\dfrac{-\beta_1\{R_2/\!/[r_{be2}+(1+\beta_2)(R_4/\!/R_L)]\}}{r_{be1}}$

$R_i=R_{i1}=R_1/\!/r_{be1}$, $R_o=R_4/\!/\dfrac{R_2+r_{be2}}{1+\beta_2}$

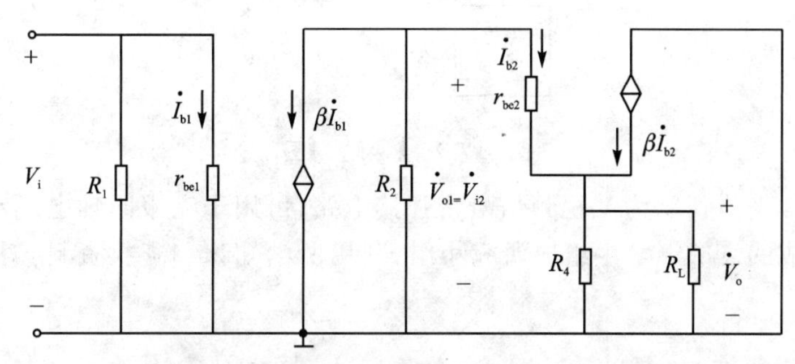

图3.6.10　【例题4】电路的小信号等效电路

3.7　研究性课题

【课题1】在实验中,同学们设计了五种不同接线方式的共射放大电路,如图3.7.1所示。若从正确合理、方便实用的角度去考虑,请讨论哪一种最为可取?

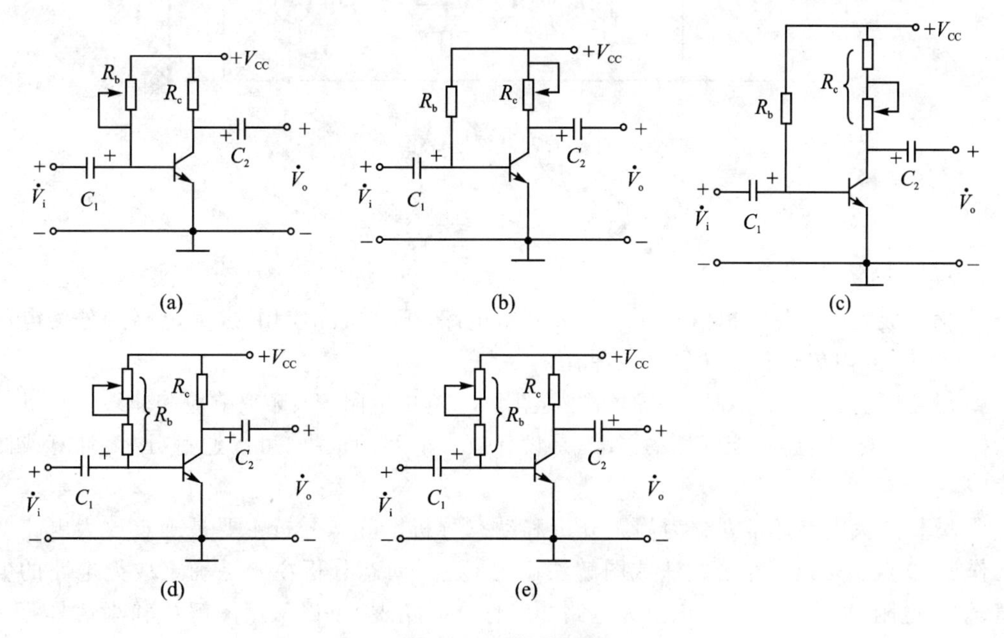

图3.7.1　【课题1】图

【课题 2】设计一个声光控节能开关电路。该声光控开关可以根据声光信号控制灯的亮和灭：当光线暗到一定程度时，接收到声音信号，电路接通，灯亮，但没有声音信号电路断开，灯灭；当光线亮到一定程度时，接收到声音信号(自行设定界限)，电路也要断开，灯灭。建议利用光敏器件检测光线亮度，电路组成结构见图 3.7.2。分组研讨，画出电路原理图，并制作电路板实现该电路功能。

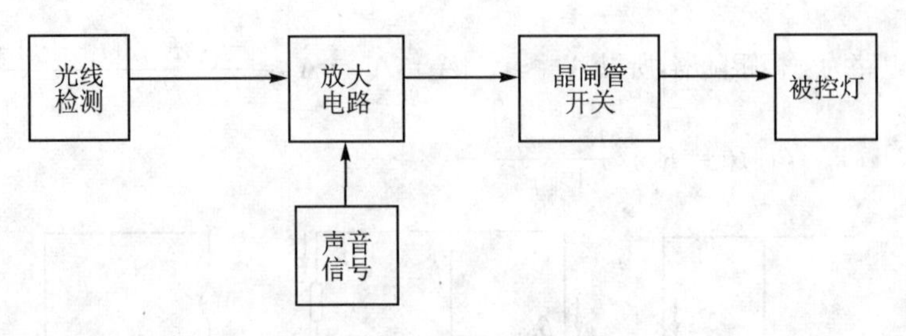

图 3.7.2 【课题 2】图

【课题 3】图 3.7.3 所示为某视频信号增强器电路，可用于克服同轴电缆在远距离传输时对视频信号所造成的衰减。学生组成研究小组，利用所学知识和查找资料，对电路进行分析，并写出分析报告。

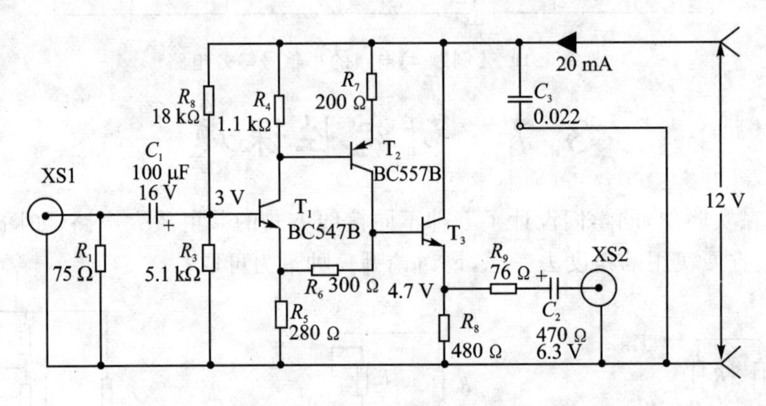

图 3.7.3 【课题 3】图

3.8　本章小结

① 信号放大电路是模拟信号处理的最基本电路，根据实际应用，放大电路又分为电压放大、电流放大、互阻放大和互导放大四种。

② 增益(包括 A_v、A_i、A_R、A_G 等)、输入电阻 R_i、输出电阻 R_o、频率响应和非线性失真等主要指标是衡量放大电路性能好坏的标准，是设计放大电路的依据，可以通过分析、计算或测量来确定。

③ 分析放大电路通常划分为静态分析和动态分析。静态分析主要是确定放大电路的静态工作点(Q 点)，可以采用公式法或图解法确定 Q 点；动态分析主要是确定放大电路的电压增益、输入电阻、输出电阻及讨论放大电路非线性失真情况，可以采用图解法和小信号等效电路分析法。

④ 在放大电路分析过程中，一些重要的基本概念与方法必须掌握，如直流负载线、交流负载线（或称动态负载线）；饱和失真和截止失真、最大不失真输出电压幅值；各类半导体器件（晶体三极管、场效应管）在中频、低频、高频区的小信号等效模型，放大电路小信号等效电路等，它们对于掌握放大电路的静态分析和动态分析方法十分重要。

⑤ 晶体三极管放大电路有共射、共集和共基三种组态；场效应管放大有共源、共漏和共栅三种组态。共射、共源放大电路称为反相电压放大器；共集、共漏放大电路称为电压跟随器；共基、共栅放大电路称为电流跟随器。放大电路的静态工作点不稳定的主要因素是受温度的影响，因此，本章专门讨论了共射放大电路的改进电路——射极偏置电路等，它是利用负反馈原理实现稳定静态工作点的。本章重点介绍了除共栅放大电路以外的五种放大电路的静态和动态分析，掌握了这些典型电路分析方法，对于复杂电路可以采用"套用"法分析，通过各类习题可加以体验。

⑥ 多级放大器是各类组态放大电路的级联或组合，多级放大电路的电压增益是每一单级电路电压增益的乘积，但在计算各单级电压增益时应将后级输入电阻作为其负载；将前级的负载作为后级信号源内阻；多级放大电路的输入电阻就是第一级的输入电阻；多级放大电路的输出电阻就是最后一级的输出电阻。

频率特性是放大电路的固有属性，在掌握了频率特性（包括幅频特性和相频特性）、通频带 f_{BW}、上限频率 f_H、下限频率 f_L 及管子频率参数（f_β、f_α、f_T）基础上，掌握管子的高频等效模型，进而有助于分析放大电路的高频响应和低频响应，可以利用波特图法绘制放大电路高频响应、低频响应的幅频特性和相频特性。分析可见，低频段的频率特性主要受耦合电容、旁路电容等影响；高频段的频率特性主要受管子极间电容、电路分布电容的影响。

3.9 习　题

【习题 3-1】 按照放大电路的组成原则，仔细审阅如图 3.9.1 所示各电路，分析各种放大电路的静态偏置和动态工作条件是否符合要求。如发现问题，应指出原因，并重画正确的电路。

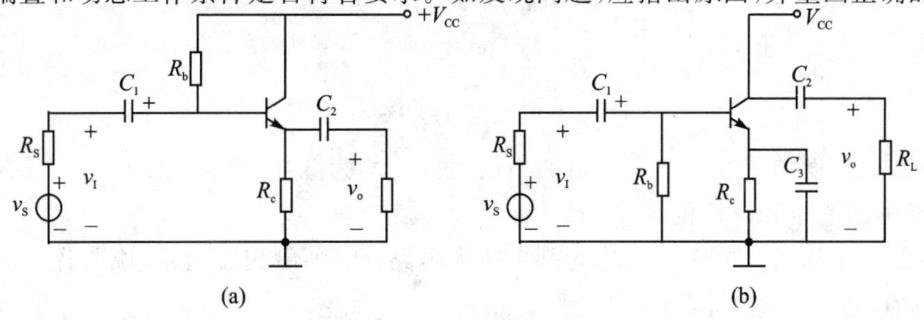

图 3.9.1 【习题 3-1】图

【习题 3-2】 如图 3.9.2 所示电路中，设晶体管的 $\beta=50$，$V_{BE}=0.7$ V。试估算开关 K 分别接通 A、B、C 时的 I_B、I_C、V_{CE}，并说明管子处于什么工作状态。当开关 K 置于 B 时，若用内阻为 10 kΩ 的直流电压表分别测量 V_{BE} 和 V_{CE}，能否测得实际的数值？试画出测量时的等效电路，并通过图解分析说明所测得的电压与理论值相比，是偏大还是偏小？

【习题 3-3】 试用三只电容量足够大的电容器 C_1、C_2、C_3 将置于图 3.9.3 所示放大电路中，并分别组成 CE、CC 和 CB 组态，并在图中标明各偏置电源和电解电容上的极性以及信号的输入、输出端子(在电源前加正、负号,在电容正极性端加正号)。

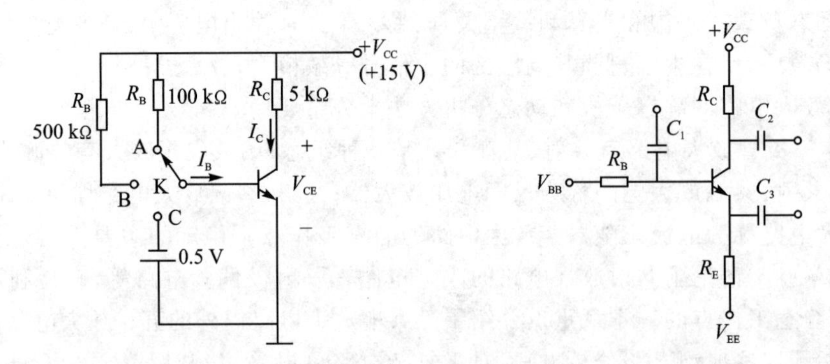

图 3.9.2 【习题 3-2】图　　图 3.9.3 【习题 3-3】图

【习题 3-4】如图 3.9.4 所示电路中,设各三极管均为硅管,$V_{BE}\approx0.7$ V,$\beta=50$,$V_{CES}\approx0.3$ V,I_{CEO}可忽略不计。试估算 I_B、I_C、V_{CE}。

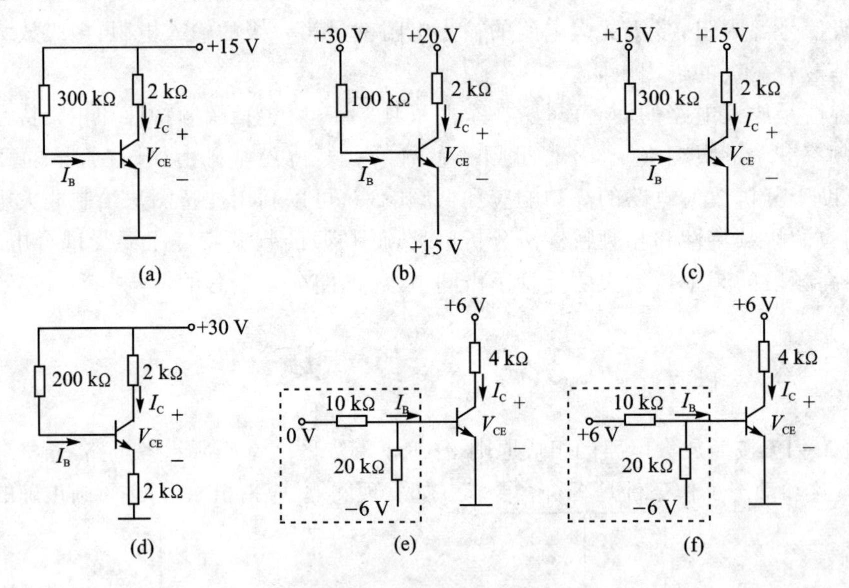

图 3.9.4 【习题 3-4】图

【习题 3-5】设如图 3.9.5 所示电路中的三极管均为硅管,$V_{CES}\approx0.3$ V,$\beta=50$,试计算标明在各电路中的电压和电流的大小。

【习题 3-6】如图 3.9.6 所示均为基本放大电路:① 画出交流通路,说明各种放大电路的组态。② 画出放大电路小信号等效电路。

【习题 3-7】有一 CE 放大电路如图 3.9.7 所示。试回答下列问题:

① 若换用β值较大的三极管,则静态工作点 I_{BQ}、V_{CEQ}将如何变化?

② 写出该电路电压增益 $\dot{A}_v$、输入电阻 R_i 和输出电阻 R_o 的表达式。

③ 若将静态工作点调整到交流负载线的中点,增大输入电压时,输出端出现如图 3.9.7(b)所示的失真波形,问引起该失真的原因?是饱和失真还是截止失真?

④ 若该电路在室温下工作正常,但将它放入 60℃ 环境中,输出波形发生失真,且幅度增大,电路产生了饱和失真还是截止失真?其主要原因是什么?

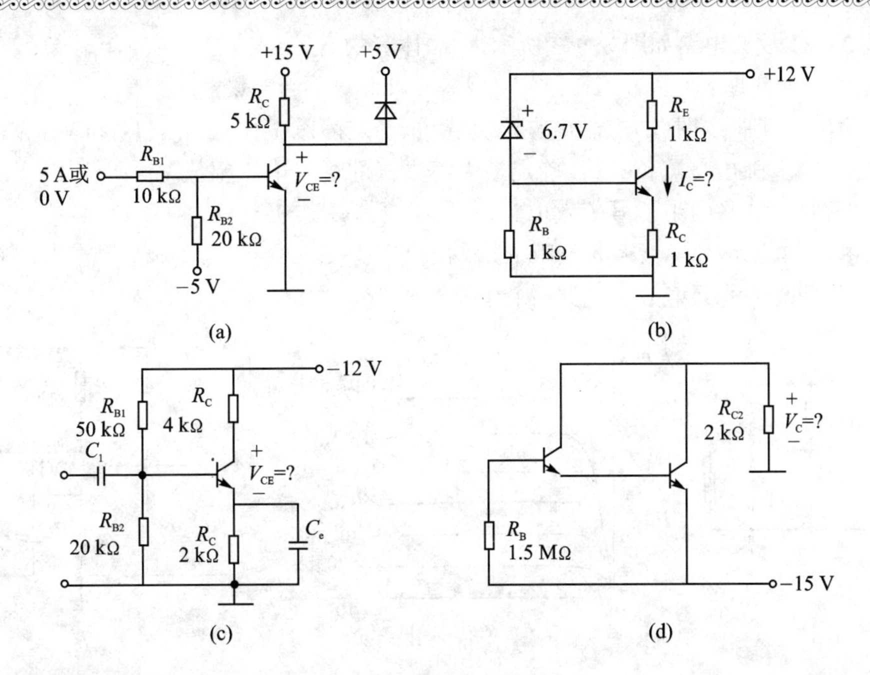

图 3.9.5　【习题 3-5】图

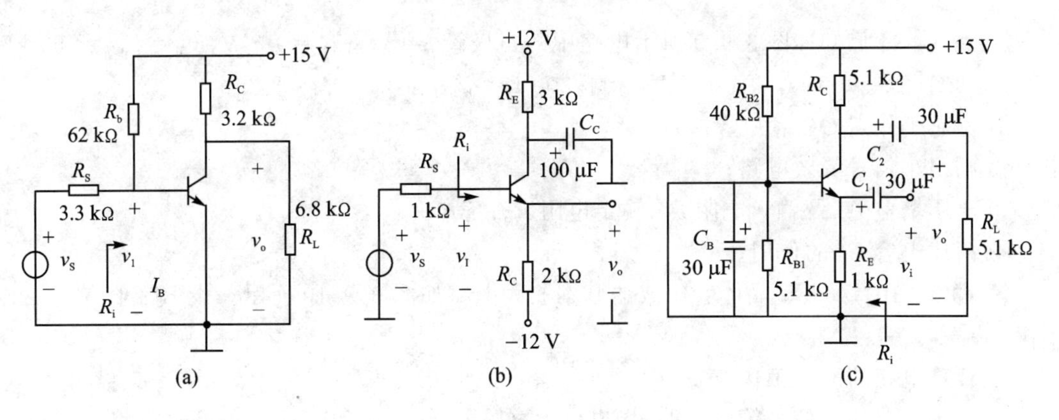

图 3.9.6　【习题 3-6】图

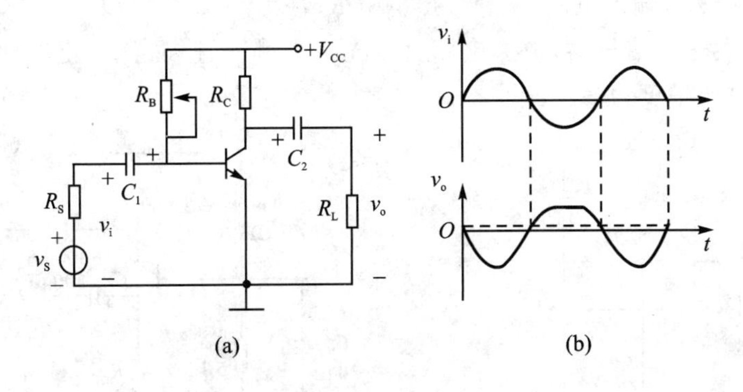

图 3.9.7　【习题 3-7】图

【习题 3-8】放大电路如图 3.9.8 所示，设晶体管的 $r_{BB'}=200\ \Omega$，$\beta=50$，$V_{BE}=0.7$ V，$V_{CES}=0.3$ V。完成下列问题：

① 在输出特性曲线图(b)上画出直流负载线，确定静态工作点（I_{CQ}、I_{BQ}和 V_{CEQ}）；

② 在图(b)上画出交流负载线，确定最大不失真的输出电压幅值 V_{om}；

③ 画出图(a)电路的小信号等效电路；

④ 求图(a)电压增益 A_v、输入电阻 R_i、输出电阻 R_o；

⑤ 图(c)是改进的共射放大电路，简述 C_E 的作用。

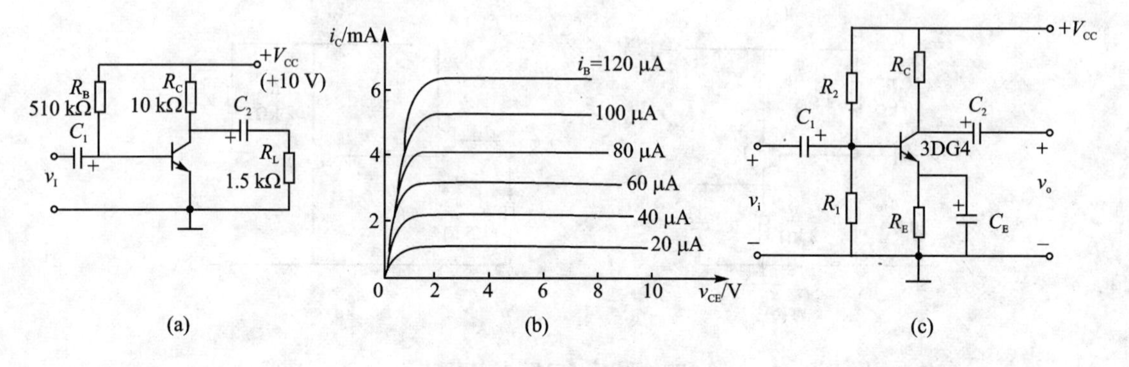

图 3.9.8 【习题 3-8】图

【习题 3-9】已知如图 3.9.9 所示电路中的三极管 $\beta=60$，$V_{BE}=0.7$ V，$R_{B1}=R_{B2}=150$ kΩ，$R_C=5.1$ kΩ，$R_S=300\ \Omega$，$V_{CC}=12$ V，$r_{bb'}=200\ \Omega$。试求：

① 静态工作点 $Q(I_B, I_C, V_{CE})$；

② 画出小信号等效电路；

③ 电压增益 A_v 及输入电阻 R_i、输出电阻 R_o；

④ 简述电容 C_3 的作用。

【习题 3-10】双极型晶体管组成的基本放大电路如图 3.9.10 所示。设 BJT 的 $r_{B'B}=200\ \Omega$，$\beta=50$，$V_{BE}=0.7$ V。

① 计算电路的静态工作点。

② 画出电路的小信号等效电路，指出放大电路的组态。

③ 求电压僧益 A_v、输入电阻 R_i 和输出电阻 R_o。

④ 当逐步加大输入信号时，放大电路将首先出现哪一种失真（截止失真或饱和失真），其最大不失真输出电压幅度为多少？

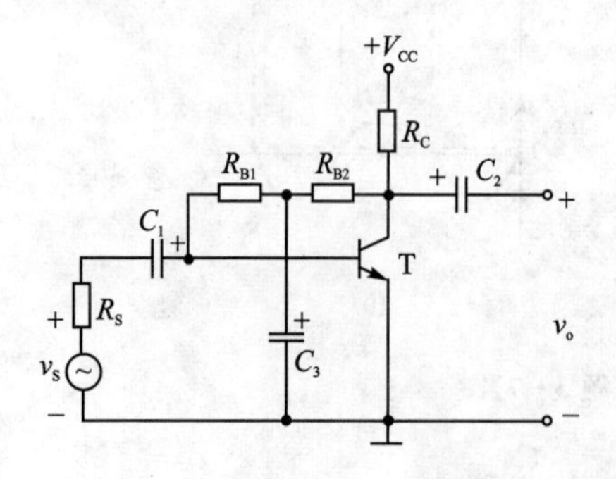

图 3.9.9 【习题 3-9】图

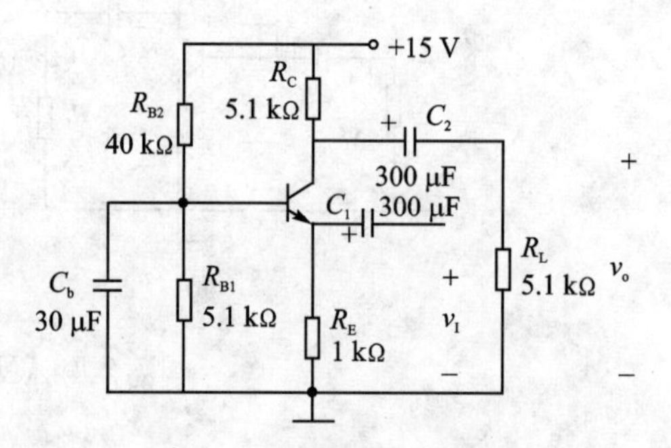

图 3.9.10 【习题 3-10】图

【习题 3-11】图 3.9.11 所示电路中，已知三极管的 $\beta=100$，$V_{BEQ}=0.6\ V$，$r_{B'B}=100\ \Omega$。

① 求静态工作点。

② 画小信号等效电路，回答电路为何组态？

③ 求 $A'_v=\frac{V_o}{V_i}$。

④ 求 R_i，R_o。

【习题 3-12】放大电路如图 3.9.12 所示，设晶体管的 $r_{b'b}=300\ \Omega$，$\beta=20$，$V_{BE}=0.7\ V$。D_Z 为理想的硅稳压二极管，r_z 足够大，其稳压值 $V_Z=6\ V$。各电容都足够大，在交流通路中均可视作短路。

① 求电路静态工作点（I_{CQ}、I_{BQ}和 V_{CEQ}）；

② 画出电路的小信号等效电路；

③ 求电压放大倍数 A_U 和输入电阻 R_i；

④ 说明电阻 R 在电路中的作用；

⑤ 若 D_Z 极性接反，电路能否正常放大？为什么？

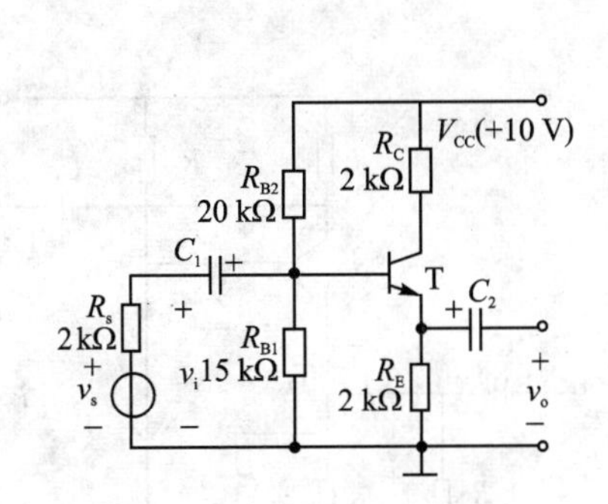

图 3.9.11 【习题 3-11】图

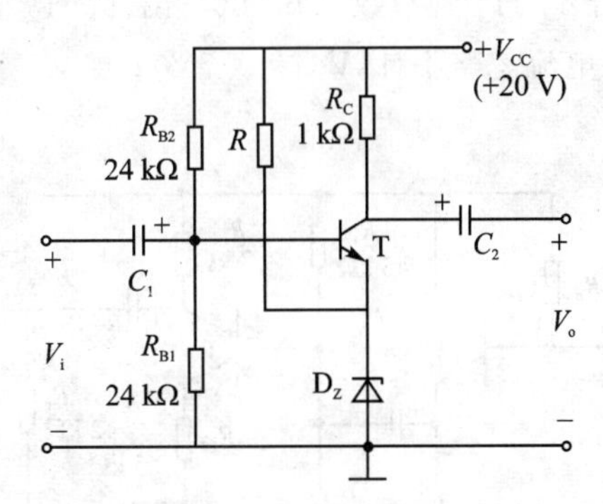

图 3.9.12 【习题 3-12】图

【习题 3-13】电路如图 3.9.13 所示，场效应管的 $r_{DS}\gg R_D$，求：

① 画出该放大电路的小信号等效电路；

② 写出 A_U、R_i 和 R_o 的表达式；

③ 定性说明当 R_S 增大时，A_U，R_i，R_o 是否变化，如何变化？

④ 若 C_S 开路，A_u，R_i，R_o 是否变化，如何变化？写出变换后的表达式。

【习题 3-14】在图 3.9.14 所示电路中，已知 $V_{GS}=-2\ V$，管子参数 $I_{DSS}=4\ mA$，$V_p=-4\ V$，设电容在交流通路中可视为短路。

① 求电流 I_D 和电阻 R_{S1}。

② 求正常放大条件下，R_{S2} 可能的最大值。

③ 画出微变等效电路，用已求得的有关数值计算 A_v，R_i 和 r_{o2}（设 r_{DS} 影响可忽略不计）。

④ 为显著提高 $|A_u|$，最简单的措施是什么？

【习题 3-15】两级阻容耦合放大电路如图 3.9.15 所示，晶体管的 β 均为 50，V_{BE} 都等于 0.6 V，

① 用估算法计算第二级的静态工作点；

② 画出两级放大电路的小信号等效电路；

③ 写出整个电路的电压放大倍数 A_v，输入电阻 R_i 和输出电阻 R_o 的表达式。

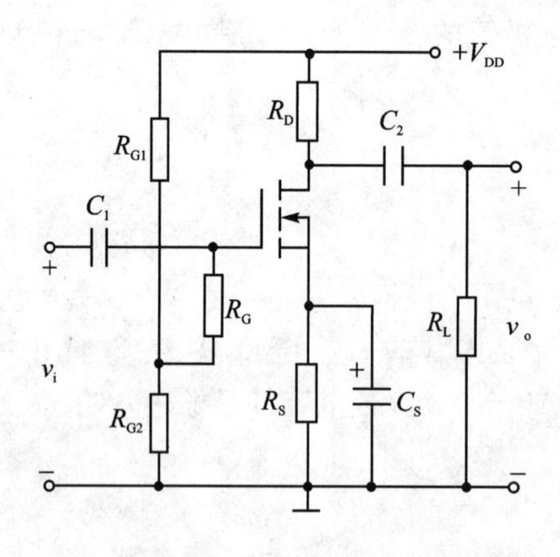

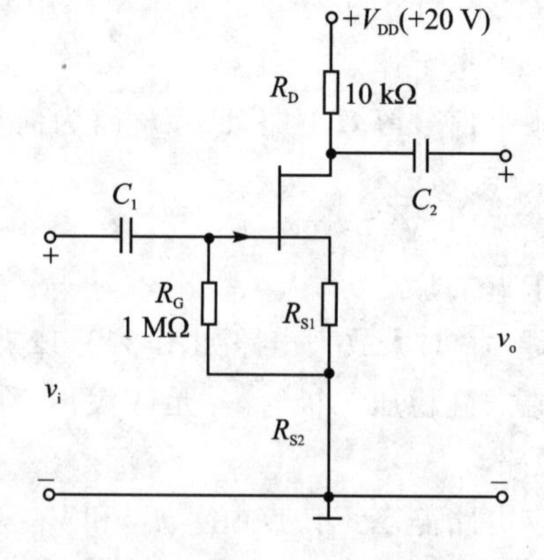

图 3.9.13　【习题 3－13】图　　　　图 3.9.14　【习题 3－14】图

【习题 3－16】放大电路如图 3.9.16 所示。

① 指出 T_1、T_2 管各起什么作用，它们分别属于何种放大电路组态？

② 若 T_1、T_2 管参数已知，试写出 T_1、T_2 管的静态电流 I_{CQ}、静态电压 V_{CEQ} 的表达式（设各管的基极电流忽略不计，$V_{BE}=0.7V$）；

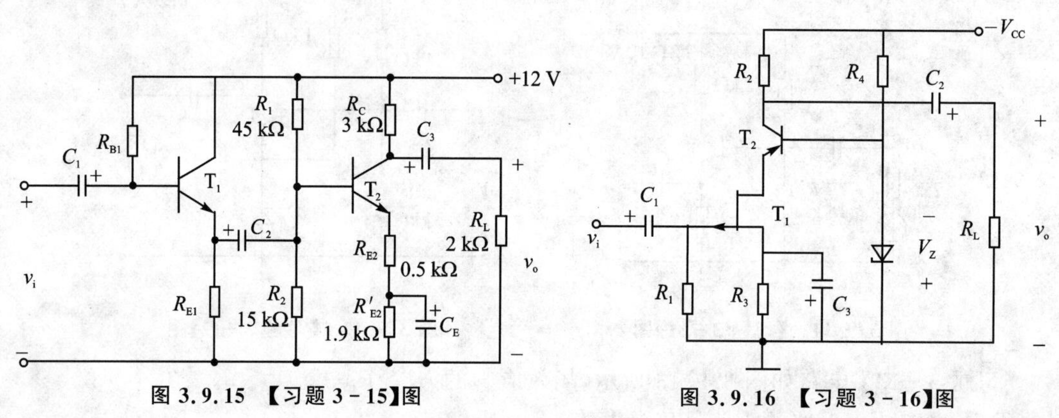

图 3.9.15　【习题 3－15】图　　　　图 3.9.16　【习题 3－16】图

③ 写出该放大电路的中频电压增益 $\dot{A}_v$、输入电阻 R_i 和输出电阻 R_o 的近似表达式（设稳压管的 $r_z\approx0$）。

【习题 3－17】已知某反相放大电路电压增益的对数幅频特性曲线如图 3.9.17 所示。

① 写出该放大电路电压增益的频率特性表达式。

② 写出该放大电路电压增益的相频特性表达式，画出相频特性曲线。

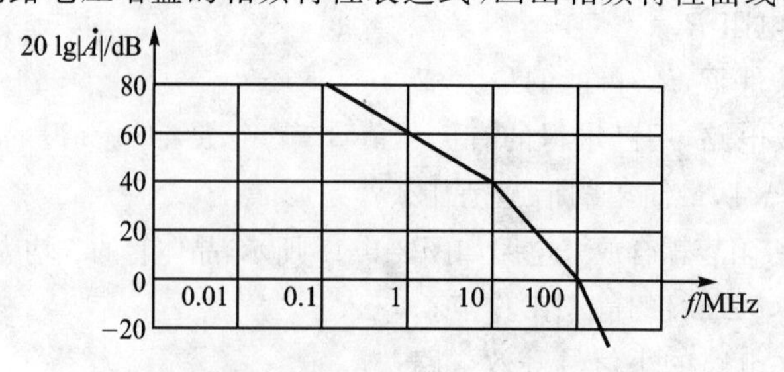

图 3.9.17　【习题 3－17】图

【习题 3-18】某放大电路的电压增益复数表达式为：

$$A_u=\frac{0.5f^2}{\left(1+\mathrm{j}\,\frac{f}{2}\right)\left(1+\mathrm{j}\,\frac{f}{100}\right)\left(1+\mathrm{j}\,\frac{f}{10^5}\right)},\quad f \text{ 的单位为 Hz。}$$

① 求中频电压增益 A_{um}；

② 画出 A_v 幅频特性波特图；

③ 求上限截止频率 f_H 和下限截止频率 f_L。

【习题 3-19】电路如图 3.9.18 所示，其中 $V_{CC}=6.7$ V，$R_B=300$ kΩ，$R_C=2$ kΩ，晶体管的 $\beta=100$，$r'_{BB}=300$ Ω，$U_{BE}=0.7$ V，电容 $C_1=C_2=5$ μF，$R_L=\infty$。

① 求中频电压增益 A_u；

② 求下限频率 f_L；

③ 若信号频率 $f=10$ Hz，希望放大倍数 $|A_v|$ 仍不低于 $0.7|A_{V_m}|$ 则应更换哪个元件？其值为多少？

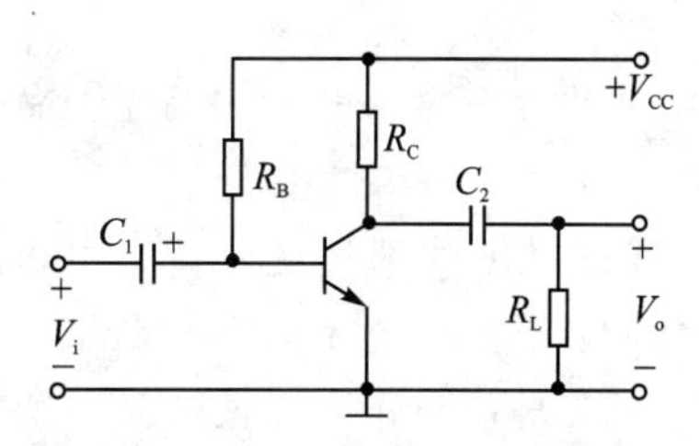

图 3.9.18 【习题 3-19】图

3.10 仿真习题

【仿真习题 3-1】电路如图 3.9.18 所示，三极管型号为 2N2222，$V_{CC}=5$ V，$C_1=1$ μF，$R_B=1$ MΩ，$R_C=3.3$ kΩ，$R_S=0$，$\beta=210$。去掉 C_2 和 R_L，负载电容 $C_L=4$ pF，C_L 接到集电极和地之间。

① 当输入信号 V_i 为 -5 mV 到 $+5$ mV 的正负方波，其周期分别为 100 ms 和 0.1 ms，仿真观察 V_o 波形，并确定 V_o 幅值和周期。

② 当输入信号 V_i 为 -5 mV 到 $+5$ mV 的正弦波，频率为 100 kHz，仿真观察 V_o 波形，并确定 V_o 幅值和频率。将 V_i 变大，观察 V_o 失真时的 V_i 值。

【仿真习题 3-2】共源放大电路如图 3.10.1 所示，MOS 管采用 JFET2N3819，$V_{DD}=20$ V，$R_{G1}=20$ kΩ，$R_{G2}=500$ kΩ，$R_G=5.1$ MΩ，$R_D=30$ kΩ，$R_S=10$ kΩ，$C_1=0.1$ μF，$C_2=4.7$ μF，$C_S=100$ μF，$R_L=50$ kΩ。

① 求静态工作点；

② 设输入信号 V_i 为 1 kHz，幅值为 10 mV 的正弦波，试观测 V_i、V_o 波形；

③ 求电压传输特性 $V_o=f(V_i)$。

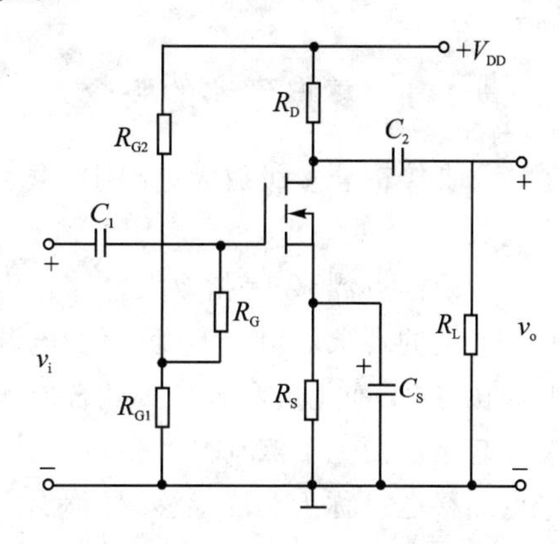

图 3.10.1 【仿真习题 3-2】电路

第 4 章　集成运算放大器

本章内容概要

集成运算放大器——高增益的直接耦合的集成多级放大器。集成电路的工艺特点：

(1) 元器件具有良好的一致性和同向偏差，因而特别有利于实现需要对称结构的电路。

(2) 集成电路的芯片面积小，集成度高，所以功耗很小，在毫瓦以下。

(3) 不易制造大电阻。需要大电阻时，往往使用有源负载。

(4) 只能制作几十微法以下的小电容。因此，集成放大器都采用直接耦合方式。如需大电容，只有外接。不能制造电感；如需电感，也只能外接。

(5) 电路中二极管作温度补偿和电位移动，一般用三极管发射结构成。

综上所述，集成放大器一般采用直接耦合方式，但是直接耦合方式又会产生零点漂移现象，抑制零点漂移就成为集成放大器要解决的一个重要问题，因此，本章首先重点介绍差分式放大电路，并讨论其抑制零点漂移原理以及放大电路的静态分析和动态分析方法。

本章首先讲述差分放大电路，然后是集成运算放大器，最后是集成运算放大器的应用，包括集成运算放大器在信号运算方面的应用：比例电路、加法电路、减法电路、积分和微分电路；集成运算放大器在信号处理方面的应用：有源滤波器、采样保持电路和电压比较器；集成运算放大器在波形产生方面的应用：正弦波发生电路、方波产生电路；集成运算放大器在测量方面的应用：电压-电流变换器、电流-电压变换器、电压和电流的测量、精密放大器。

4.1　差分放大电路

4.1.1　零点漂移的概念

在直接耦合多级放大电路中，由于各级之间的工作点相互联系、相互影响，会产生零点漂移现象。

所谓零点漂移，是指放大电路在没有输入信号(或输入端短路)时，输出端还有缓慢变化的电压产生的现象。由于温度变化、电源电压波动、元器件老化等原因，使放大电路的工作点发生变化，这个变化量会被直接耦合放大电路逐级加以放大并传送到输出端，使输出电压偏离原来的起始点而上下漂动。产生零点漂移的原因，主要是晶体三极管的参数受温度的影响，所以零点漂移也可称为温度漂移，简称温漂。

4.1.2　差分放大电路的基本形式

差分放大电路是一种具有两个输入端且电路结构对称的放大电路，对称的含义是两个三极管的特性一致，电路参数对应相等。差分放大电路的基本特点是两个输入端输入大小相等、极性相反的信号时才能被放大，也就是电路放大的是两个输入信号的差，所以称为差分放大电路，简称“差放”。

1. 电路构成与特点

图4.1.1所示为差分放大电路的基本形式，从电路结构上看，它具有以下特点：

① 它由两个参数一致且完全对称的共射电路组合而成。

② 电路采用正负双电源供电。

由于R_E接的是负电源$-V_{EE}$，像拖着一个尾巴，故这种典型的差分放大电路又称为长尾式差分放大电路。

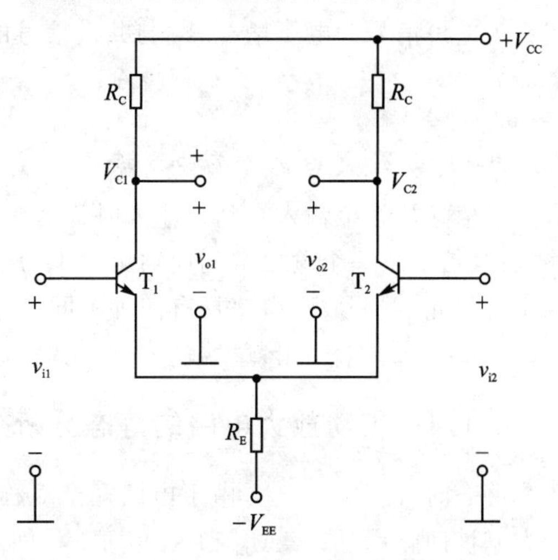

图4.1.1 典型基本差分放大电路

2. 差分放大电路抑制零点漂移的原理

由于电路的对称性，温度的变化对T_1、T_2两管组成的左右两个放大电路的影响是一致的，相当于给两个放大电路同时加入了大小和极性完全相同的输入信号。因此，在电路完全对称的情况下，两管的集电极电位始终相同，差分放大电路的输出为零，不会出现普通直接耦合放大电路中的漂移电压，可见，差分放大电路利用电路对称性抑制了零点漂移现象。

4.1.3 差分放大电路的基本概念

1. 差模信号与共模信号

当v_{i1}与v_{i2}大小相同但极性相反时，即$v_{i1}=-v_{i2}$时，称为差模信号，记为v_{id}；当两个输入信号v_{i1}、v_{i2}大小和极性都相同时，即$v_{i1}=v_{i2}$时，称为共模信号，记为v_{ic}。理想情况下，差放对共模信号没有放大能力。

一般情况下，输入信号v_{i1}、v_{i2}值的大小和极性往往是任意的，既含差模信号，又含共模信号，此时可以通过式(4-1)、式(4-2)计算得到差模信号和共模信号，即

差模信号
$$v_{id}=v_{i1}-v_{i2} \tag{4-1}$$

共模信号
$$v_{ic}=\frac{v_{i1}+v_{i2}}{2} \tag{4-2}$$

联立求解为：$v_{i1}=v_{ic}+\frac{v_{id}}{2}$，　$v_{i2}=v_{ic}-\frac{v_{id}}{2}$。

2. 差模电压增益和共模电压增益

差模电压增益A_{vd}的定义是差模输出电压V_{od}与差模输入电压V_{id}之比，即

$$A_{vd}=\frac{V_{od}}{V_{id}} \tag{4-3}$$

共模电压增益A_{vc}定义是其模输出电压V_{oc}与共模输入电压V_{ic}之比，即

$$A_{vc}=\frac{V_{oc}}{V_{ic}} \tag{4-4}$$

由此得出差放总输出电压

$$V_o=V_{od}+V_{oc}=A_{vd}v_{id}+A_{vc}v_{ic} \tag{4-5}$$

3. 共模抑制比

共模抑制比是反映差分放大电路放大差模信号和抑制共模信号能力的重要技术指标，其定义为差模信号的电压增益 A_{vd} 与共模信号的电压增益 A_{vc} 之比的绝对值，即

$$K_{CMR}=\left|\frac{A_{vd}}{A_{vc}}\right| \quad 或 K_{CMR}=20\lg\left|\frac{A_{vd}}{A_{rC}}\right|(dB) \tag{4-6}$$

4. 差分放大电路的输入、输出形式

当信号从一个输入端到地输入时称为单端输入；从两个输入端之间浮地输入时称为双端输入；当信号从一个输出端到地输出时称为单端输出；从两个输出端之间浮地输出时称为双端输出。因此，差分放大电路具有四种不同的工作状态：双端输入，双端输出；单端输入，双端输出；双端输入，单端输出；单端输入，单端输出。

4.1.4 差动放大电路的静态分析

静态时，$v_{i1}=v_{i2}=0$。由于电路完全对称，T_1、T_2 的静态参数也完全相同。以 T_1 为例，其静态基极回路由 $-V_{EE}$、V_{BE} 和 R_E 构成。但要注意，流过 R_E 的电流是 T_1、T_2 两管射极电流之和，如图 4.1.2 所示。

T_1 管的输入回路方程为：$V_{EE}=V_{BE}+2I_{E1}R_E$，考虑对称，取 $V_{BE}=0.7$ V，有：

$$I_{E1}=I_{E2}=I_E=\frac{V_{EE}-0.7\text{ V}}{2R_E} \tag{4-7}$$

$$I_{C1}=I_{C2}=I_C=\frac{1}{2}I_E \tag{4-8}$$

$$V_{CE1}=V_{CE2}=V_{CC}-R_{C1}I_{C1}-(-0.7\text{ V}) \tag{4-9}$$

$$I_{B1}=I_{B2}=I_B=\frac{I_C}{\beta} \tag{4-10}$$

$$V_0=V_{C1}-V_{C2}=0 \tag{4-11}$$

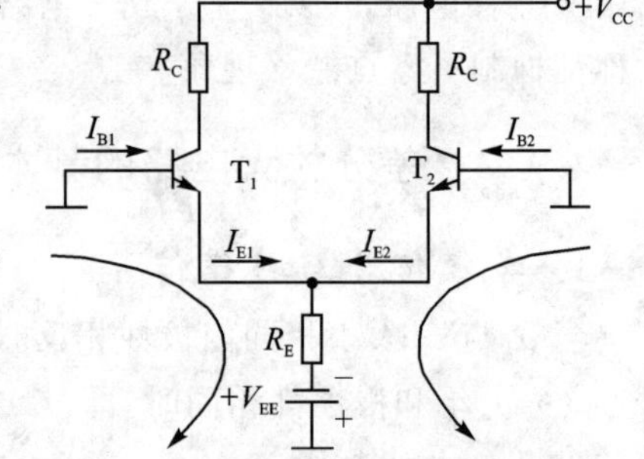

图 4.1.2 基本差分放大电路的直流通路

可见，静态工作点 Q 可以由式(4-8)、式(4-9)、式(4-10)确定，且静态时，$V_o=0$。

4.1.5 差分放大电路的动态分析

1. 双端输入双端输出的情况

(1) 加入差模信号

图 4.1.1 所示的典型基本差分放大电路，在带负载情况下输入差模信号时，交流通路如图 4.1.3所示。输入端 $v_{i1}=v_{id}/2$，$v_{i2}=-v_{id}/2$，在电路完全对称的情况下，这两个交流电流之和在 R_E 两端产生的交流压降为零，因此，在差模输入交流通路中，射极电阻 R_E 可视为被短路。同理，R_L 中点电位为零，因此图 4.1.3 可以等效为图 4.1.4。

对于差模信号，因为 $v_{i1}=-v_{i2}$，设 $v_{i1}\uparrow$，则 $v_{i2}\downarrow\rightarrow v_{o1}\downarrow$，$v_{o2}\uparrow$。

由于电路对称→$|v_{o1}|=|v_{o2}|\rightarrow v_o=v_{o1}-v_{o2}=-2v_{o1}$，因此差模电压增益

$$A_{vd}=\frac{v_o}{v_{i1}-v_{i2}}=\frac{2v_{o1}}{2v_{i1}}=-\frac{\beta\left(R_C\,/\!/\,\frac{R_L}{2}\right)}{r_{be}} \tag{4-12}$$

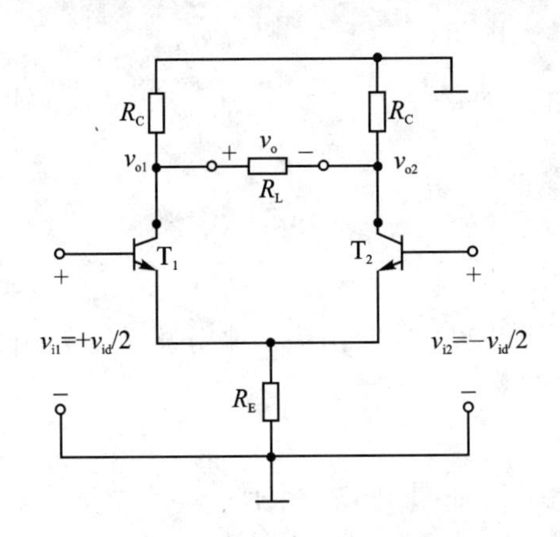

图 4.1.3　基本差分放大电路差模输入时的交流通路

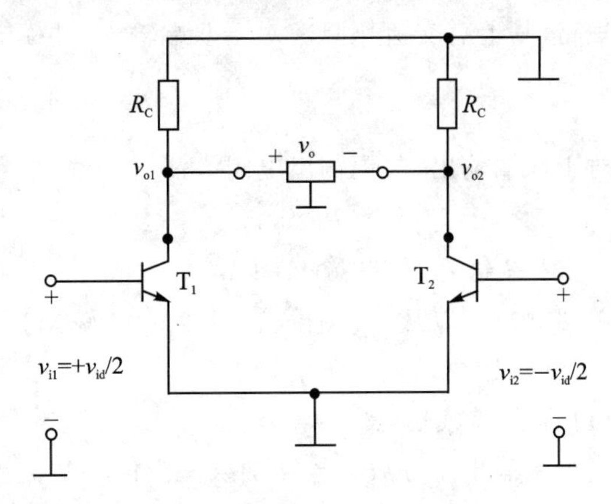

图 4.1.4　基本差分放大电路差模输入时的交流等效电路

由式(4－12)可见，差分放大电路使用了两个放大器件，但是电压增益只等于单管放大电路的电压增益，好处是抑制了零点漂移，这一点非常重要，也是差分放大电路价值所在。

由于结构是双入，所以差模输入电阻为

$$R_{id} = 2r_{be} \tag{4-13}$$

由于结构是双出，所以差模输出电阻为

$$R_{od} = 2R_C \tag{4-14}$$

(2) 加入共模信号

输入共模信号时的交流通路如图 4.1.5 所示。由于 $v_{i1}=v_{i2}=v_{ic}$，而且电路完全对称，所以 $v_{o1}=v_{o2}$，$v_o=v_{o1}-v_{o2}=0$，共模电压增益为

$$A_{vc} = \frac{v_o}{v_{ic}} = \infty \tag{4-15}$$

可见，双端输入双端输出的情况具有理想的抑制共模信号的能力。

因此双端输入双端输出差分放大电路的共模抑制比为

$$K_{CMR} = \left|\frac{A_{vd}}{A_{vc}}\right| = 0 \tag{4-16}$$

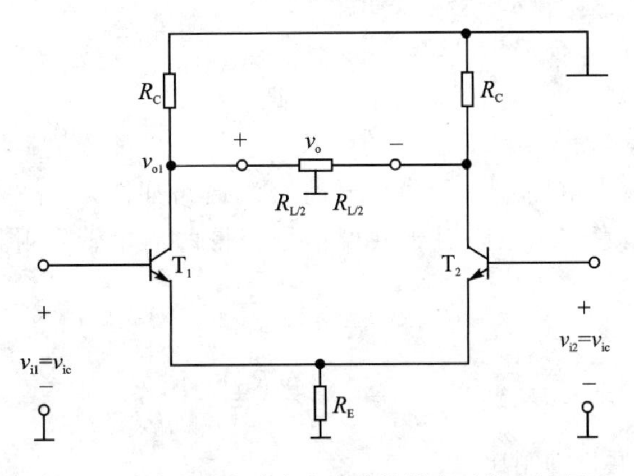

图 4.1.5　基本差分放大电路共模输入时的交流通路

流过 R_E 的交流电流为单管射极电流的两倍，所以共模输入时的交流通路中，射极电阻不

能被短路，其上有交流压降。对于双端输入，共模输入电阻

$$R_{ic}=\frac{1}{2}[r_{be}+2(1+\beta)R_E] \tag{4-17}$$

对于双端输出，共模输出电阻

$$R_{OC}=2R_C \tag{4-18}$$

2. 双端输入单端输出的情况

单端输出可以从 C_1 输出，也可以从 C_2 输出，下面以从 C_1 输出为例来分析单端输出的动态情况，电路如图 4.1.6 所示。

(1) 加入差模信号

当单端输出差分放大电路加入差模信号时交流通路如图 4.1.7 所示。

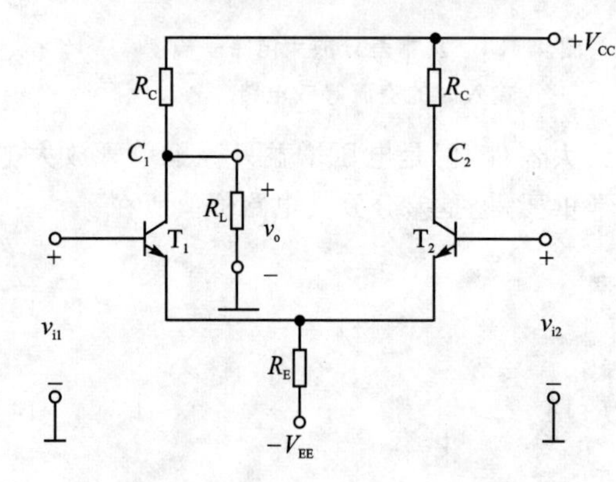

图 4.1.6 单端输出差分放大电路

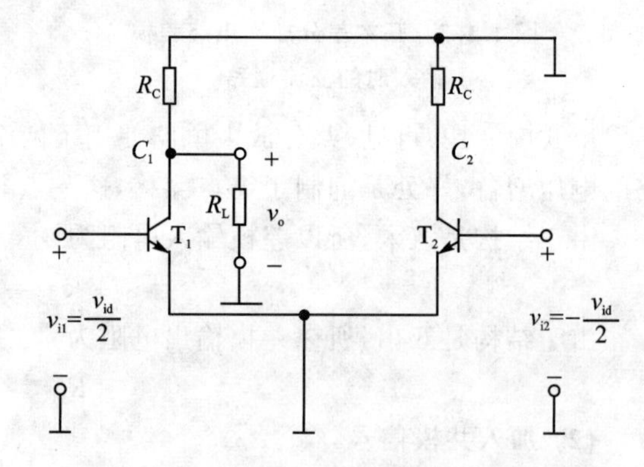

图 4.1.7 单端输出差模输入时交流通路

差模电压增益

$$A_{vd}=\frac{v_o}{v_{i1}-v_{i2}}=\frac{V_o}{2V_{i1}}-\frac{\beta(R_C /\!/ R_L)}{2r_{be}} \tag{4-19}$$

式(4-19)是由 C_1 对地输出获得，若由 C_2 对地输出其差模增益大小可由式(4-19)计算，但无负号，即输入与输出同相。

由于是双端输入，故差模输入电阻

$$R_{id}=2r_{be} \tag{4-20}$$

由于是单端输出，故差模输出电阻

$$R_{od}=R_C \tag{4-21}$$

(2) 加入共模信号

当单端输出差分放大电路加入共模信号时交流通路如图 4.1.8 所示，半边交流通路如图 4.1.9所示。值得注意，R_E 电阻对于共模信号获得两倍单管发射极电流，图 4.1.9 中等效 $2R_E$。

共模电压增益

$$A_{vc}=\frac{v_o}{v_{ic}}=-\frac{\beta(R_C /\!/ R_L)}{r_{be}+2(1+\beta)R_E} \tag{4-22}$$

因此，单端输出时共模抑制比

$$K_{CMR}=\left|\frac{A_{vd}}{A_{vC}}\right|=\frac{r_{be}+2(1+\beta)R_E}{2r_{be}} \tag{4-23}$$

可见，单端输出情况时共模抑制比 $K_{CMR}\neq\infty$，但由式(4-22)可知，K_{CMR} 值大，所以抑制共模信号(或零漂)能力仍很强。

对于双端输入，共模输入电阻

$$R_{ic}=\frac{1}{2}[r_{be}+2(1+\beta)R_E] \tag{4-24}$$

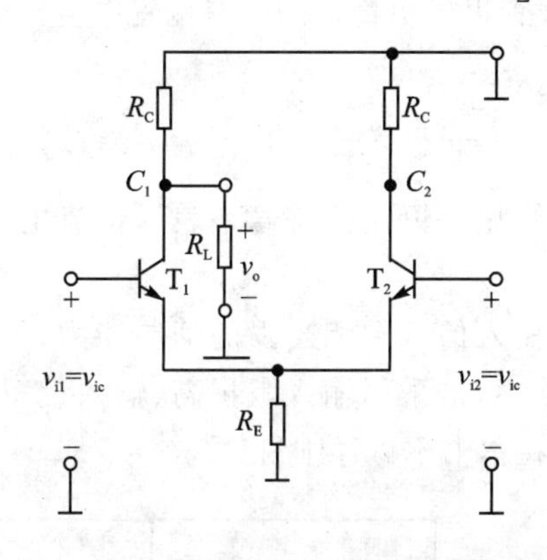

图 4.1.8　单端输出共模输入时交流通路

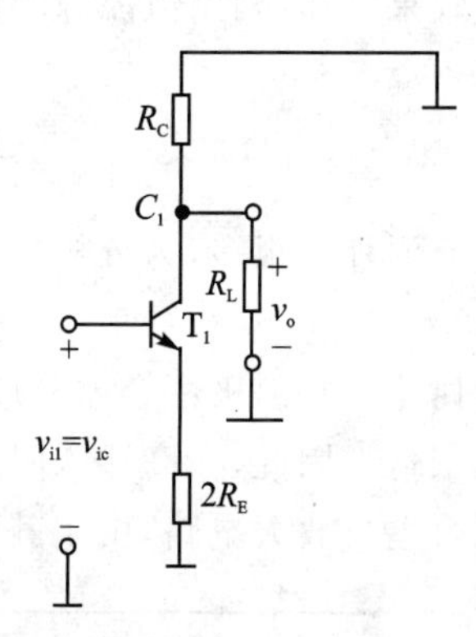

图 4.1.9　单端输出共模输入时半边交流通路

对于单端输出，共模输出电阻

$$R_{OC}=R_C \tag{4-25}$$

3. 单端输入的情况

图 4.1.10 就是前面分析的双端输入的差分电路，特点是差分电路的两个输入端都不接地。图 4.1.11 是单端输入的差分电路，特点是差分电路的两个输入端有一端接地。但对差分电路而言加在差分电路两个输入端的信号是相同的，因此产生的响应应该是相同的。因此，单端输入差分电路可以直接利用双端输入时的公式进行计算。

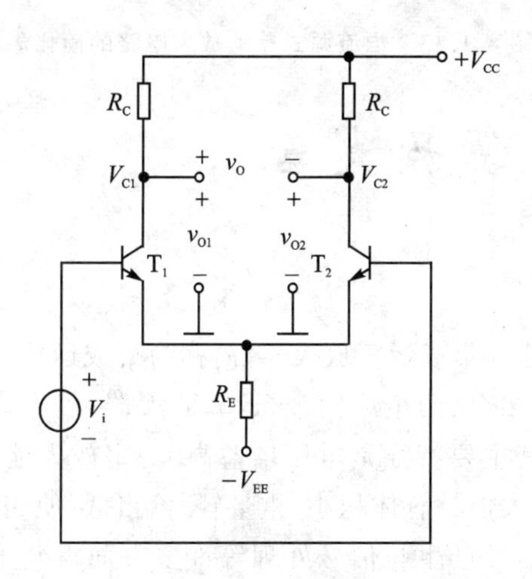

图 4.1.10　双端输入的差分电路

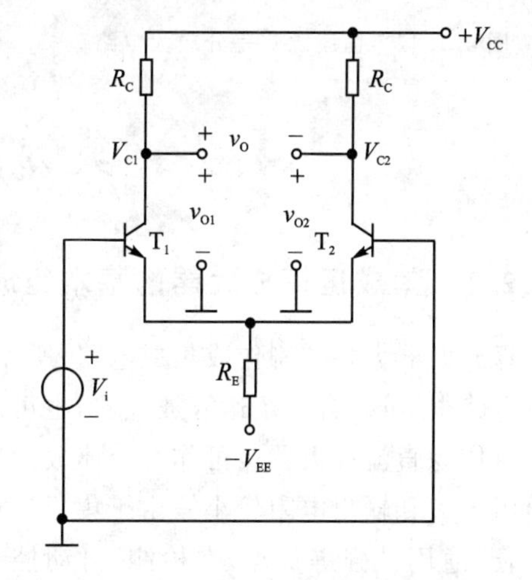

图 4.1.11　单端输入的差分电路

4.1.6　恒流源式差分放大电路

由式(4-23)可见，在差分放大电路中，增加 R_E 的阻值可以提高共模抑制比，尤其对单端输出电路更为重要。若 R_E 为无穷大，则共模增益就为零，共模抑制比可以趋于无穷大。但是存在两个难题，一是提高 R_E 的阻值，这在集成电路中比较难做到；二是 R_E 加大后，为保证工作点不变，必须提高负电源，这也不可取。为此，提出用恒流源来代替 R_E，形成恒流源式差分放大电路，如图 4.1.12 所示。

采用恒流源来代替原来的 R_E 更加具有实际意义，因为恒流源的内阻较大，可以得到较好的共模抑制效果，同时利用恒流源的恒流特性给三极管提供更稳定的静态偏置电流。即

$$I_{C3} \approx I_{E3} \approx \frac{\frac{R_{B1}}{R_{B1}+R_{B2}}(V_{CC}+V_{EE})-V_{BE3}}{R_E} = I_S \qquad (4-26)$$

由于恒流源种类很多，为分析方便，常常用一个简化的恒流源符号来表示恒流电路，如图 4.1.13 所示。

前面所讨论的是射极耦合差分放大电路对共模输入信号有相当强的抑制能力，但它的差模输入阻抗很低。因此，在高输入阻抗模拟集成电路中，常采用输入阻抗高、输入偏置电流很小的源极耦合差分放大电路，由于其分析方法类似，在本书不做详细讨论。

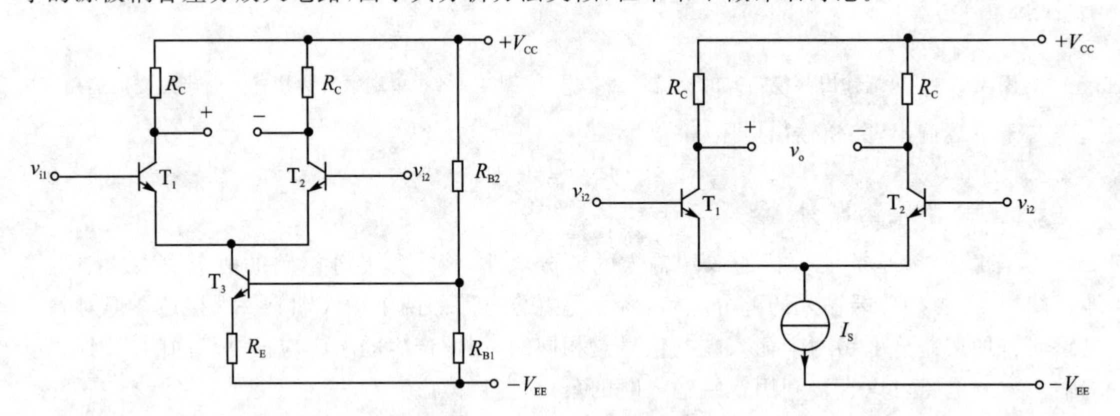

图 4.1.12 恒流源式差分放大电路　　图 4.1.13 恒流源式差动放大电路的简化表示法

4.2 集成运算放大器

4.2.1 集成运算放大器的基本组成

运算放大器大多被制作成集成电路，所以常称为集成运算放大器，简称为集成运放。在一个集成电路中，可以含一个运算放大器，也可以含多个(两个或四个)运算放大器，集成运算放大器既可作为直流放大器又可作为交流放大器，其主要特征是电压增益高，功率放大能力强，输入电阻极大和输出电阻较小。由于集成运算放大器具有体积小，重量轻，价格低，使用可靠、灵活方便、通用性强等优点，在检测、自动控制、信号产生与信号处理等许多方面得到了广泛应用。

集成运算放大器实质上是一个具有高电压增益的多级直接耦合放大电路。从 20 世纪 60 年代发展至今经历了四代产品，类型和品种相当丰富，但在结构上具有共性，其内部通常包含四个基本组成部分：输入级、中间级、输出级以及偏置电路，如图 4.2.1 所示。

输入级的作用是提高运算放大器的输入电阻和共模抑制比，一般采用具有恒流源的差分

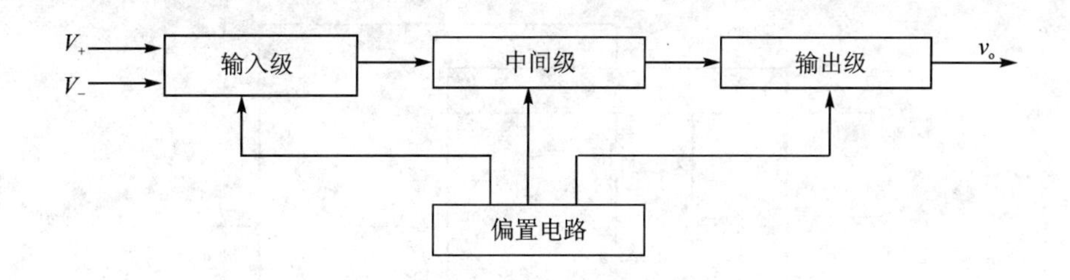

图 4.2.1　集成运放的基本组成部分

放大电路。

中间级的作用是提供足够大的电压增益。

输出级的作用是输出足够的电流以满足负载的需要，提高功率增益和驱动负载能力。

偏置电路的作用是向各级放大电路提供合适的偏置电流，稳定各级的静态工作点。

4.2.2　集成运放的电路符号

图 4.2.2 所示为集成运放的国家标准符号，图 4.2.3 所示为集成运放国内外常用的电路符号。集成运放有一个同相输入端，一个反相输入端和一个输出端，三端的电位分别用 V_+、V_- 和 v_o 表示。集成运放有双电源供电方式，也有单电源供电方式，通过外接直流电压源供电。

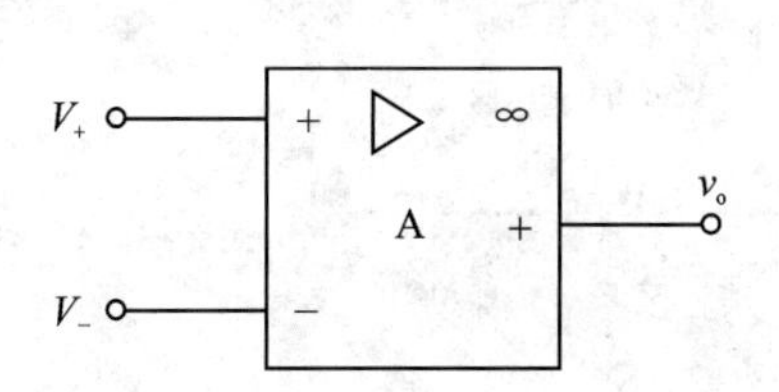

图 4.2.2　集成运放的电路符号

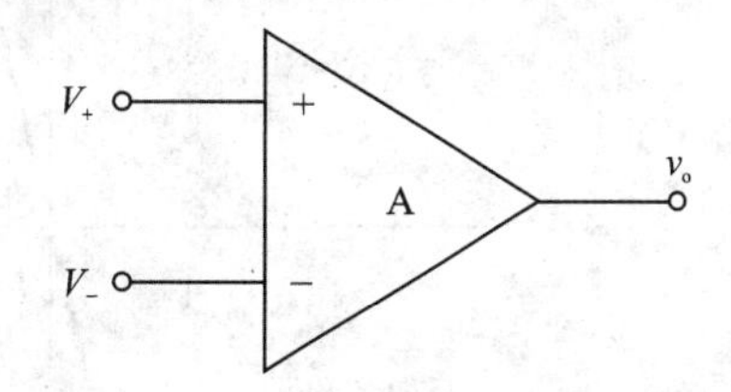

图 4.2.3　集成运放的常用国外电路符号

4.2.3　集成运放的模型和电压传输特性

1. 集成运放的模型

根据放大电路模型的有关知识，将集成运放看作一个简化的具有端口特性的标准器件。因此可以用一个包括输入端口、输出端口和供电电源端的电路模型来代替。如图 4.2.4 所示，输入端口用输入电阻 r_i 模拟，输出端口用输出电阻 r_o 与它串联的受控电压源 $A_{vo}(v_+ - v_-)$ 来模拟。

对于集成运放来说，输入电阻值较大，通常大于 1 MΩ；开环电压增益通常可高达 10^6，甚至更高；输出电阻 r_o 较小，通常小于 100 Ω。A_{vo}、r_i 和 r_o 三个参数的值是由集成运放内部电路所决定的。

电路模型中的输出电压 v_o 不可能超越正、负电源电压值，即 $+V_{CC}$ 和 $-V_{EE}$ 是 v_o 的正、负极限值（$+v_{oH}=+V_{CC}$，$+v_{oL}=-V_{EE}$）。实际运放的输出电压 v_o 的变化范围，应该是低于 $+V_{CC}$ 而高于 $-V_{EE}$ 的值。

2. 集成运放电压传输特性

集成运放的电压传输特性如图 4.2.5 所示。在集成运放应用电路中，运放的工作范围有

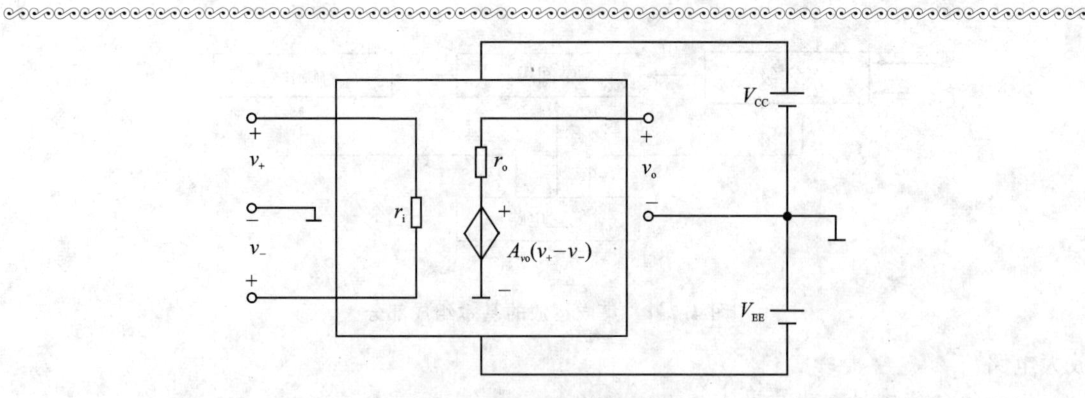

图 4.2.4　集成运放的电路模型

两种情况：工作在线性区或工作在非线性区(饱和区)。

线性工作区是指输出电压 v_o 与输入电压 v_i 成正比时的输入电压范围。在线性工作区，集成运放 v_o 与 v_i 之间关系可表示为：$v_o = A_{vo}(v_+ - v_-) = A_{vo}v_i$。

由于集成运放的开环电压增益 A_{vo} 很大，即使输入 $v_+ - v_-$ 很小(如毫伏级)也足以使运放处于饱和状态，所以运放工作在线性区时应该引入深度负反馈。

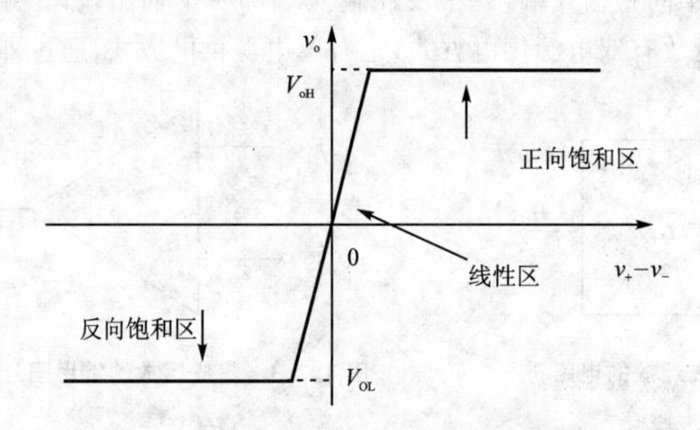

图 4.2.5　集成运算放大器的电压传输特性

在非线性工作区，运放的输入信号超出了线性放大的范围，输出电压不再随输入电压线性变化，而是达到饱和，输出电压为正向最大输出电压 V_{oH} 或反向最大输出电压 V_{oL}。

若使运放工作在非线性区，一般要求运放工作在开环状态，也可外加正反馈。

4.2.4　集成运算放大器的主要参数

1. 输入失调电压 V_{io}

一个理想的集成运放，当输入电压为零时，输出电压也应为零(不加调零装置)。但实际上它的差分输入级很难做到完全对称，通常在输入电压为零时，存在一定的输出电压。在室温25℃及标准电源电压下，输入电压为零时，为了使集成运放的输出电压也为零，在输入端加的补偿电压叫做失调电压 V_{io}。实际上指输入电压 $V_i = 0$ 时，输出电压 V_o 折合到输入端的电压的负值。V_{io} 的大小反映了运放制造中电路的对称程度和电位配合情况，V_{io} 值愈大，说明电路的对称程度愈差，一般约为 $\pm(1\sim10)$mV。

2. 输入偏置电流 I_{IB}

BJT 的集成运放的两个输入端是差分对管的基极，因此两个输入端总需要一定的输入电

流 I_{BN}和 I_{BP}。输入偏置电流是指集成运放输出电压为零时，两个输入端静态电流的平均值，即 $I_{IB}=\frac{I_{B+}+I_{B-}}{2}$，如图 4.2.6 所示。从使用角度来看，偏置电流愈小，由信号源内阻变化引起的输出电压变化也愈小，故它是重要的技术指标。一般为 10 nA～1 mA。

3. 输入失调电流 I_{io}

在 BJT 集成运放中，输入失调电流 I_{io}是指当输出电压为零时流入放大器两输入端的静态基极电流之差，即 $I_{io}=|I_{B+}-I_{B-}|$。由于信号源内阻的存在，I_{io}会引起一输入电压，破坏放大器的平衡，使放大器输出电压不为零。所以，希望 I_{io}愈小愈好，它反映了输入级有效差分对管的不对称程度，一般约为 1 nA～0.1 mA。

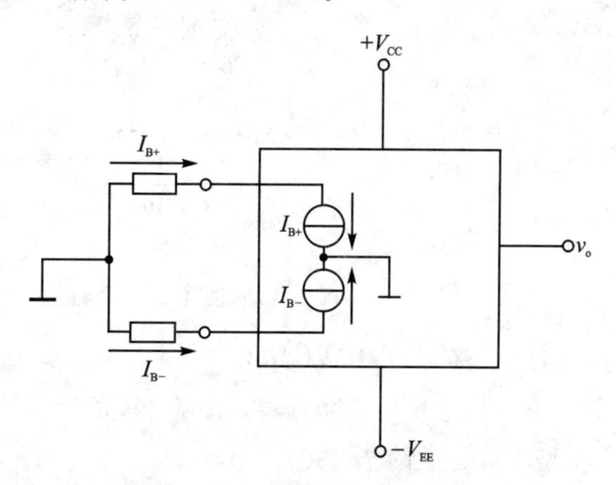

图 4.2.6　集成运放的偏置电流

4. 温度漂移

放大器的温度漂移是漂移的主要来源，而它又是由输入失调电压和输入失调电流随温度的漂移所引起的，故常用下面方式表示：

① 输入失调电压温漂 dV_{io}/dT　这是指在规定温度范围内 V_{io}的温度系数，也是衡量电路温漂的重要指标。dV_{io}/dT 不能用外接调零装置的办法来补偿，高质量的放大器常选用低漂移的器件来组成，一般约为±(10～20)mV/℃。

② 输入失调电流温漂 dI_{io}/dT　这是指在规定温度范围内 I_{io}的温度系数，也是对放大器电路漂移的量度。同样不能用外接调零装置来补偿，高质量的运放每度几个皮安(pA)。

5. 最大差模输入电压 $V_{id,max}$

这是指集成运放的反相和同相输入端所能承受的最大电压值。超过这个电压值，运放输入级某一侧的 BJT 将出现发射结的反向击穿，而使运放的性能显著恶化，甚至可能造成永久性损坏。利用平面工艺制成的 NPN 管约为±5 V 左右，而横向 BJT 可达±30 V 以上。

6. 最大共模输入电压 $V_{ic,max}$

这是指运放所能承受的最大共模输入电压。超过 $V_{ic,max}$值，它的共模抑制比将显著下降。一般指运放在作电压跟随器时，使输出电压产生 1%跟随误差的共模输入电压幅值，高质量的运放可达±13 V。

7. 最大输出电流 $I_{o,max}$

这是指运放所能输出的正向或负向的峰值电流。通常给出输出端短路的电流。

8. 开环差模电压增益 A_{vo}

这是指集成运放工作在线性区，接入规定的负载，无负反馈情况下的直流差模电压增益。A_{vo}与输出电压 V_o 的大小有关。通常是在规定的输出电压幅度(如 $V_o=\pm 10$ V)测得的值。A_{vo}又是频率的函数，频率高于某一数值后，A_{vo}的数值开始下降。图 4.2.7 是 741 型运放 A_{vo}的频率响应。

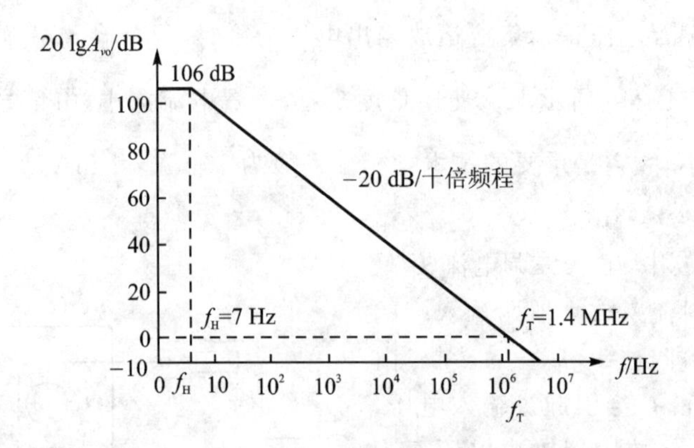

图 4.2.7 741 型运放 A_{vo} 的频率响应

9. 开环带宽 BW(f_H)

开环带宽 BW 又称为−3 dB 带宽，是指开环差模电压增益下降 3 dB 时对应的频率 f_H。741 型集成运放的 f_H 约为 7 Hz。

10. 单位增益带宽 BWG(f_T)

对应于开环电压增益 A_{vo} 频率响应曲线上其增益下降到 $A_{vo}=1$ 时的频率，即 A_{vo} 为 0 dB 时的信号频率 f_T，它是集成运放的重要参数。

11. 转换速率 *SR*

转换速率是指放大电路在闭环状态下，输入为大信号(例如阶跃信号)时，放大电路输出电压对时间的最大变化速率，是衡量集成运放对高速变化信号的适应能力，一般为几 V/μs，若输入信号变化速率大于此值，输出波形会严重失真。

除上述参数外，还有共模抑制比 KCMR、差模输入电阻 r_{id}，共模输入电阻 r_{ic}，输出电阻 r_o 等，这些参数的含义在前面各节已经介绍过，这里不再赘述。

4.2.5 集成运算放大器使用中的几个具体问题

1. 多方考虑选择集成运算放大器

首先根据信号源是电压源还是电流源、信号源内阻大小、信号的幅值及频率范围等，选择运放的输入电阻、单位增益带宽和转换速率等。

还可根据精度和灵敏度要求选择开环电压增益、失调电压、失调电流、转换速率；根据环境温度变化范围选择失调电压温漂、失调电流温漂等参数；根据对电源和功耗有无限制，选择电源电压和功耗的大小。

最后根据负载电阻的大小，确定所需运放的输出电压和输出电流的幅值。对于容性负载或感性负载，还要考虑它们对频率参数的影响。

2. 根据技术要求应首选用通用型运放

集成运放种类和型号繁多，依据其性能参数的不同分为通用型和专用型两大类。专用型运放有：① 高输入阻抗型；② 低漂移型；③ 高速型；④ 低功耗型；⑤ 高压型；⑥ 大功率型；⑦ 电压比较器型等。

在进行电路设计时选用何种类型和型号，可依据其价格低廉，质量优良而定，还应根据系统对电路的要求加以确定。在通用型性能满足要求时，应尽量选用通用型，专用型运放是某一项性能指标较高的运放，它的其他性能指标不一定高，有时甚至可能比通用型运放还低，选用时应充分注意。此外，选用时除满足主要技术性能参数外，还应考虑性能价格比。性能指标高的运放，价格也会较高。因此，在选用时无特殊要求，应优先选用通用型和多运放型的芯片。

3. 性能参数的正确使用

运放的各种性能参数都是在一定的环境条件下测定的，当外部环境或条件发生变化时，性能参数会发生变化。在设计选用时，应注意性能参数的测试条件，尤其是对环境条件敏感的参数，如输入失调电压、输入失调电流、温漂等。

根据运放的特性不同，运放手册中给出的侧重点也有所不同。高速运放的许多参数都与频率有关。不少参数与直流供电电压有关，且有较大变化，如单位增益带宽、开环增益、输入失调电压、输入失调电流等。例如高速 JFET 运放 AD825A，在电源电压为＋15 V 时，单位增益带宽最小值为 23 MHz，典型值为 26 MHz；开环增益最小值为 72 dB，典型值为 74 dB；输入失调电流典型值为 20 pA，最大值 30 pA，而在＋5 V 时，单位增益带宽最小值为 18 MHz，典型值为 21 MHz；开环增益最小值为 64 dB，典型值为 66 dB；输入失调电流典型值为 15 pA，最大值为 25 pA。不少运放直流供电电源允许在一定范围内选择，而手册仅给出典型供电电源电压下的参数值，因此在选用运放时，应根据运放实际电源电压对参数留有一定余量。

4. 集成运放的保护

集成运放在使用中常因以下三种原因被损坏：输入信号过大，使 PN 结击穿；电源电压极性接反或过高；输出端直接接“地”或接电源，此时，运放将因输出级功耗过大而损坏。因此，为使运放安全工作，也需要从以下三个方面进行保护。

(1) 输入保护

图 4.2.8(a)所示为防止差模电压过大的保护电路，限制集成运放两个输入端之间的差模输入电压不超过二极管 D_1、D_2 的正向导通电压。图 4.2.8(b)所示为防止共模电压过大的保护电路，限制集成运放的共模输入电压不超过正电压至负电压的范围。

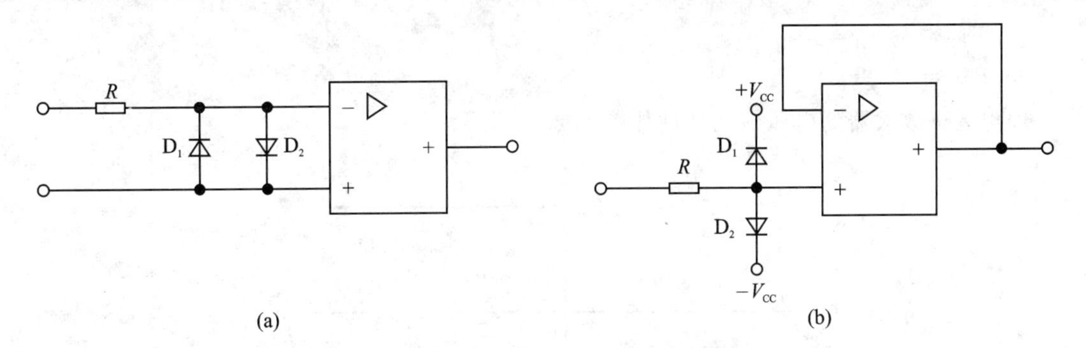

图 4.2.8　输入保护电路

(2) 输出保护

图 4.2.9 所示为输出端保护电路，限流电阻 R 与稳压管 D_Z 构成限幅电路。它一方面将负载与集成运放输出端隔离开来，限制了运放的输出电流；另一方面也限制了输出电压的幅值。当然，任何保护措施都是有限度的，若将输出端直接接电源，则稳压管会损坏，使电路的输出电阻大大提高，影响了电路的性能。

(3) 电源端保护

为防止电源极性接反，可利用二极管的单向导电性，在电源端串接二极管来实现保护，如图 4.2.10 所示。由图可见，若电源极性接错，则二极管 D_1、D_2 不能导通，使电源被断开。

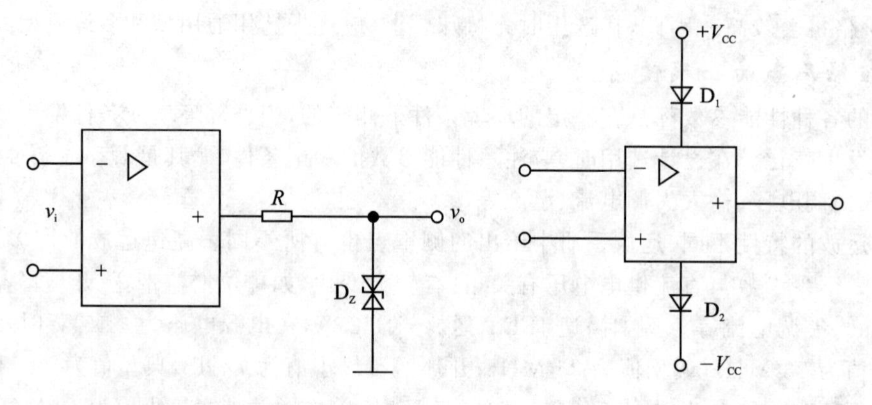

图 4.2.9　输出保护电路　　　　图 4.2.10　电源端保护

4.2.6　理想运算放大器

理想运放可以理解为实际运放的理想化模型。就是将集成运放的各项技术指标理想化，得到一个理想的运算放大器。即：

① 开环差模电压放大倍数 $A_{vo}=\infty$；

② 输入电阻 $r_i=\infty$；

③ 输出电阻 $r_o=0$；

④ 输入失调电压 $V_{io}=0$，输入失调电流 $I_{io}=0$；输入失调电压的温漂 $dV_{io}/dT=0$，输入失调电流的温漂 $dI_{io}/dT=0$；

⑤ 共模抑制比 $K_{CMR}=\infty$；

⑥ 输入偏置电流 $I_{IB}=0$；

⑦ 开环带宽 $f_H=\infty$；

⑧ 无干扰、噪声。

理想运算放大器的电压传输特性如图 4.2.11 所示。

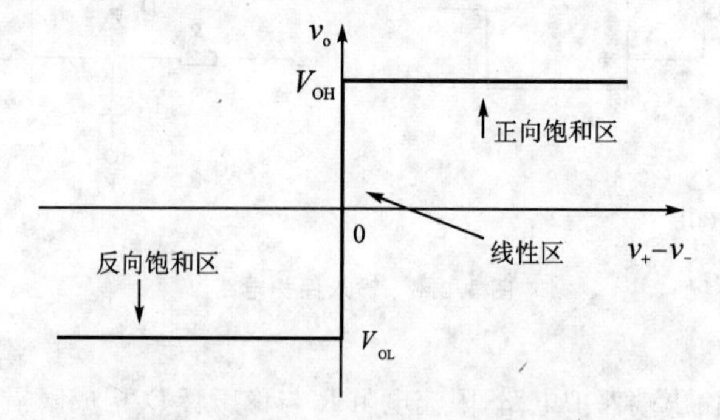

图 4.2.11　理想运算放大器的电压传输特性

在线性工作区，$v_o=A_{vo}v_i=A_{vo}(v_+-v_-)$，对于理想运放，$A_{vo}=\infty$；而 v_o 为有限值，工作在线性区时，有：$v_+-v_-\approx0$，即：$v_+\approx v_-$。

这一特性称为理想运放输入端的“虚短”。“虚短”和“短路”是截然不同的两个概念，“虚短”的两点之间，仍然有电压，只是电压十分微小；而“短路”的两点之间，电压为零。

由于理想运放的输入电阻 $r_i=\infty$，而加到运放输入端的电压 v_+-v_- 有限，所以运放两个输入端的电流：$i_+=i_-\approx 0$，这一特性称为理想运放输入端的“虚断”。

在非线性区，则具有：当 $v_+>v_-$ 时，$v_o=V_{oH}$；当 $v_+<v_-$ 时，$v_o=V_{oL}$；V_{oH} 和 V_{oL} 分别是集成运放的正向和反向输出电压最大值。

理想运放工作在非线性区时，由于 $r_i=\infty$，而输入电压总是有限值，所以不论输入电压是差模信号还是共模信号，两个输入端的电流均为无穷小，即仍满足“虚断”条件：$i_+=i_-\approx 0$。

理想运算放大器的电路符号如图 4.2.12 所示。

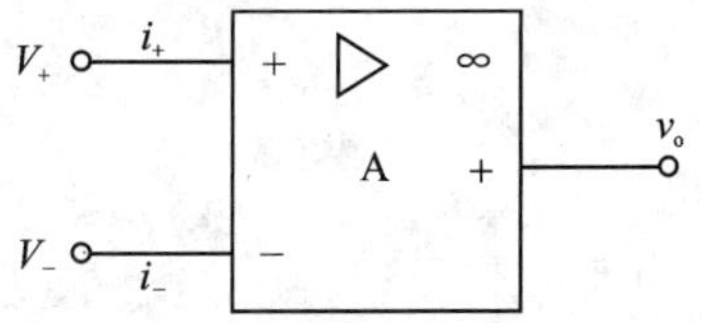

图 4.2.12　理想运算放大器符号

由于目前集成运算放大器的主要参数已经很接近理想值，因此，在分析运算放大器的电路时可以认为运算放大器是理想的。

4.3　集成运算放大器在信号运算中的应用

运算放大器最早应用于模拟信号的运算，故此得名。在这些运算电路中，要求集成运算放大器工作在线性区，因此必须引入负反馈。集成运放外加不同的反馈网络，可以实现比例、加法、减法、乘法、除法 、积分、微分、对数、反对数等运算。本节则着重分析比例运算电路、加法运算电路、减法运算电路、积分和微分运算电路等。

需要说明的是：本节各个电路均引入负反馈，以保证运放工作在线性区，有关负反馈方面更深入的知识将在下一章讨论。另外，本章在分析运放组成的各种应用电路中，运放均视为理想运放。

4.3.1　比例运算电路

将输入信号按比例放大的电路，称为比例运算电路。比例运算电路是集成运算放大电路的主要放大形式之一。

1. 反相比例运算电路

(1) 电路组成

反相比例运算电路称为反相放大器，其电路如图 4.3.1 所示。

图 4.3.1 中，电阻 $R_2=R_1 /\!/ R_F$，R_2 称为平衡电阻，作用是保证静态时运放的双电源 v_+、v_- 对地电阻相同，对称性好。

对于理想运放，具有“虚短”特性，即 $v_-=v_+=0$，故称反相输入端的电位接近于地电位，也可以称为“虚地”，“虚地”是反相比例运算电路的重要特点。

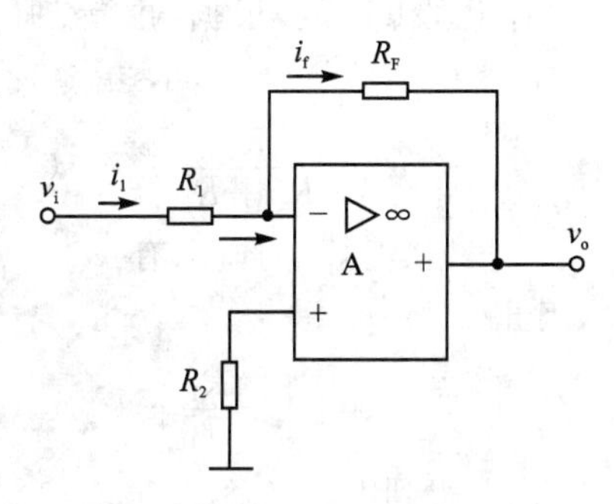

图 4.3.1　反相比例运算电路

(2) 电压增益

因虚断，$i_+=i_-\approx 0$，所以 $i_1\approx i_F$；因虚短，所以 $v_-\approx v_+=0$，因此得到

$$i_1 = \frac{v_i - v_-}{R_1} \tag{4-27}$$

$$i_f = \frac{v_- - v_o}{R_F} \tag{4-28}$$

$$\frac{v_i - v_-}{R_1} = \frac{v_- - v_o}{R_F} \tag{4-29}$$

由此得

$$v_o = -\frac{R_F}{R_1} v_i \tag{4-30}$$

电压增益

$$A_{vF} = \frac{v_o}{v_i} = -\frac{R_F}{R_1} \tag{4-31}$$

式中：A_{vF}为接入负反馈后的电压增益，称为闭环电压增益。A_{vF}为负值，表示输出 v_o与输入 v_i反相，是由于输入信号加在反相输入端。当 $R_1 = R_F$ 时为反相电路(倒相器)，即 $v_o = -v_i$。从式(4-30)看出，A_{vF}的值只与外部电阻 R_1、R_F 有关，与运放本身参数无关，这是由于电路引入了负反馈，增强了 A_{vF}的稳定性。

(3) 输入电阻

输入电阻 R_i 为从电路输入端口看进去的电阻，由图 4.3.1 可得

$$R_i = \frac{v_i}{i_i} = \frac{v_i}{\frac{v_i}{R_1}} = R_1 \tag{4-32}$$

(4) 输出电阻

根据输出电阻的求解方法，将信号源 v_i短路，则运放内受控电压源也为零，从输出端口看进去的电阻为

$$R_o = r_o \,/\!/\, [(R_2 + r_i) \,/\!/\, R_1 + R_F] \tag{4-33}$$

由于理想运放的输出电阻 $r_o \to 0$，故有 $R_o \to 0$。

2. 同相比例运算电路

(1) 电路组成

同相比例运算电路又称同相放大器，如图 4.3.2 所示。因要求静态时 v_+、v_- 对地电阻相同，平衡电阻 $R_2 = R_1 /\!/ R_F$。

(2) 电压增益

对于理想运放，根据“虚断”概念有 $i_+ = i_- \approx 0$，所以 $v_+ = v_i$，$i_1 \approx i_F$。而

$$v_- = \frac{R_1}{R_1 + R_F} v_o \tag{4-34}$$

又根据“虚短”的概念有：$v_+ = v_- = v_i$，因此

$$v_o = \left(1 + \frac{R_F}{R_1}\right) v_i \tag{4-35}$$

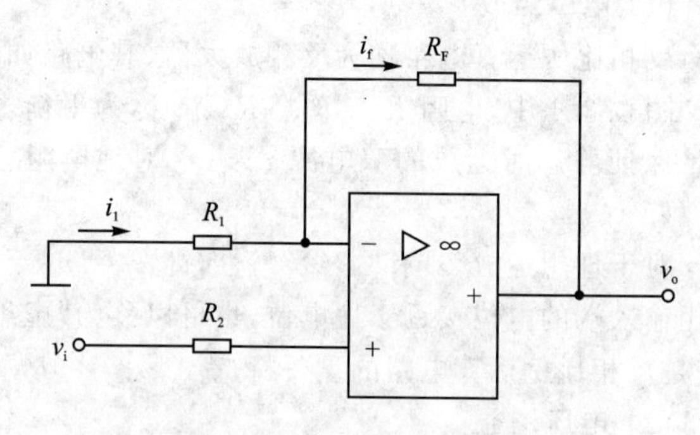

图 4.3.2 同相比例运算电路

因此得到电压增益

$$A_{vF} = \frac{v_o}{v_i} = 1 + \frac{R_F}{R_1} \tag{4-36}$$

从式(4-35)可以看出,$A_{vF} \geqslant 1$,A_{vF}为正值,即v_o与v_i极性相同,因为v_i加在同相输入端;A_{vF}只与外部电阻R_1、R_F有关,与运放本身参数无关。

因$v_+ = v_- = v_i$,反相输入端不“虚地”,运算放大器输入有较大的共模信号,使用这个电路就要求运算放大器有较大的共模抑制比。

(3) 输入电阻

根据放大电路的输入电阻的定义有

$$R_i = \frac{v_i}{i_i}$$

式中$v_i = v_+$,根据“虚断”的概念,$i_i = i_+ \approx 0$,所以

$$R_i = \frac{v_i}{i_i} \to \infty \tag{4-37}$$

(4) 输出电阻

与反相比例运算电路相似,同相比例运算电路的输出电阻$R_o \to 0$。

在图4.3.2同相比例电路,当$R_1 = \infty$且$R_F = 0$时,则得到图4.3.3所示的电路。利用“虚短”的概念,得到

$$v_o = v_- = v_+ = v_i$$

$$A_{vF} = \frac{v_o}{v_i} = 1 \tag{4-38}$$

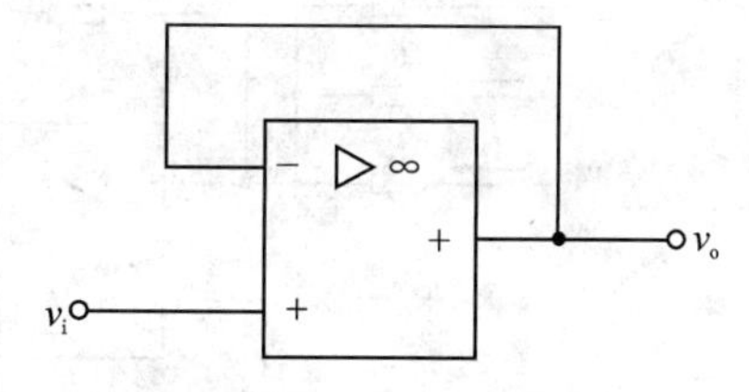

图4.3.3 电压跟随器

由式(4-37)可知,输出电压和输入电压大小相等,相位相同,因此该电路称为电压跟随器。因为该电路$R_i \to \infty$,$R_o \to 0$,故电压跟随器在实际应用电路中常作为阻抗变换器或缓冲器。

4.3.2 加法运算电路

1. 反相加法运算电路

反相加法运算电路如图4.3.4所示,以三个输入端为例,实际中可根据需要增减输入端的数量。

平衡电阻

$$R_4 = R_1 \mathbin{/\mkern-5mu/} R_2 \mathbin{/\mkern-5mu/} R_3 \mathbin{/\mkern-5mu/} R_F \tag{4-39}$$

因“虚断”,$i_- = 0$,所以

$$i_1 + i_2 + i_3 = i_F \tag{4-40}$$

因“虚短”,$v_- = v_+ = 0$,故得

$$\frac{v_{i1}}{R_1} + \frac{v_{i2}}{R_2} + \frac{v_{i3}}{R_3} = -\frac{v_o}{R_F} \tag{4-41}$$

整理后得到

$$v_o = -\left(\frac{R_F}{R_1}v_{i1} + \frac{R_F}{R_2}v_{i2} + \frac{R_F}{R_3}v_{i3}\right) \tag{4-42}$$

由于反相加法运算电路在结构上调整输入电阻十分方便，在改变该电路的比例系数时，不影响其他电路的比例系数，因此，反相加法运算电路应用较为广泛。

2. 同相加法运算电路

图 4.3.5 所示为同相加法运算电路，以同相输入端具有两个输入信号的加法运算为例，与同相比例运算电路相比，该同相加法运算电路只是增加了一个输入端。

为了达到平衡，电阻应满足

$$R_2 /\!/ R_3 /\!/ R_4 = R_1 /\!/ R_F \tag{4-43}$$

根据“虚断”，$i_- = i_+ = 0$，所以，$i_1 \approx i_F$，而

$$v_- = \frac{R_1}{R_1 + R_F} v_o \tag{4-44}$$

再根据“虚短”$v_+ = v_-$，所以

$$\frac{v_{i1} - v_-}{R_2} + \frac{v_{i2} - v_-}{R_3} = \frac{v_-}{R_4} \tag{4-45}$$

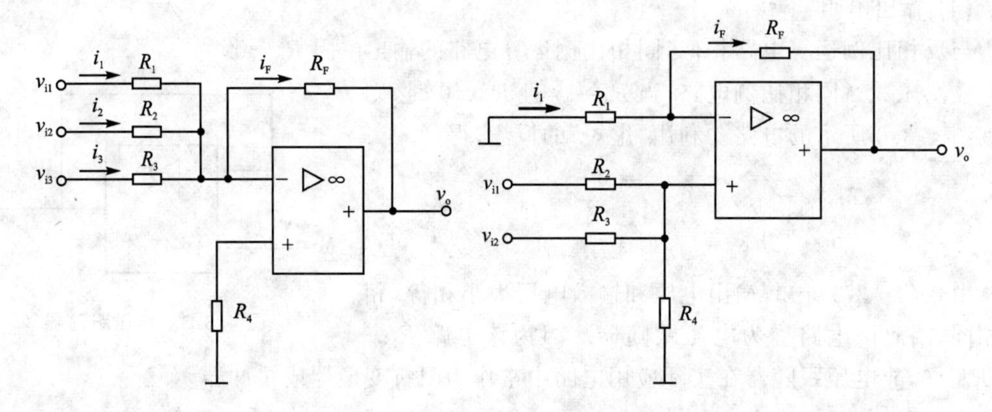

图 4.3.4 反相加法运算电路　　　　图 4.3.5 同相加法运算电路

整理得到

$$V_o = \frac{R_+}{R_-} R_F \left(\frac{v_{i1}}{R_2} + \frac{v_{i2}}{R_3} \right) \tag{4-46}$$

式中：$R_+ = R_2 /\!/ R_3 /\!/ R_4$，$R_- = R_1 /\!/ R_F$。

如果 $R_+ = R_-$，则

$$V_o = R_F \left(\frac{v_{i1}}{R_2} + \frac{v_{i2}}{R_3} \right) \tag{4-47}$$

与同相比例运算电路一样，同相加法运算电路中，运算放大器输入有较大的共模信号，使用这个电路同样要求运算放大器要有较大的共模抑制比。

4.3.3 减法运算电路

1. 单运放减法运算电路

单运放减法电路如图 4.3.6 所示，对于平衡电阻的要求应满足如下关系

$$R_2 /\!/ R_3 = R_1 /\!/ R_F$$

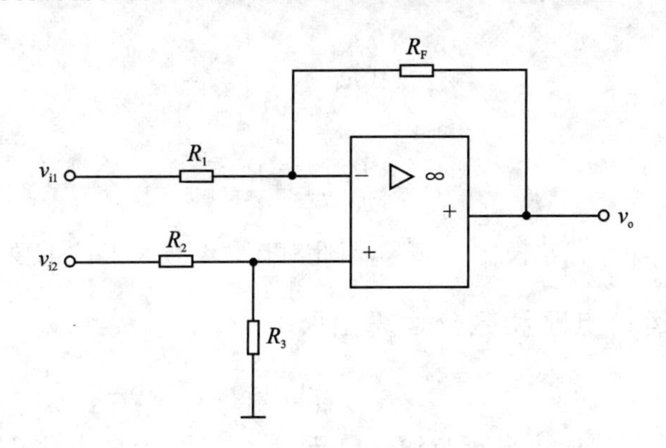

图 4.3.6　单运放减法运算电路

对于图 4.3.6，根据“虚断”的概念有：$i_+=i_-=0$，所以

$$v_+=\frac{R_3}{R_2+R_3}v_{i2} \tag{4-48}$$

又根据“虚短”的概念得：$v_-=v_+$，所以

$$\frac{v_{i1}-v_+}{R_1}=\frac{v_+-v_o}{R_F} \tag{4-49}$$

整理得到

$$v_o=-\frac{R_F}{R_1}v_{i1}+\left(1+\frac{R_F}{R_1}\right)\cdot\frac{R_3}{R_2+R_3}v_{i2} \tag{4-50}$$

若 $R_1=R_2=R$，$R_3=R_F$，则

$$v_o=\frac{R_F}{R}(v_{i2}-v_{i1}) \tag{4-51}$$

该减法电路中，运放也有较大的共模输入信号，同样要求运算放大器的共模抑制比要很大。

2. 双运放减法运算电路

双运放减法运算电路如图 4.3.7 所示，是由两级运放组成的级联结构。

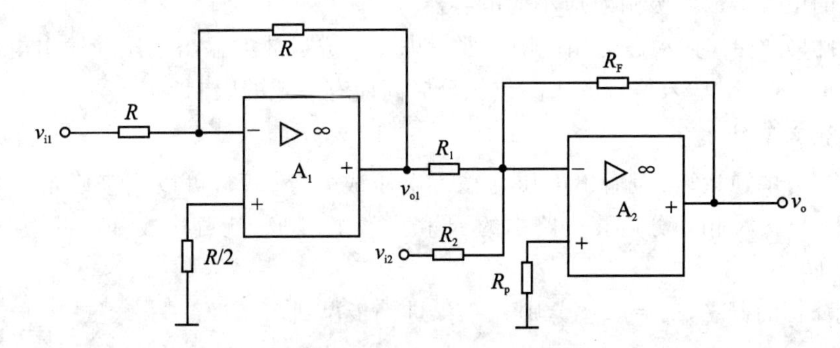

图 4.3.7　双运放减法运算电路

由图 4.3.7 分析可见，A_1 组成反相比例电路，根据式(4-29)得到

$$v_{o1}=-v_{i1}$$

A_2组成反相求和电路，根据式(4-41)得到

$$v_o = -\left(\frac{R_F}{R_1}v_{o1} + \frac{R_F}{R_2}v_{i2}\right)$$

所以

$$v_o = \frac{R_F}{R_1}v_{i1} - \frac{R_F}{R_2}v_{i2} \tag{4-52}$$

该电路两个运放都没有共模输入信号，因此对运放共模抑制比的要求较低。

4.3.4 积分运算电路和微分运算电路

1. 积分运算电路

积分运算电路是实现输出电压与输入电压成积分运算关系的运算电路，它在模拟计算机、积分型模数转换以及产生矩阵波、三角波等电路中均有广泛应用。

根据输入电压加到集成运放的不同端口区分，有反相积分运算电路和同相积分运算电路两种基本形式。现以反相积分运算电路为例，如图 4.3.8 所示。

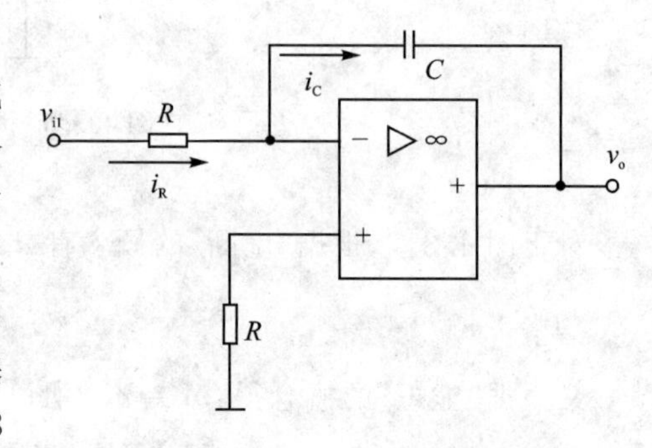

图 4.3.8 反相积分运算电路

根据“虚断”的概念，$i_- = i_+ = 0$，则 $i_R = i_C$，进一步得到

$$\frac{v_i - v_-}{R} = -C\frac{\mathrm{d}(v_o - v_-)}{\mathrm{d}t} \tag{4-53}$$

根据“虚短”的概念，$v_- = v_+$，所以 $v_- = v_+ = 0$，代入式(4-54)得

$$v_o = -\frac{1}{RC}\int v_i \mathrm{d}t \tag{4-54}$$

积分电路在实际应用时要注意如下两点：

① 因为集成运放和积分电容器并非理想器件，会产生积分误差进而影响运算精度，情况严重时甚至不能正常工作。因此，应选择输入失调电压、失调电流及温漂小的集成运放；选用泄漏电阻大的电容器以及吸附效应小的电容器。

② 应用积分电路时，动态运用范围也要考虑。集成运放的输出电压和输出电流不允许超过它的额定值，因而对输入信号的大小或积分时间应有一定的限制。

2. 微分运算电路

微分是积分的逆运算，即输出电压与输入电压成微分关系，可以用来确定信号的变化速率。若将图 4.3.8 反相积分运算电路中的 R 和 C 位置互换，就可构成基本的微分运算电路，如图 4.3.9 所示。

根据“虚断”的概念，$i_- = i_+ = 0$，则 $i_i = i_F$，进一步得到

$$C\frac{\mathrm{d}(v_i - v_-)}{\mathrm{d}t} = \frac{v_- - v_o}{R_F} \tag{4-55}$$

根据“虚短”$v_- = v_+$，所以 $v_- = v_+ = 0$，则

$$v_o = -R_F C \frac{dv_i}{dt} \tag{4-56}$$

当输入电压发生跳变时，有可能超过集成运放的最大输出电压，严重时将会使微分电路不能正常工作。为了解决该问题，实际应用中可以在 R_F 两端并联稳压管，限制输出电压 V_o 的幅度，同时在输入端串联一个小电阻 R，以限制噪声和突变的输入电压，改进后的微分电路如图4.3.10 所示。

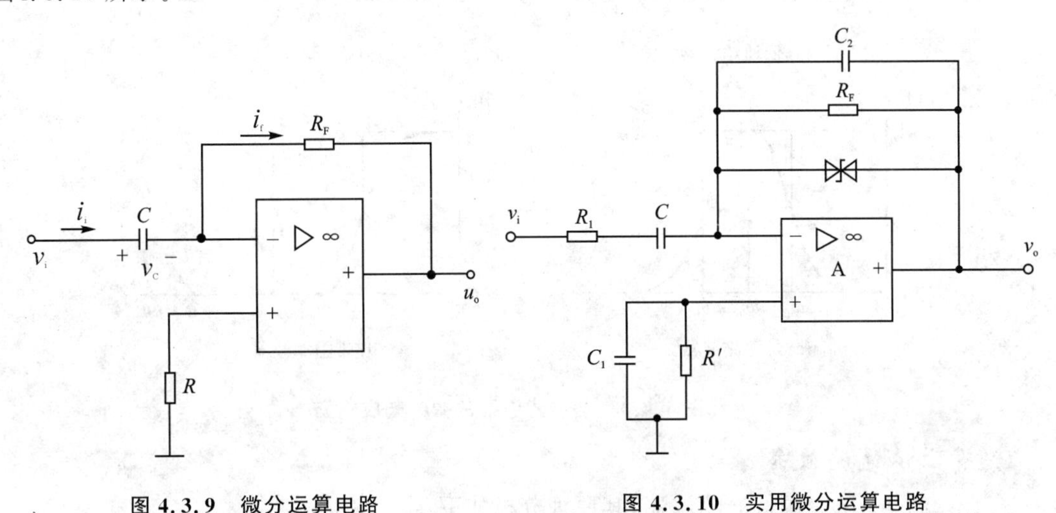

图 4.3.9　微分运算电路　　图 4.3.10　实用微分运算电路

4.4　集成运算放大器在信号处理中的应用

集成运放最早用于模拟电子计算机中，完成对信号的数学运算。随着近代集成运放的发展，使用范围远超出运算范围，渗透到电子技术的各个领域，在各种模拟信号和脉冲信号的测量、处理、产生、变换等方面均获得了广泛的应用。本节重点介绍集成运算放大器在信号处理方面的应用，包括有源滤波器、采样保持电路和电压比较器等。

4.4.1　有源滤波器

滤波器是一种能使部分频率的信号顺利通过而其他频率的信号受到很大衰减的电路，在信息处理、数据传送和抑制干扰等方面经常使用。早期的滤波电路多由电阻、电容、电感组成，称为无源滤波器。由于无源滤波器滤波效果较差，特别是电感滤波器在其低频情况下工作时所用电感较大且品质因数较低，因而影响滤波效果。近年来，产生了由集成运放组成的有源滤波电路，其优点是体积小、选择性好，且具有放大信号能力，所以滤波效果要好些。缺点是集成运放需要电源，且工作电流过大时运放会饱和，在高频下运放的增益会下降，故在高频下运用受限。

滤波器按频率范围划分，可分为低通、高通、带通和带阻等滤波类型，它们的幅频响应特性如图 4.4.1 所示，通常把能够通过的信号频率范围定义为通带；而把阻止或衰减的信号频率范围称为阻带，通带和阻带的界限频率称为截止频率。

本节以有源低通滤波器和有源高通滤波器为例，介绍由运放组成的有源滤波器的电路结构及工作原理。

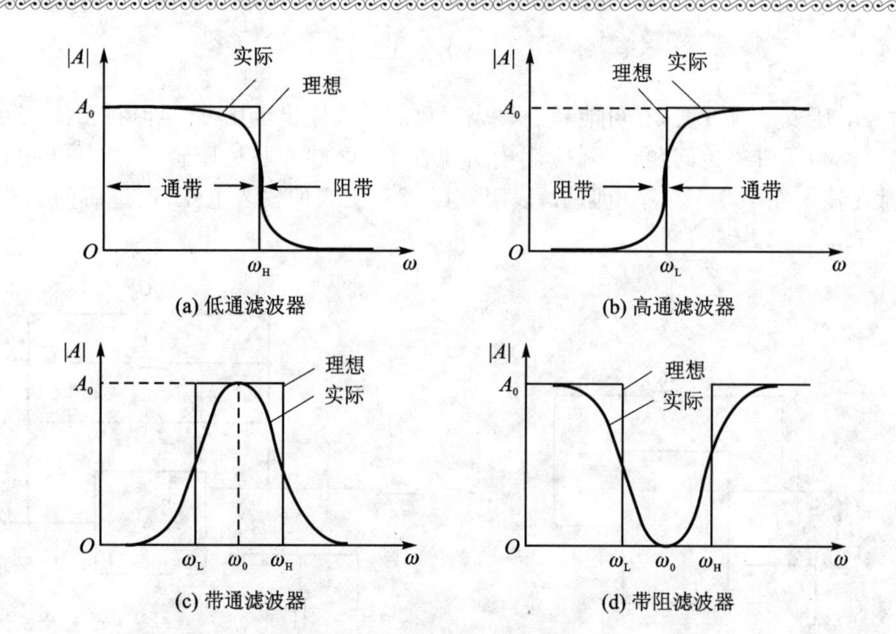

图 4.4.1　各种滤波器的幅频响应

1. 有源低通滤波器

图 4.4.2 为一阶有源低通滤波器，其原理分析如下：

设输入为正弦波信号，则有

$$\dot{V}_{+}=\dot{V}_{C}=\frac{-\mathrm{j}\,\dfrac{1}{\omega C}}{R-\mathrm{j}\,\dfrac{1}{\omega C}}\dot{V}_{i},\quad \dot{V}_{o}=\left(1+\frac{R_F}{R_1}\right)\dot{V}_{+}$$

$$\frac{\dot{V}_o}{\dot{V}_i}=\frac{1+\dfrac{R_F}{R_1}}{1+\mathrm{j}\omega RC}=\frac{1+\dfrac{R_F}{R_1}}{1+\mathrm{j}\,\dfrac{\omega}{\omega_0}}=\frac{1+\dfrac{R_F}{R_1}}{1+\mathrm{j}\,\dfrac{f}{f_0}}\tag{4-57}$$

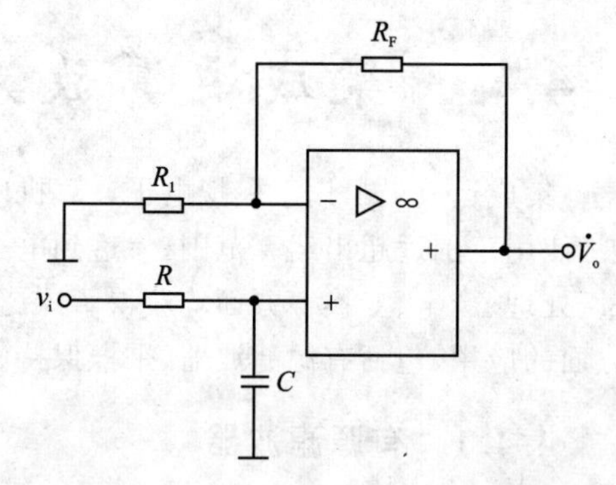

图 4.4.2　一阶有源低通滤波器

式中：$\omega_0=\dfrac{1}{RC}$，$f_0=\dfrac{\omega_0}{2\pi}=\dfrac{1}{2\pi RC}$称为截止频率。若频率 ω 为变量，则电路的传递函数

$$\dot{A}(\mathrm{j}\omega)=\frac{\dot{V}_o(\mathrm{j}\omega)}{\dot{V}_i(\mathrm{j}\omega)}=\frac{1+\dfrac{R_f}{R_1}}{1+\mathrm{j}\,\dfrac{\omega}{\omega_0}}\tag{4-58}$$

其模值为

$$|\dot{A}(\mathrm{j}\omega)|=\frac{A_{v0}}{\sqrt{1+\left(\dfrac{\omega}{\omega_0}\right)^2}}\tag{4-59}$$

式中：$A_{v0}=1+\dfrac{R_F}{R_1}$。

当 $\omega=0$ 时，$|\dot{A}(\mathrm{j}\omega)|=A_{v0}$，当 $\omega=\omega_0$ 时，$\dot{A}(\mathrm{j}\omega)=\dfrac{A_{v0}}{\sqrt{2}}$，当 $\omega=\infty$时，$|\dot{A}(\mathrm{j}\omega)|=0$。

当 $\omega>\omega_0$ 时，$|\dot{A}(\mathrm{j}\omega)|$ 衰减很快，其幅频特性响应如图 4.4.3 所示。

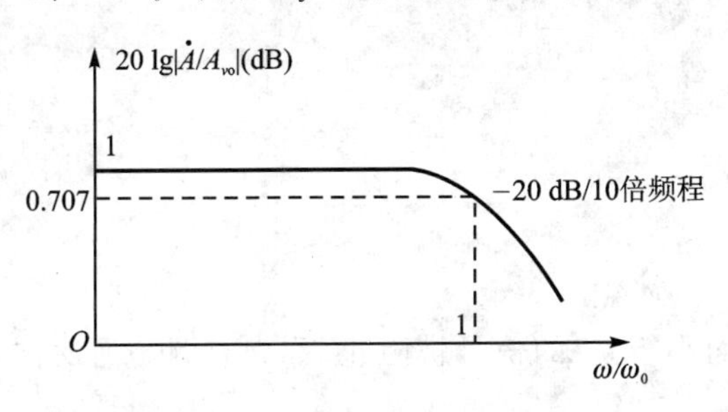

图 4.4.3 图 4.4.2 所示一阶有源滤波器幅频响应

显然，电路能使低于 ω_0 的信号顺利通过，衰减很小，而使高于 ω_0 的信号不易通过，衰减很大，这称一阶有源低通滤波器。

一阶滤波电路的缺点是，当 $\omega\geqslant\omega_0$ 时，幅频特性衰减太慢，以 -20 dB/10 倍频程的速率下降，与理想的幅频特性相比相差甚远，为此可在一阶滤波电路的基础上，再增加一级 RC，组成二阶滤波电路。它的幅频特性在 $\omega\geqslant\omega_0$ 时，以 -40 dB/10 倍频程的速率下降，衰减速度快，其幅频特性更接近于理想特性。为进一步改善滤波波形，常将第一级的电容 C 接到输出端，引入一个反馈。这种电路又称为赛伦-凯电路，实际工作中更为常用。电路如图 4.4.4 所示，为有源二阶低通滤波器。图 4.4.5 为一阶、二阶有源滤波器幅频响应的比较。

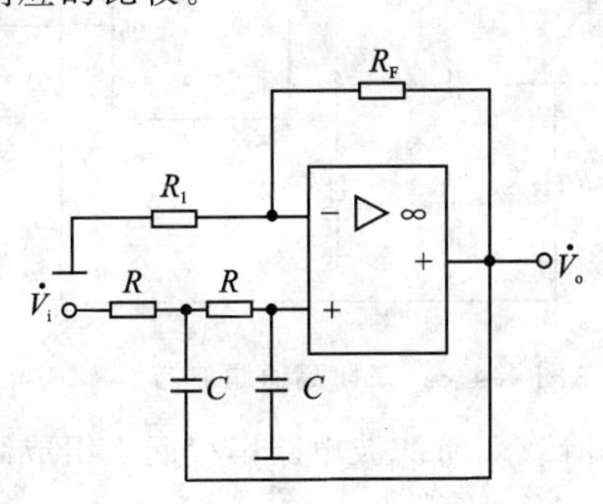

图 4.4.4 有源二阶低通滤波器

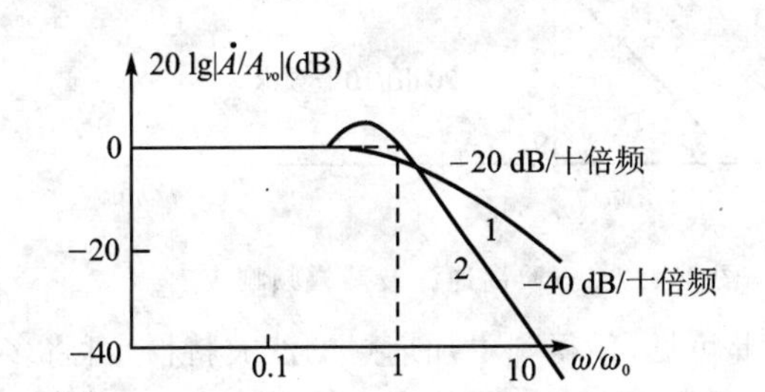

图 4.4.5 有源一阶、二阶滤波器幅频响应的比较

2. 高通滤波器

高通滤波器是指高频信号能通过而低频信号被抑制而不能通过的滤波器，将低通滤波器中起滤波作用的电阻、电容互换，即成为高通有源滤波器。

高通滤波电路如图 4.4.6 所示。

设输入为正弦波信号，则有

$$\dot{V}_+=\frac{R}{R-\mathrm{j}\dfrac{1}{\omega C}}\dot{V}_\mathrm{i} \tag{4-60}$$

$$\dot{V}_\mathrm{o}=\left(1+\frac{R_\mathrm{F}}{R_1}\right)\dot{V}_+ \tag{4-61}$$

由式(4-61)、式(4-62)得到电压增益表达式

$$A(\mathrm{j}\omega)=\frac{\dot{V}_\mathrm{o}}{\dot{V}_\mathrm{i}}=\frac{1+\dfrac{R_\mathrm{F}}{R_1}}{1-\dfrac{1}{\mathrm{j}\omega RC}}=\frac{1+\dfrac{R_\mathrm{F}}{R_1}}{1-\mathrm{j}\dfrac{\omega_0}{\omega}} \tag{4-62}$$

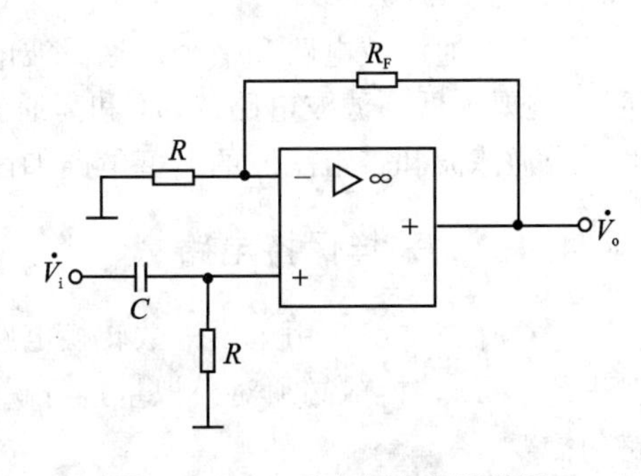

图 4.4.6 一阶有源高通滤波器

式中：$\omega_0=\dfrac{1}{RC}$称为截止频率。若 $A_{v0}=1+\dfrac{R_F}{R_1}$，则电路的传递函数，即电压增益模值为

$$|\dot{A}(j\omega)|=\frac{A_{v0}}{\sqrt{1+\left(\dfrac{\omega_0}{\omega}\right)^2}} \tag{4-63}$$

当 $\omega=0$ 时，$|\dot{A}(j\omega)|=0$；

当 $\omega=\omega_0$ 时，$|\dot{A}(j\omega)|=\dfrac{A_{v0}}{\sqrt{2}}$；

当 $\omega=\infty$时，$|\dot{A}(j\omega)|=A_{v0}$。

可见，电路使频率大于 ω_0 的信号通过，而小于 ω_0 的信号被阻止，称为有源高通滤波器。图 4.4.7为其幅频特性。

与低通滤波电路类似，一阶电路在低频处衰减缓慢，为使其幅频特性更接近于理想特性，可再增加一级 RC 组成二阶滤波电路，二阶高通有源滤波器如图 4.4.8 所示。

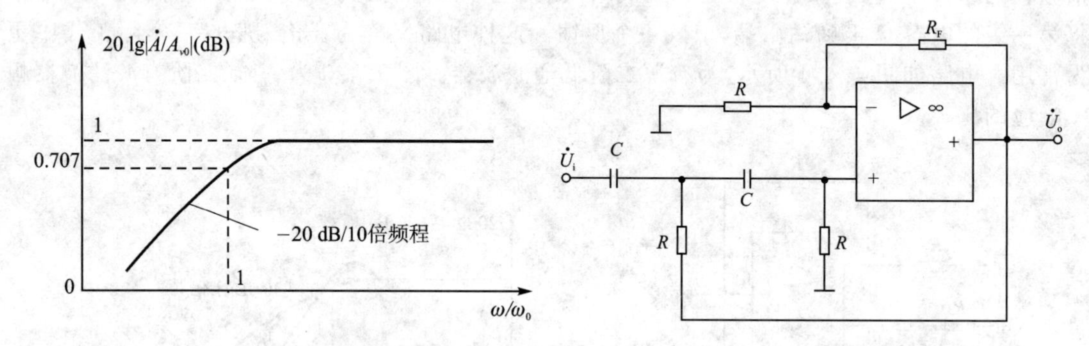

图 4.4.7　一阶高通滤波器幅频响应　　　　图 4.4.8　二阶高通滤波器

由此可见，欲得到更加理想的滤波特性，可将多个一阶或二阶滤波电路串接起来组成高阶高通滤波器。

3. 带通滤波电路和带阻滤波电路

(1) 带通滤波电路

将一个低通滤波电路和一个高通滤波电路串联连接即可组成带通滤波电路，如图 4.4.9(a)所示，但要求低通滤波电路的 ω_H 和高通滤波电路的 ω_1 满足：$\omega_H>\omega_1$。

(2) 带阻滤波电路

一个低通滤波电路和一个高通滤波电路并联连接可以组成带阻滤波电路，如图 4.4.9(b)所示，但要求低通滤波电路的 ω_H 和高通滤波电路的 ω_1 满足：$\omega_H<\omega_1$。

带通滤波和带阻滤波的典型电路如图 4.4.10(a)、(b)所示。

4.4.2　采样保持电路

采样保持电路多用于模—数转换电路 A/D之前。由于 A/D 转换需要一定的时间，所以在进行 A/D 转换前必须对模拟量进行瞬间采样，并把采样值保存并延时，以满足 A/D 转换电路的需要。

1. 电路组成

采样保持电路如图 4.4.11 所示，其中 K 为模拟开关，一般由场效应管组成，模拟开关在

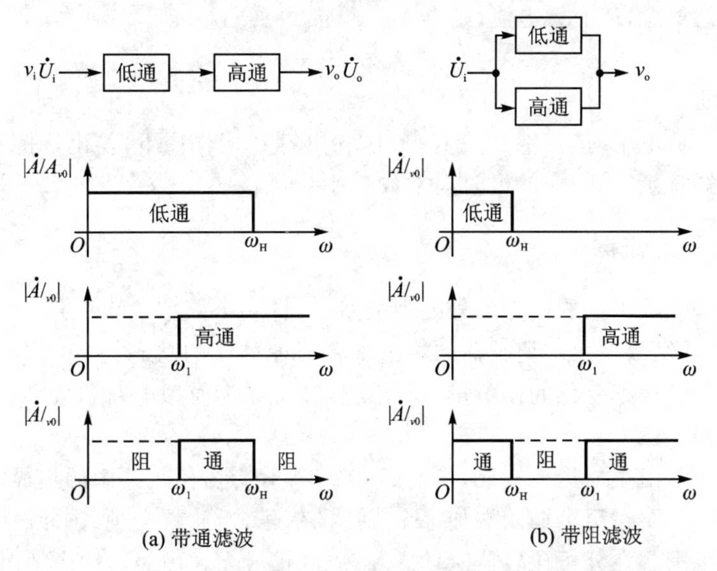

图 4.4.9　带通滤波和带阻滤波电路组成方法

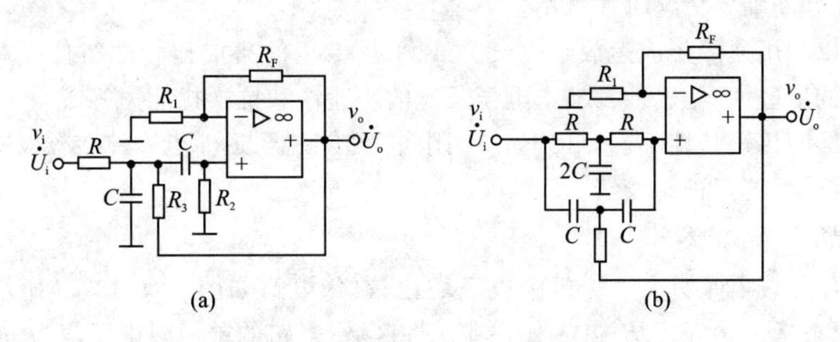

图 4.4.10　带通滤波和带阻滤波的典型电路

控制信号的控制下接通或关断，电容 C 的作用是采样存储，运放 A 组成电压跟随器，起到隔离作用，保证采样过程不受负载的影响。

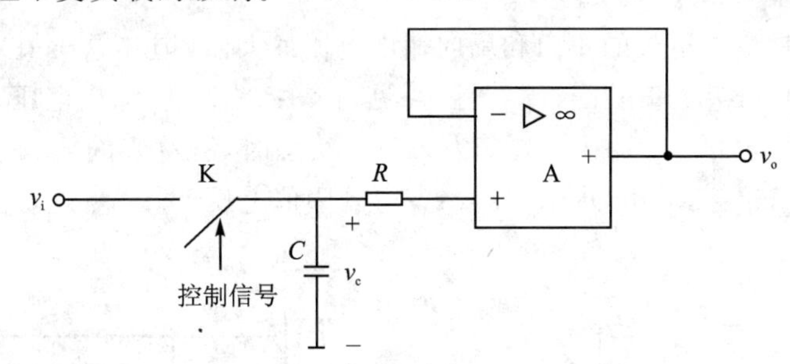

图 4.4.11　采样保持电路

2. 工作原理

设控制信号为高电平，则模拟开关 K 闭合，采样保持电路的工作过程由采样和保持两个阶段组成。

(1) 采样阶段

当控制信号为高电平时，模拟开关 K 闭合，v_i 对存储电容 C 充电，根据“虚短”概念，$V_+=V_-$，

同时根据“虚断”的概念，R 上无电流，则有

$$v_o = v_c = v_i$$

(2) 保持阶段

当控制信号为低电平时，模拟开关 K 断开，在电容 C 的作用下，输出保持该阶段开始瞬间的值不变，保持时间（延时）与充放电时间常数有关。

4.4.3 电压比较器

电压比较器是一种常见的模拟信号处理电路，它将一个模拟输入电压与一个参考电压进行比较，并将比较的结果输出。比较器的输出只有两种可能的状态：高电平或低电平，为数字量。由于输入信号是连续变化的模拟量，因此比较器可作为模拟电路和数字电路的“接口”，也可成为模数转换器(A/D)。

电压比较器通常由集成运放构成，与前面一节不同的是，比较器中的集成运放大多处于开环或正反馈状态。只要在两个输入端加一个很小的信号，运放就会进入非线性区，属于集成运放的非线性应用范围。在分析比较器时，“虚断”原则仍成立，“虚短”及“虚地”概念在非线性运用不成立，仅在判断临界情况时才适用。

比较器可以利用通用集成运放组成，也可以采用专用的集成比较器组件。对它的要求是电压幅度鉴别的准确性、稳定性及输出电压反应的快速性和抗干扰能力等。

根据比较器的传输特性不同，可分为单门限电压比较器、迟滞电压比较器及双限电压比较器，下面则着重分析这三种比较器。

1. 单门限电压比较器

单门限电压比较器是只有一个门限电压的比较器，电路如图 4.4.12(a)所示。该电路结构的特点是：集成运放是开环结构，工作在非线性区域；电路的单门限电压值为 v_{REF}，其工作原理为

当 $v_+ > v_-$ 时，即 $v_i > v_{REF}$ 时，$v_o = V_{oH}$；

当 $v_+ < v_-$ 时，即 $v_i < v_{REF}$ 时 $v_o = V_{oL}$。

V_{oH} 和 V_{oL} 分别是集成运放的正向和反向输出电压最大值（饱和电压值），一般接近于正负电源电压。图 4.4.12(b)为其电压传输特性，可见，在 $v_i = v_{REF}$ 处，输出电压 v_o 发生跃变。

电压比较器输出电压由一种状态跳变为另一种状态时，所对应的输入电压通常称为阈值电压或门限电压，用 V_T 表示。可见，图 4.4.12(a)的阈值电压 $V_T = V_{REF}$。

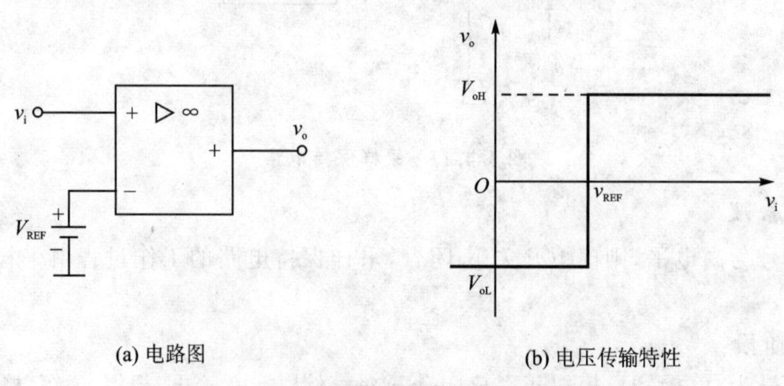

(a) 电路图　　(b) 电压传输特性

图 4.4.12　同相输入的单门限电压比较器

若 $V_{REF}=0$,则比较器的阈值电压 $V_T=0$。这种单门限比较器也称为过零比较器。利用过零比较器可以将正弦波变为方波,图 4.4.13 所示的是反相输入过零比较器的电路和输入、输出波形图。

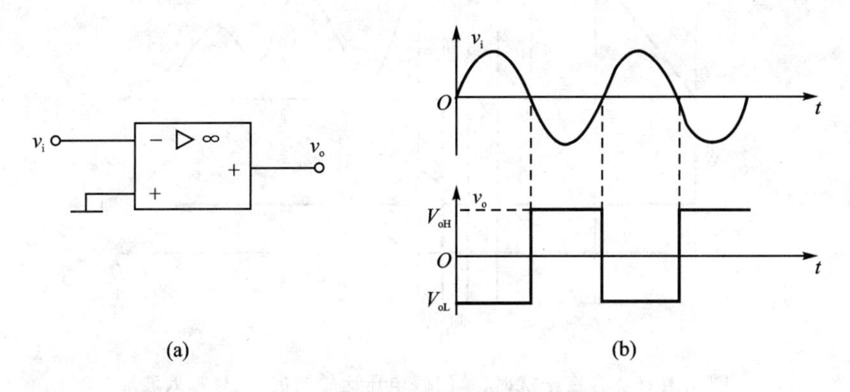

图 4.4.13　过零比较器电路和输入、输出波形

实际应用中,比较器输出连接的电路(负载)对其输出电压幅值有要求,因此需要具有限幅功能,为此采用稳压管限幅。在设计时,为了使比较器输出的正向幅度和负向幅度基本相等,可将选择两个稳压二极管背对背接在电路的输出端(见图 4.4.14(a)),或接在反馈回路中(见图 4.4.14 (b)),可以达到对输出电压限幅或过压保护作用。

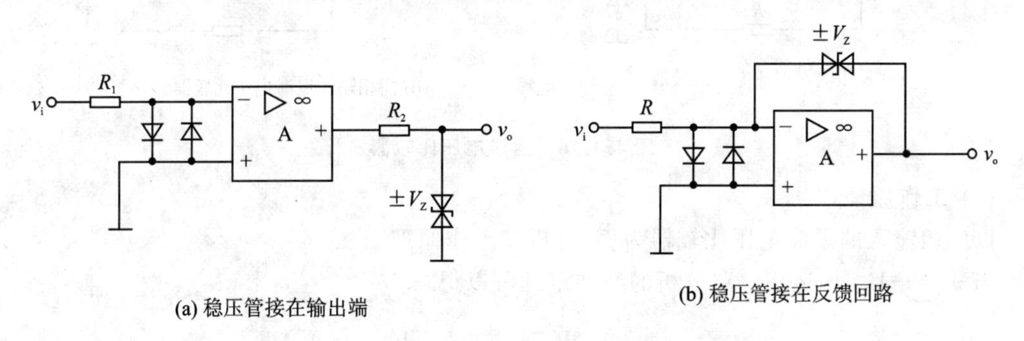

图 4.4.14　限幅电路及过压保护电路

2. 迟滞电压比较器

单门限电压比较器的优点是电路简单,灵敏度高,但其抗干扰能力差。如果输入电压受到干扰或噪声的影响,在门限电平上下波动,则输出电压将随干扰或噪声的影响在这个区域出现高、低电平跳变,如图 4.4.15 所示。若用此输出电压控制电机等设备,将出现误操作。为解决这一问题,常常采用迟滞电压比较器。

迟滞电压比较器又称为滞回电压比较器或施密特触发器。这种比较器的特点是当输入信号 v_i 逐渐增大或逐渐减小时,它有两个阈值,且不相等,其传输特性具有"滞回"曲线的形状,具体将在下面的内容详细分析。

(1) 电路组成

迟滞电压比较器也有反相输入和同相输入两种方式,电路如图 4.4.16(a)、(b)所示。图中可见,迟滞电压比较器引入了正反馈支路,此时运放工作在非线性区域。

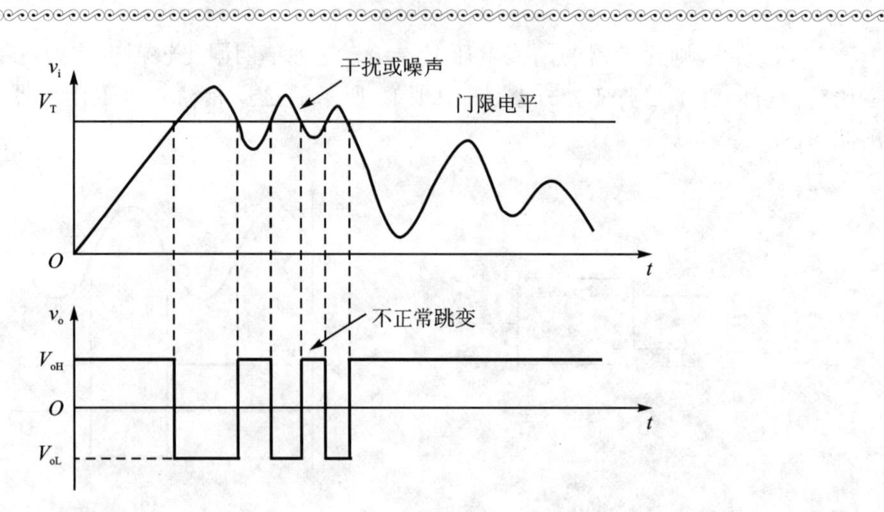

图 4.4.15 存在干扰时,单门限电压比较器的输出、输入波形

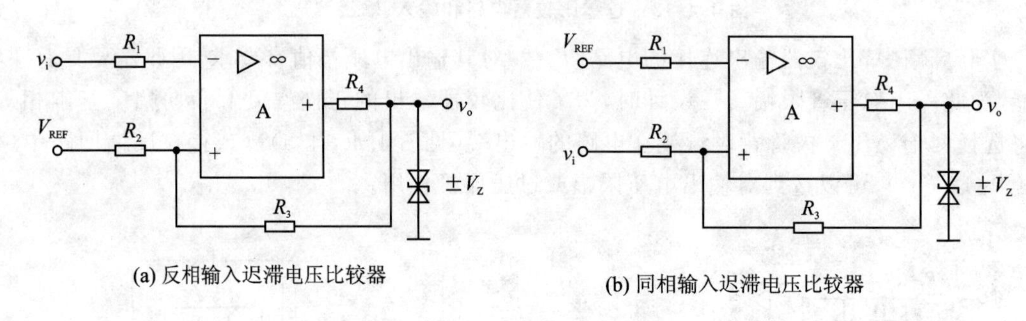

(a) 反相输入迟滞电压比较器

(b) 同相输入迟滞电压比较器

图 4.4.16 迟滞电压比较器

(2) 工作原理

以反相输入的迟滞电压比较器为例,分析其工作原理。

当 $v_o = -V_Z$时,运用电路分析的叠加定理可以得

$$v_+ = -\frac{R_2}{R_2 + R_3} V_Z + \frac{R_3}{R_2 + R_3} V_{REF} = V_{T-} \tag{4-64}$$

称 V_{T-} 为下门限电压。

当 $v_o = +V_Z$时

$$v_+ = \frac{R_2}{R_F + R_2} V_Z + \frac{R_3}{R_3 + R_2} V_{REF} = V_{T+} \tag{4-65}$$

称 V_{T+} 为上门限电压。且定义:$\Delta V = V_{T+} - V_{T-}$ 为回差电压,可以通过调整回差电压的大小,来调整抗干扰(噪声)能力。

(3) 电压传输特性

设初始值 $v_o = +V_Z$,$v_+ = V_{T+}$,若 $v_i \uparrow$,达到 $v_i \geqslant V_{T+}$ 时,v_o从$+V_Z \rightarrow -V_Z$,输出电压发生翻转。

设 $v_o = -V_Z$时,$v_+ = V_{T-}$,若 $v_i \downarrow$,达到 $v_i \leqslant V_{T-}$ 时,v_o从$-V_Z \rightarrow +V_Z$,输出电压再次发生翻转。

以此往复,从而得到如图 4.4.17 所示的反相输入迟滞电压比较器的电压传输特性。采用同样的分析方法,可以得到同相输入迟滞电压比较器的电压传输特性,如图 4.4.18 所示,这里略析。

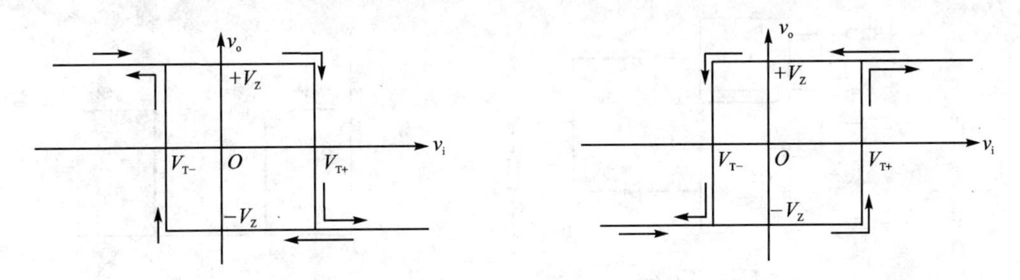

图 4.4.17 反相输入迟滞电压比较器电压传输特性　　图 4.4.18 同相输入迟滞电压比较器电压传输特性

迟滞电压比较器的主要优点是抗干扰能力强。当输入信号受干扰或噪声的影响而上下波动时，只要根据干扰或噪声电平适当调整迟滞电压比较器两个门限电平 V_{T+} 和 V_{T-} 的值，就可以避免比较器的输出电压在高、低电平之间反复跳变，如图 4.4.19 所示，此时干扰（噪声）对输出不产生影响。

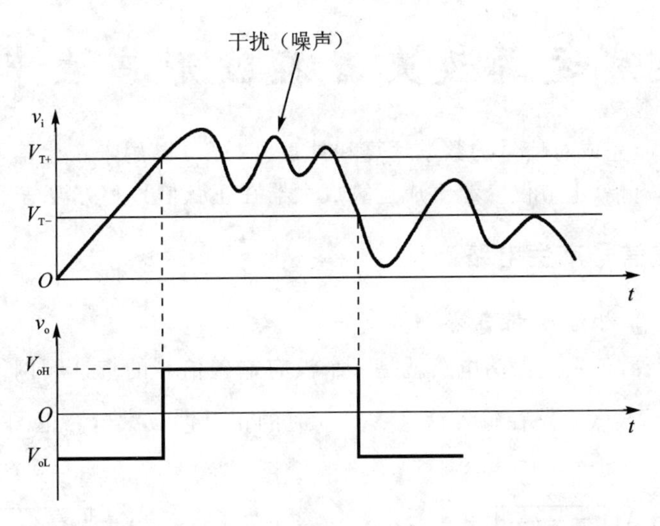

图 4.4.19 存在干扰时，迟滞电压比较器的输入、输出波形

3. 双限电压比较器

电平比较器和迟滞比较器有一个共同特点，即输入信号 v_i 单方向变化（正向过程或负向过程）时，输出电压 v_o 只跳变一次，因此，只能检测到一个输入信号的电平，这种比较器称为单门限比较器。而双门限比较器在输入信号单方向变化，可使输出电压 v_o 跳变两次，由此提供两个阈值和两种输出稳定状态，用以判断 v_i 是否在某两个电平之间，因此，应用比较广泛。

双限比较器又称为窗口比较器，电路如图 4.4.20(a)所示，比较器具有两个阈值 V_{REF1} 和 V_{REF2}。

假设 $V_{REF2}>V_{REF1}$，分析其原理如下：

当 $v_i>V_{REF2}$ 时，则必然有 $v_i>V_{REF1}$，二极管 V_{D1} 导通、V_{D2} 截止，比较器输出 $v_o=V_{oH}$（高电平）；

当 $v_i<V_{REF1}$ 时，则必然有 $v_i<V_{REF2}$，二极管 V_{D1} 截止，V_{D2} 导通，比较器输出 $V_o=V_{oH}$（高电平）；

当 $V_{REF1}<v_i<V_{REF2}$，则二极管 V_{D1} 截止、V_{D2} 截止，比较器输出 $V_o=V_{oL}$（低电平）。

由上述分析，可以绘制如图 4.4.20(b)所示的传输特性，它形似窗口，所以称为窗口比较器。

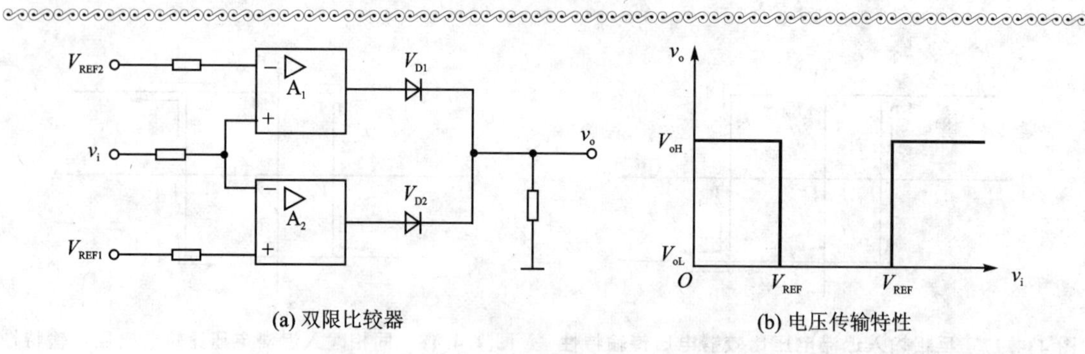

图 4.4.20　窗口比较器及电压传输特性

窗口比较器可用两个阈值不同的电平比较器组成，阈值小的电平比较器采用反相输入接法，阈值大的电平比较器采用同相输入接法。由于它能鉴别出两个阈值之间的信号，利用其特性可以作为信号检测电路。

4.5　集成运算放大器在波形产生中的应用

集成运放除了能完成对信号的数学运算和处理外，还可以用来产生信号，如正弦波、方波和锯齿波等。限于篇幅，本节仅介绍集成运算放大器在正弦信号和方波信号产生中的应用。

4.5.1　正弦信号产生电路

1. 正弦波振荡电路的振荡条件

从电路结构上看，正弦波振荡电路就是一个没有输入信号的带选频网络的正反馈放大电路，图 4.5.1(a)表示放大电路在输入信号 $\dot{X}_i=0$ 时的正反馈放大电路框图，等效于 4.5.1(b)所示的框图。

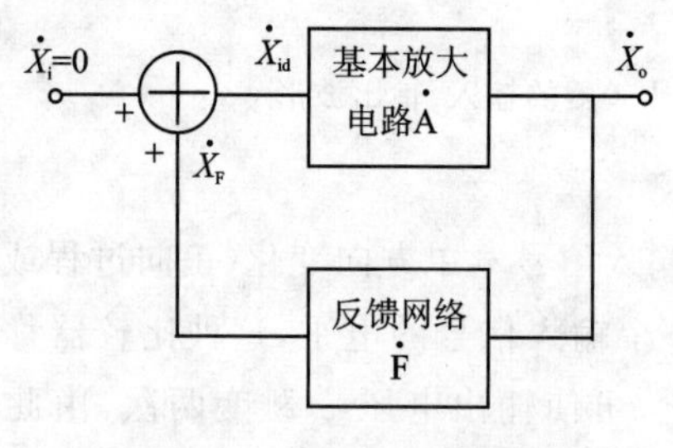

(a) X_i=0时的正反馈放大电路框图

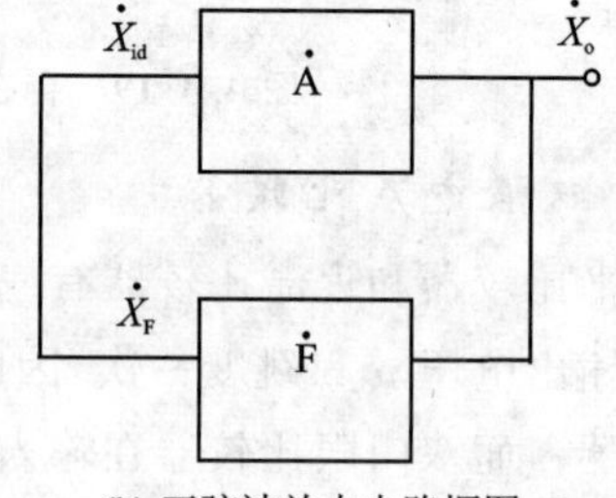

(b) 正弦波放大电路框图

图 4.5.1　正弦波振荡电路框图

由于信号 $\dot{X}_i=0$，所以

$$\dot{X}_{id}=\dot{X}_i+\dot{X}_F=\dot{X}_F$$

即

$$\frac{\dot{X}_F}{\dot{X}_{id}}=\frac{\dot{X}_o}{\dot{X}_{id}}\cdot\frac{\dot{X}_F}{\dot{X}_o}=1$$

由此得

$$\dot{A}\dot{F} = 1 \tag{4-66}$$

在式(4-66)中,假设 $\dot{A}=A\angle\varphi_a$,$\dot{F}=F\angle\varphi_F$,则可以得到 $\dot{A}\dot{F}=A\angle\varphi_a \cdot F\angle\varphi_F=AF\angle\varphi_a+\varphi_F=1$,即

$$AF = 1 \tag{4-67}$$

$$\varphi_a + \varphi_F = 2n\pi, \quad n = 0,1,2,\cdots \tag{4-68}$$

式(4-67)为正弦波振荡电路的振幅平衡条件,而式(4-68)为正弦波振荡电路的相位平衡条件,它们是正弦波振荡电路产生持续振荡的两个重要的条件。正弦波振荡器有多种类型,不管何种类型都必须遵循相位平衡条件和振幅平衡条件。

正弦波振荡电路的振荡频率 f_0 是由相位平衡条件决定的,振荡电路只能有一个频率满足相位平衡条件,这个频率就是振荡电路的振荡频率 f_0。这就要求在振荡电路中包含一个具有选频特性的网络,称为选频网络。选频网络可以设置在放大电路,也可以设置在反馈网络中,它可以用 R、C 元件组成,也可以用 L、C 元件组成。选频网络由 R、C 元件组成的振荡电路称为 RC 振荡电路,选频网络由 L、C 元件组成的振荡电路称为 LC 振荡电路。RC 振荡电路一般用来产生 1 Hz~1 MHz 范围内的低频信号;LC 振荡电路一般用来产 1 MHz 以上的高频信号。

要使电路能自行建立振荡,还必须满足 $AF>1$ 的起振条件,这样,在接通电源后,电路器件内部噪声以及电源接通扰动噪声中,满足相位平衡条件的某一频率 f_0 的噪声信号在正反馈的作用下被持续放大,成为振荡电路的输出信号,形成振荡电路的起振过程,因此电路要有正反馈环节。

当输出信号幅值增加到一定程度时,就要限制它继续增加,否则波形将出现失真,这时振荡电路必须自动满足 $AF=1$ 的平衡条件,因此,电路要有限幅环节,确保振荡电路输出一个幅度稳定的正弦信号。

2. RC 桥式正弦波振荡电路

RC 桥式正弦波振荡电路如图 4.5.2 所示。该电路的结构特点是采用 RC 串并联电路(文氏桥结构)作为选频网络,并提供正反馈;集成运放和 R_F、R_1 构成同相比例放大电路。

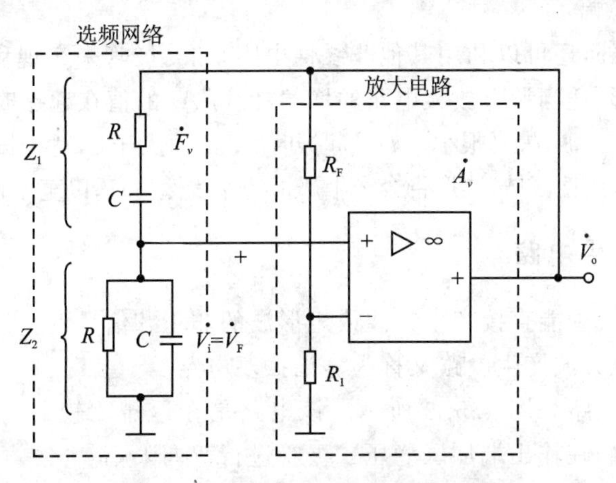

图 4.5.2　RC 桥式正弦波振荡电路

由图 4.5.2 选频网络分析可得

$$Z_1 = R + \frac{1}{j\omega C}, \quad Z_2 = R \,/\!/\, \frac{1}{j\omega C}$$

$$\dot{F}_v = \frac{\dot{V}_F}{\dot{V}_o} = \frac{Z_2}{Z_1 + Z_2} = \frac{1}{3 + j\left(\omega RC - \frac{1}{\omega RC}\right)} \tag{4-69}$$

令 $\omega_0 = \frac{1}{RC}$,则

$$\dot{F}_v = \frac{1}{3 + j\left(\frac{\omega}{\omega_0} - \frac{\omega_0}{\omega}\right)} \tag{4-70}$$

由式(4-70)可知,当 $\omega = \omega_0 = \frac{1}{RC}$,或 $f = f_0 = \frac{1}{2\pi RC}$时,$\dot{F}_v = \frac{1}{3}\angle 0°$,即:$F_v = \frac{1}{3}$,且 $\varphi_f = 0°$。

图 4.5.2 振荡电路中,基本放大电路为同相放大电路,即 $\dot{A}_v = 1 + \frac{R_F}{R_1} = \left(1 + \frac{R_F}{R_1}\right)\angle 0°$,所以:$A_v = 1 + \frac{R_F}{R_1}$,且 $\varphi_a = 0°$。

综上得到如下结论:

① 当 $f = f_0$ 时,$\varphi_a + \varphi_F = 0$,满足相位平衡条件,反馈电路输出电压只有反馈电路输入电压的$\frac{1}{3}$,且最大。因此,只要集成运放组成的放大电路中 R_F 略大于 $2R_1$ 时,也就是 $A_v = 1 + \frac{R_F}{R_1}$略大于 3,就能满足振幅条件,从而产生振荡,振荡频率为 f_0。若 $R_F < 2R_1$,电路不能起振。

② 为产生振荡,$f = f_0$ 信号电压必须有一个从微弱信号开始逐渐增大,直至稳定。实用中,一般采用改变 R_F/R_1 来实现稳幅。例如,选择负温度系数的热敏电阻做反馈电阻 R_F,开始时温度低,R_F 值较大,$A_v = 1 + \frac{R_F}{R_1}$略大于 3,$A_v F_v > 1$,电路起振;随之因正反馈作用,输出电压逐渐增大,同时使 R_F的功耗增大,其温度上升,负温度系数使热敏电阻的阻值下降,R_F减小,达到稳定平衡状态时,$A_v = 1 + \frac{R_F}{R_1} = 3$,实现稳幅的目的。同理,也可选择正温度系数的热敏电阻代替电阻 R_1 实现稳幅。

除了热敏电阻以外,还可以利用其他非线性电阻,如二极管来实现稳幅。

应当注意的是,必须适当调整放大电路的增益,使得 A_v 的值在起振时略大于 3,达到稳幅时 $A_v = 3$,其输出波形为正弦波,失真很小。如果起振时 A_v 的值大于 3,对于振幅的增长不加以限制,致使放大器件工作到非线性区域,波形将会产生严重的非线性失真,以至于输出无法获得正弦波。

4.5.2 方波产生电路

方波产生电路是一种能直接产生方波或矩形波的非正弦信号发生器。由于方波或矩形波含有丰富的谐波,因此方波产生电路又称为多谐振荡电路。

典型的方波产生电路如图 4.5.3 所示。该电路是在迟滞比较器的基础上增加了一个有 R_F、C 组成的积分电路,在输出端加入稳压二极管进行双向限幅。

由图 4.5.3 可知,当 $v_o = +V_Z$ 时

$$v_+ = \frac{R_2}{R_1 + R_2} V_Z = V_{T+} \tag{4-71}$$

当 $v_o = -V_Z$时,

$$v_+ = -\frac{R_2}{R_1 + R_2}V_Z = V_{T-} \qquad (4-72)$$

在接通电源的瞬间，输出电压究竟是偏于正向饱和还是反相饱和，纯属偶然。不妨假设输出电压偏于正向饱和，其工作过程分析如下：

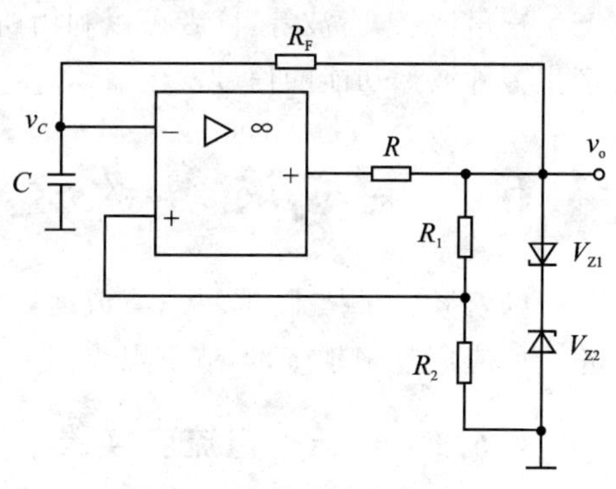

图 4.5.3　方波产生电路

开始 $v_o = +V_Z$，$v_+ = V_{T+}$，v_o 向电容 C 充电（见图 4.5.4(a)），电容电压 v_C 按指数规律上升，在 $t = t_1$ 时刻，$v_C = v_-$ 略高于 V_{T+} 时，即 $v_- > v_+$，输出电压 v_o 立即从正饱和值（$+V_Z$）迅速翻转到负饱和值（$-V_Z$）。

当 $v_o = -V_Z$ 时，通过 R_F 对 C 进行放电（反向充电）（见图 4.5.4(b)），电容电压 v_C 按指数规律下降，在 $t = t_2$ 时刻，$v_C = v_-$ 略低于 v_+ 时，即 $v_- < v_+$，输出电压 v_o 便立即从负饱和值（$-V_Z$）迅速翻转到正饱和值（$+V_Z$），这样又回到初始状态。以后按上述过程周而复始，形成振荡，输出 v_o 为方波，输出电压和电容电压的波形图如图 4.5.4(c)所示，振荡周期 T 由 RC 充、放电时间常数决定。

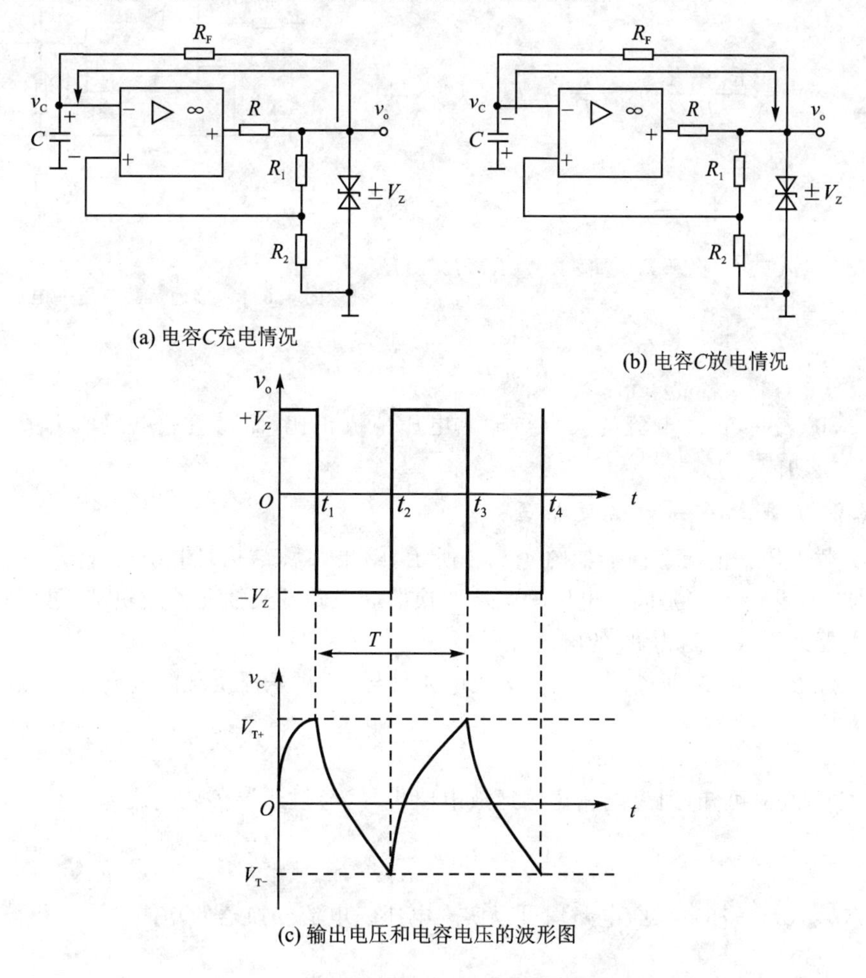

图 4.5.4　方波产生电路工作原理图

波形产生电路在电子系统中应用很广，运用集成运放不仅能够产生正弦波、方波，也可以产生三角波、锯齿波等，读者可以利用所学知识，自行设计各类波形产生电路，甚至设计出具有产生多种波形功能的信号发生器。

4.6 集成运算放大器在电子测量系统中的应用

随着微电子技术的发展，集成运算放大器参数越来越接近于理想运放，集成运放在测量电路中的应用越来越广，本节重点介绍一些运放在电子测量系统中应用的典型实例。

4.6.1 电压—电流变换器

1. 接地负载电压—电流变换器

接地负载电压—电流变换器如图 4.6.1 所示。

根据“虚短”概念，由叠加定理可得

$$v_L = v_+ = v_- = v_i \frac{R_2}{R_1 + R_2} + v_o \frac{R_1}{R_1 + R_2} \quad (4-73)$$

解得

$$v_o = \frac{R_1 + R_2}{R_1} v_L - \frac{R_2}{R_1} v_i \quad (4-74)$$

由 KCL 得

$$i_L = \frac{v_o - v_L}{R_3} - \frac{v_L}{R_4} \quad (4-75)$$

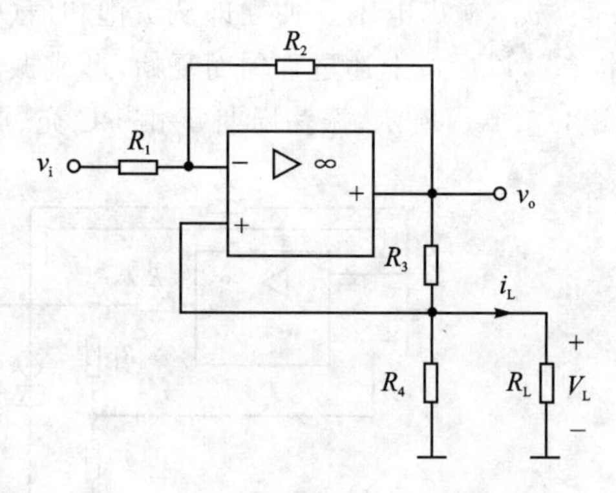

图 4.6.1 接地负载电压—电流变换器

将式(4-74)代入式(4-75)，且取 $R_3 = R_2$，$R_4 = R_1$ 整理得

$$i_L = -\frac{v_i}{R_1} \quad (4-76)$$

式(4-76)表明，负载电流的大小与输入电压值成正比，而与负载电阻值无关，实现了电压—电流变换功能。

2. 悬浮负载电压—电流变换器

悬浮负载电压—电流变换器如图 4.6.2 所示，给出两种结构，图 4.6.2(a)是反相电压—电流变换器；图 4.6.2(b)是同相电压—电流变换器。电路的反馈元件或负载(悬浮负载)可以是一个继电器线圈或内阻为 R_L 的电流计。

由图 4.6.2(a)可知，通过反相比例运放电路推导，流过悬浮负载的电流为

$$i_L = -\frac{v_i}{R_1} \quad (4-77)$$

由图 4.6.2(b)可知，通过同相比例运放电路推导，流过悬浮负载电流为

$$i_L = \frac{v_i}{R_1} \quad (4-78)$$

由式(4-77)、式(4-78)可见，电路均可以实现电压—电流变换器的功能。

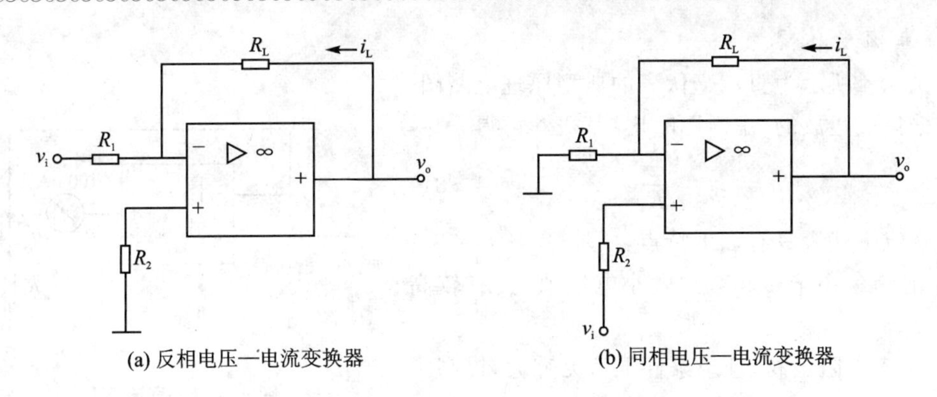

(a) 反相电压—电流变换器 (b) 同相电压—电流变换器

图 4.6.2 悬浮负载的电压—电流变换器

4.6.2 电流—电压变换器

电流—电压变换器如图 4.6.3(a)所示。这个电路本质上是一个反相放大器，只是没有输入电阻，输入电流直接连接到集成运放的反相输入端。

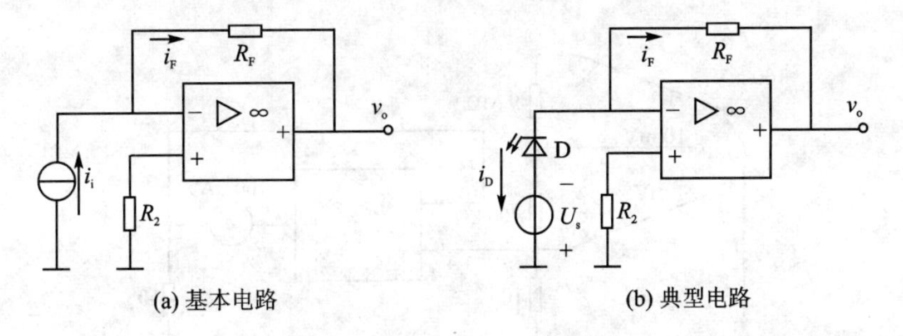

(a) 基本电路 (b) 典型电路

图 4.6.3 电流—电压变换器

由图 4.6.3(a)可知，根据集成运放的“虚断”和“虚短”的概念，有 $v_- = v_+ = 0$ 和 $i_- = 0$，所以 $i_F = i_i$，从而有

$$v_o = -i_F R_F = -i_i R_F \tag{4-79}$$

由式(4-79)可见，电路实现了电流—电压变换器的功能。

图 4.6.3 (b)是一个在光电转换电路中常用的典型电路，图中 D 是光电二极管，工作于反向偏置状态，流过光电二极管的电流 i_D 正比于光照强度。

根据集成运放的“虚断”和“虚短”概念可得

$$i_F = -i_D,\quad v_o = -i_F R_F$$

故

$$v_o = i_D R_F \tag{4-80}$$

同样具有电流—电压变换器功能。

4.6.3 直流毫伏表和直流电流表

一块普通的电工仪表表头，若与集成运放相连，可以改装成一块灵敏度较高的电子仪表，实现交、直流测量。

1. 直流毫伏表

图 4.6.4 所示为直流毫伏表的典型原理电路图。

根据集成运放的“虚断”和“虚短”概念可得

$$i_{G} = i_{F} = \frac{v_{i}}{R_{F}} \qquad (4-81)$$

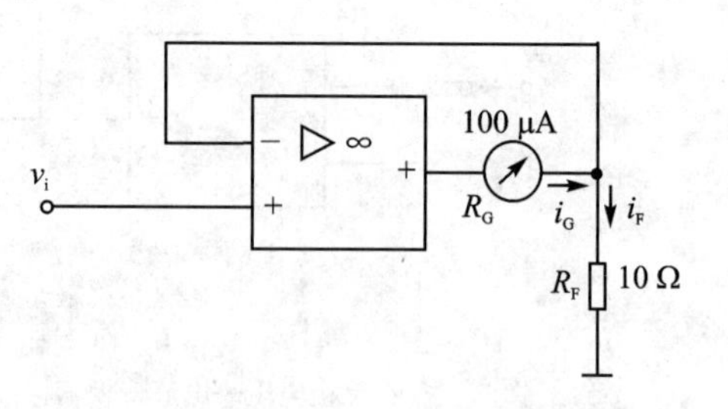

图 4.6.4 直流毫伏表

该直流毫伏表具有如下特点：

① 能测量小于 1 mV 的微小电压值，具有较高的灵敏度。

② 输入电阻很高，理想条件下为无穷大，提高了测量精度。

③ 表头满量程电压值不受表头内阻 R_G 阻值的影响。只要是满量程的表头，换用前后不改变毫伏表性能。因此，表头互换性较普通电表好。

④ 由于 R_F 阻值很小，可用温度系数较低的电阻丝绕制，提高了仪表的性能。

以上述表头为基础，构成的多量程直流电压表如图 4.6.5 所示，请读者自行分析其工作原理。

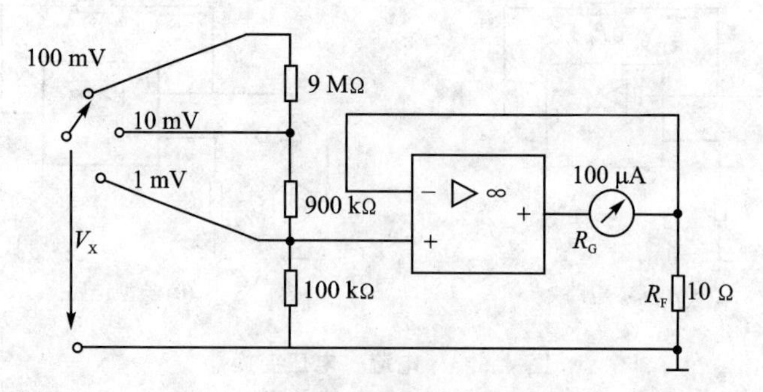

图 4.6.5 多量程直流毫伏表

2. 直流电流表

在图 4.6.4 电路(1 mV 电压表)的基础上，加上分流器，可构成多量程的直流电流表，如图 4.6.6 所示。

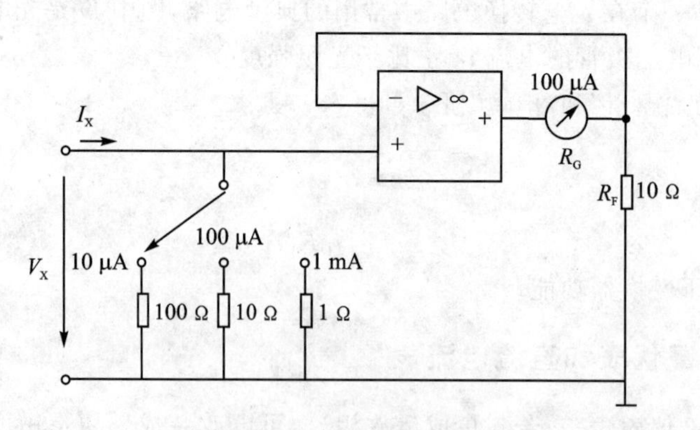

图 4.6.6 多量程直流电流表

根据图 4.6.6，由"虚短"、"虚断"概念可得：1 mV 电压表的输入 V_X 为被测电流 I_X 与分流电阻 R_X 的乘积，即 $V_X=R_X\cdot I_X=R_F\cdot I_G$，所以

$$I_X = I_G\frac{R_F}{R_X} \tag{4-82}$$

4.6.4　精密放大器

精密放大器即集成仪表用放大器，要求具备足够大的增益、高输入电阻以及高的共模抑制比。图 4.6.7 是一种典型的精密放大器，由三个运放组成，实际应用中，多数仪表放大器都是在图 4.6.7 所示电路的基础上演变而来。

根据集成运放的"虚断"和"虚短"概念可得

$$v_{o1}-v_{o2}=\frac{v_{i1}-v_{i2}}{R_2}(R_1+R_2+R_1)=\frac{v_{i1}-v_{i2}}{R_2}(2R_1+R_2) \tag{4-83}$$

根据减法运算电路推导方法可得

$$v_o=\frac{R_F}{R}(v_{o2}-v_{o1}) \tag{4-84}$$

将式(4-83)代入式(4-84)得

$$v_o=\frac{R_F(2R_1+R_2)}{RR_2}(v_{i2}-v_{i1})=A_v(v_{i2}-v_{i1}) \tag{4-85}$$

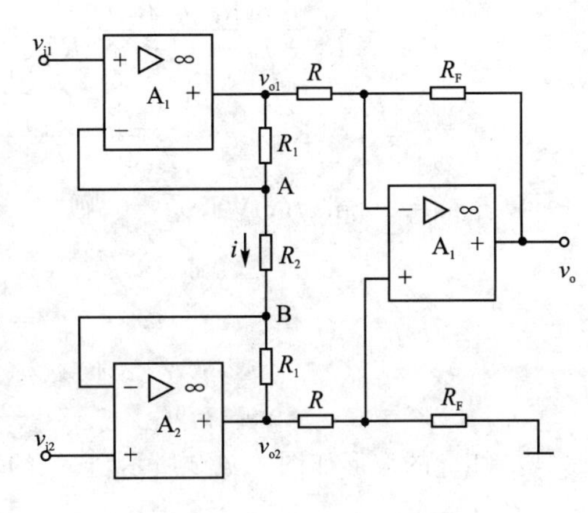

图 4.6.7　三运放构成的精密放大器

式中：$A_v=\frac{R_F(2R_1+R_2)}{RR_2}$

三个集成运放分为二级。第一级由 A_1 和 A_2 组成对称差分放大电路，它们均为同相比例放大器，输入电阻很大；第二级是 A_3 组成的差分放大器(减法器)，具有抑制共模信号的能力。该电路输入差分信号，放大器电压增益为 A_v，是一个高精度的电压放大器。

4.7　例　题

【例题 1】 差分放大电路如图 4.7.1 所示。设各晶体管的 $\beta=100$，$V_{BE}=0.7$ V，且 $r_{be1}=r_{be2}=3$ kΩ，电流源 $I_Q=2$ mA，$R=1$ MΩ，差分放大电路从 C_2 端输出。

① 计算静态工作点(I_{C_1Q}，V_{C_2Q} 和 V_{EQ})；

② 计算差模电压增益 $\dot{A}_{vd2}$，差模输入电阻 R_{id} 和输出电阻 R_o；

③ 计算共模电压增益 $\dot{A}_{vc_2}$ 和共模抑制比 K_{CMR}；

④ 若 $v_{I1}=20\sin\omega t$(mV)，$v_{I2}=0$，试画出 v_{C_2} 和 v_E 的波形，并在图上标明静态分量和动态分量的幅值大小，指出其动态分量与输入电压之间的相位关系。

解：① 计算静态工作点：

$$I_{C_1Q}=I_{C_2Q}=\frac{1}{2}I_Q=1\text{ mA}$$

$$V_{C_2Q}=\frac{R_L}{R_C+R_L}V_{CC}-I_{C_2Q}(R_C\ /\!/\ R_L)=(6-1\times1.5)\ \text{V}=4.5\ \text{V}$$

$$V_{EQ}=-V_{BE}-I_{BQ}R_b=\left(-0.7\ \text{V}-\frac{1}{100}\times1\right)\text{V}=-0.71\ \text{V}$$

② 计算差模电压放大倍数、输入电阻和输出电阻

$$\dot{A}_{vd2}=\frac{\beta(R_c\ /\!/\ R_L)}{2(R_b+r_{be})}=\frac{100\times(3\ /\!/\ 3)}{2(1+3)}=18.75$$

$$R_{id}=2(R_b+r_{be})=8\ \text{k}\Omega,\quad R_o=R_c=3\ \text{k}\Omega$$

③ 计算共模电压放大倍数和共模抑制比

$$\dot{A}_{vC_2}=\frac{-\beta(R_C\ /\!/\ R_L)}{R_b+r_{be}+(1+\beta)2R}=-\frac{100\times1.5}{1+3+101\times2\ 000}=-7.4\times10^{-4}$$

$$K_{CMR}=\left|\frac{\dot{A}_{d2}}{\dot{A}_{C2}}\right|=\frac{18.75}{7.4\times10^{-4}}=25\ 338(\text{即 }88\ \text{dB})$$

④ 若 $v_{I1}=20\sin\omega t(\text{mV})$，$v_{I2}=0$，则 $V_{id}=V_{L1}-V_{L2}=20\sin\omega t(\text{mV})$

$$v_{c_2}\approx\dot{A}_{d2}\cdot v_i=0.375\sin\omega t(\text{V})$$

$$v_e=v_{ic}=0.01\sin\omega t(\text{V})$$

$$v_{C_2}=V_{C_2Q}+v_{c_2}=4.5+0.375\sin\omega t(\text{V})$$

$$v_E=V_{EQ}+v_e=-0.71+0.01\sin\omega t(\text{V})$$

v_{C_2} 和 v_E 的波形如图 4.7.2 所示，它们的动态分量与输入电压 v_{I1} 之间相位都相同。

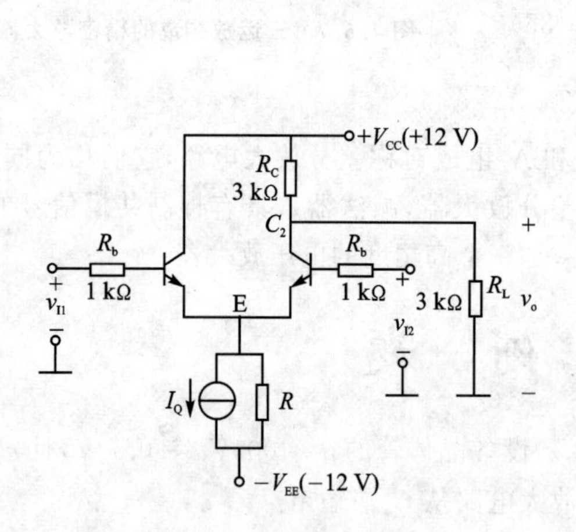

图 4.7.1 【例题 1】的电路

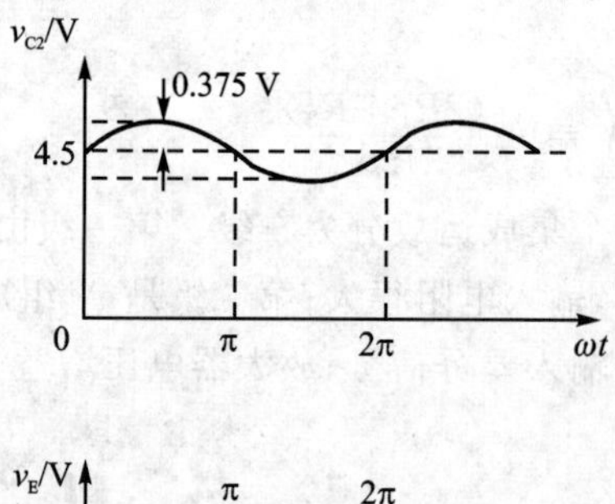

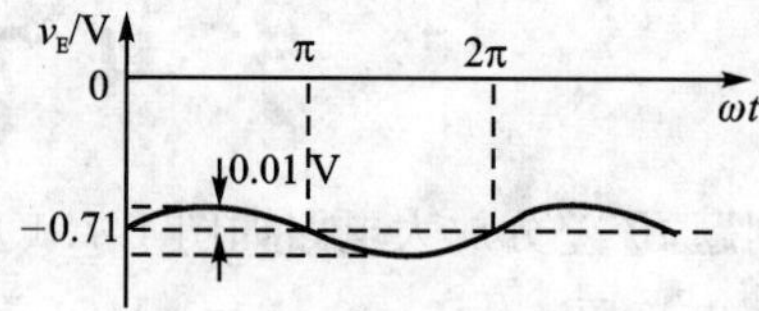

图 4.7.2 v_{C2} 和 v_E 的波形

【例题 2】已知某集成运放开环电压放大倍数 $A_{vo}=5\ 000$，最大电压幅度 $V_{om}=\pm10$ V，其电路框图及电压传输特性曲线如图 4.7.3(a)、(b)所示。图(a)中，设同相端上的输入电压 $v_I=(0.5+0.01\sin\omega t)$V，反相端接参考电压 $V_{REF}=0.5$ V，试讨论差模输入电压 v_{Id} 和输出电压 v_o 的变化关系。

解：$V_{id}=V_i-V_{REF}=0.5\text{V}+0.01\sin\omega t-0.5\text{V}=0.01\sin\omega t(\text{V})$，

$v_o=A_{od}\cdot v_{Id}=5\ 000\times0.01\sin\omega t=50\sin\omega t(\text{V})$，但由于运放的最大输出电压幅度为 $V_{om}=\pm10$ V，所以当 $|v_{id}|\leqslant2$ mV 时，按上述正弦规律变化；而当 $|v_{id}|>2$ mV 时，v_o 已饱和。所以，差模输入电压 V_{id} 与输出电压的关系如图 4.7.4 所示，即 V_{id} 在(−2,2)之间，V_o 与 V_{id} 是线性

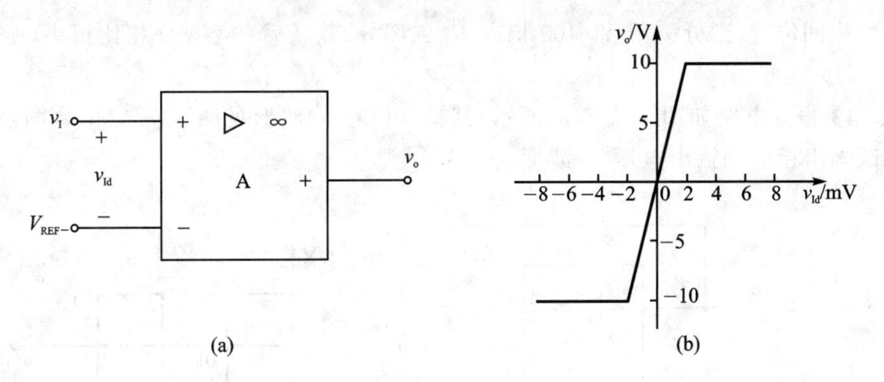

图 4.7.3 【例题 2】图

关系，$V_{id} \geqslant 2$ mV，V_{id} 与 V_o 是非线性关系。

【例题 3】图 4.7.5 是同相输入方式的放大电路，A 为理想运放，电位器 R_P 可用来调节输出直流电位，试求：

① 当 $v_i=0$ 时，调节电位器，输出直流电压 V_o 的可调范围是多少？

② 电路的闭环电压增益 $\dot{A}_{vF}=\dot{V}_o/\dot{V}_i=$？

解：① 当 $v_i=0$ 时，电路相当于反相输入放大器。

故当电位器触点调到最上端时，$V_A=15$ V，$V_o=-\dfrac{1\ \text{k}\Omega}{2\ \text{M}\Omega}\times 15\ \text{V}=-7.5$ mV

当电位器触点调到最下端时 $V_B=-15$ V，$V_o=+\dfrac{1\ \text{k}\Omega}{2\ \text{M}\Omega}\times 15\ \text{V}=+7.5$ mV

所以，V_o 的可调范围是否 7.5 mV 到 +7.5 mV。

② 计算 $\dot{A}_{vF}$ 时，直流电源 ±15 V 都视为零，假设电位器触点在中间位置，则由同相比例运放器推导可得

$$\dot{A}_{vF}=\frac{\dot{V}_o}{\dot{V}_i}=1+\frac{1\ \text{k}\Omega}{2\ \text{M}\Omega+50\ \text{k}\Omega\ /\!/\ 50\ \text{k}\Omega}\approx 1$$

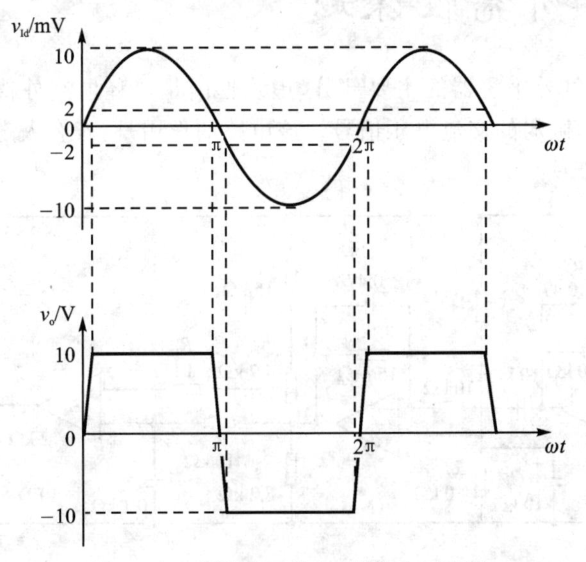

图 4.7.4 【例题 2】输入、输出电压波形

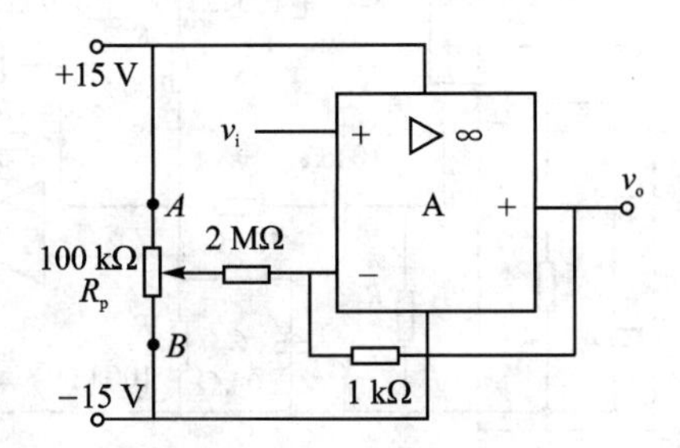

图 4.7.5 【例题 3】图

若不在中间位置，则分为 R 和(100 kΩ$-R$)二部分，并联后和 2 MΩ 相比很小，所以 $\dot{A}_{vF}$ 仍为 1。

【例题 4】积分电路如图 4.7.6(a)所示，其输入信号 v_i 波形见图 4.7.6(b)，并设 $t=0$ 时，$v_{C(0)}=0$，试画出相应的输出电压 v_o 波形。

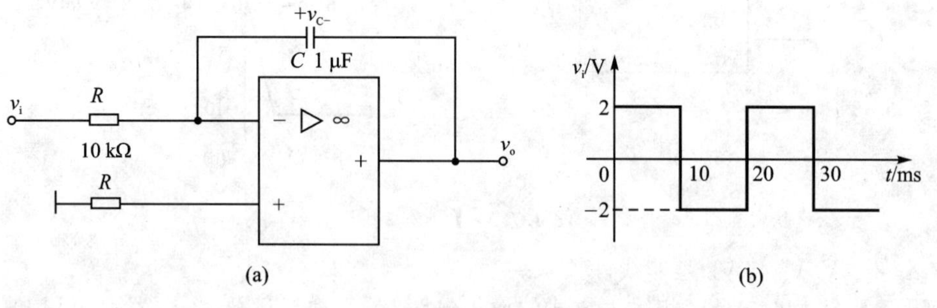

图 4.7.6 【例题 4】图

解：由式(4-54) $v_o=-\dfrac{1}{RC}\int v_i\,\mathrm{d}t$

在 $t=0\sim10$ ms 区间，$v_I=2$ V，则

$$v_o=-(v_i/RC)\cdot t=$$

$$-2/(10\times10^3\times10^{-6})\cdot t=-200\cdot t\ \mathrm{V}$$

当 $t=0$ 时，$v_o=0$ V，

当 $t=10$ ms 时，$v_o=-2$ V，

当 $t=10\sim20$ ms 区间，$v_I=-2$ V，

$v_o=v_{o(10)}-(v_i/RC)\cdot t=-2+0.2(t-10\ \mathrm{ms})$，

当 $t=20$ ms 时，$v_o=0$ V。

波形见图 4.7.7 所示。

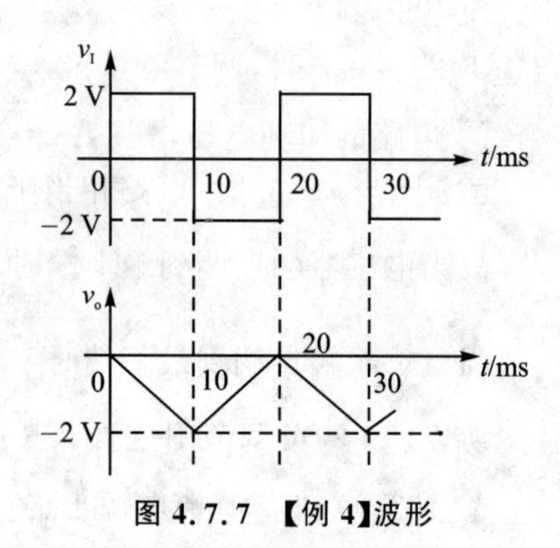

图 4.7.7 【例 4】波形

4.8 研究性课题

【课题 1】 图 4.8.1 是一种热释电红外报警器的主要部分，虚线框内是热释电红外传感器，它能接收人体发射的红外线而产生一微弱的交流电压信号。该电路的作用是：若有人走动时，则输出一串脉冲，LED 闪烁。

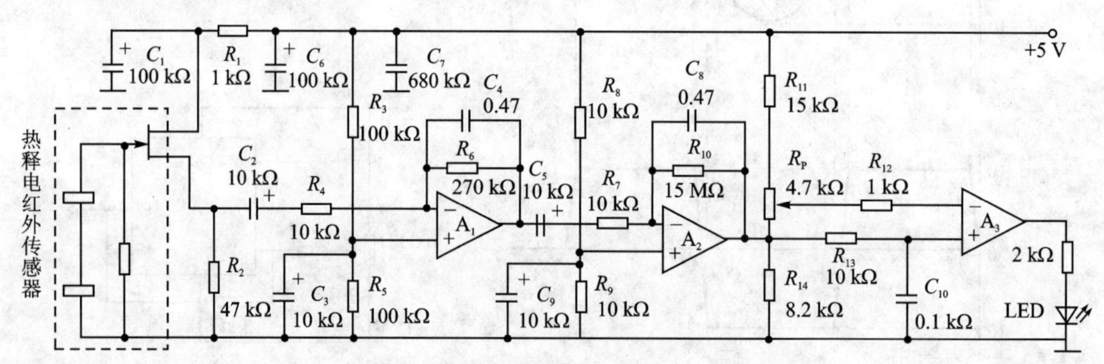

图 4.8.1 热释电红外报警器电路

① 学生组成研究小组，利用所学知识并查找资料，对电路进行分析，重点研究 A_1、A_2 和 A_3 三个运放所组成的电路。

② 选择合适的器件，重点研究三个运放要满足哪些参数，列出适合该电路器件清单。

③ 利用课余时间采购元器件，制作并调试电路。

④ 尝试改进电路，提升性能或扩展功能。

⑤ 撰写课题技术报告。

【课题2】 图4.8.2为一个简易电子琴电路，电阻 R_1、R_2、…、R_n 的阻值各不相同，当分别按下按钮 K_1、K_2、…、K_n 时，扬声器发出不同的音节。

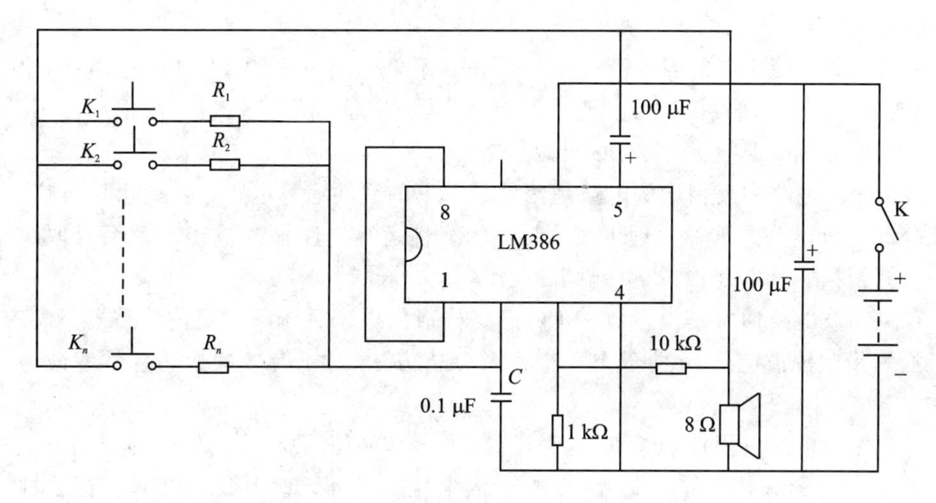

图4.8.2　简易电子琴电路

① 学生组成研究小组，利用所学知识并查找资料，对电路进行分析，重点查阅LM386的资料，写出分析报告。

② 推导输出信号频率与电阻 R 和电容 C 的关系，通过实验选择 R_1、R_2、…、R_n 合适的阻值。

③ 利用课余时间采购元器件、制作并调试电路。

④ 尝试改进上述电路。

⑤ 撰写技术研究报告。

4.9　本章小结及复习要求

① 差分式放大电路是模拟集成电路的重要组成单元，特别是作为集成运放的输入级，它既能放大直流信号，又能放大交流信号；它对差模信号具有很强的放大能力，而对共模信号具有很强的抑制能力。根据电路输入、输出方式的不同组合，共有四种组态，即双端输入双端输出、双端输入单端输出、单端输入双端输出、单端输入单端输出。分析上述四种组态差分式放大电路要求掌握静态计算方法求Q点；掌握动态计算方法求 A_{id}、R_{id}、R_{od}、R_{oc} 以及 K_{CMR} 等。

② 集成电路运算放大器是采用集成工艺制成的具有高增益的直接耦合多级放大电路。它一般由输入级、中间级、输出级和偏置电路四部分组成。为了抑制温漂和提高共模抑制比，常采用差分式放大电路做输入级；中间级重点是提高放大器的电压增益；互补对称电压跟随器

常用做输出级;电流源电路主要作用是构成偏置电路和有源负载电路。

③ 集成运放是模拟集成电路的典型组件。对于其内部电路的分析和工作原理不必过多了解,主要掌握其性能指标,做到根据电路系统的要求,正确选择元器件,以便有效地应用。

④ 集成运放有两个工作区域。本章讨论的放大器、各类运算电路、滤波器等均是工作在线性区;而比较器、信号产生电路等均是工作在非线性区。

⑤ 对于理想运放,其参数满足:$A_{vo}=\infty$;$r_i=\infty$,$r_o=0$。

⑥ 为使运放工作在线性工作区,必须引入深度负反馈,由此可导出"虚短"和"虚断"两个重要的概念,"虚短"和"虚断"概念对分析由运放组成的各种线性应用电路非常重要,用它可以求出运放电路输出与输入的函数关系。

⑦ 集成运放在使用中常因以下三种原因被损坏:输入信号过大,使 PN 结击穿;电源电压极性接反或过高;输出端直接接"地"或接电源,运放将因输出级功耗过大而损坏。因此,为使运放安全工作,也需要从这三个方面进行保护。

⑧ 同相比例电路和反相比例电路是两种最基本的线性运算电路。由此可以推广到加法、减法、积分和微分电路。这种由理想运放组成的线性运算电路输入输出的关系只取决于运放外部电路的元件值,而与运放内部特性几乎无关。

⑨ 有源滤波电路通常是由运放和 RC 网络构成的电子系统。常见的滤波器类型有低通、高通、带通和带阻滤波电路,掌握其基本概念及分析方法,对于有效的运用各类滤波电路非常重要。

⑩ 采样保持电路由模拟开关、电容和运放组成。模拟开关在控制信号的控制下接通或关断,电容 C 的作用是采样存储功能,运放 A 组成电压跟随器,起到隔离作用,保证采样过程不受负载的影响。

⑪ 电压比较器是一种常见的模拟信号处理电路,它将一个模拟输入电压与一个参考电压进行比较,并将比较的结果输出。比较器的输出只有两种可能的状态:高电平或低电平,为数字量。电压比较器通常由集成运放构成,比较器中的集成运放大多处于开环或正反馈状态。只要在两个输入端加一个很小的信号,运放就会进入非线性区,属于集成运放的非线性应用范围。在分析比较器时,"虚断"原则仍成立,"虚短"及"虚地"等概念仅在判断临界情况时才适应。

根据比较器的传输特性不同,可分为单门限电压比较器、迟滞电压比较器及双门限电压比较器。单门限电压比较器电路简单,灵敏度高,但其抗干扰能力差。如果输入电压受到干扰或噪声的影响,在门限电平上下波动,则输出电压将在高、低两个电平之间反复跳变,为解决这一问题,常常采用迟滞电压比较器。迟滞电压比较器的特点是当输入信号 v_i 逐渐增大或逐渐减小时,它有两个阈值,且不相等,其传输特性具有"滞回"曲线的形状。

⑫ 正弦波振荡电路基本组成包括:可进行正常工作的放大电路 A,能满足相位平衡条件的反馈网络 F,其中 A 或 F 兼有选频特性。一般从相位和幅度平衡条件来计算振荡频率和放大器所需的增益。以正弦波信号发生电路为例,了解电路的组成环节、振荡条件,从起振到稳幅等工作原理,并在实际中加以运用。

⑬ 典型的方波产生电路是在迟滞比较器的基础上增加了一个由 R_F、C 组成的积分电路,电路是通过电容充放电自动调整,控制输出电压的翻转。

⑭ 运放在测量系统中的应用越来越多,如本章介绍的电压—电流变换器、电流—电压变

换器、电压和电流的测量、精密放大电路等，利用运放基础知识和分析方法，分析各类测量电路的原理，有助于进一步拓宽视野，灵活运用所学知识。

4.10　习　题

【习题 4-1】电路如图 4.10.1 所示，BJT 的 $\beta=100$，$V_{BE}=0.6$ V，求

① 静态工作点 I_B、I_C、V_{CE}；

② 输入电阻 R_i 和输出电阻 R_o；

③ 差模电压增益 $\dot{A}_{vd}$。

【习题 4-2】采用射极恒流源的差分放大电路如图 4.10.2所示。设差放管 T_1、T_2 特性对称，$\beta_1=\beta_2=50$，$r'_{bb}=300$ Ω，T_3 管的 $\beta_3=50$，$r_{ce3}=100$ kΩ，电位器 R_P 的滑动端置于中心位置，其余元件参数如图所示。

① 求静态电流 I_{CQ1}、I_{CQ2}、I_{CQ3} 和静态电压 V_{OQ}；

② 计算差模电压增益 $\dot{A}_{vd2}$，输入电阻 R_{id} 和输出电阻 R_o；

③ 计算共模电压增益 $\dot{A}_{vc2}$ 和共模抑制比 K_{CMR}；

④ 若 $v_{i1}=0.02\sin\omega t$(V)，$v_{i2}=0$，画出 v_o 的波形，并标明静态分量和动态分量的幅值大小，指出其动态分量与输入电压之间的相位关系。

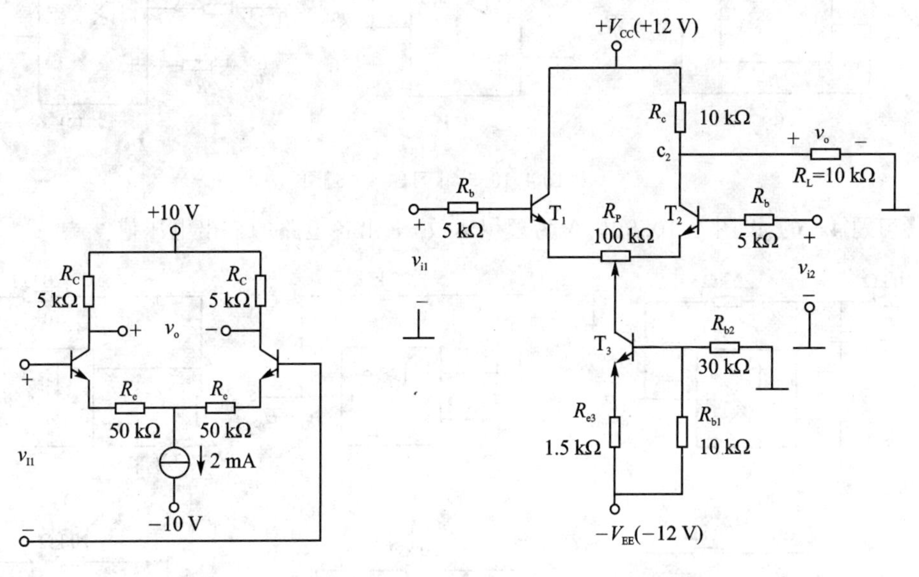

图 4.10.1 【习题 4-1】图　　图 4.10.2 【习题 4-2】图

【习题 4-3】在如图 4.10.3 所示电路中，设各晶体管均为硅管，$\beta=100$，$r'_{bb}=200$ Ω。求：

① 为使电路在静态时输出直流电位 $V_{oQ}=0$，R_{C2}应选多大？

② 电路的差模电压增益 $\dot{A}_{vd}$；

③ 若负电源(−12 V)端改接公共地，分析各管工作状态及 V_o 的静态值。

【习题 4-4】已知某集成运放的开环电压增益 $A_{vo}=104$(即 80 dB)，最大电压幅度 $V_{om}=\pm10$ V，输入信号 v_i 按图 4.10.4 所示的方式接入。设运放的失调和温漂均不考虑，即当 $v_i=$

0 时，$v_o=0$，试问：

① 当 $v_i=1$ mV 时，v_o 等于多少伏？

② 当 $v_i=1.5$ mV 时，v_o 等于多少伏？

③ 当考虑实际运放的输入失调电压 $v_i=2$ mV 时，问输出电压静态值 v_o 为多少？电路能否实现正常放大？

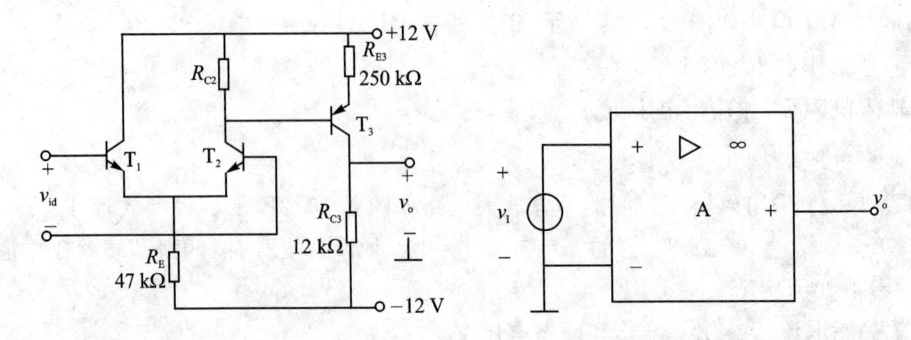

图 4.10.3　【习题 4-3】图　　　　图 4.10.4　【习题 4-4】图

【习题 4-5】如图 4.10.5 所示电路中，能够实现 $u_o=u_i$ 运算关系的电路是哪个？

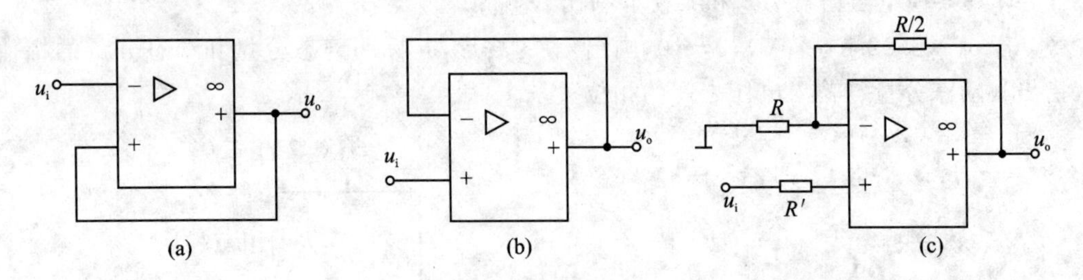

图 4.10.5　【习题 4-5】图

【习题 4-6】设图 4.10.6 中 A 为理想运放，求出各电路的输出电压值。

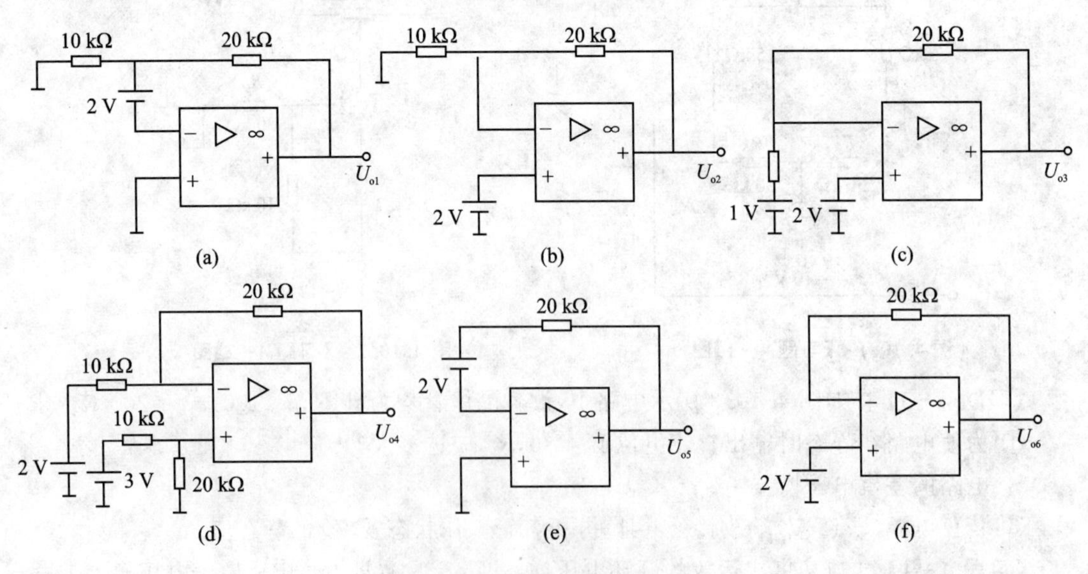

图 4.10.6　【习题 4-6】图

【习题 4－7】求图 4.10.7 所示电路中输出电压 u_o 与 u_i 的运算关系式。

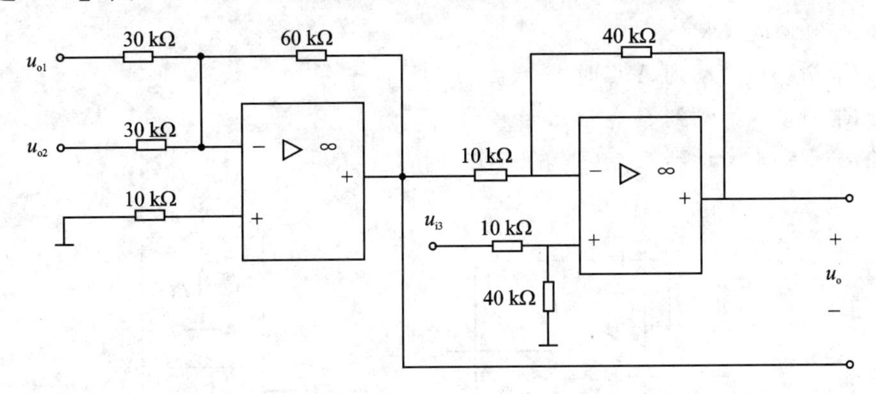

图 4.10.7　【习题 4－7】图

【习题 4－8】图 4.10.8 所示为加法器电路，$R_{11}=R_{12}=R_2=R_1$。

① 试求运算关系式：$v_o=f(v_{I1},v_{I2})$；

② 若 v_{I1}、v_{I2} 分别为三角波和方波，其波形如图题 4.10.8(b)所示，试画出输出电压波形并注明其电压变化范围。

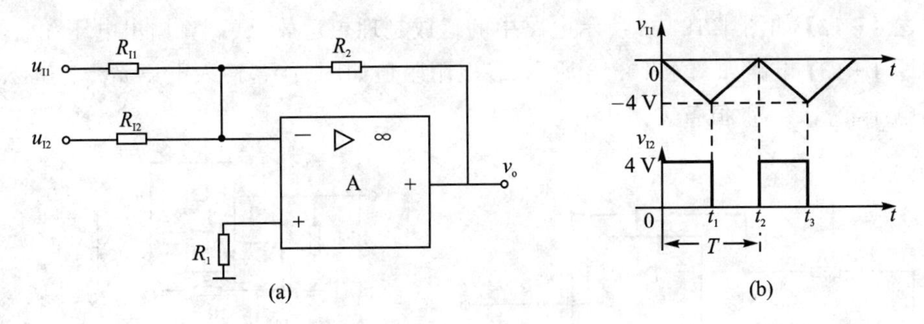

图 4.10.8　【习题 4－8】图

【习题 4－9】图 4.10.9 所示运算放大电路中，已知 $v_{i1}=10$ mV，$v_{i2}=30$ mV，求 u_o。

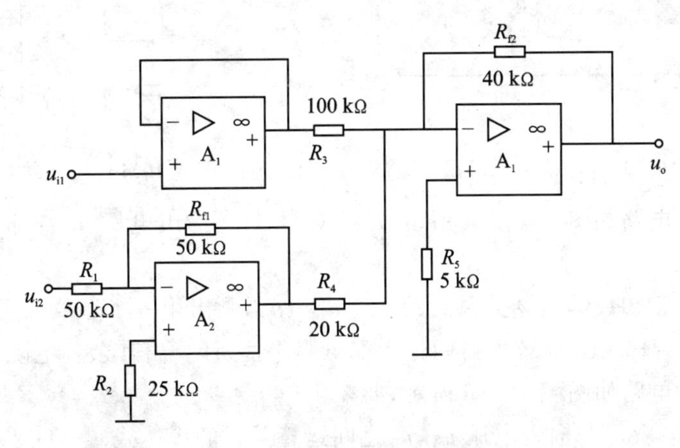

图 4.10.9　【习题 4－9】图

【习题 4－10】电路如图 4.10.10 所示，求输出电压 u_o 与输入电压 u_i 之间的运算关系表达式。

【习题 4-11】电路如图 4.10.11 所示，输入电压 $u_i=1$ V，电阻 $R_1=R_2=10$ kΩ，电位器 R_P 的阻值为 20 kΩ，试求：

① 当 R_P 滑动点滑动到 A 点时，$u_o=$？

② 当 R_P 滑动点滑动到 B 点时，$u_o=$？

③ 当 R_P 滑动点滑动到 C 点（R_P 的 中点）时，$u_o=$？

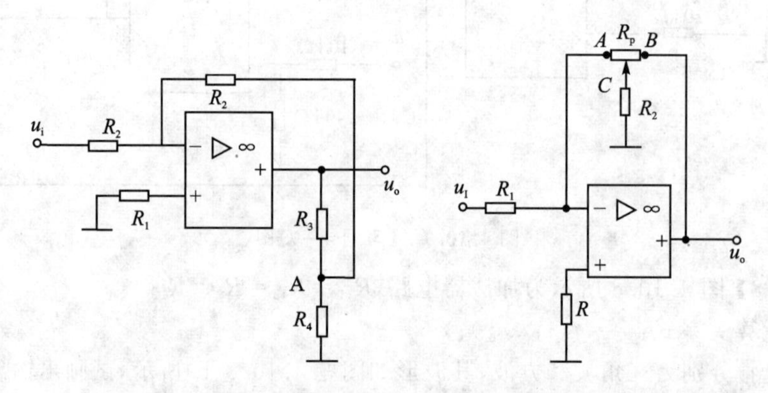

图 4.10.10 【习题 4-10】图　　**图 4.10.11 【习题 4-11】图**

【习题 4-12】如图 4.10.12 所示电路中的运放是理想运放，试计算输出电压 u_o。

【习题 4-13】电路如图 4.10.13 所示，各电阻阻值如图所示，输入电压 $u_i=2\sin\omega t$（V），试求：输出电压 u_{o1}、u_{o2}、u_o 值各为多少？

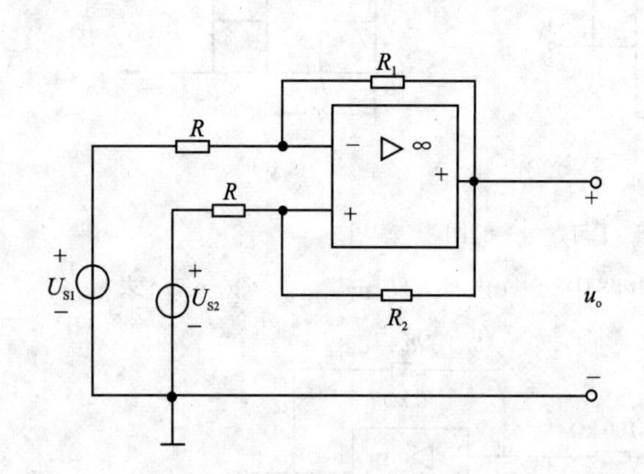

图 4.10.12 【习题 4-12】图

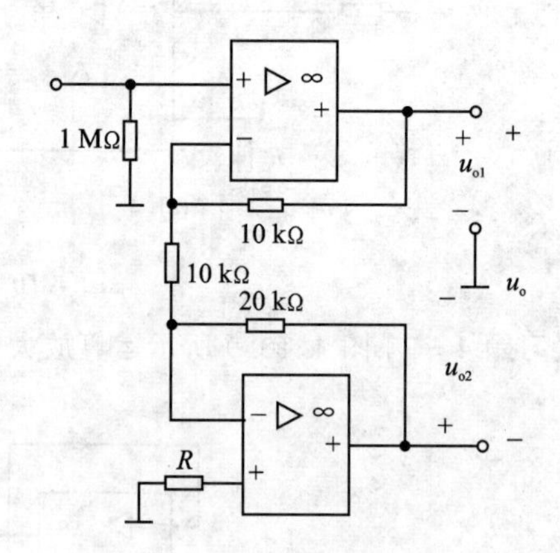

图 4.10.13 【习题 4-13】图

【习题 4-14】电路如图 4.10.14 所示，$R=100$ kΩ，求输出电压 u_o 与输入电压 u_i 之间关系的表达式。

【习题 4-15】已知数学运算关系式为 $u_o=u_{i1}+u_{i2}$，画出用一个运放来实现此种运算的电路，且反馈电阻 $R_F=10$ kΩ，要求保持两输入端电阻平衡，计算出其余各电阻值。

【习题 4-16】电路如图 4.10.15 所示，要求：

① 写出输出电压 u_o 与输入电压 u_{i1}，u_{i2} 之间运算关系的表达式。

② 若 $R_{F1}=R_1$，$R_{F2}=R_2$，$R_3=R_4$，写出此时 u_o 与 u_{i1}，u_{i2} 的关系式。

【习题 4-17】已知数学运算关系式为 $u_o=-3\dfrac{du_i}{dt}-2u_i$，画出用一个运放实现此运算关系

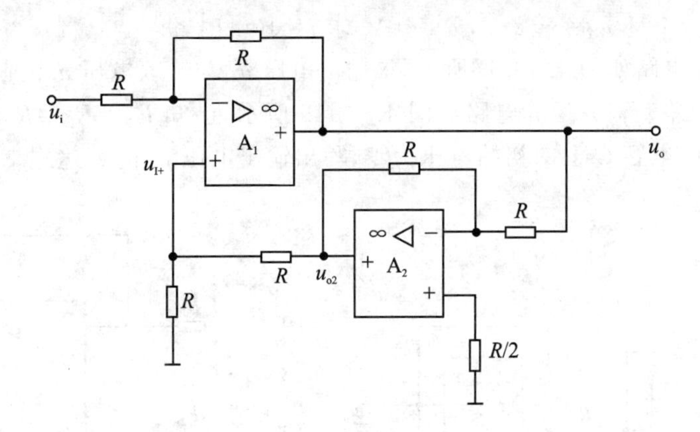

图 4.10.14　【习题 4－14】图

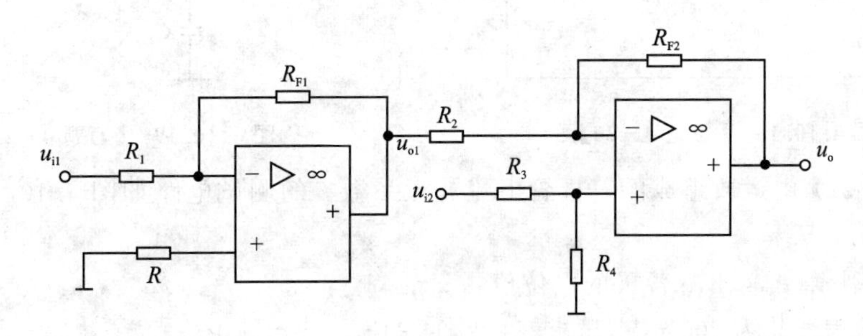

图 4.10.15　【习题 4－16】图

式的电路。若反馈电阻 $R_F = 100\ \text{k}\Omega$，并要求两输入端电阻平衡，确定其余电阻和电容值。

【习题 4－18】设图 4.10.16 中的运算放大器都是理想的，试写出 u_{o1}、u_{o2} 和 u_o 的表达式。

【习题 4－19】在图 4.10.17 所示电路中，设运算放大器是理想的，电阻 $R_1 = 33\ \text{k}\Omega$，$R_2 = 50\ \text{k}\Omega$，$R_3 = 300\ \text{k}\Omega$，$R_4 = R_F = 100\ \text{k}\Omega$，电容 $C = 100\ \mu\text{F}$。试计算下列各值：

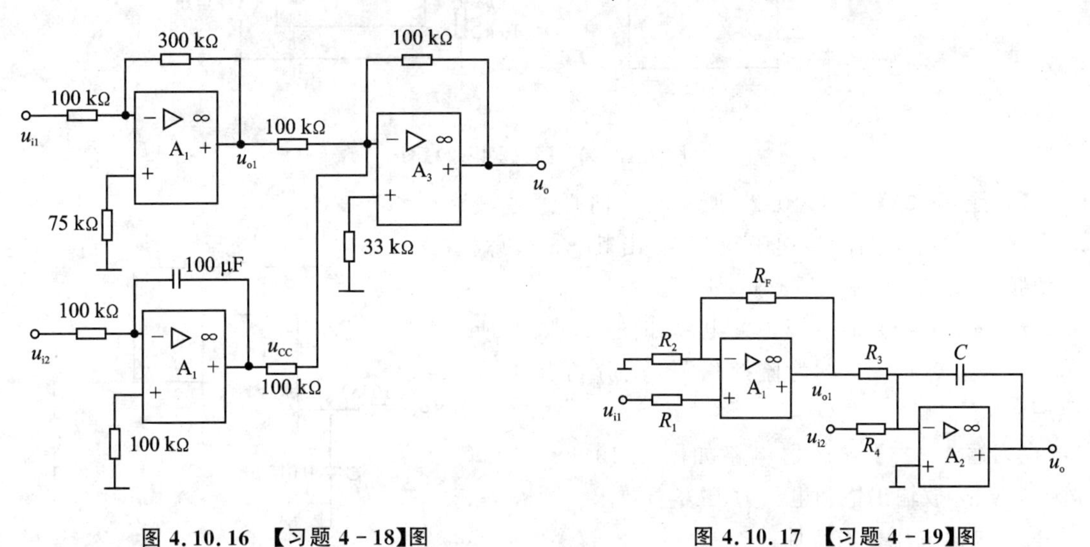

图 4.10.16　【习题 4－18】图

图 4.10.17　【习题 4－19】图

① 当 $u_{i1} = 1$ V 时，$u_{o1} = ?$

② 要使 $u_{i1} = 1$ V 时，u_o 维持在 0 V，u_{i2} 应为多大(设电容两端的初始电压 $u_C = 0$)？

设 $t=0$ 时 $u_{i1}=1$ V，$u_{i2}=-2$ V，$u_C=0$ V，求 $t=10$ s 时，$u_o=$？

【习题 4-20】电路如图 4.10.18所示，求输出电压 u_o 与输入电压 u_i 之间关系的表达式。

【习题 4-21】差动积分运算电路如图 4.10.19 所示，已知 $R_1=R_2=R$，$C_1=C_2=C$，设 A 为理想运算放大器，电容 C 上的初始电压为零，写出输出电压 v_o 的表达式。

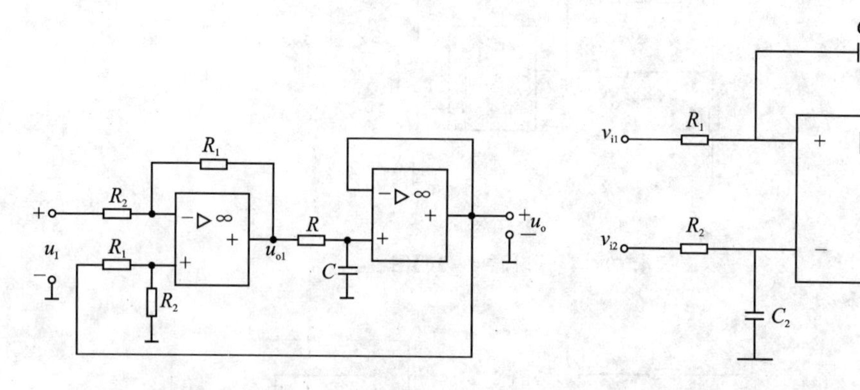

图 4.10.18 【习题 4-20】图

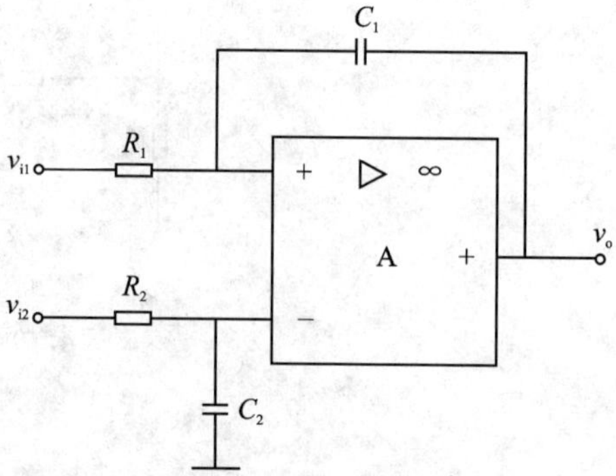

图 4.10.19 【习题 4-21】图

【习题 4-22】由运放组成的三极管电流放大系数 β 的测试电路如图 4.10.20 所示，设三极管的 $V_{be}=0.7$ V。

① 求出三极管的 c、b、e 各极的电位值；

② 若电压表读数为 200 mV，试求三极管的 β 值。

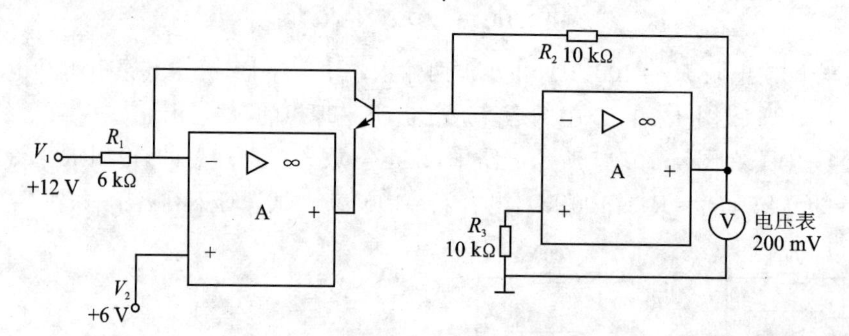

图 4.10.20 【习题 4-22】图

【习题 4-23】图 4.10.21 所示为一阶低通滤波器电路，试推导电路的传递函数，并求出其 -3 dB 截止角频率 ω_H（A 为理想运放）。

【习题 4-24】某报警装置电路如图 4.10.22 所示，u_R 为参考信号，u_i 为监控信号，试分析其工作原理。

【习题 4-25】比较器电路如图 4.10.23 所示，$u_R=3$ V，运放输出饱和电压为 $\pm U_{OM}$，要求：

① 画出电压传输特性；

② 若 $u_i=6\sin\omega t$(V)，画出 u_o 的波形。

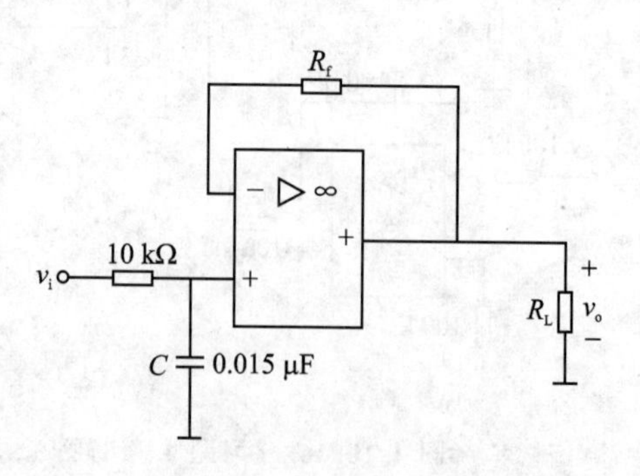

图 4.10.21 【习题 4-23】图

【习题 4-26】电路如图 4.10.24 所示，其稳压管的稳定电压 $U_{Z1}=U_{Z2}=6$ V，正向压降忽略不计，输入电压 $u_i=5\sin\omega t$(V)，参考电压 $U_R=1$ V，试画出输出电压 u_o 的波形。

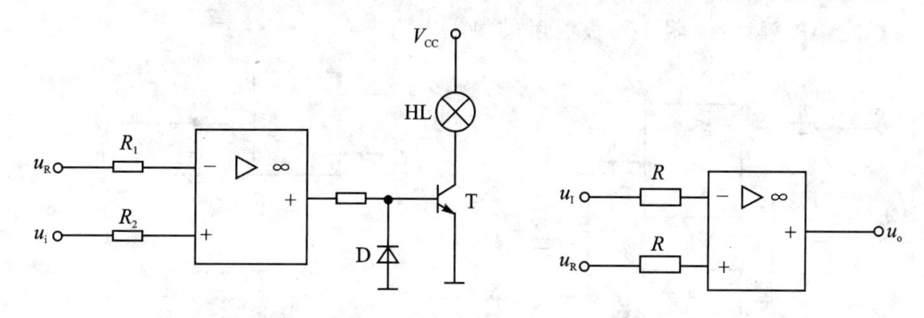

图 4.10.22　【习题 4-24】图　　图 4.10.23　【习题 4-25】图

【习题 4-27】电路如图 4.10.25 所示，其稳压管的稳定电压 $U_Z=6$ V，试求电路的电压传输特性。

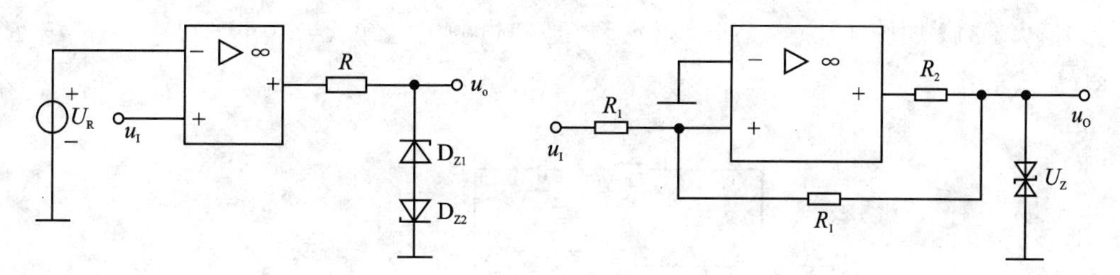

图 4.10.24　【习题 4-26】图　　图 4.10.25　【习题 4-27】图

【习题 4-28】在图 4.10.26 所示电路中，设 A_1、A_2、A_3 均为理想运算放大器，其最大输出电压幅值为 ±12 V。

① 试说明 A_1、A_2、A_3 各组成什么电路？

② A_1、A_2、A_3 分别工作在线性区还是非线性区？

③ 若输入为 1 V 的直流电压，则各输出端 u_{o1}、u_{o2}、u_{o3} 的电压为多大？

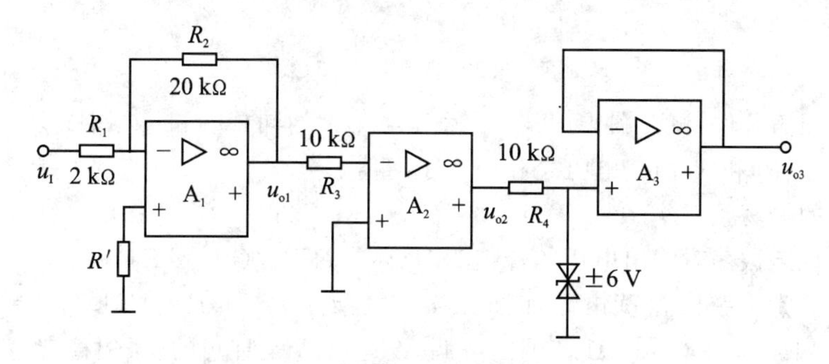

图 4.10.26　【习题 4-28】图

【习题 4-29】双限比较器电路如图 4.10.27 所示，运算放大器 A_1、A_2 的饱和电压值大于双向稳压管的稳定电压值 $U_Z=6$ V，且 U_Z 值小于运放的输出最大值。D_1、D_2 为理想二极管，$U_{R1}=4$ V，$U_{R2}=2$ V 时，请画出该电路的电压传输特性曲线。

【习题 4-30】图 4.10.28 所示电路，已知 $R=7.5$ kΩ，$C=0.02$ μF，$R_1=10$ kΩ。要求：

① 连接图中 1、2、3、4 四个点，使之成为正弦波振荡电路；

② 根据给定参数估算振荡频率；

③ 求振荡时电路中 R_2 为多大。

④ 要稳定幅度，哪个电阻采用负温度的热敏电阻？

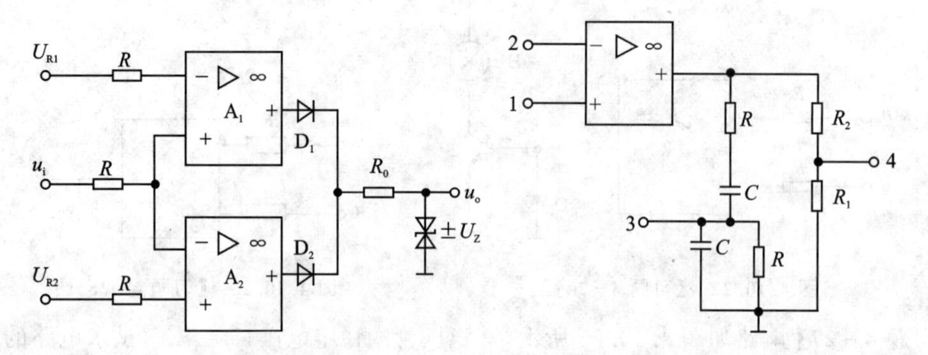

图 4.10.27 【习题 4-29】图　　　　图 4.10.28 【习题 4-30】图

【习题 4-31】 如图 4.10.29 所示，设运放是理想的。已知 R=10 kΩ，C=0.01 μF，R_1=5.1 kΩ。试求：

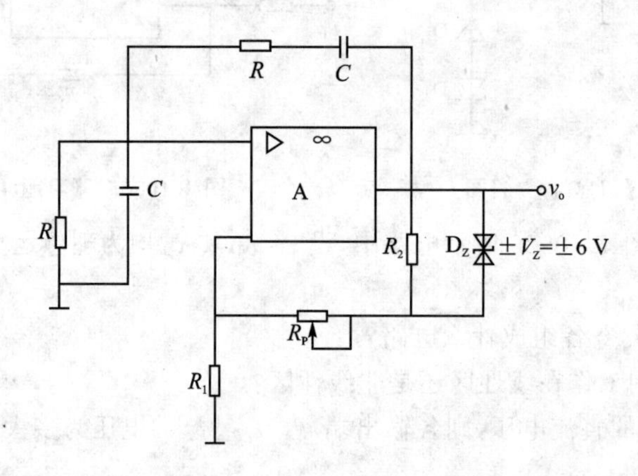

图 4.10.29 【习题 4-31】图

① 为满足振荡条件，试在图中用＋、－标出运放 A 的同相端和反相端；

② 为能起振，R_P 和 R_2 两个电阻之和应大于何值？

③ 此电路的振荡频率 f_o=？

④ 试证明稳定振荡时输出电压的峰值为 $V_{om}=3R_1V_Z/(2R_1-R_P)$。

【习题 4-32】 正弦波振荡电路如图 4.10.30 所示，已知 R=10 kΩ，C=0.1 μF，R_1=2 kΩ，R_2=4.5 kΩ，R_P 在 0～5 kΩ 范围内可调，设运放 A 是理想的，振幅稳定后二极管的动态电阻近似为 r_d=500 Ω。试求：

① R_P 的阻值；

② 计算电路的振荡频率 f_0；

③ 简述 D_1、D_2 的作用。

【习题 4-33】 图 4.10.31 所示电路，设集成运放和二极管均为理想器件，R=10 kΩ、R_1=12 kΩ、R_2=15 kΩ、R_3=2 kΩ，电位器 R_P=100 kΩ，电容 C=0.01 μF，V_Z=±6 V，电位器的滑

动端调在中间位置。试求：

① 画出输出电压 u_o 和电容电压 u_C 的波形；

② 估算输出电压的振荡周期 T；

③ 分别估算输出电压和电容上电压的峰值 u_{om} 和 u_{cm}；

④ 当电位器滑动端分别调至最上端和最下端时，电容的充电时间 T_1、放电时间 T_2、输出波形的振荡周期 T 以及占空比各等于多少？

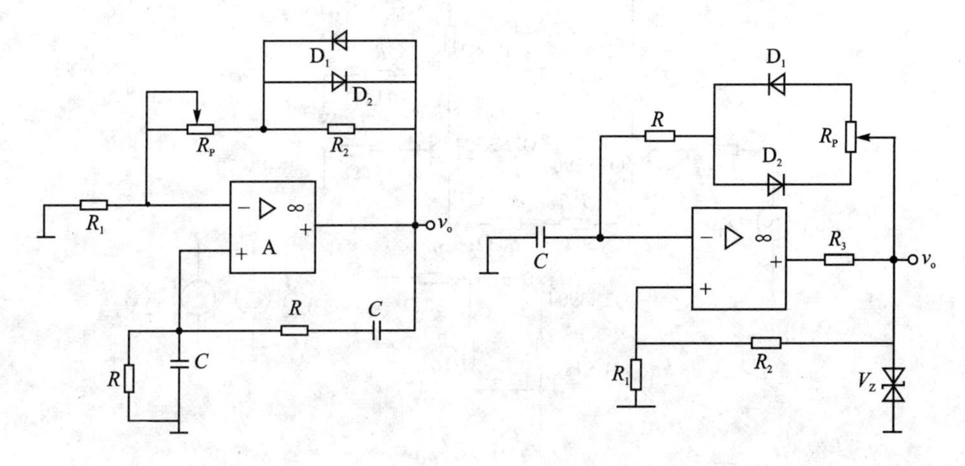

图 4.10.30 【习题 4-32】图　　图 4.10.31 【习题 4-33】图

【习题 4-34】用集成运放和普通电压表可组成性能良好的欧姆表，电路如图 4.10.32 所示。设 A 为理想运放，虚线方框表示电压表，满量程为 2 V，R_M是它的等效电阻，被测电阻 R_X跨接在 A、B之间。试求：

① 证明 R_X与 V_o 成正比；

② 当要求 R_X的测量范围为 0～10 kΩ 时，计算 R_1 应选多大阻值？

【习题 4-35】图 4.10.33 所示为恒流源电路，已知稳压管工作在稳定状态，试求负载电阻中的电流 I_L。

【习题 4-36】图 4.10.34 所示理想运算放大电路中，求负载电流 I_L。

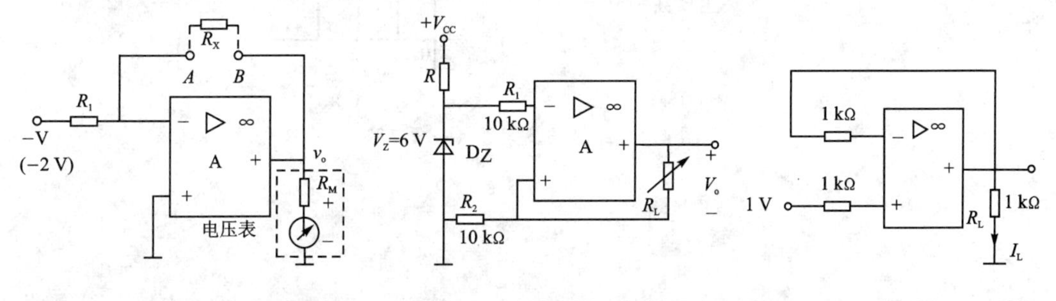

图 4.10.32 【习题 4-34】图　　图 4.10.33 【习题 4-35】图　　图 4.10.34 【习题 4-36】图

4.11 仿真习题

【仿真习题 4-1】电路如图 4.11.1 所示，三极管用 Q2N3904，其他参数不变。试用仿真软件分析该电路：

① 求电路的静态电流点；

② 计算差模电压放大倍数 A_{d2}、共模电压放大倍数 A_{c2} 和共模抑制比 K_{CMR}；

③ 若 $v_i=0.02\sin\omega t(\mathrm{V})$，仿真分析 v_o 的波形。

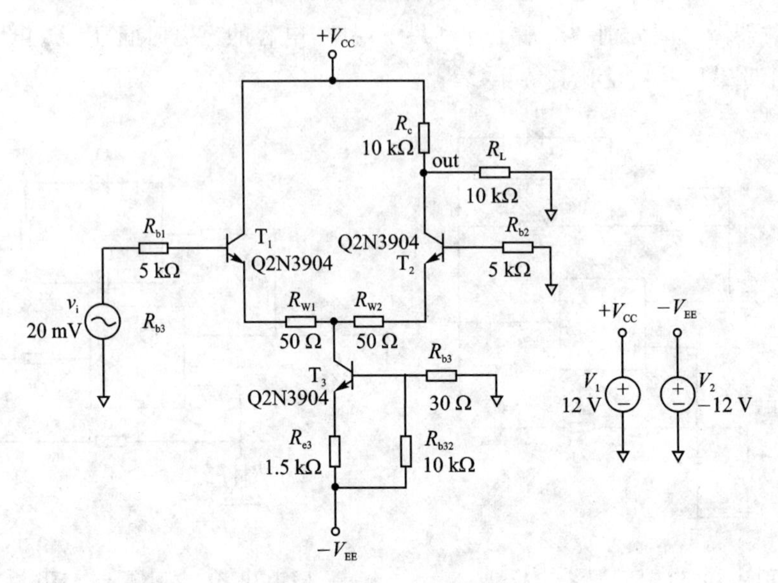

图 4.11.1　【仿真习题 4-1】电路

【仿真习题 4-2】运放构成的加法电路如图 4.11.2(a)所示，运放采用 μA741，$R_1=20\ \mathrm{k\Omega}$，$R_2=5\ \mathrm{k\Omega}$，$R_3=10\ \mathrm{k\Omega}$，其输入信号是图 4.11.2(b)所示的周期信号，用仿真软件分析输出端的电压波形。

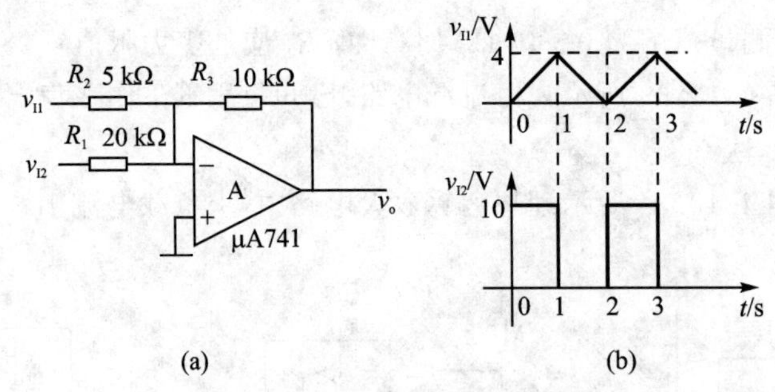

图 4.11.2　【仿真习题 4-2】电路

第 5 章　反馈放大电路

本章内容概要

反馈放大电路在电子电路中应用非常广泛，在放大电路中适当地引入负反馈，可以改善放大电路的多项性能指标。例如提高增益的稳定性、抑制噪声、减小非线性失真、展宽通频带，还可以改变放大电路的输入电阻和输出电阻。但是放大电路中引入正反馈则会破坏放大电路的性能，造成放大电路工作的不稳定。所以，正反馈通常不用于放大电路，但满足自激振荡条件的正反馈可用于比较器、波形产生器等。

本章主要内容有三个方面：一是反馈的概念、分类及判别；二是负反馈对放大电路性能的影响和改善作用；三是负反馈放大电路的估算分析方法。

5.1　反馈的基本概念、分类及判别

5.1.1　反馈的定义

所谓反馈就是把放大器的输出量(电压或电流)的一部分或全部，通过一定的方式送到放大器的输入端以影响输入量(电压或电流)的过程，如图 5.1.1 所示。它由基本放大电路 A 和反馈网络 F 组成一个闭合环路，通常把引入了反馈的放大器称为闭环放大器，而未引入反馈的放大器称为开环放大器。

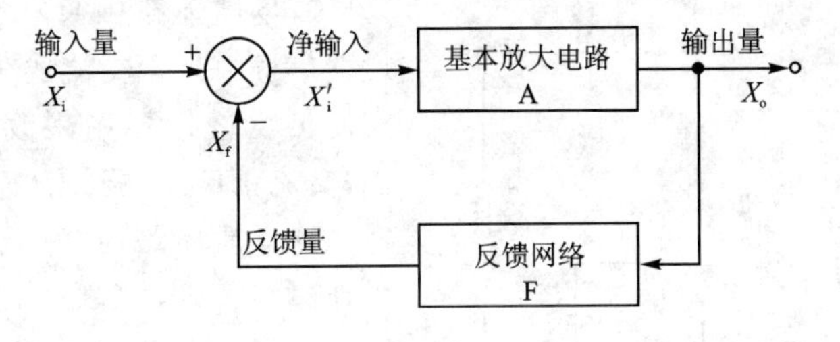

图 5.1.1　反馈放大电路的组成框图

图 5.1.1 中 X_i 称为输入信号，它由前级电路提供；X_F 称为反馈信号，它是由反馈网络送回到输入端的信号；X'_i称为净输入信号，是基本放大电路的输入信号；X_o 为输出信号。“+”和“−”表示 X_i 和 X_F 参与叠加时的极性，⊗表示比较，将 X_i 与 X_F 叠加的过程称为“比较”，比较结果满足：$X'_i=X_i\pm X_f$；将输出信号的一部分取出的过程称为“取样”。用“X”表示信号，这个信号可以是电压量，也可以是电流量。

5.1.2　正反馈和负反馈

反馈按极性划分有负反馈和正反馈。对于图 5.1.1，若 X_i、X_f、x'_i三者比较的结果使净输入信号减弱，即 $X'_i=X_i-X_f$，则为负反馈；若 X_i、X_F、X'_i三者比较的结果使净输入信号增强，

即 $X_i' = X_i + X_f$，则为正反馈。

反馈极性的判断可采用瞬时极性法：

① 先假定放大电路输入的正弦信号处于某一瞬时极性（用+/−号表示瞬时极性的正/负，即代表该点瞬时信号变化的趋势是升高/降低），然后按照信号传输的方向，先放大后反馈，逐级标出电路中有关各点的瞬时极性。

② 最后判断反馈到输入端的信号瞬时极性，是增强还是减弱净输入信号，若是使净输入信号增强则为正反馈，反之则为负反馈。

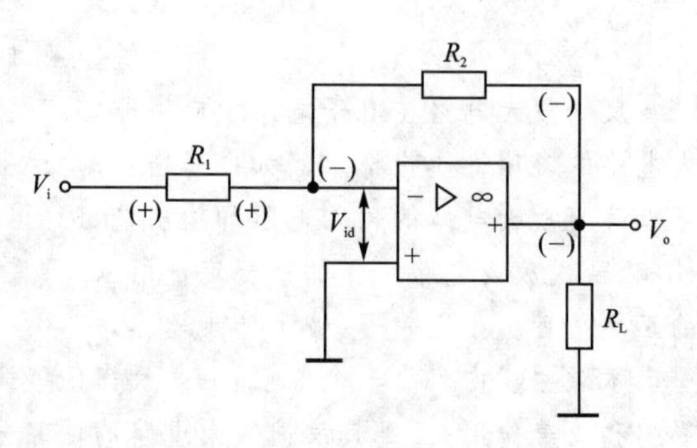

图 5.1.2　负反馈放大电路

在图 5.1.2 所示电路中，首先确定反馈网络（介于输入回路与输出回路之间），这里 R_2 是反馈网络（元件）。对交流信号而言，用瞬时极性法假设 V_i 的瞬时极性为（+），则运放 A 反相输入端的极性也为（+），运放输出为（−），通过反馈网络加到运放反相输入端的极性为（−），通过节点叠加，可以表示为：$I'_{id} = I_i - I_F$，可见引入反馈后，使得运放 A 的净输入信号减少，所以此反馈为负反馈。

5.1.3　直流反馈与交流反馈

反馈按信号的频率划分有直流反馈和交流反馈。

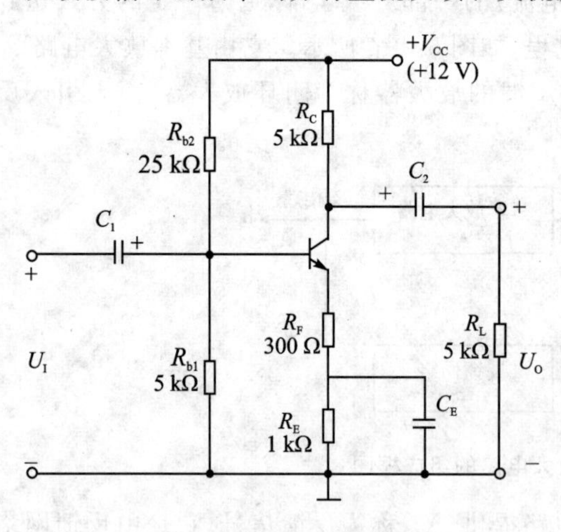

图 5.1.3　负反馈放大电路

若反馈环路中只有直流分量通过，则称为直流反馈，直流反馈只影响放大电路的直流性能，主要用于稳定静态工作点。

若反馈环路中只有交流分量可通过，即反馈信号中只含交流成分，则称为交流反馈，交流负反馈主要用来改善放大器的动态性能，交流正反馈主要用来产生振荡。

若反馈环路内，直流分量和交流分量均可通过，则该反馈既可以产生直流反馈又可以产生交流反馈，也可称为交直流反馈。

对于直流反馈和交流反馈的判断，可以先画出电路的交、直流通路，只在直流通路中存在的反馈为直流反馈；只在交流通路中存在的反馈为交流反馈。对于图 5.1.3，R_E 引入了直流反馈，R_F 即引入了直流反馈又引入了交流反馈。

5.1.4　串联反馈与并联反馈

按照反馈网络在放大电路输入端的连接方式不同有串联反馈和并联反馈。

对于交流信号而言，若输入信号 X_i、反馈信号 X_F、净输入信号 X_i'三者在输入侧比较端形成串联结构比较，以回路电压形式叠加，则称为串联反馈；若三者在输入侧比较端形成并联结构比较，以节点电流形式叠加，则称为并联反馈。

图 5.1.4(a)所示电路，输入信号 v_i、反馈信号 v_F、净输入信号 v_{id} 三者形成串联结构，以回路电压形式叠加，可以表示为 $v_{id}=v_i-v_F$，显然是串联反馈。串联反馈要求信号源趋近于恒压源，若信号源是恒流源，则串联反馈无效。

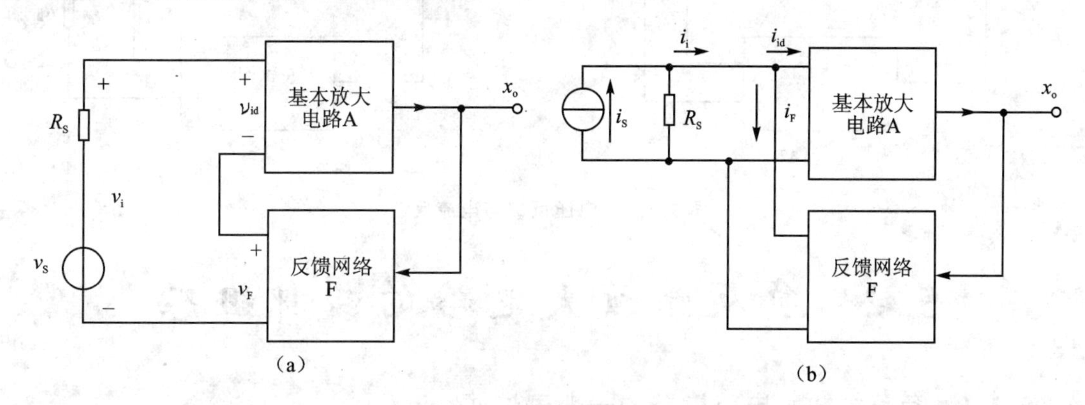

图 5.1.4　串联反馈和并联反馈

对于图 5.1.4(b)，由于输入信号 i_i、反馈信号 i_F、净输入信号 i_{id} 三者形成并联结构，以节点电流形式叠加，可以表示为 $i_{id}=i_i-i_F$，所以是并联反馈。并联反馈要求信号源趋近于恒流源，若信号源是恒压源，则并联反馈无效。

串联反馈和并联反馈的判定：

对于交流分量而言，在输入侧，若输入信号 X_i、反馈信号 X_F、净输入信号 X_i' 三者以回路电压形式叠加，为串联反馈；三者以节点电流形式叠加，则为并联反馈。

5.1.5　电压反馈与电流反馈

按照反馈网络在放大电路输出端的取样对象不同有电压反馈和电流反馈。

对于交流分量而言，在输出侧，若反馈信号与输出电压成正比，称为电压反馈；若反馈信号与电流成正比，则称为电流反馈。

电压反馈和电流反馈的判断：

判断方法 1：输出负载短路法——将放大器的输出端交流短路，若其反馈作用随之消失，则为电压反馈，否则为电流反馈。图 5.1.5(a)，在输出侧，将 v_o 对地短路，则反馈信号 x_F 也消失，说明 x_F 正比于输出电压，所以称为电压反馈；图 5.1.5(b)将 v_o 对地短路，反馈信号 x_F 还存在，所以是电流反馈。

判断方法 2：电路结构法——在交流通路中，若放大器的输出端和反馈网络的取样端处在同一个放大器件的同一个电极的节点上，则为电压反馈；否则是电流反馈。图 5.1.5(a)反馈信号 x_F 与 v_o 在同一个电极节点上，显然是电压反馈；图 5.1.5(b)反馈信号 x_F 与 v_o 不在同一个电极节点上，所以是电流反馈。

在确定有反馈的情况下，不是电压反馈就是电流反馈，而通常电压反馈比较容易判断。

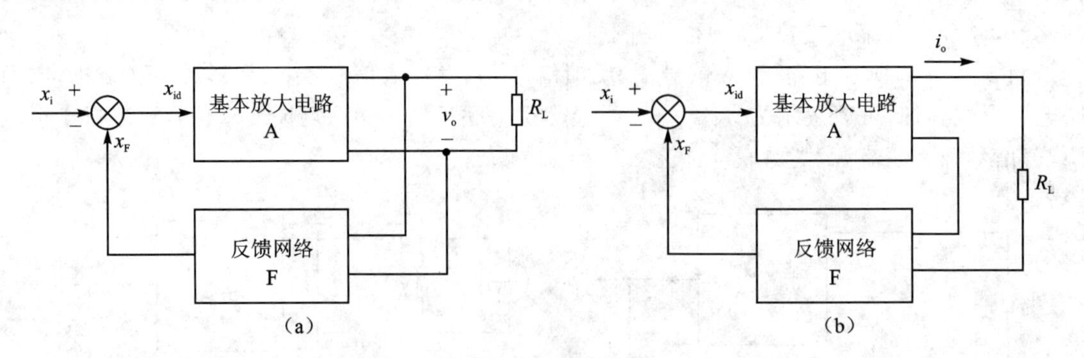

图 5.1.5　电压反馈与电流反馈

5.2　负反馈放大电路的四种组态

5.2.1　负反馈放大电路增益的一般表达式

由于反馈网络在输出端有电压和电流两种取样方式，在输入端有串联和并联两种比较方式，因此，负反馈放大电路可分为串联电压负反馈、并联电压负反馈、串联电流负反馈和并联电流负反馈四种基本组态。

图 5.2.1 为负反馈放大电路的组成框图，由此可写出各信号量的相互关系如下：

基本放大电路的净输入信号为

$$x_{id} = x_i - x_F \tag{5-1}$$

基本放大电路增益（开环增益）为

$$A = \frac{x_o}{x_{id}} \tag{5-2}$$

反馈网络的反馈系数为

$$F = \frac{x_F}{x_o} \tag{5-3}$$

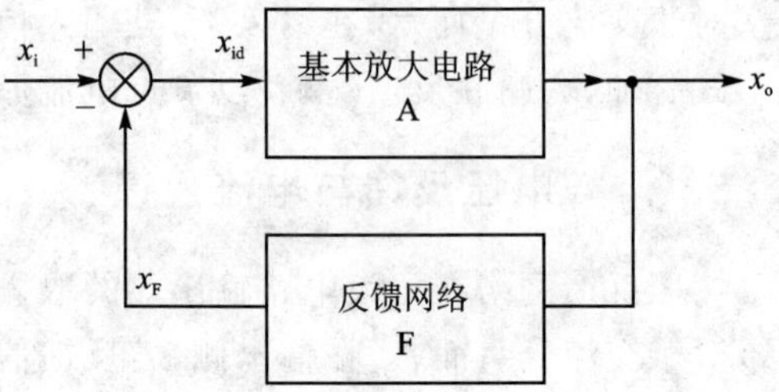

图 5.2.1　负反馈放大电路的组织框图

负反馈放大电路的增益（闭环增益）为

$$A_F = \frac{x_o}{x_i} \tag{5-4}$$

将式(5-1)、式(5-2)、式(5-3)代入式(5-4)，可以得到负反馈放大电路增益的一般表达式

$$A_F = \frac{x_o}{x_i} = \frac{x_o}{x_{id} + x_F} = \frac{x_o}{x_o/A + x_o F} = \frac{A}{1 + AF} \tag{5-5}$$

下面对负反馈四种基本组态分别进行讨论。

5.2.2　串联电压负反馈

对于串联电压负反馈组态的放大电路，输入侧中的反馈网路的输出端口和基本放大电路的输入端口为串联结构（以电压形式比较）；输出侧中的反馈网络与放大电路的输出端口为并联结构（取样于电压），如图 5.2.2 所示。

利用串联电压负反馈的概念，可以确定负反馈的信号传递关系为：

$x_{id}=x_i-x_F$ 可以表示为 $v_{id}=v_i-v_F$；

$A=\frac{x_o}{x_{id}}$可以表示为 $A_v=\frac{v_o}{v_{id}}$——开环电压增益；

$F=\frac{x_F}{x_o}$可以表示为 $F_v=\frac{v_F}{v_o}$——电压反馈系数；

$A_F=\frac{x_o}{x_i}$可以表示为 $A_{vF}=\frac{v_o}{v_i}=\frac{A_v}{1+A_vF_v}$——闭环电压增益。

电压负反馈具有稳定输出电压的作用。例如，当输入电压 v_i 大小一定，由于负载电阻 R_L 减小而使输出电压 v_o 下降时，该电路能自动进行以下调节过程

$$R_L\downarrow \rightarrow v_o\downarrow \rightarrow v_F\downarrow \rightarrow v_{id}(=v_i-v_F)\uparrow \rightarrow v_o\uparrow$$

可见，电压负反馈放大电路具有较好的恒压特性，也可以认为，引入电压负反馈后使放大电路的输出电阻减小了(推导见 5.3.3 节)。

5.2.3　并联电压负反馈

对于并联电压负反馈组态的放大电路，输入侧中的反馈网络与基本放大电路的输入端口为并联结构(以电流比较)；输出侧中的反馈网络与放大电路的输出端口为并联结构(取样电压)，如图 5.2.3 所示。

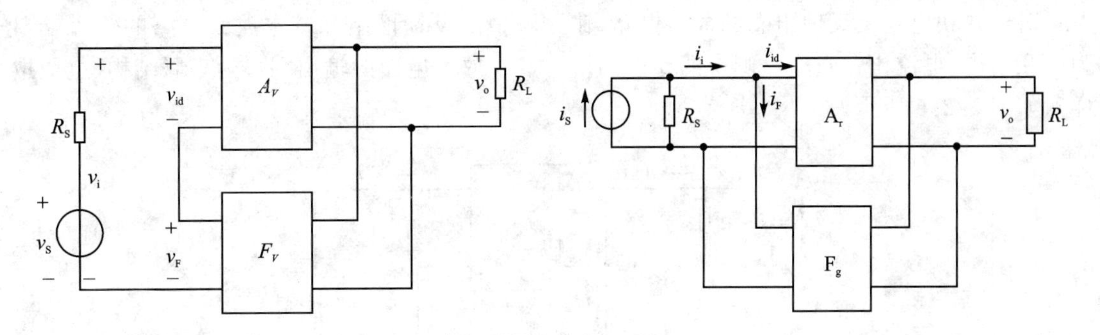

图 5.2.2　串联电压负反馈组成框图　　图 5.2.3　并联电压负反馈组成框图

利用并联电压负反馈的概念，可以确定负反馈的信号传递关系为：

$x_{id}=x_i-x_F$ 可以表示为 $i_{id}=i_i-i_F$；

$A=\frac{x_o}{x_{id}}$可以表示为 $A_r=\frac{v_o}{i_{id}}$——开环互阻增益；

$F=\frac{x_F}{x_o}$可以表示为 $F_g=\frac{i_F}{v_o}$——互导反馈系数；

$A_F=\frac{x_o}{x_i}$可以表示为 $A_{rF}=\frac{v_o}{i_i}=\frac{A_r}{1+A_rF_g}$——闭环互阻增益。

5.2.4　串联电流负反馈

这种组态的放大电路，反馈网路的输出端口和基本放大电路的输入端口为串联连接(串联比较)，反馈网络的输入端口与基本放大电路的输出端口为串联连接(电流取样)，如图 5.2.4

所示。

此时，$x_{id}=x_i-x_F$ 可以表示为 $v_{id}=v_i-v_F$；

$A=\dfrac{x_o}{x_{id}}$可以表示为 $A_g=\dfrac{i_o}{v_{id}}$——开环互导增益；

$F=\dfrac{x_F}{x_o}$可以表示为 $F_r=\dfrac{v_F}{i_o}$——互阻反馈系数；

$A_F=\dfrac{x_o}{x_i}$可以表示为 $A_{gF}=\dfrac{i_o}{v_i}=\dfrac{A_g}{1+A_gF_r}$——闭环互导增益。

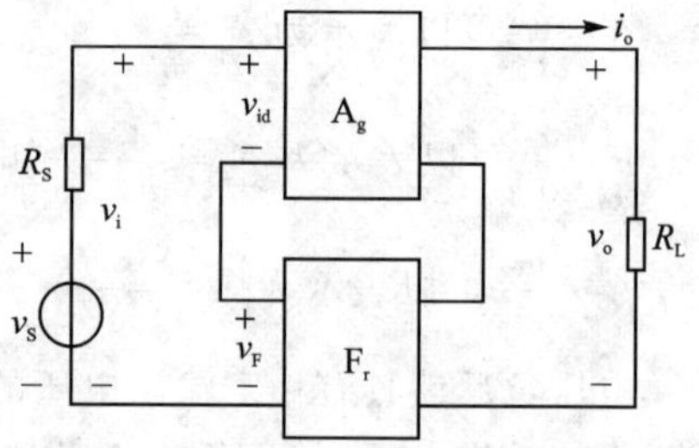

图 5.2.4 串联电流负反馈组成框图

电流负反馈具有稳定输出电流的作用。当输入电压 v_i 大小一定时，若由于负载电阻 R_L 增加而使输出电流 i_o 下降，则该电路能自动进行以下调节过程

$$R_L\uparrow\ \rightarrow i_o\downarrow\ \rightarrow v_F\downarrow\ \rightarrow v_{id}(=v_i-v_F)\uparrow$$
$$\rightarrow i_o\uparrow$$

可见，电流负反馈放大电路具有较好的恒流特性，引入电流负反馈使放大电路的输出电阻增大了（推导见 5.3.3 节）。

5.2.5 并联电流负反馈

对于并联电流负反馈组态的放大电路，输入侧中的反馈网络和基本放大电路的输入端口为并联结构（电流比较）；输出侧中的反馈网络与基本放大电路的输出端口为串联结构（电流取样），如图 5.2.5 所示。

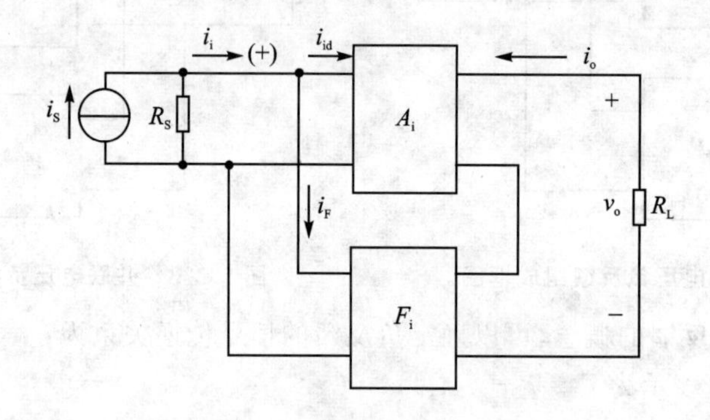

图 5.2.5 并联电流负反馈组成框图

根据并联电流负反馈的概念，表示各信号之间关系为：

$x_{id}=x_i-x_F$ 可以表示为 $i_{id}=i_i-i_F$；

$A=\dfrac{x_o}{x_{id}}$可以表示为 $A_i=\dfrac{i_o}{i_{id}}$——开环电流增益；

$F=\dfrac{x_F}{x_o}$可以表示为 $F_i=\dfrac{i_F}{i_o}$——电流反馈系数；

$A_F=\dfrac{x_o}{x_i}$可以表示为 $A_{iF}=\dfrac{i_o}{i_i}=\dfrac{A_i}{1+A_iF_i}$——闭环电流增益。

综上所述，对于不同的反馈类型，x_i、x_o、x_F 和 x_{id} 所代表的电量不同，负反馈能够稳定的增益类型也不同。因此，四种负反馈放大电路的 A、A_F、F 相应地具有不同的含义和物理量纲，归纳如表 5.2.1 所列。

表 5.2.1　负反馈放大电路中各种信号量的含义

信号量或信号传递比	反馈类型			
	电压串联	电流并联	电压并联	电流串联
x_0	电　压	电　流	电　压	电　流
x_i、x_o、x_{id}	电　压	电　流	电　流	电　压
$A=x_o/x_{id}$	$A_v=v_o/v_{id}$	$A_i=i_o/i_{id}$	$A_r=v_o/i_{id}$	$A_g=i_o/v_{id}$
$F=x_f/x_o$	$F_v=v_F/v_o$	$F_i=i_F/i_o$	$F_g=i_F/v_o$	$F_r=v_F/i_o$
$A_F=x_o/x_i=\frac{A}{1+AF}$	$A_{vF}=v_o/v_i=\frac{A_v}{1+A_vF_v}$	$A_{iF}=i_o/i_i=\frac{A_i}{1+A_iF_i}$	$A_{rF}=v_o/i_i=\frac{A_r}{1+A_rF_g}$	$A_{gF}=i_o/v_i=\frac{A_g}{1+A_gF_r}$
功　能	v_i 控制 v_o，电压放大	i_i 控制 i_o，电流放大	i_i 控制 v_o，电流转换为电压	v_i 控制 i_o，电压转换为电流

5.3　负反馈对放大电路性能的影响

本章 5.1、5.2 节对反馈的基本概念、分类、判断方法以及四种基本负反馈组态的信号传递关系进行了详细的介绍，放大电路引入负反馈后，对于放大电路的性能有哪些改善，本节将详细分析。

5.3.1　提高增益的稳定性

增益的稳定性是增益的变化量与其原值的比值，通常用百分数表示。相对变化量 $\frac{dA_F}{A_F}$、$\frac{dA}{A}$ 分别表示闭环增益和开环增益的稳定程度。

因为
$$A_F=\frac{A}{1+AF}$$
所以
$$\frac{dA_F}{dA}=\frac{1}{(1+AF)^2}$$
则有
$$\frac{dA_F}{A_F}=\frac{1}{1+AF}\frac{dA}{A} \tag{5-6}$$

对于负反馈，$1+AF>1$，$\frac{1}{1+AF}<1$，虽然闭环增益 A_F 是开环增益 A 的 $(1+FA)$ 分之一，但闭环增益 A_F 的稳定性却是开环增益 A 的 $(1+FA)$ 倍。

5.3.2　放大器增益下降

由式(5-5)知负反馈放大电路增益的一般表达式为

$$A_F = \frac{A}{1+AF}$$

根据负反馈的定义，负反馈总是使净输入信号减弱，即 $x_i > x_i - x_F = x_{id}$，因此

$$1+AF = 1+\frac{x_o}{x_{id}} \cdot \frac{x_F}{x_o} = \frac{x_{id}+x_F}{x_{id}} = \frac{x_i}{x_{id}} > 1$$

可见，$AF < A$，即负反馈使闭环增益 AF 下降到开环增益 A 的 $1/(1+FA)$。

通过分析表明，放大电路引入负反馈后，使增益更加稳定，但是，它是以降低增益值为代价的。实际应用中，增益稳定十分重要，而增益下降是可以通过多种途径再将其增大。

5.3.3 对输入电阻和输出电阻的影响

放大电路中引入的交流负反馈的类型不同，对放大电路输入电阻和输出电阻的影响也各不相同，下面分别加以讨论。

1. 对输入电阻的影响

负反馈对输入电阻的影响，只与输入回路的比较方式有关，而与输出回路的取样方式无关。

(1) 串联负反馈使输入电阻提高

图 5.3.1 为串联负反馈组成框图，由图和定义可得：开环输入电阻为 $R_i = \frac{v_{id}}{i_i}$，闭环输入电阻为 $R_{iF} = \frac{v_i}{i_i}$，而 $v_F = F \cdot x_o$ 和 $x_o = A \cdot v_{id}$，所以

$$v_i = v_{id} + v_F = (1+AF)v_{id}$$

因此，闭环输入电阻

$$R_{iF} = \frac{v_i}{i_i} = (1+AF)\frac{v_{id}}{i_i} = (1+AF)R_i \tag{5-7}$$

可见，引入串联负反馈后，输入电阻可以提高$(1+FA)$倍。但是，在某些放大电路中，有些电阻并不在反馈环内，如共射极放大电路中的基极偏置电阻 R_b，负反馈对它不产生影响，这类电路的方框图如图 5.3.2 所示。当考虑偏置电阻 R_b 时，闭环电阻应为 $R'_{iF} = R_{iF} /\!/ R_b$，所以负反馈闭环输入电阻的提高，受到放大电路偏置电阻的限制。

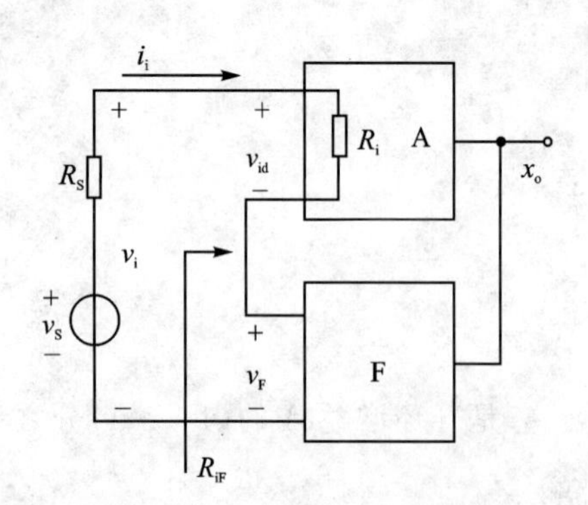

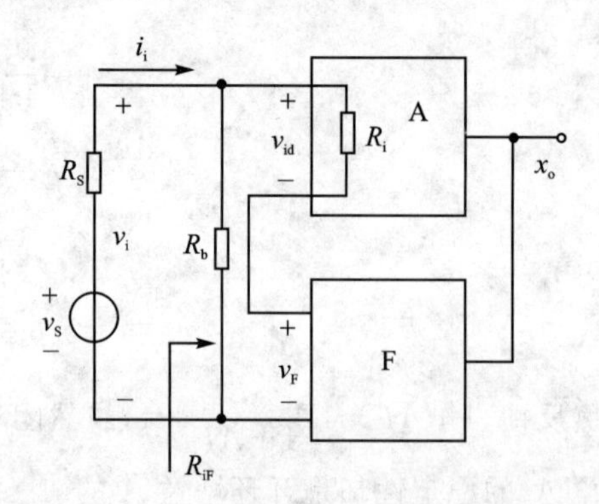

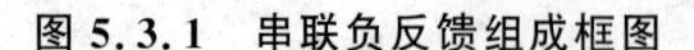
图 5.3.1 串联负反馈组成框图　　图 5.3.2 偏置电阻在反馈环之外的串联反馈框图

(2) 并联负反馈使输入电阻减小

图 5.3.3 为并联负反馈组成框图，由图和定义可得：

开环输入电阻为 $R_i=\frac{v_i}{i_{id}}$，闭环输入电阻为 $R_{iF}=\frac{v_i}{i_i}$，而 $v_F=F\cdot x_o$ 和 $x_o=A\cdot i_{id}$，所以 $i_i=i_{id}+i_F=(1+AF)i_{id}$，因此闭环输入电阻

$$R_{iF}=\frac{v_i}{i_i}=\frac{1}{(1+AF)}\frac{v_i}{i_{id}}=\frac{1}{(1+AF)}R_i \tag{5-8}$$

可见，引入并联负反馈后，闭环输入电阻减小为开环输入电阻的 $1/(1+FA)$。

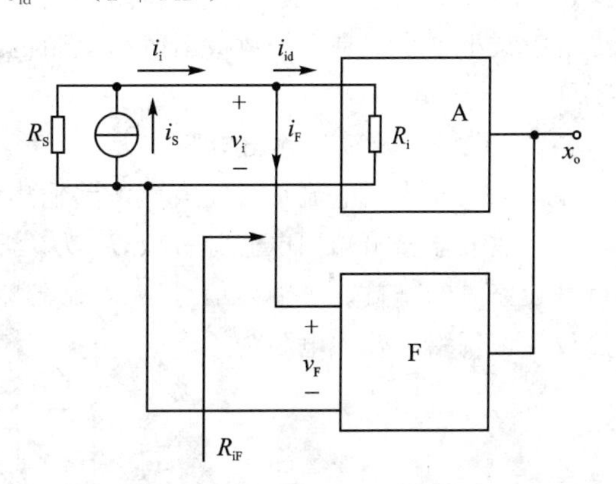

图 5.3.3　并联负反馈组成框图

值得注意的是，在设计负反馈放大电路时，应根据信号源的性质选择串联负反馈或并联负反馈。当信号源为恒压源或内阻较小的电压源时，为了减小放大电路输入端对信号源的负载效应，即减小信号源的输出电流和在内阻上的电压降，应引入串联负反馈以增大放大电路的输入电阻，从而确保放大电路获得尽量大的输入电压；当信号源为恒流源或内阻较大的电压源时，应引入并联反馈以减小放大电路的输入电阻，从而确保放大电路获得尽可能大的输入电流。

2. 对输出电阻的影响

负反馈对输出电阻的影响，只与输出端取样方式有关，而与输入端的比较方式无关。

(1) 电压负反馈使输出电阻减小

图 5.3.4 为求电压负反馈放大电路输出电阻的框图。

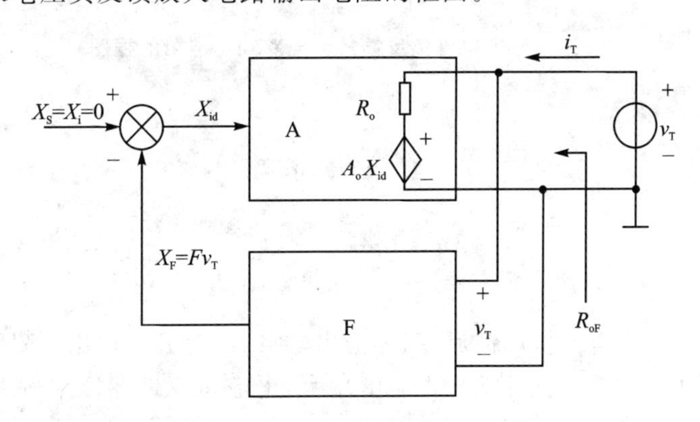

图 5.3.4　求电压负反馈放大电路输出电阻的框图

将放大电路输出端用电压源等效，R_o 为无反馈时放大器的输出电阻，A_o 为基本放大电路在负载开路时的增益。按照输出电阻的求法，令输入信号 $X_S=0$（信号源内阻 R_S 忽略不计），在输出端外加测试电压 V_T，则不论是串联反馈还是并联反馈，$X_{id}=-X_F$ 均成立。

闭环输出电阻为　$R_{oF}=\frac{v_T}{i_T}$

为了简化分析，假设反馈网络的输入电阻为无穷大，这样，可以忽略反馈网络对 i_T 的分

流。由图 5.3.4 可得

$$v_T = i_T R_o + A_o X_{id}$$

而
$$X_{id} = -X_F = -F \cdot v_T$$

因此
$$v_T = i_T R_o - A_o F_T,$$

所以
$$R_{oF} = \frac{v_T}{i_T} = \frac{R_o}{1 + A_o F} \tag{5-9}$$

式(5-9)表明,引入电压负反馈后,闭环输出电阻是开环输出电阻 R_o 的 $1/(1+A_oF)$ 倍,即输出电阻减小了。正是由于放大器输出电阻的减小,电压负反馈才能使放大电路的输出电压趋于稳定。

(2) 电流负反馈使输出电阻增大

图 5.3.5 为求电流负反馈放大电路输出电阻的框图。

将放大器输出端用电流源等效,R_o为无反馈时放大器的输出电阻,A_S为基本放大电路在负载短路时的增益。令输入信号 $X_S=0$(忽略信号源内阻 R_S),在输出端外加测试电压 V_T,并假设反馈网络的输入电阻为零。

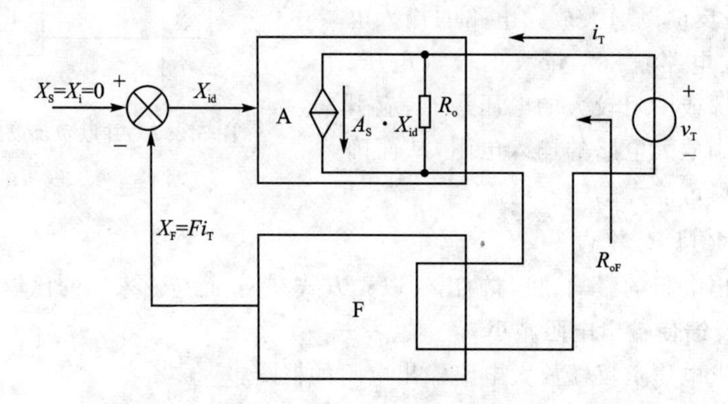

图 5.3.5 求电流负反馈放大电路输出电阻的框图

由图 5.3.5 可得

$$i_T = \frac{v_T}{R_o} + A_S X_{id} = \frac{v_T}{R_o} - A_S F i_T$$

于是

$$R_{oF} = \frac{v_T}{i_T} = (1 + A_S F) R_o \tag{5-10}$$

式(5-10)表明,引入电流负反馈后,闭环输出电阻 R_{oF} 是开环输出电阻的$(1+A_SF)$倍,即输出电阻增大了。正是由于放大器输出电阻的增大,电流负反馈才能使放大电路的输出电流趋于稳定。

需要指出的是,与求输入电阻相似,式(5-8)和式(5-9)所求的是反馈环内输出电阻。

同样值得注意的是,在设计负反馈放大电路时,应根据对放大电路输出信号的要求,正确选择取样类型。当要求放大电路输出稳定的电压信号时,应选择电压反馈;而要获得稳定的输出电流信号时,则应选择电流反馈。

5.3.4 可以展宽通频带

由于负反馈可以提高放大倍数的稳定性，所以在低频区和高频区放大倍数的下降速度将减缓，从而使通频带展宽。

由于在低频区和高频区，旁路电容、耦合电容、分布电容和晶体管的结电容的影响不能同时忽略，所以公式中的各个量均为复数。即

$$\dot{A}_F = \frac{\dot{A}}{1+\dot{F}\dot{A}},\quad \dot{A}_h = \frac{A_m}{1+j\dfrac{f}{f_h}}$$

当反馈系数 F 不随频率变化时(如反馈网络为纯电阻时)，引入负反馈后的高频特性为

$$A_{hF} = \frac{\dot{A}}{1+F\dot{A}} = \frac{A_m/(1+jf/f_h)}{1+F[A_m/(1+j_f/f_h)]} = \frac{A_m}{1+FA_m+j_f/f_h}$$

$$= \frac{A_m/(1+FA_m)}{1+j[f/(1+FA_m)f_h]} = \frac{A_{mF}}{1+j[f/f_{hF}]}$$

$$f_{hF} = (1+FA_m)f_h$$

同理可以求得

$$f_{lF} = \frac{1}{1+FA_m}f_l$$

$$f_{bw} = f_h - f_l$$

$$f_{bwF} = f_{hF} - \mathrm{f}_{iF}$$

当 $f_h \gg f_l$ 时，$f_{bw} = f_h - f_l \approx f_h$

$$f_{bwF} = f_{hF} - f_{lF} \approx f_{hF} = (1+FA_m)f_h \approx (1+FA_m)f_{bw} \tag{5-11}$$

式(5-11)表明，引入负反馈后，可使通频带展宽约$(1+FA_m)$倍，显然是以牺牲中频放大倍数为代价的。

5.3.5 减小非线性失真和抑制干扰、噪声

由于电路中存在非线性器件，即使输入信号 X_i 为正弦波，输出也不是正弦波，而会产生一定的非线性失真。引入负反馈后，非线性失真将会减小，如图 5.3.6 所示。

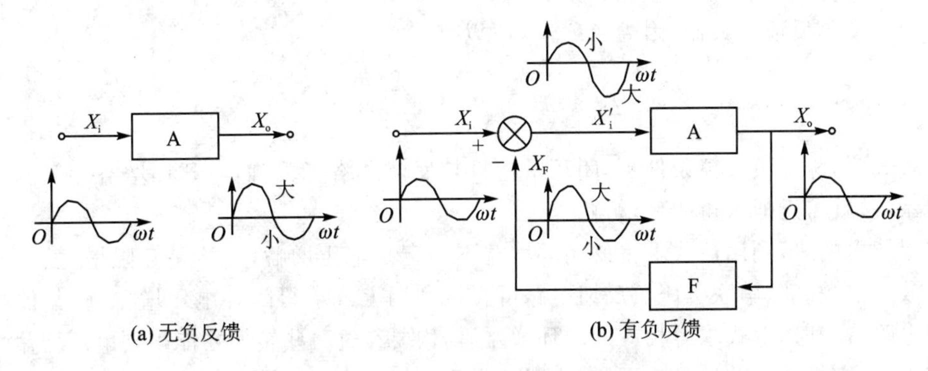

(a) 无负反馈　　(b) 有负反馈

图 5.3.6 负反馈减小非线性失真

注意：负反馈只能减小放大器自身产生的非线性失真，对于信号本身的失真则无能为力。

可以证明，引入负反馈后，放大电路的非线性失真减小到 $r/(1+FA)$ 倍，其中 r 为无反馈时的非线性失真系数。

同样，采用负反馈也可以抑制放大电路自身产生的噪声，其关系为 $N/(1+AF)$，其中 N 为无反馈时的噪声系数。负反馈还可以抑制反馈环内的干扰信号，其分析方法与上述均相同。

综上所述，在放大器中，引入负反馈后，虽然会使放大倍数降低，但是可以在很多方面改善放大器的性能。所以在实际应用电路中，几乎无一例外地都会引入不同程度的负反馈。

5.4 深度负反馈条件下的近似计算

原则上，反馈放大电路是一个带反馈的有源线性网络，可以把反馈放大器中的非线性器件用线性电路等效，然后根据电路理论来求解各项指标，当电路复杂时，这类方法使用起来很不方便。

本节从工程实际出发，讨论在深度负反馈的条件下，反馈放大电路增益的近似计算。

一般情况下，大多数负反馈放大电路，尤其是由集成运放组成的放大电路都能满足深度负反馈的条件。

5.4.1 深度负反馈的概念

由式(5-5)知负反馈放大电路增益的一般表达式为 $A_F=\dfrac{A}{1+AF}$，其中 $1+AF$ 定义为反馈深度。

当 $1+AF<1$ 时，$AF>A$，此时为正反馈；

当 $1+AF>1$ 时，$AF<A$，此时为负反馈；

若 $1+AF\gg1$，称为深度负反馈；

若 $1+AF=0$，即 $AF=-1$，则会产生自激振荡。

通常，只要是多级负反馈放大器，可以认为是深度负反馈电路。因为多级负反馈放大器，其开环增益很高，都能满足 $AF\gg1$ 的条件。

5.4.2 估算依据

对于深度负反馈放大器，因为 $AF\gg1$，所以有

$$\dot{A}_F=\frac{\dot{A}}{1+\dot{A}\dot{F}}\approx\frac{\dot{A}}{\dot{A}\dot{F}}=\frac{1}{\dot{F}}$$

上式表明，深度负反馈条件下，闭环增益只与反馈网络有关，而与开环增益无关。只要求出反馈系数，就可近似求得闭环增益。

需要指出的是，利用该式求得的闭环增益不一定是电压增益，可能是互阻增益、互导增益或电流放大倍数。除串联电压负反馈电路可直接利用上式求得闭环电压增益外，其他组态的负反馈电路，在利用上式求得相应的闭环增益后，均要经过一些转换才能得到电压增益。而实际工作中，人们最关心的还是电压增益，因此需要进一步找出能够直接估算各种反馈组态的闭环电压增益的方法。

深度负反馈条件下：

$$\dot{A}_{F} = \frac{1}{\dot{F}} \tag{5-12}$$

又因为 $\dot{A}_{F}=\frac{\dot{X}_{o}}{\dot{X}_{i}}$，$\dot{F}=\frac{\dot{X}_{F}}{\dot{X}_{o}}$，代入上式可得

$$\dot{X}_{F} \approx \dot{X}_{i} \tag{5-13}$$

所以，$\dot{X}_{id}=\dot{X}_{i}-\dot{X}_{F}\approx 0$。

由此可得深度负反馈条件下，基本放大电路具有“两虚”的概念。对于串联负反馈，输入端电压求和，$v_{id}=v_{i}-v_{F}\approx 0$（虚短），进而有 $i_{id}=v_{id}/r_{i}\approx 0$（虚断）；对于并联负反馈，输入端电流求和，$i_{id}=i_{i}-i_{F}\approx 0$（虚断），进而得到 $v_{id}=i_{id}\cdot r_{i}\approx 0$（虚短）。所以，不论串联反馈还是并联反馈，在深度负反馈条件下，均有 $v_{id}=0$（虚短）和 $i_{id}=0$（虚断）同时存在。利用“两虚”的概念可以快速方便地估算出负反馈放大电路的闭环增益或闭环电压增益。

利用“两虚”概念估算负反馈放大电路的闭环增益或闭环电压增益在实际应用中十分重要，也是本章的重点内容之一。其基本步骤归纳为：

第一，判断放大电路的反馈类型，确定反馈组态。

第二，写出闭环增益定义，利用式(5－12)或式(5－13)，按组态类型确定各信号关系，并代入闭环增益定义式中。

第三，通过放大电路，分析反馈信号与输出信号的关系，进一步推导，即可以方便推出所求结论。

图 5.4.1 电路，判断反馈类型为：串联电压负反馈，其闭环增益为电压增益。按上述步骤推导有两种方法供参考。

方法 1：

根据定义：$A_{vF}=\frac{v_{o}}{v_{i}}$，由式(5－12)得 $A_{vF}\approx\frac{1}{F_{v}}$，又因 $F_{v}=\frac{v_{F}}{v_{o}}$所以

$$A_{vF}\approx\frac{1}{F_{v}}=\frac{v_{o}}{v_{F}}$$

通过图 5.3.7 所示电路分析 $v_{F}=\frac{R_{1}}{R_{1}+R_{F}}v_{o}$，故 $A_{vF}=1+\frac{R_{F}}{R_{1}}$。

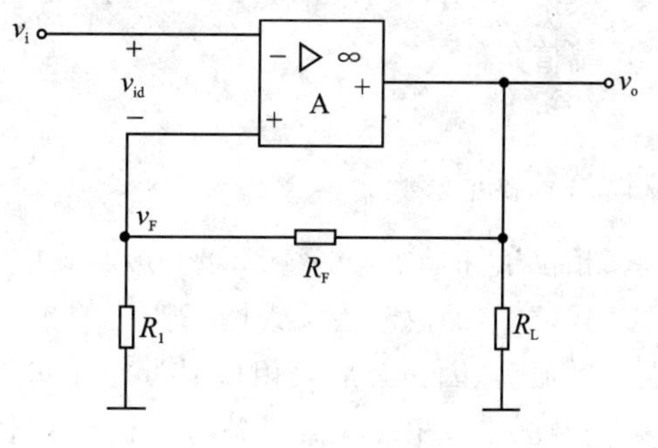

图 5.4.1　反馈放大电路

方法 2：

根据定义：$A_{vF}=\frac{v_{o}}{v_{i}}$由式(5－13)得 $A_{vF}=\frac{v_{o}}{v_{i}}=\frac{v_{o}}{v_{F}}$。

通过图 5.3.7 所示电路分析 $v_{F}=\frac{R_{1}}{R_{1}+R_{F}}v_{o}$，故 $A_{vF}=1+\frac{R_{F}}{R_{1}}$。

可见，两种方法结论相同，读者可以根据自己喜爱选择其中一种方法解题。

负反馈放大电路的估算法必须通过大量的例题、习题反复练习，才能深入理解和熟练掌握，本章给出的例题、习题均具有代表性，供进一步学习。

5.5 负反馈放大电路的自激振荡

对于负反馈放大电路，反馈深度越大，对放大电路性能改善就越明显，但是，反馈深度过大将会导致放大电路产生自激振荡。也就是说，即使输入端不加信号，其输出端也有一定频率和幅度的波形输出，这就破坏了正常的放大功能，所以放大电路应避免产生自激振荡。

5.5.1 产生自激振荡的原因及条件

1. 产生原因

从 $\dot{A}_F=\dfrac{1}{1+\dot{A}\dot{F}}$ 可知，当 $1+\dot{A}\dot{F}=0$ 时，$|\dot{A}_F|=\infty$，说明即使无信号输入，也有输出波形，即产生了自激振荡。

自激振荡产生的原因是放大电路的放大倍数和相移均随频率变化而变化，之前讨论的负反馈，是在中频信号区，反馈信号与输入信号的极性相反，削弱了净输入信号。由于电路中存在多级 RC 回路，每一级 RC 回路的最大相移为 $\pm 90°$，当频率增高或变低时，输出信号和反馈信号将产生附加相移，若附加相移达到 $\pm 180°$，总相移达到 $360°$，则反馈信号与输入信号将变成同相，结构上是负反馈实质为正反馈，从而使净输入信号增强。当反馈信号加强，反馈信号大于净输入信号时，即使去掉输入信号也有信号输出，于是便产生了自激振荡。

2. 产生条件

产生自激振荡的条件为：负反馈变为正反馈；反馈信号要足够大。

根据 $1+\dot{A}\dot{F}=0$，可得 $\dot{A}\dot{F}=-1$。它包含幅值和相位两个条件，即

幅值条件

$$|\dot{A}\dot{F}|=1 \tag{5-14}$$

反馈信号要足够大；

相位条件，$\arg\dot{A}\dot{F}=\pm(2n+1)\pi$，式中 n 为整数，负反馈变为正反馈。

式(5-12)忽略了反馈网络产生的相移，可以看出单级负反馈放大电路是稳定的，不会产生自激振荡，因为其最大相移不可能超过 $90°$；两级反馈电路也不会产生自激，因为当附加相移为 $\pm 180°$ 时，相应的振幅条件不满足；当出现三级以上反馈电路时，则容易产生自激振荡。故在深度负反馈时，必须采取措施破坏其自激条件。

5.5.2 常用的消除自激的方法

对于一个负反馈放大电路而言，消除自激的方法，就是采取措施破坏自激的幅度或相位条件。

最简单的方法是减少其反馈系数或反馈深度，使当附加相移 $\varphi=\pm 180°$ 时，$|\dot{A}\dot{F}|<1$。这样虽然能够达到消振的目的，但是由于反馈深度下降，不利于放大电路其他性能的改善。为此希望采取某些措施，使电路即有足够的反馈深度，又能稳定地工作。通常采用的措施是在放大电路中加入由 RC 元件组成的校正电路，如图 5.5.1 所示。它们均会使高频放大倍数衰减加快，以便当 $\varphi=\pm 180°$ 时，$|\dot{A}\dot{F}|<1$。

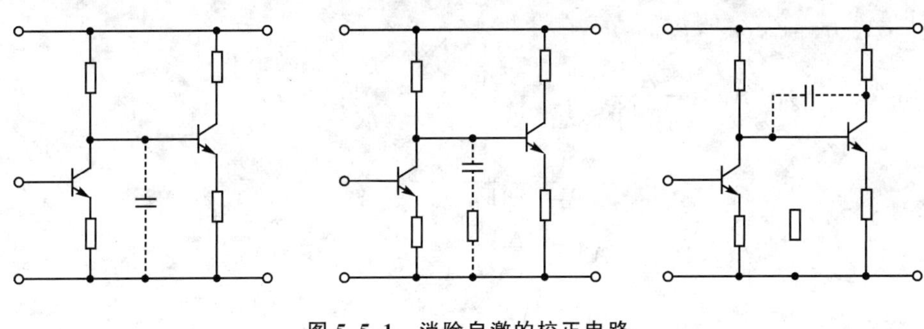

图 5.5.1　消除自激的校正电路

5.6　例　题

【例题 1】电路如题图 5.6.1(a)、(b)所示，判断图示电路的反馈极性及类型。

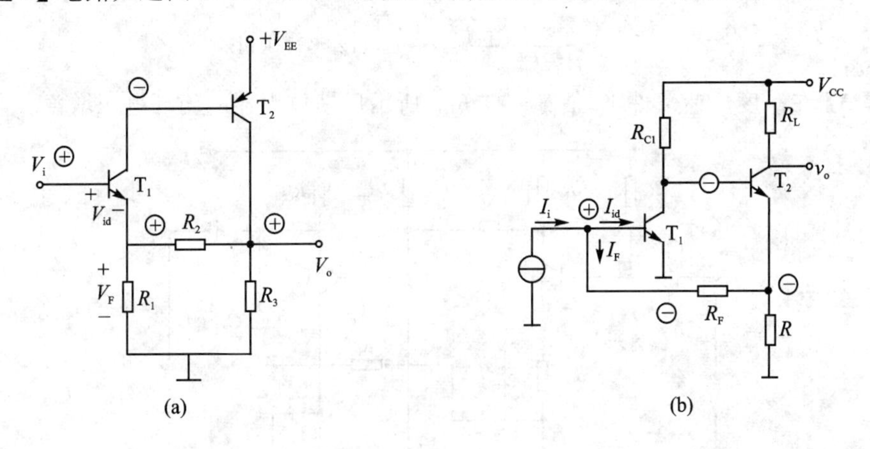

图 5.6.1　【例题 1】图

解：在图(a)中，一是确定反馈网络，电阻网络 R_1、R_2、R_3 构成反馈网络；二是根据 5.1.3 节介绍的瞬时极性法判断反馈极性，假设输入信号 V_i 对地极性也为正(见图 5.6.1)信号经过放大器—反馈网络—输入端，V_F 对地极性也为正，形成 $V_{id}=V_i-V_F$，削弱净输入，故是负反馈。三是确定串、并联反馈，因电阻 R_1 两端的电压是反馈电压 V_F，在输入侧，输入电压 V_i、V_F、V_{id} 三者串联结构以回路电压形式叠加，故电路是串联反馈；四是确定电压、电流反馈，在输出侧，当令 $V_o=0$ 时，$V_F=0$，即 V_F 正比与 V_o，故为电压反馈。

因此，经以上综合分析可知，图 5.6.1(a)为串联电压负反馈。

在图(b)电路中，同样步骤，一是确定反馈网络，图(b)由 R_F、R 构成反馈网络；二是采用瞬时极性法确定正负反馈，假设输入信号对地极性为正(见图 5.6.1(b))，信号经过放大器—反馈网络—输入端，对地极性为负，形成 $I_{id}=I_i-I_F$，削弱净输入，故是负反馈；三是确定串、并联反馈，因流过电阻 R_F 的电流是反馈电流 I_F，在输入侧，输入电压 I_i、I_F、I_{id} 三者并联节点电流叠加，故电路是并联反馈；四是确定电压、电流反馈，在输出侧，当令 $V_o=0$ 时，I_F 仍存在，表明 V_F 与 V_o 无关，故为电流反馈。因此，经以上综合分析图 5.6.1(b)为并联电流负反馈。

【例题 2】某放大器的 $A_v=1\ 000$，$r_i=10\ \text{k}\Omega$，$r_o=10\ \text{k}\Omega$，$f_h=100\ \text{kHz}$，$f_l=10\ \text{kHz}$，在该电路中引入串联电压负反馈后，当开环放大倍数变化±10%时，闭环放大倍数变化不超过

± 1 %，求，A_{vF}，r_{iF}，r_{oF}，f_{hF}，f_{lF}。

解：由式(5-5)的 $\dot{A}_F=\dfrac{\dot{A}}{1+\dot{A}\dot{F}}$

$$\frac{\Delta A_F}{A_F}=\frac{1}{1+FA}\cdot\frac{\Delta A}{A}$$

$$1+F_uA_u=\frac{\Delta A_u/A_u}{\Delta A_{uF}/A_{uF}}=\frac{\pm 10}{\pm 1}=10$$

$$A_{uF}=\frac{A_u}{1+F_uA_u}=\frac{1\ 000}{10}=100$$

$$r_{iF}=(1+F_uA_u)r_i=10\times 10\ \text{k}\Omega=100\ \text{k}\Omega$$

$$r_{of}=\frac{r_o}{1+F_uA_u}=\frac{10}{10}\ \text{k}\Omega=1\ \text{k}\Omega$$

$$f_{hF}=(1+F_uA_u)f_h=(10\times 100)\ \text{kHZ}=1\ 000\ \text{kHz}$$

$$f_{lF}=\frac{f_l}{1+F_uA_u}=\frac{10}{10}\ \text{kHz}=1\ \text{kHz}$$

【例题 3】在深度反馈条件下，估算图 5.6.2 所示反馈放大器的闭环电压增益。

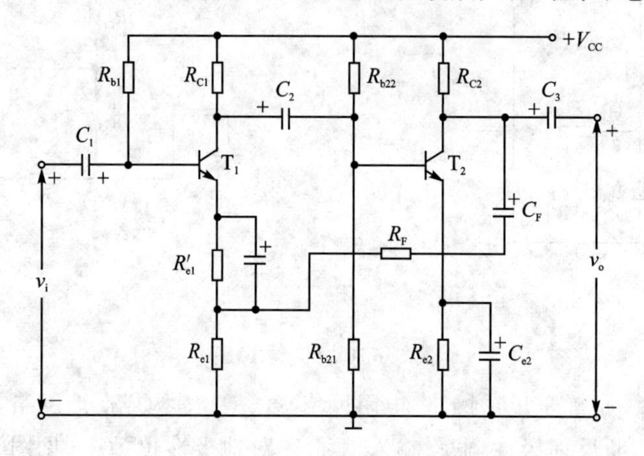

图 5.6.2 【例题 3】图

解：该电路反馈是串联电压负反馈，反馈网络如图 5.6.3 所示。

由于是深度负反馈，由式(5-13)得，　$v_i \approx v_F$

由闭环电压增益定义：　$A_{vF}=\dfrac{v_o}{v_i}=\dfrac{v_o}{v_F}$

由电路分析可得：　$v_F=\dfrac{R_{e1}}{R_{e1}+R_F}v_o$

所以

$$A_{vF}=\frac{v_o}{v_i}=\frac{v_o}{v_F}=\frac{R_{e1}+R_F}{R_{e1}}=1+\frac{R_F}{R_{e1}}$$

【例题 4】求图 5.6.4 所示电路的闭环增益和闭环源电压增益表达式。

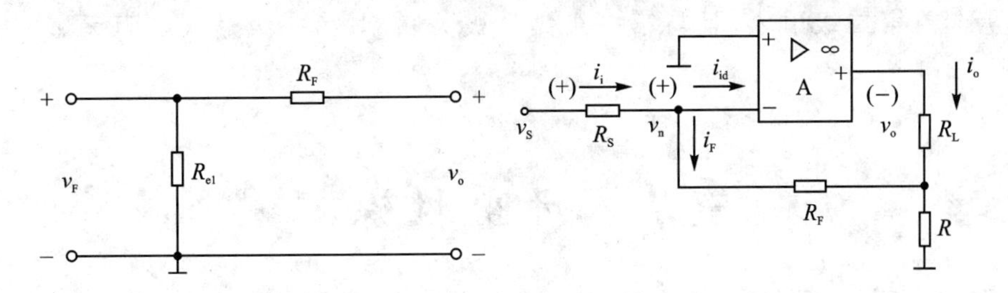

图 5.6.3 【例题 3】电路的反馈网络　　图 5.6.4 【例题 4】反馈放大电路

解:判断反馈类型——电流并联负反馈,闭环增益可以表示并定义为:$A_{iF}=\dfrac{I_o}{I_i}$,由式(5-13) $\dot{X}_i=\dot{X}_F$,得 $I_F=I_i$,所以

$$A_{iF}=\frac{i_o}{i_i}=\frac{i_o}{i_F}$$

由图 5.6.4 电路,按图中标注电流参考方向,$i_F=\dfrac{R}{R+R_F}i_o=-\dfrac{R}{R+R_F}i_o$,所以

$$A_{iF}=\frac{i_o}{i_i}=\frac{i_o}{i_F}=-\left(1+\frac{R_F}{R}\right)$$

再求闭环源电压增益,由定义 $A_{vsF}=\dfrac{v_o}{v_S}$,根据"两虚"概念,从电路计算得

$$v_s=i_iR_S \text{ 和 } v_o=i_oR_L$$

上述计算代入 $A_{vsF}=\dfrac{v_o}{v_S}$,得到

$$A_{vsF}=\frac{v_o}{v_S}=\frac{i_oR_L}{i_iR_S}=-\left(1+\frac{R_F}{R}\right)\frac{R_L}{R_S}$$

【例题 5】试比较图 5.6.5(a)、(b)、(c)电路输入电阻的大小,并说明理由。

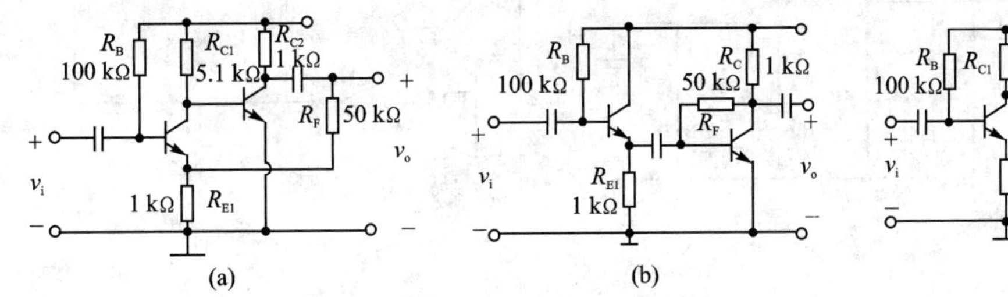

图 5.6.5 【例题 5】图

解:对于图 5.6.5(a)、(b)、(c)电路,输入电阻均可以表示为

$$R_{iF}=R'_{iF}/\!/R_B$$

因此,只要计算各电路的 R'_{iF}

(a) 因为引入串联负反馈,满足 $\left.\begin{aligned}R'_{iF}&=(1+AF)R_i\\R_i&=r_{be1}+(1+\beta_1)R_{E1}\end{aligned}\right\}$,所以,$R'_{iF(a)}>r_{be1}+(1+\beta_1)R_{E1}$。

(b) 反馈在第二级引入,R_{i2} 与 R_E 并联,电路满足 $R'_{iF}=r_{be1}+(1+\beta_1)(R_{E1}/\!/R_{i2})$,所以,$R'_{iF(b)}<r_{be1}+(1+\beta_1)R_{E1}$。

(c) 反馈在第二级引入，且与第一级集电极关联，对第一级输入电阻无影响。所以，$R'_{iF(c)}=r_{be1}+(1+\beta_1)R_{E1}$。

综合比较结论为：$R_{i(a)}>R_{i(c)}>R_{i(b)}$。

5.7 研究性课题

如图 5.7.1 所示电路为一款 30 W 甲类功率放大器电路图，属于 BTL 功率放大。BTL 是 Bridge - Tied - load 的缩写，意为桥接式负载。负载的两端分别接在两个放大器的输出端。其中一个放大器的输出是另外一个放大器的镜像输出，也就是说加在负载两端的信号仅在相位上相差 180°。负载上将得到原来单端输出的 2 倍电压。从理论上讲电路的输出功率将增加 4 倍。BTL 电路能充分利用系统电压，因此 BTL 结构常应用于低电压系统或电池供电系统中。在汽车音响中当每声道功率超过 10 W 时，大多采用 BTL 形式。

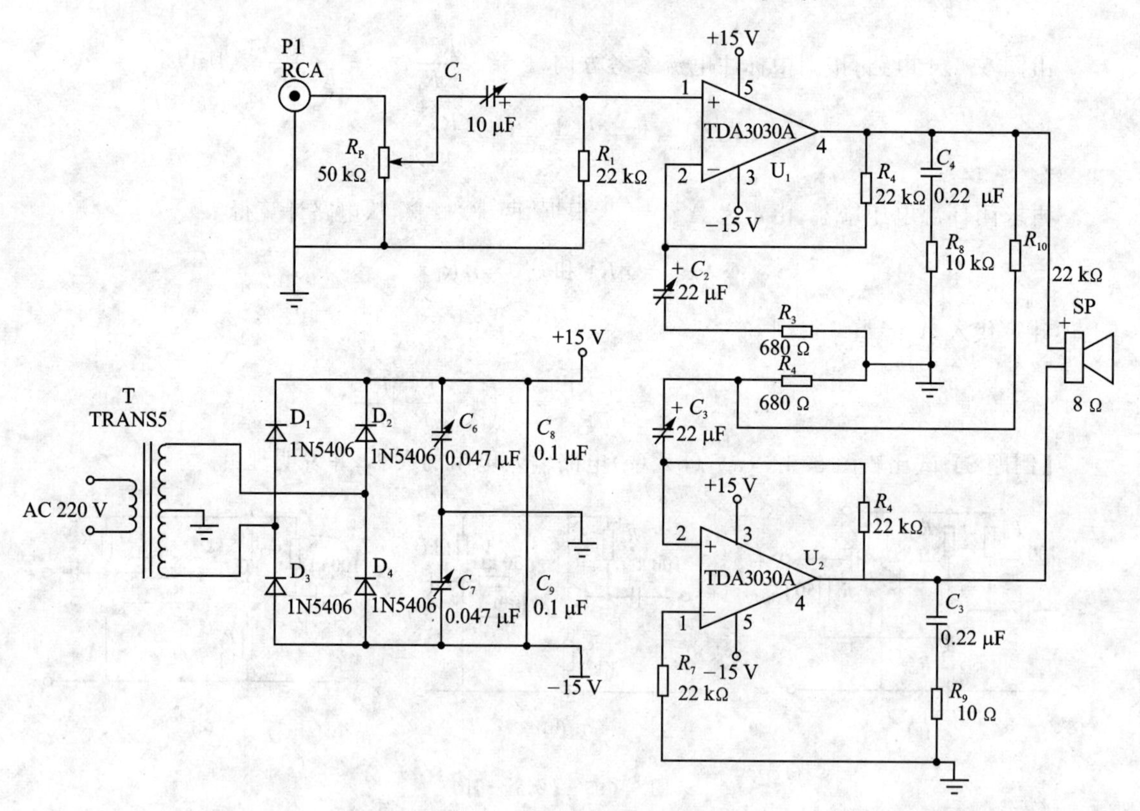

图 5.7.1 甲类功率放大器原理图

要求：① 学生组成研究小组，利用所学知识和查找资料，对电路进行分析，重点研究电路中的负反馈，写出分析报告。

② 利用课余时间采购元器件、制作并调试电路。

③ 撰写电路分析报告。

5.8 本章小结及复习要求

① 在实用放大电路中，为了改善性能，都要引入负反馈。反馈是指将放大电路的输出量(电压或电流信号)的部分或全部，通过一定方式(元件或网络)返送到输入回路的过程，完成输出量向输入端回送的电路称为反馈元件或反馈网络，具有反馈元件的放大电路称为反馈放大电路。

② 根据反馈信号本身的交直流性质，可将其分为交流反馈、直流反馈或交直流反馈。判断方法是：如果反馈信号只包含直流成分，称为直流反馈；如果反馈信号只包含交流成分，则称为交流反馈；若交直流成分均包括，称为交直流反馈。直流负反馈在电路中的主要作用是稳定静态工作点，而交流负反馈的主要作用是改善放大器的性能。

③ 通常采用瞬时极性法来判断正、负反馈。即假设输入信号在某瞬间的极性为"+"，再根据各类放大电路输出信号与输入信号间的相位关系，逐级标出电路中各有关点电位的瞬时极性或各有关支路电流的瞬时流向，最后看反馈信号是消弱还是增强了净输入信号，若是消弱了净输入信号，则为负反馈；反之则为正反馈。

④ 电压反馈和电流反馈的判别通常采用输出短路法。在输出侧，令输出电压 v_o 为零，判断反馈信号是否存在，短路后如果反馈信号不存在，为电压反馈；反之则为电流反馈。

⑤ 串联反馈和并联反馈的判别方法是：在输入侧，看输入信号、反馈信号、净输入信号三者若以回路电压形式相叠加，则为串联反馈；三者以节点电流形式相叠加，则为并联反馈。

⑥ 负反馈放大电路有四种组态类型：电压串联负反馈、电压并联负反馈、电流串联负反馈和电流并联负反馈。它们的性能各不相同。在负载变化时，若想使输出电压 v_o 稳定，应引入电压负反馈；若想使输出电流 i_o 稳定，应引入电流负反馈。若想提高电路的输入电阻，应引入串联负反馈；若想减小电路的输入电阻，应引入并联负反馈。若想降低输出电阻，引入电压负反馈；若想提高输出电阻，引入电流负反馈。上述负反馈对输入、输出电阻的影响均指环内。

⑦ 引入负反馈后，虽然放大器的闭环增益减小，但是放大电路的多项性能指标得到了改善，如提高了放大电路增益的稳定性，减小了非线性失真，抑制了干扰和噪声，通频带得到了扩展。

⑧ 负反馈的一般增益表达式为 $\dot{A}_F=\dfrac{\dot{A}}{1+\dot{A}\dot{F}}$，在四种组态确定后，其增益表达式具有其特殊含义，分别对应于 A_{vF}、A_{iF}、A_{rf}、A_{gF}，分清概念，有助于分析负反馈放大电路。

⑨ 在深度负反馈条件下，利用"虚短、虚断"概念可以方便地求出四种反馈放大电路的闭环增益或闭环电压增益；四种组态掌握此估算方法十分重要。

⑩ 对于负反馈放大电路，反馈深度愈大，对放大电路性能改善就愈明显，但是，反馈深度过大将引起放大电路产生自激振荡。通常用频率补偿法来消除自激振荡。

5.9 习　题

【习题5-1】图5.9.1所示各电路中是否引入了反馈，是直流反馈还是交流反馈，是正反馈还是负反馈。设图中所有电容对交流信号均可视为短路。

【习题 5-2】分别说明如图 5.9.1 所示各电路引入反馈的极性及组态。

【习题 5-3】分别说明图 5.9.1 所示各电路因引入交流负反馈使得放大电路输入电阻和输出电阻所产生的变化，只需说明是增大还是减小即可。

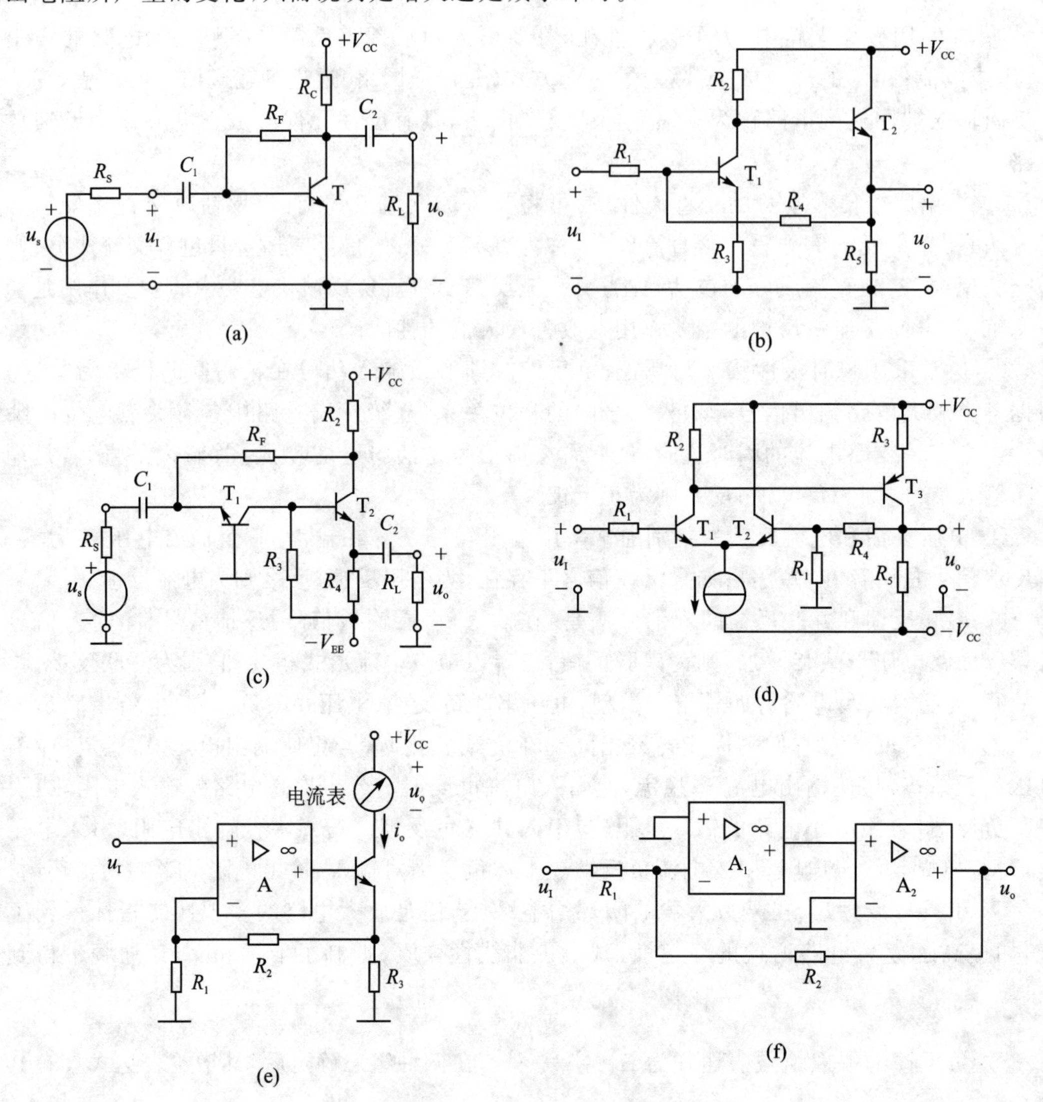

图 5.9.1 【习题 5-1】图

【习题 5-4】电路如图 5.9.2 所示，试合理连线，引入合适组态的反馈，分别满足下列要求。

① 减小放大电路从信号源索取的电流，并增强带负载能力；

② 减小放大电路从信号源索取的电流，稳定输出电流。

【习题 5-5】设某个放大器的开环增益在 1 000～2 000 之间变化，现引入负反馈，取反馈系数 $F=0.05$，试求闭环增益的变化范围。

【习题 5-6】设某个放大器开环时 $\dfrac{\mathrm{d}|\dot{A}_v|}{|\dot{A}_v|}$ 为 20%，若要求 $\dfrac{\mathrm{d}|\dot{A}_{vF}|}{|\dot{A}_{vF}|}$ 不超过 1%，且 $|\dot{A}_{vF}|=$

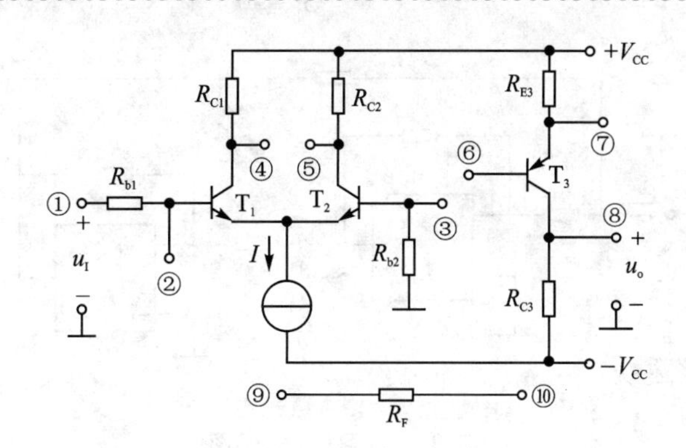

图 5.9.2 【习题 5-4】图

100，问 $\dot{A}_v$ 和 $\dot{F}$ 分别应取多大。

【习题 5-7】求如图 5.9.3 所示的串联电流负反馈电路的闭环增益 A_{vF}。

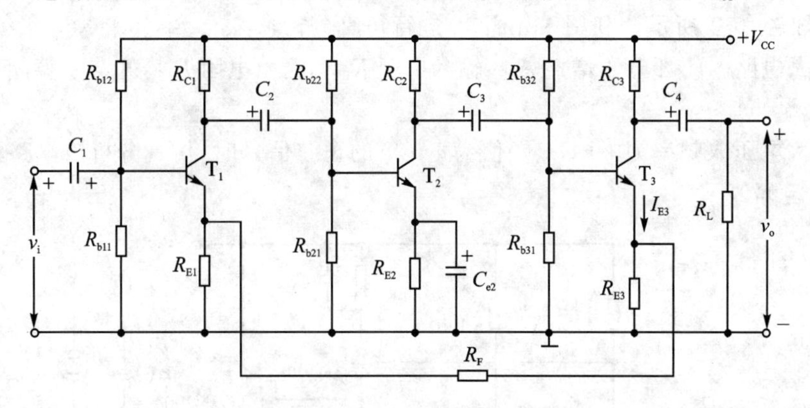

图 5.9.3 【习题 5-7】图

【习题 5-8】求如图 5.9.4 所示的并联电压负反馈电路的源电压闭环增益 $A_{vsF}=v_o/v_S$。

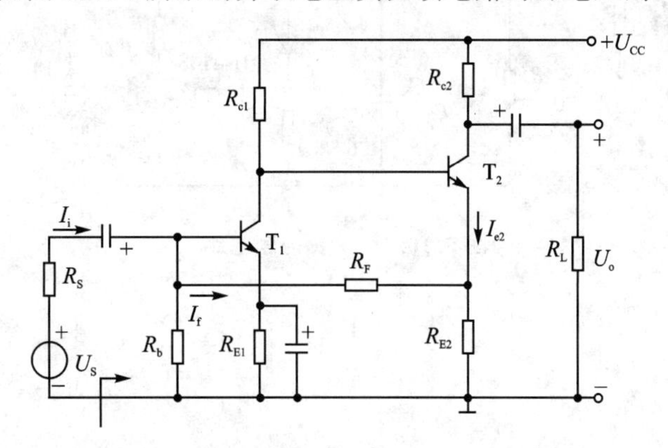

图 5.9.4 【习题 5-8】图

【习题 5-9】输入电阻自举扩展电路如图 5.9.5 所示，设 A_1、A_2 为理想运算放大器，$R_2=R_3$，$R_4=2R_1$，① 试分析放大电路的反馈类型，并写出输出电压与输入电压的关系式。

② 试推导电路输入电阻 R_i 与电路参数的关系式，讨论 R_1 和 R 电阻值的相对大小对电路输入电阻的影响，并定性说明该电路能获得高输入电阻的原理。

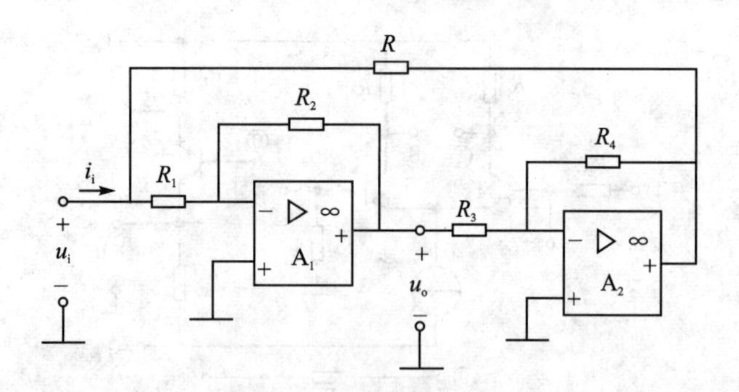

图 5.9.5 【习题 5-9】图

5.10 仿真习题

电路如图 5.10.1 所示。利用 Multisim 进行仿真分析：

① 该放大电路的闭环电压增益 A_{vF}、输入电阻 R_{iF} 和输出电阻 R_{oF}，并与手算闭环电压增益比较；

② 当输入电压取频率为 1 kHz、幅值为 1 mV 的正弦信号时，仿真分析该电路输出电压 v_o 的波形，并确定幅值。

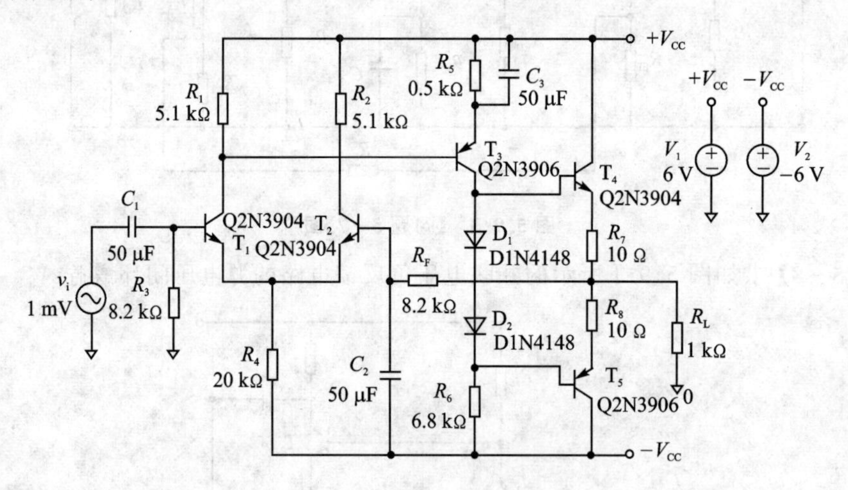

图 5.10.1 仿真习题电路

第 6 章　功率放大电路

本章内容概要

功率放大电路的作用是从前级变压器或信号源输入小信号，为输出设备或后级放大电路提供大信号。例如，从天线上获得的信号只有几毫伏，CD 播放器输入的信号也只有几毫伏，需要充分放大后才能驱动输出设备（扬声器或其他大功率设备）工作，故能为负载提供足够大功率的放大电路称为功率放大电路。

本章首先通过与基本放大电路的比较介绍了功率放大电路的特点、面临问题，随后介绍了功放电路的主要分类和各自特点，并对常用功率放大电路的工作原理、参数计算进行了详细的分析讨论，最后介绍了集成功放的实际应用。

6.1　功率放大电路概述

功率放大电路的主要任务是向负载提供足够大的输出功率（在收音机、扩音机中为扬声器提供推动功率；在电视机中为显像管提供电子束扫描功率等）。在小信号放大器中，考虑的主要参数是增益大小、放大的线性度，由于正弦信号的电压、电流都很小，其功率容量或效率没有考虑。电压放大电路就是为输入信号的电压值提供基本的增益。而大信号放大或功率放大，需要保证为输出级提供足够大的功率以驱动扬声器或其他功率设备工作，功率从几瓦到几十瓦。故功率放大电路的工作状态、研究对象、参数指标与基本放大电路有所不同。

1. 功率放大电路的特点

功率放大电路要求在直流电源供电一定的情况下，使负载获得尽可能大的交流电压和电流，即获得尽可能大的交流功率，并且效率也尽可能高。电源提供的功率，除了消耗在负载上，其余部分基本都消耗在功放管上，因而，在组成功率放大电路时，应使功放管（放大管）消耗尽可能小的功率。为此，功放管静态时通常都工作在临界导通状态或截止状态，其直流功耗趋近于零。由此可见，功放管与前面所述各种放大电路中的放大管静态时的工作状态完全不同，即前述放大电路不适宜做功率放大电路。

2. 功率放大电路的主要参数

对于功率放大电路，人们通常不关心其电压放大倍数或电流放大倍数，而着重研究最大输出功率 P_{om} 和效率 η。

功率放大电路在输入正弦波信号且基本不失真的情况下，负载能获得的最大交流功率称为最大输出功率 P_{om}。

输出功率 P_o 与直流电源提供的平均功率 P_V 之比即为效率 η，即

$$\eta = \frac{P_o}{P_V} \tag{6-1}$$

3. 功率放大器与基本放大器的对比

相同点：遵循放大基本原理，把直流电能转化为信号所需要的交流能量。

不同点:基本放大器在一定的频率范围内要获得尽可能高的电压增益或电流增益,并希望其具有“恒压源”或是“恒流源”的性质;功率放大器既要求有最大的输出电压,又要求有最大的输出电流。

要获得最大输出功率去推动负载,将使功放面临以下问题。

(1) 受极限工作区域的限制易产生非线性失真

三极管使用时有极限参数限制,超过极限规定的应用易造成管子损坏。但功放为获得最大输出功率,动态工作点的摆动范围常在极限边缘甚至瞬间超越。同时也极易进入非线性区域而形成非线性失真。需要提醒的是,瞬间超越极限边缘还不至于造成管子的损坏,应用时一般允许5%以内的非线性失真度。

(2) 存在集电极功率转换效率问题

放大的实质是把电源提供的直流电能转换为交流能量。但电源所提供的能量 P_V 并不都能转换为信号的能量,还有一部分能量在通过管子的集电结时以发热的形式消耗掉了。这就是管耗 P_C,即 $P_V=P_o+P_T$(P_C 亦称 P_T),这样,功率放大时就存在一个电源转化效率问题。由式(6-1)可得

$$\left.\begin{aligned} P_o &= \eta \cdot P_V \\ P_T &= P_V - P_o = \frac{P_o}{\eta} - P_o = P_o\left(-1+\frac{1}{\eta}\right) \end{aligned}\right\} \tag{6-2}$$

当 P_V 一定时,η 愈大,P_o 愈大,P_T 愈小,所以功放面临努力提高效率的问题。

(3) 散热问题

由于功放管通过较大电流,当电流通过功放管的集电结时,结温会升高,并造成恶性循环,$P_T\uparrow\rightarrow$结温,管壳温度$\uparrow\rightarrow I_{CBO}\cdot I_{CEO}\uparrow\rightarrow I_C\uparrow$,若不采取措施,管子将会在瞬间烧毁。

(4) 分析方法

由于功放信号大,动态范围大,分析不能采用微变等效电路法,而要用图解法。用图解法可轻易确定功放的工作状态及类别。

6.2 功率放大器的分类及特点

功率放大电路是一种以输出较大功率为目的的放大电路。为了获得大的输出功率,必须使输出信号电压大、电流大、输出电阻与负载匹配。

功率放大器按工作方式分,有甲类、乙类、甲乙类、丙类和丁类五种(国外教材习惯分为A类、B类、AB类、D类和丁类),如图6.2.1所示和表6.2.1。

在输入信号的整个周期内都有集电极电流通过三极管,这种工作方式称为甲类;仅在输入信号的半个周期内有集电极电流通过三极管,这种工作方式称为乙类;在输入信号超过半个周期内有集电极电流通过三极管则为甲乙类;在输入信号小于半个周期内有集电极电流通过三极管称为丙类,丙类功放需要选择性负载,多用于调谐电路;丁类功放管子工作在开关状态,也称数字功放,对于丙类和丁类本章不作讨论。各类功放效率与导通角如表6.2.1所列。

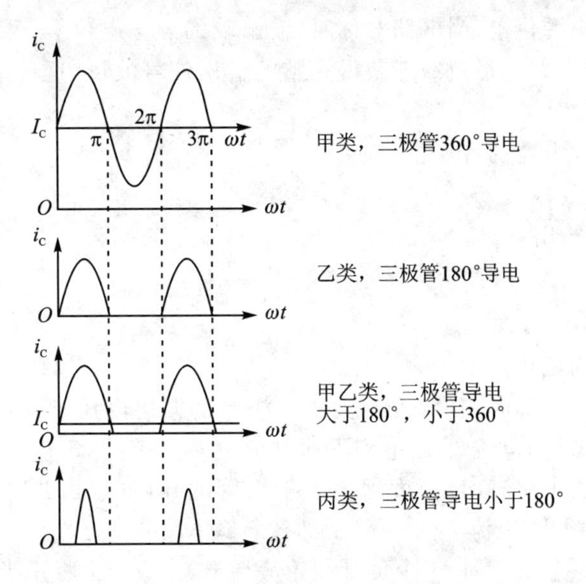

图 6.2.1 功率管的四种工作方式

表 6.2.1 各类功率放大比较

项 目	种 类				
	甲类(A)	甲乙类(AB)	乙类(B)	丙类(D)	丁类(T)
工作周期	360°	180°～360°	180°	<180°	开关状态
效 率	25%～50%	50%～78.5%	78.5%	—	>90%

* 丙类放大通常用于射频放大，因电流波形失真大，很少用于音频放大，故效率未给出。

本书第3章介绍的射极输出器就是工作在甲类，三极管360°导通，电压增益近似为1，电流增益大，输出电阻小，带负载能力强，可获得较大的功率增益，但效率较低，理论上不超过25%，且管耗较大。

为了提高功率管的效率，必须设法降低功率管静态时的损耗，即缩短导通时间，使功率管从甲类工作状态改为乙类或甲乙类工作状态。此时虽降低了静态工作电流，但又产生了新问题——失真。如果不能解决乙类状态下的失真问题，乙类工作状态在功率放大电路中就不能使用。传统的功率放大电路多采用变压器耦合方式，目前应用较多的是无输出电容的功率放大电路(OCL - Output Capacitor less 电路)和无输出变压器的功率放大电路(OTL - Output Transformer less 电路)，此外还有桥式推挽电路(BTL - Balanced Transformer less)。推挽电路和互补对称电路都较好地解决了乙类工作状态下的失真问题。为了提高带负载能力，除了变压器耦合功放外，OCL电路、OTL电路和BTL电路均采用射极输出的方式，即共集接法。

6.3 功率放大电路分析

6.3.1 双电源乙类(B类)互补功率放大电路

1. 电路组成

乙类互补功率放大电路如图6.3.1所示。它由一对特性相同的NPN、PNP互补三极管组成，采用正、负两组电源供电，当电路对称时，输出端的静态电位等于零，各负责输入信号半个周期的放大，然后在公共射极负载上获得完整的输出信号波形，这种电路也称为 OCL 互补功率放大电路。

乙类互补功率放大电路的特点：

① 互补管特性一致；

② 两管均为射极输出；

③ 一个正弦输入信号，两管轮流导通。

2. 工作原理

静态时，T_1 和 T_2 均截止。

当输入信号处于正半周时，且幅度远大于三极管的开启电压，此时 NPN 型三极管 T_1 导通，PNP 型三极管 T_2 截止，电流 i_{E1} 由上到下通过负载 R_L。

当输入信号处于负半周时，且幅度远大于三极管的开启电压，此时 PNP 型三极管 T_2 导通，NPN 型三极管 T_1 截止，电流 i_{E2} 由下到上通过负载 R_L。

于是两个三极管一个正半周、一个负半周轮流导电，在负载上将正半周和负半周合成在一起，得到一个完整的不失真波形，如图 6.3.2(a)所示。严格地说，输入信号很小时，达不到三极管的开启电压，三极管不导电。因此在正、负半周交替过零处会出现一些非线性失真，这个失真称为如图 6.3.2(b)所示的交越失真。克服交越失真的办法后续详细介绍。

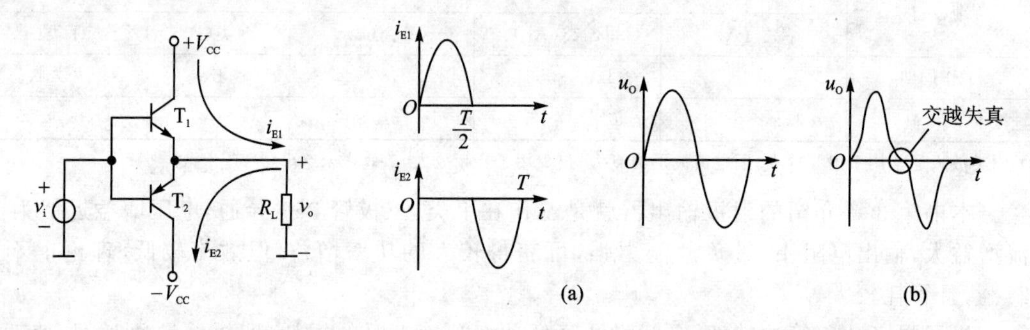

图 6.3.1 乙类互补功率放大电路　　图 6.3.2 乙类互补功率放大电路波形图

3. 参数计算

(1) 最大不失真输出功率 P_{om}

设乙类互补功率放大电路输入为正弦波。忽略三极管正向饱和压降，则负载上的最大不失真功率为

$$P_{om} = \frac{[(V_{CC} - V_{CES})/\sqrt{2}]^2}{R_L} = \frac{(V_{CC} - V_{CES})^2}{2R_L} \approx \frac{V_{CC}^2}{2R_L} \tag{6-3}$$

(2) 电源功率 P_V

直流电源提供的功率为半个正弦波的平均功率，信号越大，电流越大，电源功率也越大。

$$\begin{aligned} P_V &= V_{CC} I_{CC} = V_{CC} \frac{2}{2\pi}\int_0^{\pi} I_{om} \sin \omega t \, d(\omega t) \\ &= V_{CC} \frac{2}{2\pi}\int_0^{\pi} \frac{V_{om}}{R_L} \sin \omega t \, d(\omega t) \\ &= \frac{2}{\pi} \frac{V_{CC} V_{om}}{R_L} \end{aligned} \tag{6-4}$$

显然，P_V近似与电源电压的平方成比例。

(3) 三极管的管耗 P_T

电源输入的直流功率，有一部分通过三极管转换为输出功率，剩余的部分则消耗在三极管上，形成三极管的管耗。显然有

$$P_T = P_V - P_o = \frac{2V_{CC}V_{om}}{\pi R_L} - \frac{V_{om}^2}{2R_L} \qquad (6-5)$$

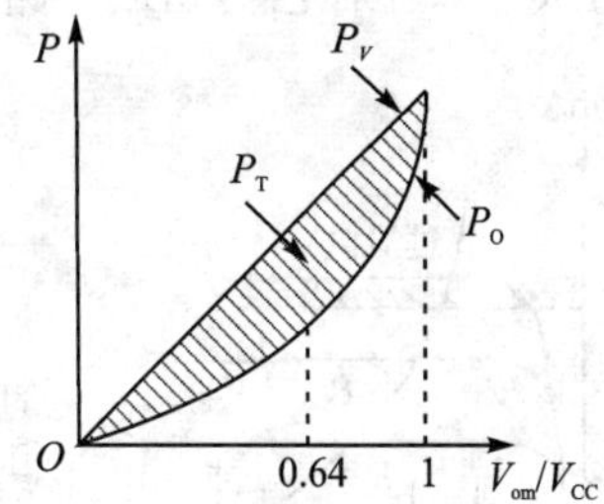

图6.3.3　乙类互补功率放大电路的管耗

可见，管耗与输出幅度有关，将P_T画成曲线，如图6.3.3所示。图中画阴影线的部分即代表管耗，P_T与V_{om}成非线性关系，有一个最大值。

用P_T对V_{om}求导的办法可找出这个最大值。$P_{T,max}$发生在$V_{om}=0.64V_{CC}$处，将之代入式(6-5)，可得$P_{T,max}$为

$$P_{T,max} = \frac{2V_{CC}V_{om}}{\pi R_L} - \frac{V_{om}^2}{2R_L} = \frac{2V_{CC}0.64V_{CC}}{\pi R_L} - \frac{(0.64V_{CC})^2}{2R_L} =$$

$$\frac{2.56V_{CC}^2}{2\pi R_L} - \frac{0.64^2V_{CC}^2}{2R_L} \approx 0.8P_{om} - 0.4P_{om} = 0.4P_{om} \qquad (6-6)$$

单管的最大管耗为

$$P_{T,max} \approx 0.2P_{om} \qquad (6-7)$$

(4) 效率 η

$$\eta = \frac{P_o}{P_V} = \frac{I_{om}V_{om}}{2} \Big/ \frac{2V_{CC}I_{om}}{\pi} = \frac{\pi}{4}\frac{V_{om}}{V_{CC}} \qquad (6-8)$$

当$V_{om}=V_{CC}$时效率最高，即

$$\eta_{max} = \frac{\pi}{4} = 78.5\%$$

(5) 功率管的选择

由于每管的$V_{CE,max}\approx 2V_{CC}$（一管截止而另一管临界饱和时），$i_C\approx V_{CC}/R_L$，且$P_{T,max}\approx 0.2P_{om}$，故功率管的选择应满足

$$\left.\begin{aligned} &P_{CM} \geqslant 0.2P_{om} \\ &|V_{BR(CEO)}| \geqslant 2V_{CC} \\ &I_{CM} \geqslant \frac{V_{CC}}{R_L} \end{aligned}\right\} \qquad (6-9)$$

(6) 大功率三极管输出特性曲线的分区

在大功率三极管的输出特性中，除了与普通三极管一样分有放大区、饱和区、截止区外，从使用和安全角度还分有过电流区、过电压区和过损耗区，它们的位置如图6.3.4所示。

过电流区是由最大允许集电极电流确定的，超过此值，β将明显下降。

过电压区由C、E间的击穿电压$V_{(BR)CEO}$所决定。

过损耗区由集电极功耗P_{cm}所决定。

OCL电路采用直接耦合方式，低频特性好，但它必须用两路电源供电，为电路的设计带来不便。实际应用中也常用到单电源供电的功放电路。单电源互补乙类功率放大电路如图6.3.5所示，当电路对称时，输出端的静态电位等于$V_{CC}/2$。为了使负载上仅获得交流信

号,通常用一个电容器串联在负载与输出端之间,电容器的容量由放大电路的下限频率确定$\left(f_L=\frac{1}{2\pi R_L C}, C\geqslant\frac{1}{2\pi R_L f_L}\right)$,故这种功率放大电路也称为 OTL 互补功率放大电路。它的主要原理与双电源互补乙类功放电路完全相同,计算各参数时只要把电源数值改为 $V_{CC}/2$ 即可。

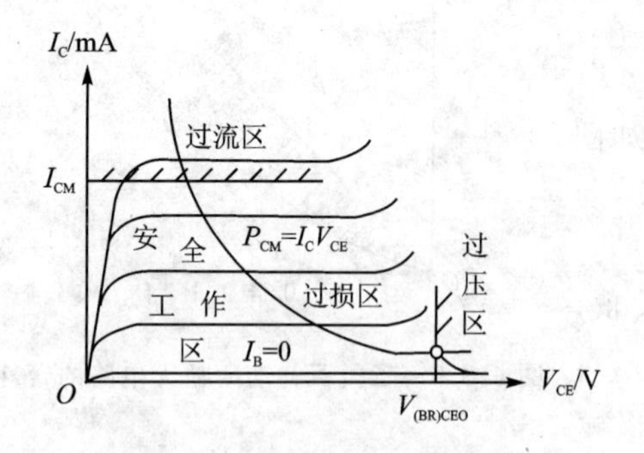

图 6.3.4 三极管的极限工作区

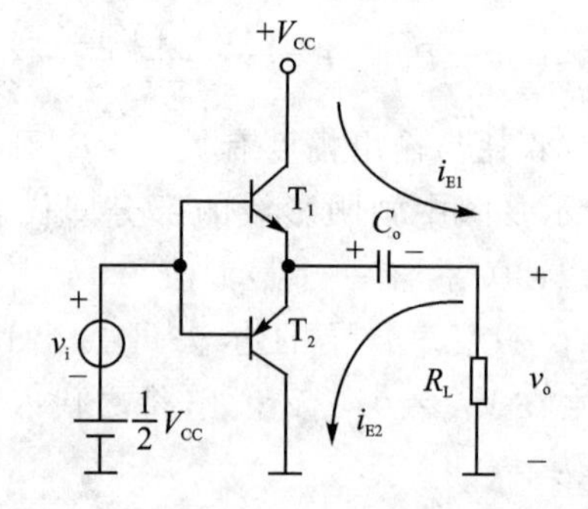

图 6.3.5 单电源 OTL 互补功率放大电路

6.3.2 甲乙类(AB 类)功率放大电路

为解决交越失真,可给三极管稍加一点偏置,使之工作在甲乙类,此时的互补功率放大电路如图 6.3.6 所示。互补管基极之间的偏置电压 V_{BB} 一般可以采用两种方法产生,一种是利用二极管的正向导通电压降,另一种是用 V_{BE} 倍增电路来产生要求的 V_{BB},分别如图 6.3.6 (a)、(b)所示。

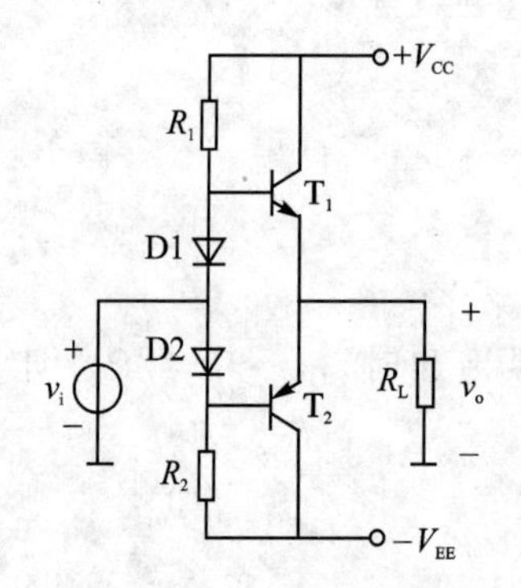

(a) 利用二极管提供偏置电压

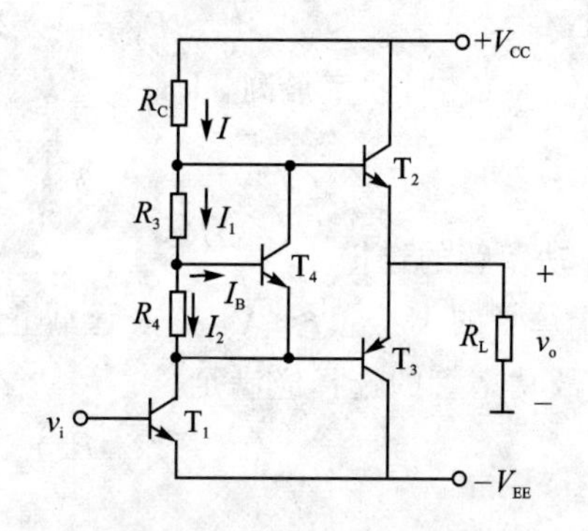

(b) 利用V_{BE}倍增电路提供偏置

图 6.3.6 甲乙类功率放大电路

图(a)在静态工作时,T_1 和 T_2 的基极间电压等于两只二极管的导通电压,即 $V_{B1B2}=V_{BE1}+V_{BE2}=V_{D1}+V_{D2}$,因而 T_1、T_2 管处于临界导通状态,有很小的集电极电流,故也称工作在微导通状态。由于晶体管的导通时间超过半个周期,故处于甲乙类工作状态。又由于二极管的动态电阻很小,其动态电压近似为 0,T_1、T_2 管动态电位近似相等,即有 $v_{b1}\approx v_{b2}\approx v_i$。

在图(b)中,用 V_{BE} 倍增电路取代图(a)中的两只二极管,设计时应满足 $I_2\gg I_B$,则有 $I_1\approx I_2=\frac{V_{BE4}}{R_4}$,此时 T_2、T_3 管基极之间的静态电压为 $V_{B2B3}=V_{CE4}\approx(R_3+R_4)I_1=\left(1+\frac{R_3}{R_4}\right)V_{BE4}$。由于 V_{CE4} 是 V_{BE4} 的倍数,故称为 V_{BE} 倍增电路。通过合理选择 R_3、R_4 的比值,就可为 T_2、T_3 提供合适的静态电压。另外,由于 T_4 管发射结压降具有与 T_2、T_3 发射结压降几乎相同的温度系

数，故该电路具有温度补偿作用。

由于甲乙类功率放大电路中的晶体管处于微导通状态，静态电流可忽略，故甲乙类功放电路的参数计算同乙类功放电路。

6.3.3 其他类型的功率放大电路

1. 丙类(D类)功放

在高功率CW和FM输出中丙类放大器用途很广，在AM放大器中可以改变偏置来调整幅度的变化。由前述可知，丙类功率放大器的导通角小于180°，非线性工作输出信号不是输入信号的简单倍乘，甲类放大器用一个管子，乙类用两个管子，丙类用一个管子，只是偏置点不同，乙类放大器输出电路中可以通过增加滤波器改进信号质量，丙类输出电路中必须有谐振回路来恢复基波信号，丙类放大器的最大优势是效率高。

2. 丁类(T类)功率放大器

丁类功率放大器的工作效率理论上可以达到100 %，功耗低，体积小。改变乙类功率放大器的偏置，使得输出不是半周线性而是非线性削波，输出为正负方波，再经过谐振回路恢复正弦波，在丁类放大器中，管子接近处于开关状态。如果开关时间为零，则漏源电压为零时，漏电流为最大，理论上可以得到100%的效率。事实上，BJT可工作的几兆赫兹，FET可工作到几十兆赫兹，不可能无限快。

3. BTL互补功率放大电路

BTL互补功率放大电路方框图如图6.3.7所示。它是由两路功率放大电路和反相比例电路组合而成，负载接在两输出端之间。两路功率放大电路的输入信号是反相的，所以当负载一端的电位升高时，另一端则降低，因此负载上获得的信号电压要增加一倍。BTL放大电路输出功率较大，负载可以不接地。

4. 双通道功率放大电路

双通道功率放大电路是用于立体声音响设备的功率放大电路，一般有专门的集成功率放大器产品。它有一个左声道功放和一个右声道功放，这两个功放的技术指标是相同的，需要在专门的立体声源下才能显现出立体声效果。

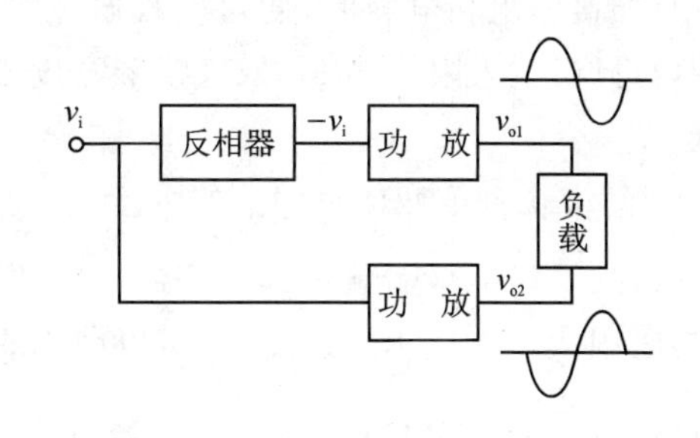

图6.3.7 BTL互补功率放大电路的方框图

有的高级音响设备一个声道分成二、三个频段放大，有相应的低频段、中频段和高频段放大器。

6.4 集成功率放大器及其典型应用

6.4.1 集成功率放大器概述

集成功率放大器广泛用于音响、电视和小电机的驱动方面，约95%以上的音响设备都采用了集成音频功率放大电路。自1967年成功研制出第一块集成音频功率放大器以来，短短几十年的时间，其发展速度和应用都是惊人的。据统计，音频功率放大器集成电路的产品品种已超过 300 种；输出功率从不到 1 W 的小功率放大器，发展到 10 W 以上的中功率放大器，直到 25 W的厚膜集成功率放大器；电路结构从单声道的单路输出发展到双声道立体声的二重双路输出；电路功能也已从一般的 OTL 功率放大器集成电路发展到具有过压保护、过热保护、负载短路保护、电源浪涌过冲电压保护、静噪声抑制、电子滤波等功能更强的集成功率放大器。

集成功放是在集成运算放大器的互补输出级之后加入互补功率输出级。大多数集成功率放大器实际上也就是一个具有直接耦合特点的运算放大器。它的使用方法原则上与集成运算放大器相同，使用时不能超过规定的极限参数，主要包括功耗和最大允许电源电压。另外还要加有足够大的散热器，以保证在额定功耗下不超过温度允许值。集成功放一般允许加上较高的工作电压，但许多集成功放可以在低电压下工作，适用于无交流供电的场合。此时集成功放电源电流较大，非线性失真也较大。

6.4.2 音频功率放大器 LM386 及其典型应用

1. LM386 简介

LM386 是美国国家半导体公司生产的音频功率放大器，主要应用于低电压消费类产品。它是 8 脚 DIP 封装(Dual In - line Package，双列直插式封装)，引脚图如图 6.4.1 所示。该款集成功率放大器静态功耗低，在 6 V 电源电压下，静态功耗仅为 24 mW，故适用于电池供电场合；工作电压范围宽，4～15 V，在 8 Ω 负载下，最大输出功率为 325 mW，内部设有过载保护电路；外围元件少，输入端以地为参考，输出端被自动偏置到电源电压的一半；电压增益内置为 20，当在 1 脚和 8 脚之间增加一只外接电阻和电容时，便可实现电压增益在 20～200 范围内可调；输入阻抗为 50 kΩ，频带宽度 300 kHz，失真度低。

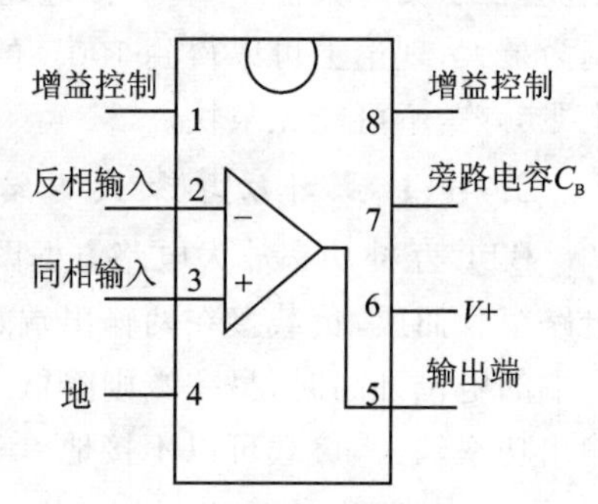

图 6.4.1 LM386 引脚图

LM386 内部电路图见图 6.4.2，其中 T_1 和 T_2、T_3 和 T_4 分别组成了复合管结构的差分式输入级，且工作于双端输入、单端输出的工作模式；T_5、T_6 组成镜像电流源，为输入级提供偏置电流；R_6 引入了电压串联负反馈，可以减小非线性失真；T_7 构成中间级；T_8、T_9、T_{10} 复合管作为输出级。1、8 两端开路时，电路的增益 $A_V \approx 2\dfrac{R_6}{R_4+R_5}=2\times\dfrac{15\ \text{k}\Omega}{0.15\ \text{k}\Omega+1.35\ \text{k}\Omega}=20$，即 2 倍的 1 脚和 5 脚间电阻值除以 T_1 和 T_3 发射极间的电阻值。

2. LM386 的典型应用

LM386 使用方便，外围器件少。图 6.4.3 是由它组成的最小增益功率放大器，图中 1 脚和 8 脚两端无连接，由前述可知此时的总增益约为 20；C_2 是交流耦合电容，将功放输出的交流信号送到负载上，构成 OTL 准互补对称电路；输入信号通过可调电位器 R_P 接到 3 脚同相端；C_1 是退耦电容，R_1 与 C_3 网络起到消除高频自激振荡的作用和过压保护。

若想要得到最大增益的功放电路，可采用图 6.4.4 的连接方式，在 LM386 的 1 脚和 8 脚间接入一电解电容，相当于交流短路，此时增益达到最大值

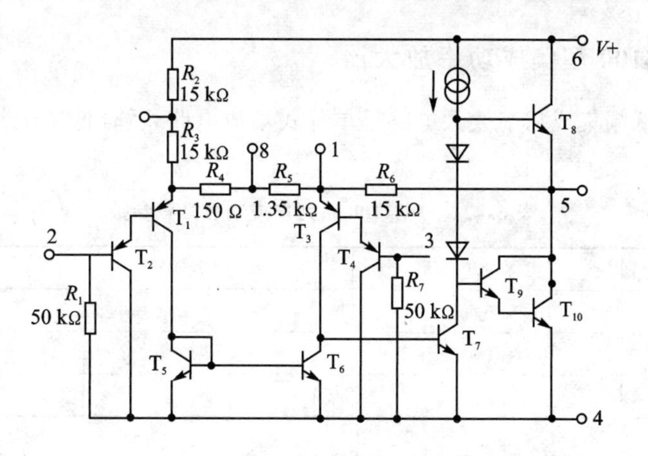

图 6.4.2　LM386 内部结构图

$$A_V \approx 2\frac{R_6}{R_4} = 2 \times \frac{15\ \text{k}\Omega}{0.15\ \text{k}\Omega} = 200$$

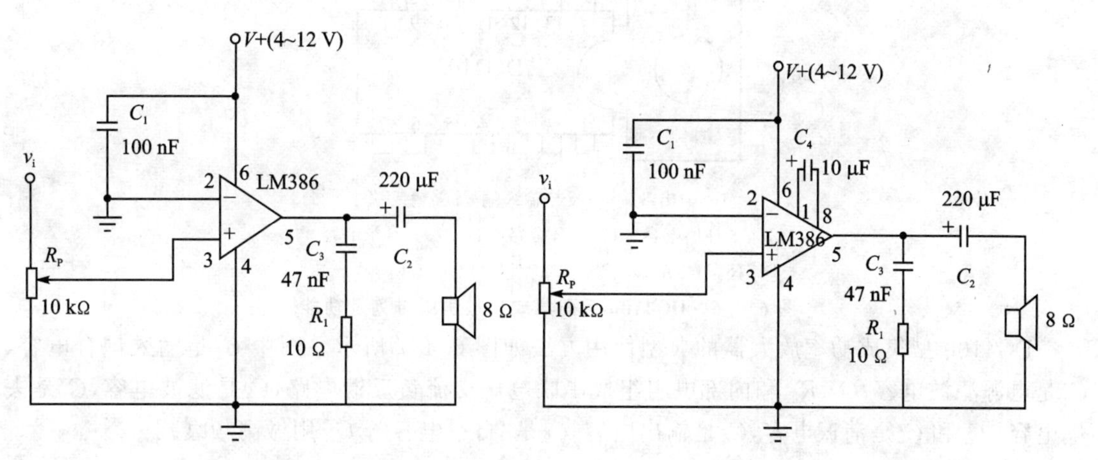

图 6.4.3　$A_V = 20$ 的功率放大器　　　　图 6.4.4　$A_V = 200$ 的功率放大器

电路中其他元器件的作用与图 6.4.3 相同。若要得到任意增益的功率放大器，可选择图 6.4.5 所示连接方式，试分析在图示电路给定参数下，该功放电路的电压增益值。需要注意的是，在构成增益可调功放电路时，接入的电阻必须串联一个大电容，且输入电压小于 200 mV。

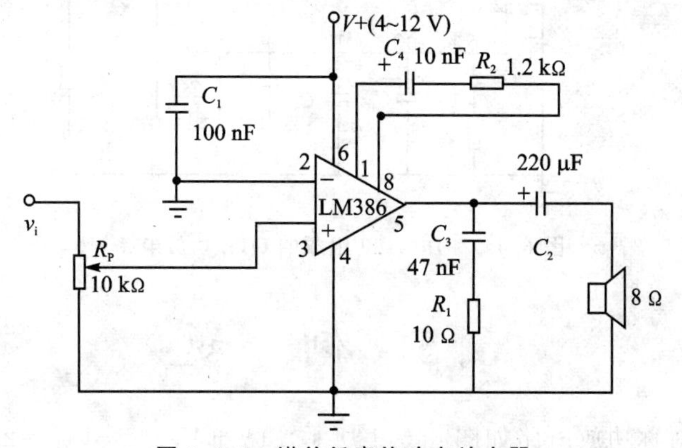

图 6.4.5　增益任意值功率放大器

6.4.3 DG4100型集成功率放大器

DG4100系列低频集成功率放大电路是单片式集成电路，适合低压工作，各型号推荐参数如表6.4.1所列。

表6.4.1 DG4100系列集成功放推荐参数

系 列 型	电源电压/V	输出功率/W	负载电阻/Ω
DG4100	6	1.0	4
DG4101	7.5	1.5	4
DG4102型	9	2.1	8

此集成电路是带散热片的14脚双列直插式塑料封装结构，同系列引脚排列完全相同，可以互换使用，其引脚分布及功能如图6.4.6所示。

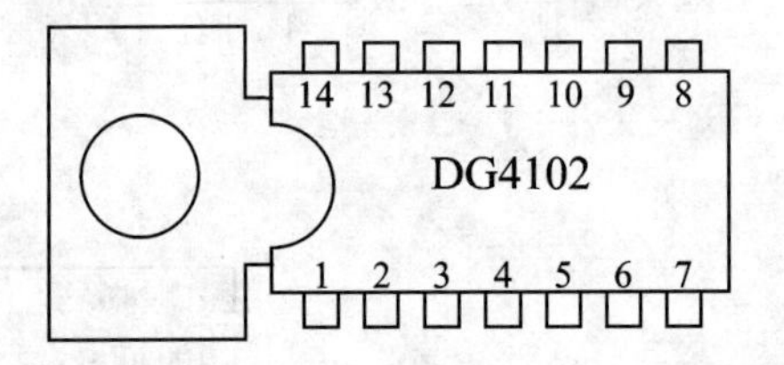

1—输出端 6—反相输入端 9—输入端

4、5—补偿电容 10、12—旁路电容 13—自举电容

2、7、8、11—空脚 3—接地 14—电源电压($+V_{CC}$)

图6.4.6 DG4100系列集成功放引脚排列及功能

DG4100型集成功率放大器的典型使用方法如图6.4.7所示。图中C_1是输入耦合电容，C_2是电源滤波电容；C_3、R_F和内部电阻组成串联电压交流负反馈电路，C_4是滤波电容，C_5是去耦电容，C_6和C_7是消振电容，C_8是输出电容，C_9是"自举电容"，C_{10}用做高频衰减。

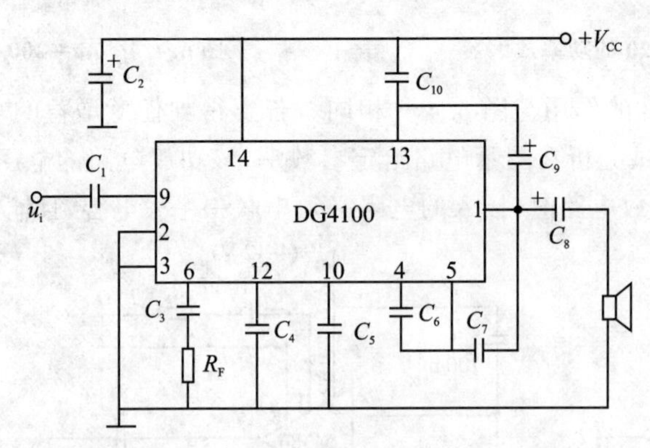

图6.4.7 DG4100组成的OTL功放电路

6.5 例 题

【例题1】互补对称功放电路如图6.5.1所示。已知$V_{CC}=-V_{EE}=20$ V，$R_L=8$ Ω，T_1与

T_2 管的 $V_{CES}=2$ V。试问：

① 当 T_3 管输出信号 $V_{o3}=10$ V 有效值时，计算电路的输出功率、管耗、直流电源供给功率和效率。

② 该电路不失真的最大输出功率、效率和所需 V_{o3} 有效值是多少？

解：①该电路由两级放大器组成，其中 T_3 为推动级，T_1、T_2 组成互补推挽功放电路，工作在甲乙类。T_3 管的输出信号 V_{o3} 就是功放电路的输入。

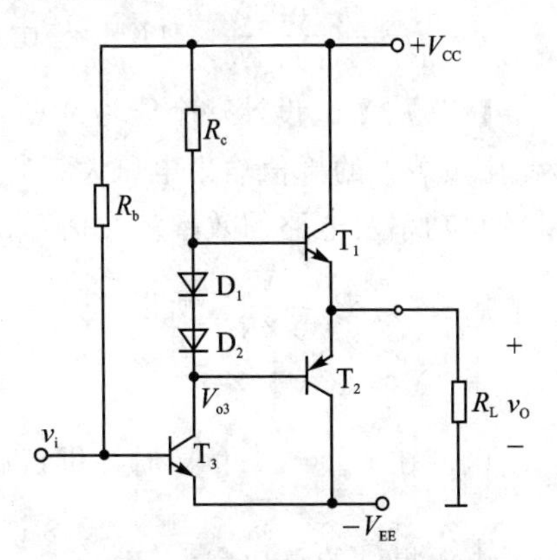

图 6.5.1　[例题 1]电路图

输出功率：$P_o=\dfrac{V_o^2}{R_L}=\dfrac{10^2\ \text{V}}{8\ \Omega}=12.5$ W

电源供给功率：$P_V=\dfrac{2}{\pi}\dfrac{V_{CC}V_{om}}{R_L}=\dfrac{2\cdot 20\cdot 10\sqrt{2}\ \text{V}}{8\ \Omega}\approx 22.5$ W

单管管耗：$P_{T_1}=P_{T_2}=\dfrac{1}{2}(P_V-P_o)=\dfrac{1}{2}(22.5-12.5)$ W$=5$ W

集电极效率：$\eta=\dfrac{P_o}{P_V}=\dfrac{12.5\ \text{W}}{22.5\ \text{W}}\cdot 100\%\approx 56\%$

② 最大输出功率：$P_{om}=\dfrac{V_{om}^2}{2R_L}=\dfrac{(V_{CC}-V_{CES})^2}{2R_L}=\dfrac{(20-2)^2}{2\cdot 8}$ W$=20.25$ W

电源功率：$P_V=\dfrac{2V_{om}V_{CC}}{\pi R_L}=\dfrac{2(V_{CC}-V_{CES})V_{CC}}{\pi R_L}=\dfrac{2\cdot 18\cdot 20\ \text{V}}{\pi\cdot 8\ \Omega}\approx 28.7$ W

效率：$\eta_m=\dfrac{P_{om}}{P_V}=\dfrac{20.25\ \text{W}}{28.7\ \text{W}}\approx 70.6\%$

所需 V_{o3} 有效值：$V_{o3}=\dfrac{V_{om}}{\sqrt{2}}=\dfrac{V_{CC}-V_{CES}}{\sqrt{2}}=\dfrac{(20-2)\ \text{V}}{\sqrt{2}}\approx 12.7$ V

【例题 2】OTL 功放电路如图 6.5.2 所示，$V_{CC}=20$ V，$R_L=8\ \Omega$，T_1 与 T_2 管的 $V_{CES}=1$ V。试问：

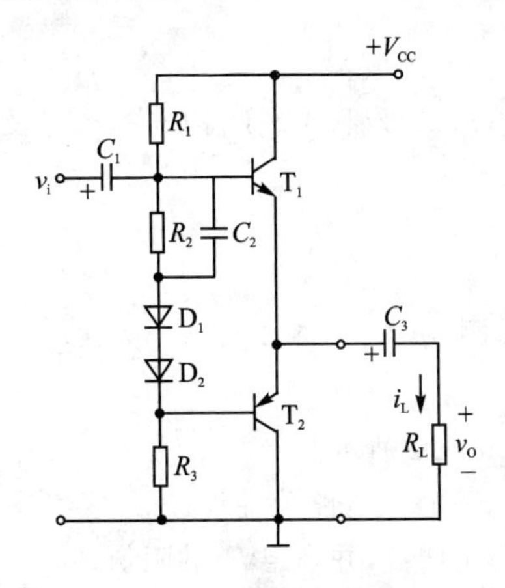

图 6.5.2　【例题 2】电路图

① 静态时，电容 C_3 两端电压是多少？调整哪个电阻能满足这个要求？

② 动态时，若出现交越失真应该调整哪个电阻？如何调整？

③ 计算该电路的最大不失真输出功率、电源供给功率和效率。

解：① 静态时，C_3 两端电压为 $V_{C_3}=\dfrac{1}{2}V_{CC}=10$ V，调整 R_1、R_3 可以满足这个要求。

② 出现交越失真时，调整电阻 R_2，且应增大阻值，让 T_1、T_2 管处于微导通状态。

③ $P_{om}=\dfrac{1}{2}\dfrac{(V_{CC}/2-V_{CES})^2}{R_L}=\dfrac{1}{2}\times\dfrac{(10-1)^2}{8}$ W≈ 5.06 W

$$P_V=\frac{2}{\pi}\frac{V_{om}V_{CC}/2}{R_L}=\frac{2}{\pi}\frac{(V_{CC}/2-V_{CES})\cdot V_{CC}/2}{R_L}$$

$$=\frac{2}{\pi}\times\frac{(10-1)\cdot 10}{8}\ \text{W}\approx 7.17\ \text{W}$$

$$\eta=\frac{P_{om}}{P_V}=\frac{5.06\ \text{W}}{7.17\ \text{W}}\times 100\%=70.6\%$$

【例题 3】试设计一个能为 8 Ω 负载提供 20 W 驱动功率的乙类功放电路。要求电源电压 V_{CC} 比负载上的峰值输出电压大 5 V。试确定供电电源电压 V_{CC}，流过电源的峰值电流，电源提供的总功率及电路的效率。并估算每只管子的最大耗散功率和确定互补功率管的极限参数。

解：因为 $P_o=\frac{V_{om}^2}{2R_L}$，所以，$V_{om}=\sqrt{2P_oR_L}=\sqrt{2\cdot 20\cdot 8}\ \text{V}\approx 17.9\ \text{V}$，则 $V_{CC}=V_{om}+5\ \text{V}\approx 17.9+5\ \text{V}\approx 23\ \text{V}$。

电源在 $V_{om}=17.9$ V 时提供负载的峰值电流为：$I_{om}=\frac{V_{om}}{R_L}=\frac{17.9\ \text{V}}{8\ \Omega}=2.24\ \text{A}$

电源提供的总功率为：$P_V=\frac{2}{\pi}\frac{V_{om}V_{CC}}{R_L}=\frac{2}{\pi}V_{CC}\cdot I_{om}=\frac{2}{\pi}\times 23\ \text{V}\times 2.24\ \text{A}=32.8\ \text{W}$

相应的效率 $\eta=\frac{P_o}{P_V}=\frac{20\ \text{W}}{32.8\ \text{W}}\times 100\%=61\%$

单管最大管耗 $P_{T_1,max}=0.2P_{om}=0.2\frac{V_{CC}^2}{2R_L}=0.2\cdot\frac{23^2}{2\times 8}=6.6\ \text{W}$

依据上述计算，确定功放管的极限参数：

$$I_{CM}\geqslant\frac{V_{CC}}{R_L}=\frac{23\ \text{V}}{8\ \Omega}=2.88\ \text{A},\quad V_{(BR)CEO}\geqslant 2V_{CC}=46\ \text{V},\quad P_{CM}\geqslant 6.6\ \text{W}$$

6.6 研究性课题

【课题 1】由运放组成的功率扩展电路如图 6.6.1 所示，已知电路的额定输出功率 $P_o=10$ W。若不考虑 R_9、R_{12} 上的压降，试问：

① 电路级间引入了何种类型的反馈，反馈网络有哪些元器件组成？

② 输出级属于何种类型的功放电路？简述三极管 $T_1\sim T_4$、二极管 $D_1\sim D_3$ 构成的形式及各自作用？

③ 调整输出端静态电位时，应调整哪些器件？

④ 为获得额定输出功率，输入端应加多大的电压信号？

⑤ 已知 5G24 运放最大输出电流为±5 mA，输出要达到额定功率，复合管的等效 β 至少多大（可不考虑 R_8、R_{11} 的分流作用）？

【课题 2】基于 TDA2030 的简易音频功率放大电路如图 6.6.2 所示。

① 查资料，熟悉了解集成功放 TDA2030 的内部结构、外部引脚、电路特性等；

② 图中 R_1、R_2、C_2 构成了什么类型的反馈，估算其闭环电压增益，并确定 R_3 的阻值；

③ 图中两个二极管起到什么作用？

④ 简述电路工作原理，采购器件，调试该电路，撰写报告。

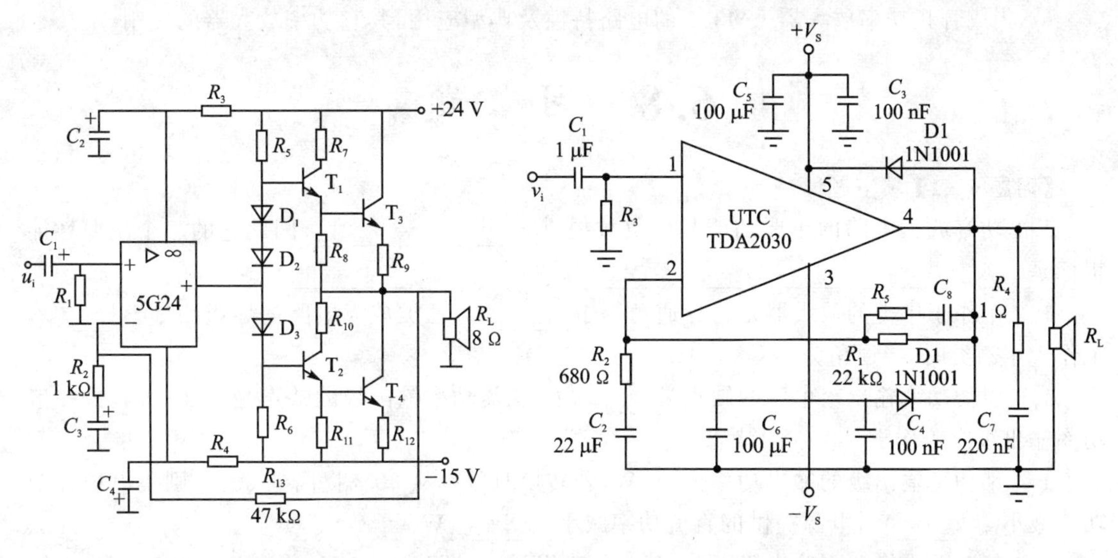

图 6.6.1 【课题 1】图

图 6.6.2 【课题 2】图

6.7 本章小结及复习要求

功放电路也是利用三极管的放大作用实现能量的转换，它与基本放大的区别在于功放管工作于极限状态，容易产生非线性失真，静态功耗高，鉴于此功放电路的主要任务就是在不失真或误差允许范围内最大限度地输出大信号功率，提高能量转换效率和降低管耗。

功率放大电路的分类，按放大电路的频段可分为低频功放和高频功放；按功放管工作状态不同可分为甲类(A 类)、乙类(B 类)、甲乙类(AB 类)、丙类(D 类)和丁类(T 类)；按输出级与负载的连接方式不同可分为 OTL 电路、OCL 电路和 BTL 电路等。

甲类功放在信号全范围内均导通，电路简单，非线性失真小，但效率低；乙类功放采用双管推挽输出，效率高，但会产生交越失真；甲乙类功放利用直流偏置技术有效地克服了交越失真，并具有较高的输出功率和效率，因此在集成电路中被广泛使用。

集成功率放大器具有体积小、性能稳定、外围电路简单、安装调试方便等优点，目前得到广泛应用。

本章复习要求：

① 功率放大器关注的主要问题是输出功率要大、效率要高、非线性失真要小、管子的安全和散热。

② 四种类型的功率放大器(甲类、乙类、甲乙类、丙类)管子的导通角分别是多少？请叙述输出信号波形的特点。

乙类双电源互补对称功放电路形式及参数计算(P_o，P_{om}，$P_{T,max}$，P_V，η)。

③ 乙类功放存在的问题：交越失真的概念，克服交越失真的措施。

④ 甲乙类双电源互补对称功放电路形式，克服交越失真的作用，计算公式(P_o，P_{om}，$P_{T,max}$，P_V，η)与乙类双电源计算相同。

⑤ 甲乙类单电源互补对称功放电路形式，电容 C 的作用？OTL 和 OCL 的名称含义？计算公式(P_o，P_{om}，$P_{T,max}$，P_V，η)与乙类双电源计算相似，只需用 $V_{CC}/2$ 代替 V_{CC}。

⑥ 集成音频功率放大器 LM386 的电路特性及典型应用，其它功率放大器的应用。

6.8 习 题

【习题 6-1】 填空题

1.1 功率放大电路的主要功能是向负载提供________，因此它的三个主要性能指标是①________，②________，③________。

1.2 工作于甲类的放大器是指导通角等于______，乙类放大电路的导通角等于______，工作于甲乙类时，导通角为______。

1.3 甲类功率输出级电路的缺点是______，乙类功率输出级的缺点是______，故一般功率输出级应工作于______状态。

1.4 某功率输出级的输出功率为 10 W，若转换时效率从 30%提高到 60%，则集电极耗散功率减小______W，电源提供的直流功率减小______W。

1.5 某互补推挽功率输出级电路，若工作于甲类，电源 $V_{CC}=6$ V，负载 $R_L=8\ \Omega$，则最大输出功率______；电源提供的直流功率______W，每管的集电极耗散功率______W。若此电路工作于乙类状态，则最大输出功率______W，电源提供的直流功率______W，各管集电极的耗散功率______W，此时效率______。

【习题 6-2】 选择题

2.1 某工作于乙类的互补推挽功率输出级，负载为最佳负载，若负载电阻不变，欲将输出功率提高一倍，则应该(　　)。

A. 电源电压提高一倍；　　B. 电源电压提高$\sqrt{2}$倍；　　C. 增大输入信号幅度

2.2 功率输出级的转换效率是指(　　)。

A. 输出功率与集电极耗散功率之比；

B. 输出功率与电源提供的直流功率之比；

C. 晶体管的耗散功率与电源提供的直流功率之比。

2.3 乙类功率输出级，最大输出功率为 1 W，则每个功放管的集电极最大耗散功率为(　　)。

A. 1 W；　　B. 0.5 W；　　C. 0.4 W；　　D. 0.2 W

2.4 与甲类功率放大方式比较，乙类推挽方式的主要优点是(　　)。

A. 不用输出变压器；　　B. 不用大电容输出；　　C. 效率高；　　D. 无交越失真

2.5 OCL 功率放大电路如图 6.8.1 所示，输入为正弦电压，互补管 T_1、T_2的饱和管压降可以忽略，

① T_1、T_2管的工作方式为(　　)。

A. 甲类；　　B. 乙类；　　C. 甲乙类

② 该电路的最大输出功率为(　　)。

A. $\frac{V_{CC}^2}{2R_L}$；　　B. $\frac{V_{CC}^2}{4R_L}$；　　C. $\frac{V_{CC}^2}{R_L}$；　　D. $\frac{V_{CC}^2}{8R_L}$

【习题 6-3】 双电源互补对称功率放大(OCL)电路如图 6.8.1 所示，输入信号为 1 kHz、10 V 的正弦信号，输出电压的波形如图 6.8.2 所示，说明电路出现了什么失真，应在电路中采

取什么措施？

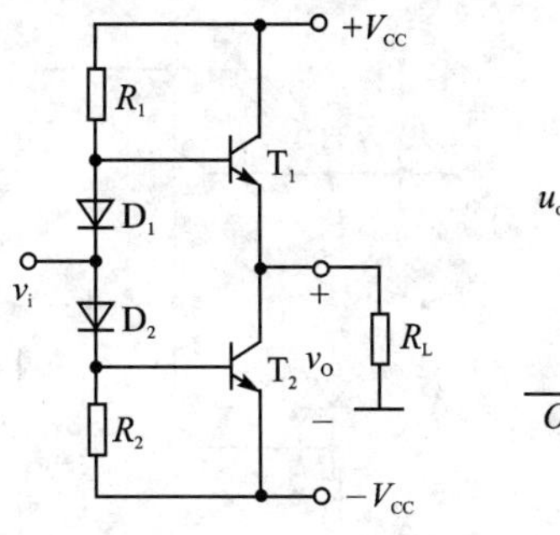

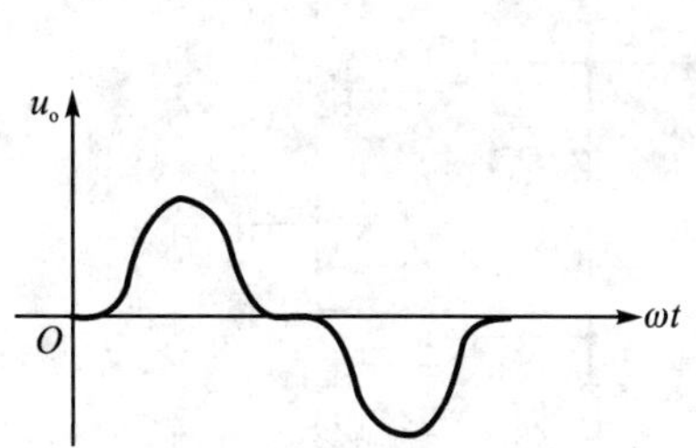

图 6.8.1 【习题 6.3】图　　　　图 6.8.2 【习题 6.3】图

【习题 6-4】 如图 6.8.3 所示电路中，已知 $V_{CC}=V_{EE}=6$ V，$R_L=8$ Ω，T_1、T_2的饱和压降 $V_{CES}=1$ V，试求：

① 最大不失真输出时的功率 P_{om}、电源供给的功率、效率、每只管子管的管耗是多少。

② 选用大功率管时，其极限参数应满足什么要求？

【习题 6-5】 OCL 功放电路如图 6.8.4 所示。已知输入电压 v_i为正弦波，T_1，T_2的特性对称。

① 元件 R_1、R_2、R_3、D_1、D_2的作用是什么，晶体管 T_1、T_2的工作方式如何？

② 动态时，若出现交越失真，应调整哪个元件，如何调整？

③ 设三极管饱和压降约为 0 V。若希望在负载电阻 $R_L=8$ Ω 的扬声器上得到 9 W 的信号功率输出，则电源电压 V_{CC}值至少应取多少？

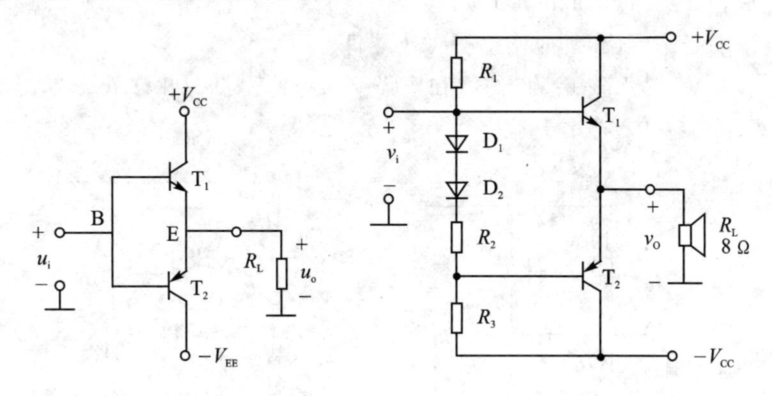

图 6.8.3 【习题 6-4】图　　　　图 6.8.4 【习题 6-5】图

【习题 6-6】 如图 6.8.5 所示电路为一准互补功率放大电路，要求：

① 判断图中晶体管 T_1～T_4的发射极箭头是否正确，若不正确请在图中修改。

② 假设当输入电压幅值足够大时，功放管可达到饱和，且饱和压降 V_{CES}可忽略，估算电路的最大不失真输出功率。

【习题 6-7】 在如图 6.8.6 所示的功率放大电路中，已知 $V_{CC}=32$ V，晶体管的 $V_{CES}=1$ V，电路的最大不失真输出功率为 7.03 W。试求：

① 负载电阻 R_L的值；

② 输出最大时电路的效率；

③ 晶体管 T_1 的最大管耗 $P_{T_1,\max}$。

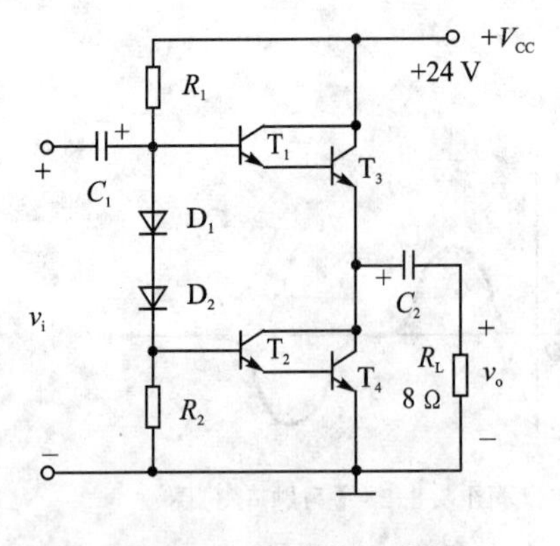

图 6.8.5 【习题 6-6】图

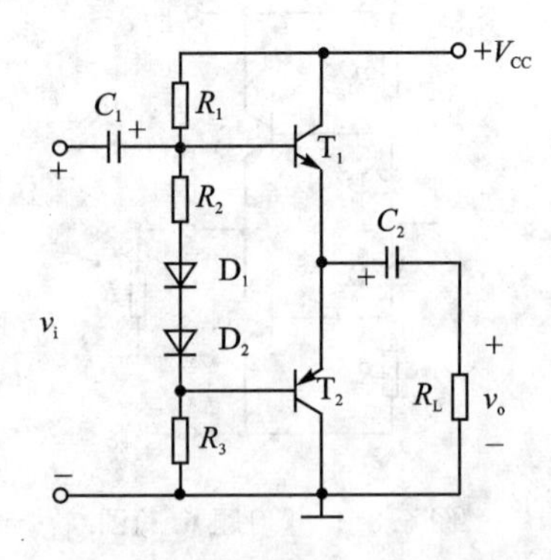

图 6.8.6 【习题 6-7】图

【习题 6-8】有一 OTL 电路如图 6.8.7 所示。设电源电压 $V_{CC}=20$ V，$R_L=8$ Ω，三极管 T_2，T_3 的 $\beta=20$，$V_{(BR)CEO}=70$ V，$I_{CM}=4$ A，$P_{CM}=20$ W(加散热片)。试求：

① 在理想极限运用情况下的 P_{om} 值；

② 当不失真输出功率 $P_o=3.65$ W 时的效率 η；

③ 若 V_{CC} 改为 24 V，R_L 改为 3.5 Ω，此时的 P_{om} 为多大？三极管能否安全工作？要求基极提供的峰值电流 $i_{B,\max}$ 为多大？

【习题 6-9】电路如图 6.8.8 所示，回答下列问题：

① 说明电路的名称。

② 简述三极管 T_1～T_5 构成的形式及其作用。

③ 调整输出端静态电位时，应调整哪一个器件？

④ 若 $V_{CC}=15$ V，三极管 T_3、T_4 的饱和压降 $V_{CES}\approx 2$ V，$R_L=8$ Ω，$R_{e3}=R_{e4}=0.5$ Ω，求 R_L 上最大不失真输出功率 P_{om} 有多大。

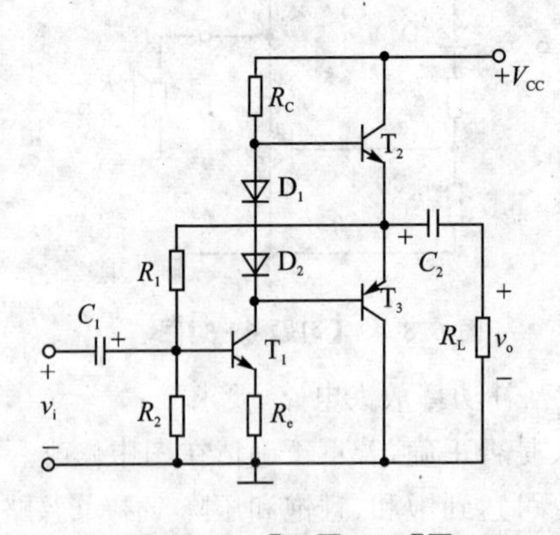

图 6.8.7 【习题 6-8】图

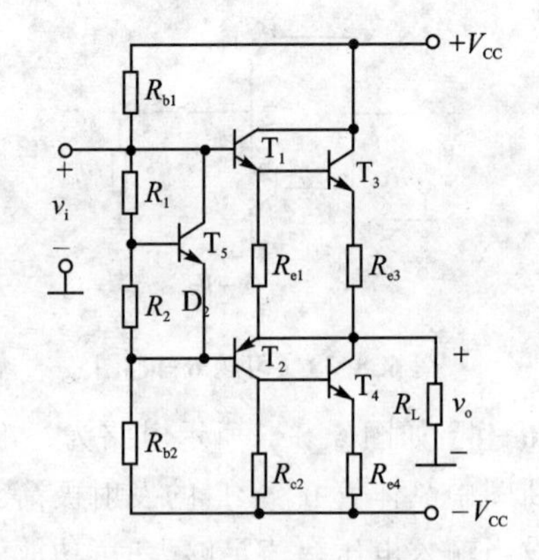

图 6.8.8 【习题 6-9】图

【习题 6-10】功放电路如图 6.8.9 所示，为使电路正常工作，试回答下列问题：

① 静态时电容 C 上的电压应为多大？如果偏离此值，应首先调节 R_{P1} 还是 R_{P2}？

② 欲微调静态工作电流，主要应调节 R_{P1} 还是 R_{P2}？

③ 设管子饱和压降可以略去，求最大不失真输出功率、电源供给功率、各管管耗和效率。

④ 设 $R_{P1}=R=1.2\ k\Omega$，三极管 T_1、T_2 参数相同，$U_{BE}=0.7\ V$，$\beta=50$，$P_{CM}=200\ mW$，若 R_{P2} 或二极管断开时是否安全？为什么？

【习题 6-11】电路如图 6.8.10 所示，三极管的饱和压降可略，试回答下列问题：

① $v_i=0$ 时，流过 R_L 的电流有多大？

② 若输出出现交越失真，应调整那个电阻？如何调整？

③ 为保证输出波形不失真，输入信号 v_i 的最大振幅为多少？管耗为最大时，求 v_{im}。

④ D_1、D_2 任一个接反，将产生什么后果？

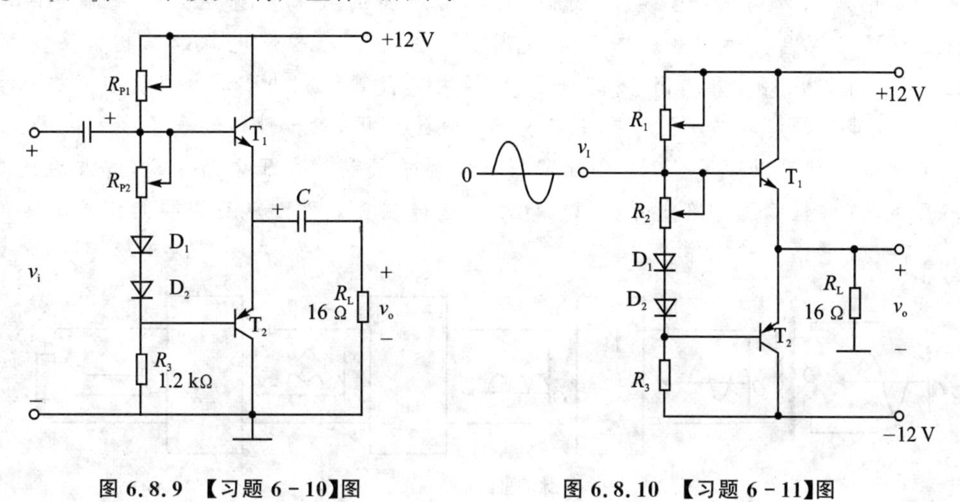

图 6.8.9　【习题 6-10】图　　　　图 6.8.10　【习题 6-11】图

6.9　仿真习题

利用“Multisim”仿真软件对研究性课题 2 的音频功率放大电路进行功能测试：

① 测量输出电压放大倍数 A_V；

测试条件：直流电源电压 14 V，输入信号 1 kHz，70 mV(振幅值 100 mV)，输出负载电阻分别为 4 Ω 和 8 Ω。

② 测量允许的最大输入信号(1 kHz)和最大不失真输出功率；

测试条件：直流电源电压 14 V，负载电阻分别为 4 Ω 和 8 Ω。

③ 测量上、下限截止频率 f_H 和 f_L；

测试条件：直流电源电压 14 V，输入信号 70 mV(振幅值 100 mV)，负载电阻 8 Ω，改变输入信号频率。

第 7 章　直流稳压电源

本章内容概要

除使用电池以外的大多数电子设备，其电路所需的直流电源绝大多数都是由电网的 50 Hz/220 V 交流电转换而来。图 7.0.0 所示为线性直流稳压电源的结构框图。可见 50 Hz/220 V 交流电压经变压器 T 隔离降压后，经由二极管组成的整流电路将其变成脉动的直流电压，再经滤波网络电路平滑成有一定纹波的直流电压，对于性能要求不高的电子电路，滤波后的直流电压就可以应用了。但对于稳压性能要求较高的电子电路来说，滤波后还要再加一级稳压电路(线性稳压电路或开关稳压电路)，这样在负载两端就可以得到比较稳定的直流电压，保证负载电路正常工作。

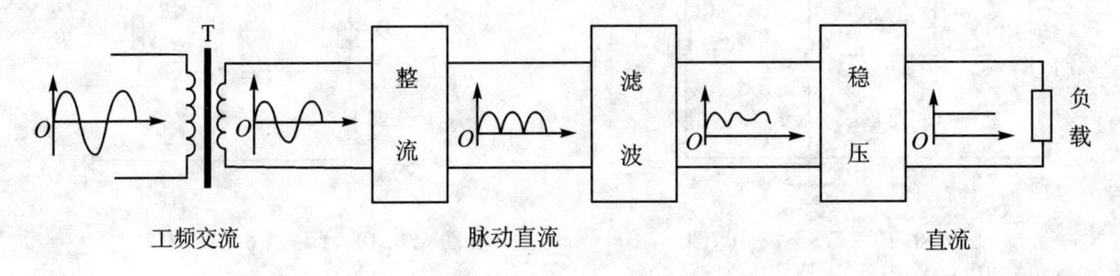

图 7.0.0　直流稳压电源

直流稳压电源主要由两个参数来描述，即稳压电源的输出功率和稳压值，人们可以根据需要来选择或设计合适自己的稳压电源(线性稳压电源或开关稳压电源)。

本章首先讨论整流、滤波和稳压电路，然后介绍三端集成稳压器件，最后通过应用广泛的典型电路说明开关稳压电源的原理。

7.1　整流电路

从图 7.0.0 可以看出，整流电路的作用是将交流电变换成单方向的直流电。整流电路种类较多，按整流元件的类型，分二极管整流和可控硅整流；按交流电源的相数，分单相整流和三相整流；按流过负载的电流波形，分半波和全波整流；按输出电压相对于电源变压器次级电压的倍数，又分一倍压、二倍压及多倍压整流等。在第 2 章介绍了二极管半波整流电路和简单的倍压电路，本节主要研究单相桥式整流电路，从能量传递的角度把握整流的概念。对于其他形式的整流电路则通过习题和其他练习来掌握。

7.1.1　桥式全波整流电路

1. 单相桥式整流电路

单相桥式整流电路如图 7.1.1 所示。主要由四只二极管 $D_1 \sim D_4$ 构成，设 $D_1 \sim D_4$ 均为理想二极管。

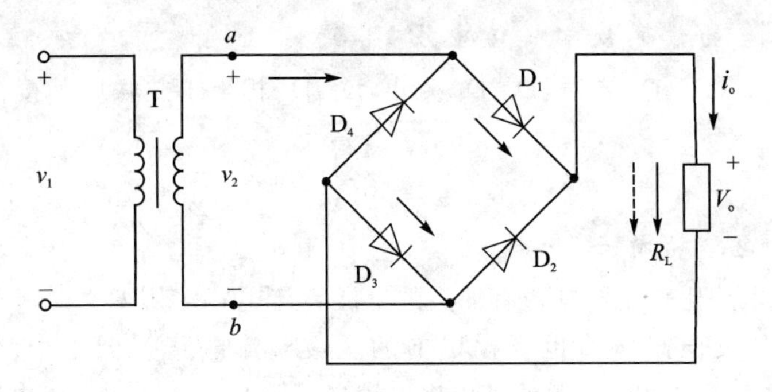

图 7.1.1 单相桥式整流电路

2. 工作原理

交流电压 v_2 在正半周，若 a 端电位高于 b 端电位，故 D_1 和 D_3 导通，D_2 和 D_4 截止，电流流经路径为：a 端→D_1→R_L→D_3→b 端（图中实心箭头所指）；v_2 在负半周时，b 端电位高于 a 端电位，D_2，D_4 导通，D_1，D_3 截至，电流路径为 b 端→D_2→R_L→D_4→a 端。可以看出，流经负载 R_L 时，电流方向（图中空心箭头和实心箭头）一致，即两对交替导通的二极管引导正、负半周电流在整个周期内以同一方向流过负载，实现了交流变直流的过程。v_2 及 v_o 波形如图 7.1.2 所示。

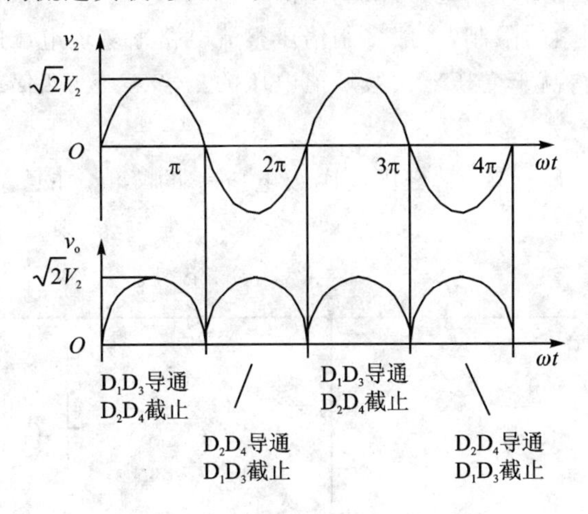

图 7.1.2 桥式整流电路波形图

7.1.2 桥式整流电路的主要参数

1. 输出平均电压 $V_{o(av)}$

由波形可知，桥式整流是半波整流的 2 倍，即

$$V_{o(av)}=\frac{2\sqrt{2}}{\pi}V_2\approx 0.9V_2 \tag{7-1}$$

2. 流过二极管的平均电流 $I_{D(av)}$

由于轮流导通，因此流过每个二极管的平均电压只是负载电流的一半，即

$$I_{D(av)}=\frac{1}{2}I_{o(av)}=\frac{1}{2}\frac{V_{o(av)}}{R_L}=0.45\frac{V_2}{R_L} \tag{7-2}$$

3. 二极管承受的最高反向峰值电压 V_{RM}

当 v_2 上正下负时，D_1、D_3 导通，D_2、D_4 截止，D_2、D_4 相当于并联后跨接在 v_2 上，因此反向最高峰值电压为

$$V_{RM} = \sqrt{2}V_2 \tag{7-3}$$

4. 桥式整流电路的特点

单相桥式整流电路比变压器副边有抽头的全波整流电路多用两个二极管，变压器不存在磁化问题；二极管的反向耐压值也要比以前的全波整流电路要低一半；输出直流电压为 $0.9V_2$；由于是全波整流，所以，电源的利用率也较高。但即使是桥式整流电路输出，其直流电压脉动仍然比较大，直接使用时，只能是在对电源电压脉动要求不高的场合。一般场合下不能直接使用，为了较少脉动，仍需要在电路上对其进行进一步的改进。

由于桥式整流电路的性能好、体积小，根据耐压和电流的大小，市场上有各种性能指标的整流桥堆产品。实际使用时按方向将电源变压器与整流桥堆相连即可，非常方便。

7.1.3 倍压整流电路

电压的变换，除了常见的降压电路外还有升压电路。理论上利用变压器可以将交流电压任意增加，但由于条件因素的限制，一般多用倍压整流电路来实现电压的升高。倍压整流是利用电容整流滤波电路获得高于变压器次级峰值电压的二倍、三倍、四倍或更多倍的升压电路。

1. 二倍压整流电路

图 7.1.3 为二倍压电路。V_{2m} 是变压器次级电压 v_2 的峰值，并且忽略二极管的正向导通压降。

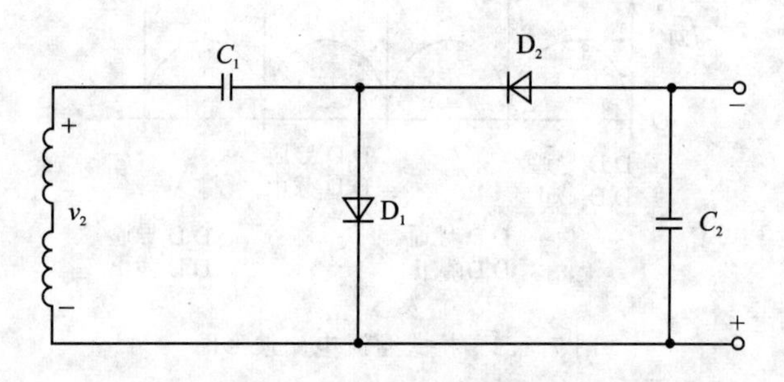

图 7.1.3 二倍整流电路

可见：当变压器次级电压源上正下负时，D_1 导通，D_2 截止、电容 C_1 被充电，两端电压就能达到 V_{2m}，如图 7.1.4(a)所示。当次级电压上负下正时，D_1 截止、D_2 导通、电容 C_2 被充电，两端电压等于 C_1 上电压与变压器次级绕组电压之和，即为 $2V_{2m}$，如图 7.1.4(b)所示。经过两次充电后，C_2 两端的电压 $2V_{2m}$ 就是输出电压。图中二极管承受的最大反向耐压值为 $2V_{2m}$。

2. 多倍压电路

根据二倍压整流电路的原理，同样可以得出多倍压电路。图 7.1.5 所示为三倍压和四倍压电路。同理，假设在电源接通的瞬间，变压器的次级上正下负，则 D_1 导通，其余二极管都截止，电容 C_1 被充电，其两端电压被充到变压器的峰值电压。当次级的电压上负下正时，D_2 导通，其余二极管被截止，电容 C_2 被充电。当次级的电压又转为上正下负时，D_3 导通，其余二极管截止，电容 C_3 被充电。当次级的电压又转为上正下负时，D_4 导通，其余二极管截止，电容

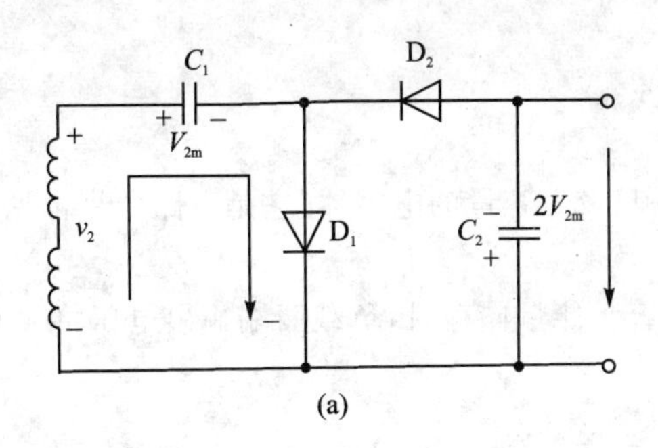

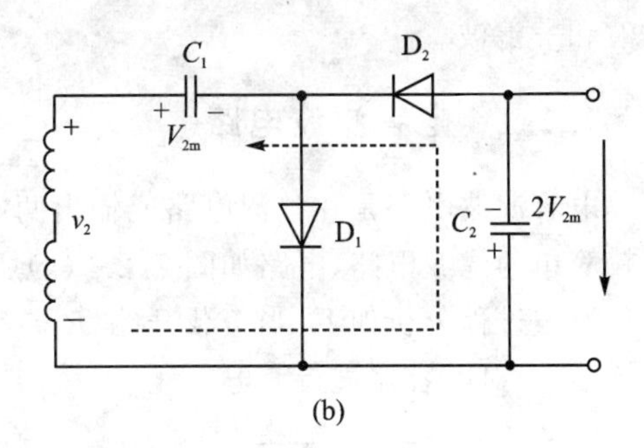

图 7.1.4　二倍压电路分析

C_4 被充电。

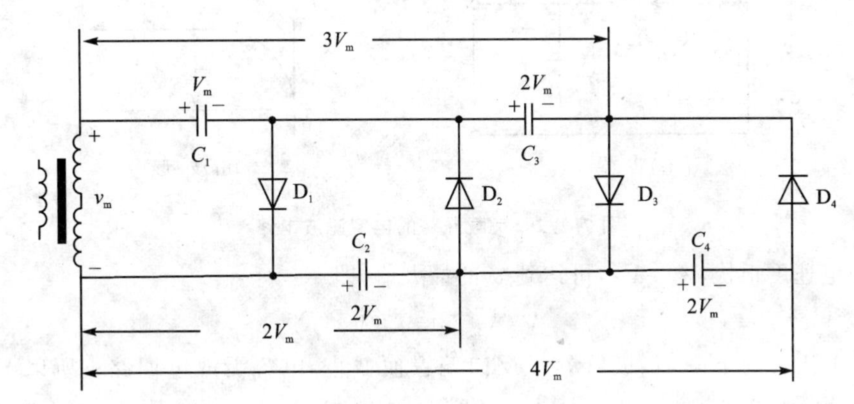

图 7.1.5　三倍和四倍压电路

经过多次的反复充电，电容上的电压就能达到相对稳定的多倍压值，除 C_1 两端为 V_m，其余电容上的电压均为 $2V_m$。在该电路中，电容两端达到稳定值先后的顺序为 C_1, C_2, C_3, C_4。C_1 和 C_2 串联的两端电压可以达到 $3V_m$，C_2 和 C_4 串联的两端电压可以达到 $4V_m$，如图标注。图中二极管所承受的反向电压峰值为 $2V_m$。

多倍压电路特点：电路简单，通过倍数级数的增加，可以达到非常高的电压，以满足人们特殊的需要。但无论输出电压怎么样高，每个电容所承受的最高电压却始终是 $2V_m$，而且持续输出电流一般很小。可见，利用该原理可以制作类似电棍、臭氧发生器等电流要求很小的工具。

7.2　滤波电路

交流电经过整流后，输出电压和电流在方向上没有变化，但输出电压波形仍保持正弦波的半波波形，波形如图 7.2.1 所示。

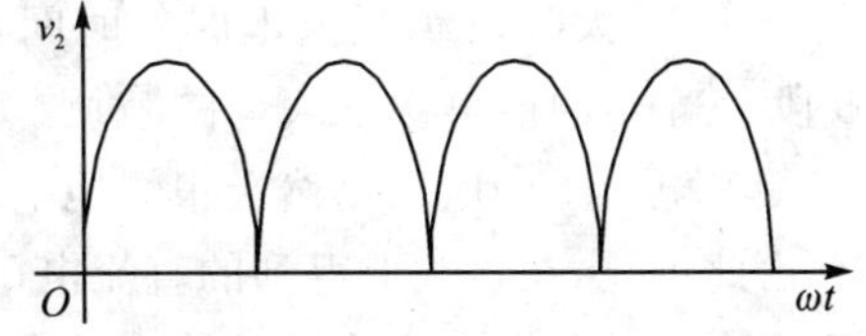

图 7.2.1　全波整流输出波形

可见，其输出电压起伏较大，脉动频率为 100 Hz。为了得到比较平滑的直流电压波形，就必须采用滤波电路，以改善输出电压的脉动特性。也正因为如此，滤波电路在整个电源电路中处于整流电路与负载之间。目前常用的滤波电路有电容滤波、电感滤波、LC

滤波和 π 滤波。

7.2.1 电容滤波电路

电容滤波电路是在整流电路或输出两端并联一只较大容量的电容器，它是电路中最常见、又较简单的滤波电路，电路如图 7.2.2(a)所示。

滤波过程分析如下：当负载开路($R_L=\infty$)且电容无能量储存时，负载两端输出电压将从 0 开始增大，对电容器进行充电。

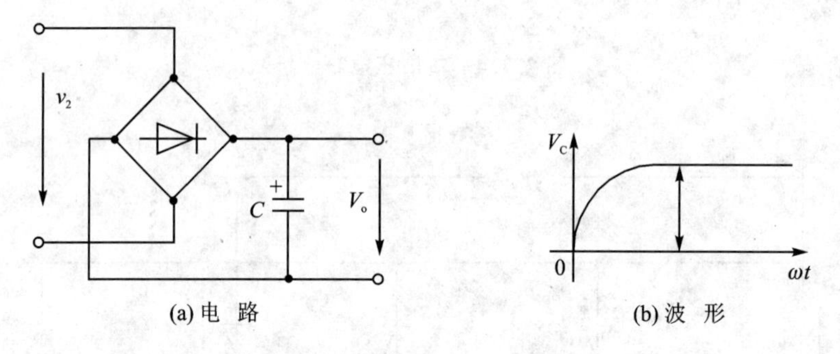

v_2
C
V_o
(a) 电 路
V_C
0
ωt
(b) 波 形

图 7.2.2 负载开路的电容滤波电路

一般充电速度很快，$V_o=V_C$，可达到 v_2 的最大值，即

$$V_o = V_C = \sqrt{2}V_2 \tag{7-4}$$

此后，由于 v_2 的下降，二极管处于反向偏置而截止，电容无放电回路。所以 V_C 保持在 $\sqrt{2}V_2$ 的数值上，其波形如图 7.2.2(b)所示。

如图 7.2.3(a)所示，当接入负载后，前半部分和负载开路时相同，当 v_2 从最大值下降时，电容通过负载 R_L 放电，放电的时间常数为

$$\tau = R_L C \tag{7-5}$$

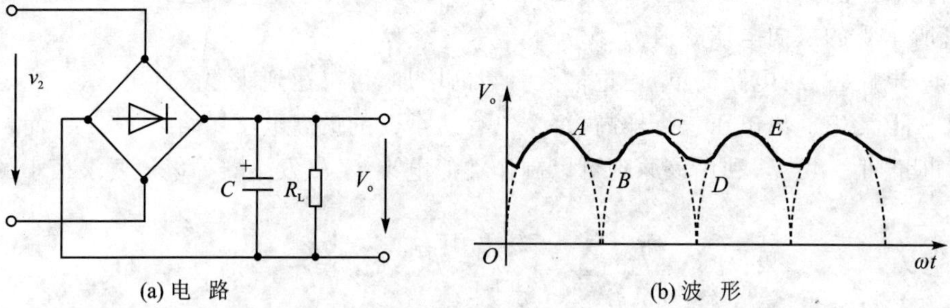

v_2
C
R_L
V_o
(a) 电 路
V_o
A
B
C
D
E
O
ωt
(b) 波 形

图 7.2.3 接负载的电容滤波电路

当 R_L 较大时，τ 值比充电时的时间常数要大。v_o 按指数规律下降，如图 7.2.3(b)所示的 AB 段。当 v_2 的值再次增大，并超过此刻电容两端的电压，电容在继续充电，同时也向负载提供电流。电容上的电压仍然会很快地上升(如 BC 段)。

由此可见，在负载上得到的直流电压波形要比无滤波时的整流电路的直流电压波形脉动要小得多。其脉动大小除了与输出功率有关外也与负载的大小密切相关。负载电阻大，电容放电慢，输出的直流电压波动就小，反之亦然。

为了保证输出电压的平滑，在实际应用中，既从经济上考虑，又要使脉动成分减小，电容器 C 的容量选择应满足条件

$$R_L C \geqslant (3 \sim 5)\frac{T}{2} \tag{7-6}$$

式中 T 为交流电的周期。在单相桥式整流电路中，没有电容滤波时，输出直流电压波动最大，其平均值为半波整流时平均值的两倍，即 $0.9V_2$；在有电容滤波且 $R_L \to \infty$ 时，输出电压最大，为$\sqrt{2}V_2$。在实际应用中，一般取$(0.9V_2, \sqrt{2}V_2)$两者的中间值，取值为

$$V_{o(av)} \approx 1.2V_2 \tag{7-7}$$

可见，电容滤波电路的特点是电路简单，可以减少输出电压的波动，负载不能过大（即 R_L 不能太小），否则会影响滤波效果。缺点是启动时有冲击电流，所以电容滤波适用于负载变动小、输出负载电流不大的场合。另外，由于输出直流电压较高，整流二极管截止时间长，导通角小，故整流二极管冲击电流较大，所以在选择管子时要注意选整流电流较大的二极管。

7.2.2　电感滤波电路

在整流电路和负载 R_L之间，串联一个电感 L 就构成了一个简单的电感滤波电路，电路如图 7.2.4 所示。它是利用电感元件反对流过其电流变化的电抗特性，达到滤波的目的。

由电感特性可知：在整流后电压的变化引起负载的电流改变时，电感 L 上将感应出一与整流输出电压变化相反的反电动势，两者的叠加使得负载上的电压波动比较平缓，输出电流基本不变，对抑制电流波动的效果也很明显。

电感滤波电路中，R_L 愈小，则负载电流愈大，电感滤波效果越好。在电感滤波电路中，输出的直流电压一般为 $V_o = 0.9V_2$；二极管承受的方向峰值电压仍为$\sqrt{2}V_2$。

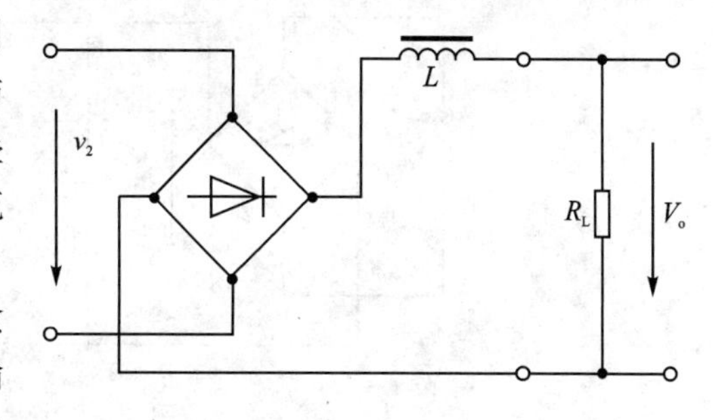

图 7.2.4　电感滤波电路

7.2.3　LC 滤波电路

总的来说，用单一的电容和电感滤波时，电路虽然简单，但滤波效果仍然不够理想。况且大多数场合对滤波效果的要求都很高，既要求电压稳定，又要求电流稳定。为了达到这一目的，人们将前面两种滤波电路结合起来，构成了一种新的滤波电路——LC 滤波电路。LC 滤波电路最简单形式如图 7.2.5 所示。

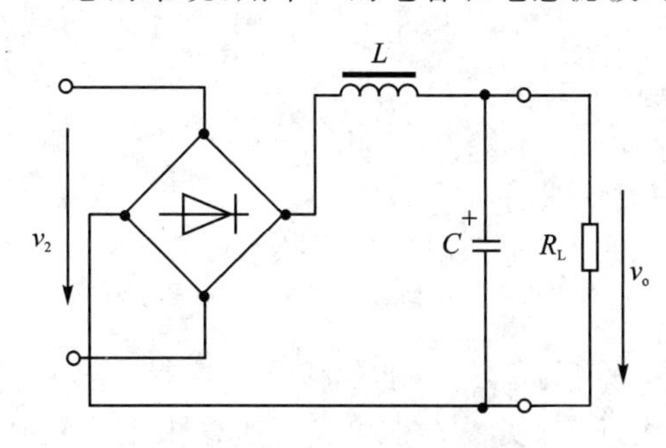

图 7.2.5　LC 滤波电路

LC 滤波电路其优点是外特性比较好，输出电压对负载的影响小，电感元件限制了电流的脉动峰值，减小了对整流二极管的冲击。它主要使用于电流较大，要求电流脉动较小的场合。LC 滤波电路的直流输出电压和电感滤波电路一样，V_o 应为：$V_o = 0.9V_2$。

除了上述三种滤波电路外，RC 型 Π 滤波电路和 LC 型 Π 滤波电路在特殊场合也有一定

的应用。

7.3 线性稳压电路

交流电压通过整流、滤波后得到的直流输出电压往往会由于交流电网电压和电路负载的变化而变化。要想获得稳定的直流输出电压，提高直流电源的带负载能力，就必须在整流滤波电路后、负载之前再加一级电路——稳压电路，这是一般电源电路都要具备的。

线性稳压的方法有多种，其中较为简单易行的就是以稳压管为核心的单管并联稳压电路。由于其电路简单，只能应用在电路要求不高的场合，读者可以通过例题和习题进行了解。本节主要讲解串联型线性稳压电路。

7.3.1 串联型三极管稳压电路

1. 简单的串联型三极管稳压电路

图 7.3.1 所示为串联型三极管稳压电路。图中三极管 T 串联于整流滤波电路和负载之间，基极电路接有稳压管 D，并与 R 组成稳压器。

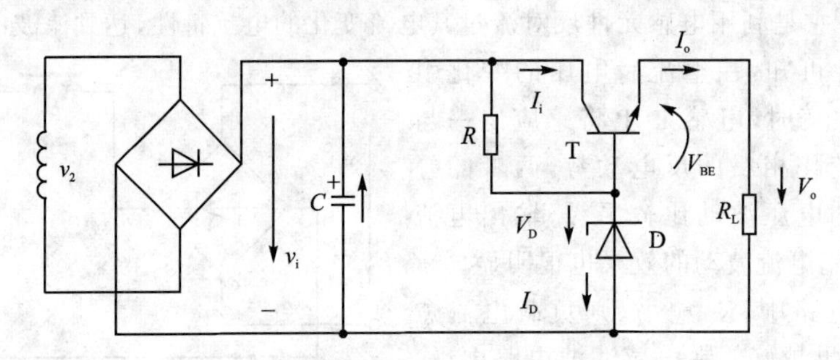

图 7.3.1 串联型稳压电路

可以从两方面说明电路的稳压过程：

① 负载不变，输入整流电压 v_i 增加时，输出电压 V_o 有增高的趋势，由于三极管 T 基极电位被稳压管 D 固定，故 V_o 的增加使 T 发射结上正向偏压降低，基极电流减小，从而使 T 的集射极间的电阻增大，V_{CE} 增加，于是抵消了 v_i 的增加，使 V_o 基本保持不变。上述过程如下所示：

$$v_i\uparrow \rightarrow V_o\uparrow \rightarrow V_{BE}\downarrow \rightarrow I_B\downarrow \rightarrow I_C\downarrow \rightarrow V_{CE}\uparrow \rightarrow V_o\downarrow$$

② 负载变化，输入电压 v_i 不变时，其稳压过程如下：

$$R_L\uparrow \rightarrow V_o\uparrow \rightarrow V_{BE}\downarrow \rightarrow I_B\downarrow \rightarrow I_C\downarrow \rightarrow V_{CE}\uparrow \rightarrow V_o\downarrow$$

可见，不论负载和输入电压怎么变化，输出电压 V_o 可以通过电路自行调节基本保持不变。

2. 具有采样-放大电路的串联型稳压电路

图 7.3.1 为串联型稳压电路，虽然对输出电压有一定的稳压作用，但该电路控制灵敏度不高，稳压性能仍然不理想。如果在原电路中加一放大环节（见图 7.3.2），可使输出电压更加稳定。

它是由 R_1、R_p 和 R_2 构成的采样电路、R_D 和稳压管 D_Z 构成的基准电压、三极管 T_2 和 R_4 构成的比较放大电路以及三极管 T_1 构成的调整电路等四部分组成。因为三极管 T_1 和 R_L 串

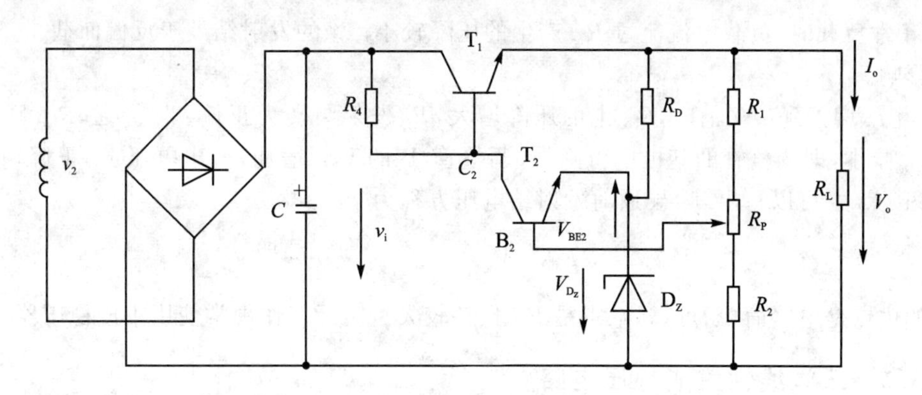

图 7.3.2　带放大电路的串联型稳压电路

联，所以称为串联型稳压电路。

当 v_i 或 R_L 的变化引起 v_o 变化时，采样环节把输出电压的一部分送到比较放大环节 T_2 的基极，与基极电压 V_{D_Z} 相比较，其差值信号，经 T_2 放大后，控制调整管 T_1 的基极电位，从而调整 T_1 的管压降 V_{CE1}，补偿输出电压 V_o 的变化，使之保持稳定，其调整过程如下：

$v_i\uparrow(R_L\uparrow)\rightarrow V_o\uparrow\rightarrow V_{B2}\uparrow\rightarrow V_{BE2}\uparrow\rightarrow V_{C2}\downarrow\rightarrow V_{BE1}\downarrow\rightarrow I_{B1}\downarrow\rightarrow I_{C1}\downarrow\rightarrow V_{CE1}\uparrow\rightarrow V_o\downarrow$

当输出电压下降时，调整过程与上述相反，过程中设输出电压的变化由 v_i 或 R_L 的变化引起。

3. 串联型稳压电源的保护电路

在串联型晶体管稳压电路中，由于负载和调整管的串联，调整管上的电流一般都大于负载上的电流。所以，随着负载电流的增加，调整管的电流也要增加，管子的功耗也增加。如果使用不慎，比如输出短路，则不但电流会增加，且管压降也会增加，调整管很可能就被烧坏。调整管的损坏可以在非常短的时间内发生，而用一般的保险丝既不能起到保护作用，又不能有自动恢复的作用。

因此，通常用速度高的过载保护电路来代替保险丝，也称电子保险丝。过载保护电路的形式很多，仅举一例加以介绍。

如图 7.3.3 是一种简单的过载保护电路，它由晶体管 T_3、二极管 D 和电阻 R_s、R_m 组成。在二极管 D 中流过的电流，二极管 D 的正向电压 V_F 基本恒定。

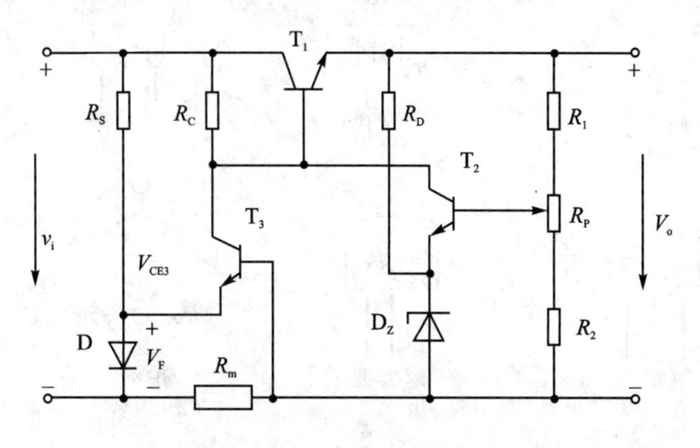

图 7.3.3　过载保护电路

① 正常负载时,负载电流流过 R_m 产生的压降较小,T_3 的发射结处于反偏而截止,对稳压电路无影响。

② 当 I_o 增大到某一值时,R_m 上的压降增大,T_3 发射结转为正偏,T_3 导通,R_C 上的压降增大,V_{CE3} 减小,即调整管的基极电位降低,调整管 T_1 的 V_{CE1} 增加,输出电压 V_o 下降,I_o 被限制。从图 7.3.3 可以写出 T_3 导通时发射结电压方程为

$$V_{BE3} = I_o R_m - V_F,\quad R_m = \frac{V_F + V_{BE3}}{I_o} \tag{7-8}$$

该电路的优点是电路简单、可靠;缺点是 R_m 损耗较大。实际工作中常使用集成稳压器。

7.3.2 三端线性集成稳压电路

在实际应用电路中,由于上述串联型稳压电路较复杂,应用不方便,人们在上述电路的基础上开发出了使用非常方便的三端集成稳压器,它具有功能强、性能优、种类齐全的特点。并具有正输出和负输出、通用型和低压差型、多引脚等系列产品。

1. 电压输出固定的三端集成稳压器

三端固定输出线性稳压器有 78××(正输出)和 79××(负输出)系列。其型号后两位××所标数字代表输出电压值,有 5 V,6 V,8 V,12 V,15 V,18 V,24 V。其中额定电流以 78(或 79)后面的尾缀字母区分,其中后缀字母 L 表示 0.1 A,M 表示 0.5 A,无尾缀字母表示 1.0A 等。如 78M12 表示正输出,输出电压12 V,输出电流 0.5 A。

2. 输出可调三端线性集成稳压器

可调三端线性集成稳压器除了具备三端固定线性集成稳压器的优点外,在性能方面也有进一步提高。特别是由于输出电压可调,其应用更为灵活。目前,三端集成稳压器系列有军用、工业用、民用,同样可调三端集成稳压器也有正输出和负输出之分等。几种常见三端集成稳压器外形及引脚排列如图 7.3.4 所示。引脚顺序为:面对型号从左到右为 1、2、3。图 7.3.5 为三端集成稳压器内部电路。

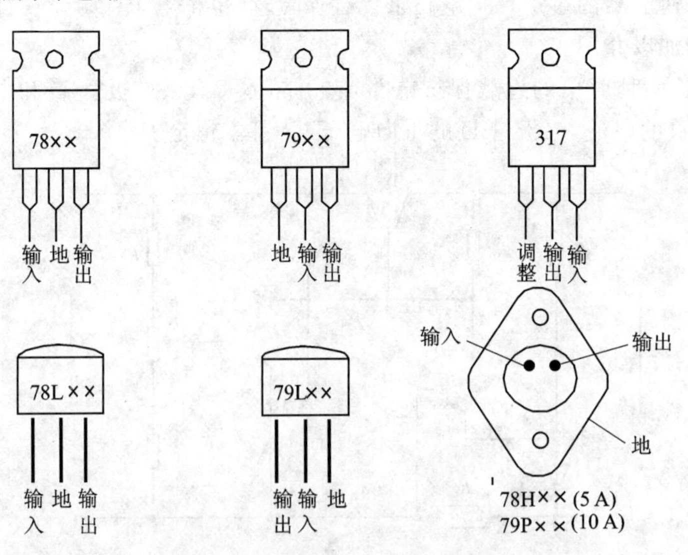

图 7.3.4 常见三端集成稳压器外形及引脚排列

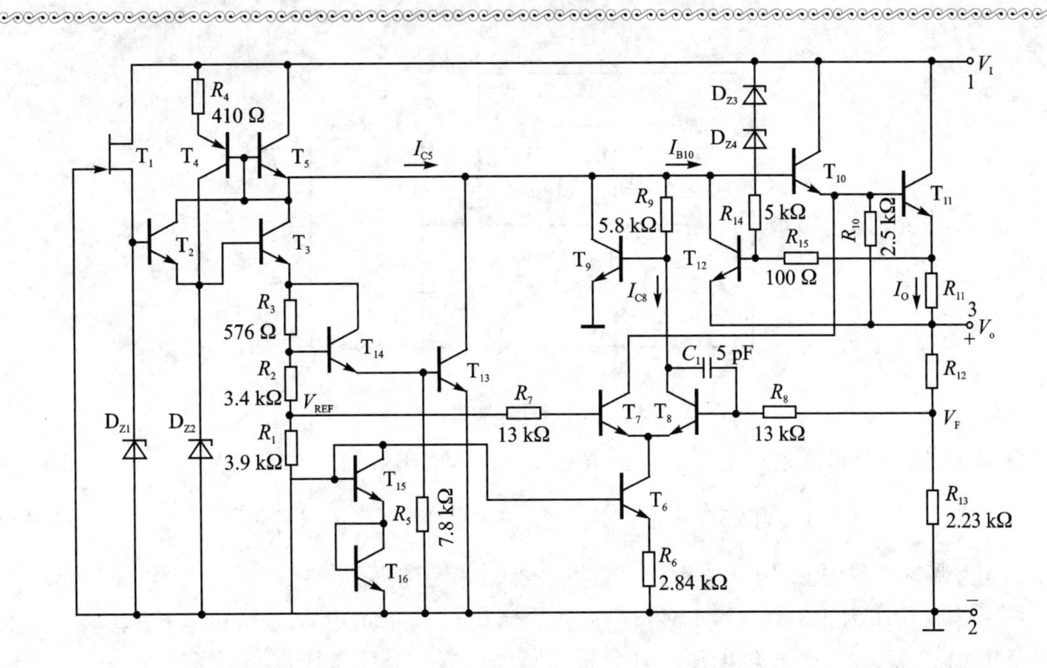

图 7.3.5　三端集成稳压器内部电路

3. 三端集成稳压器的应用

(1) 78××和 79××器件的应用

图 7.3.6 为 LM78××或 LM79××器件的最简单的应用电路原理图。

注意:为保证稳压器正常工作,一般器件的最小输入、输出电压差应大于 2.5 V。

图 7.3.6 中电容 C_1 可以减少输入电压的纹波,也可以抵消输入线产生的电感效应,以防止自激振荡。输出端电容 C_2 用以改善负载的瞬态响应和消除电路的高频噪音。

当然,三端集成稳压器中也有低压差器件,其输入、输出之间的电压可以在 0.6 V 以下,有的在 0.4 V 以下也可能正常工作,静态工作电流也只有几毫安至几十毫安,因此效率可以很高,如 71××、LM29××系列等。其电路外形及引脚排列与图 7.3.4 相似(具体可查阅有关资料)。

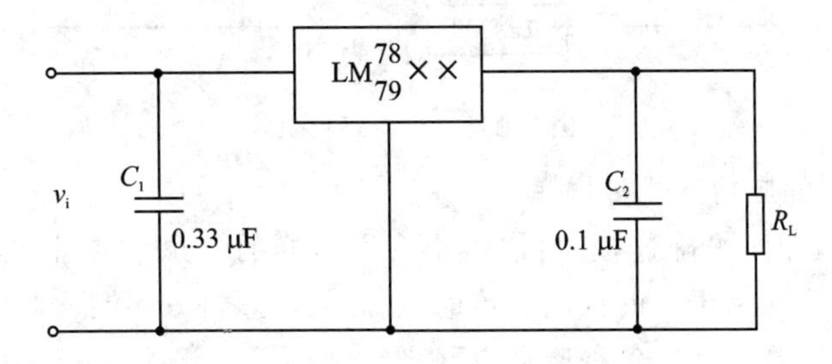

图7.3.6　LM78××或 LM79××的基本应用电路原理图

(2) 三端可调输出集成稳压器的应用

如图 7.3.7 所示为输出可调的正电源,图中电容 C_1,C_2 的作用在前面的电路中讲过,不再叙述。电容 C_2 用于抑制调节电位器产生的纹波干扰。二极管 D_1,D_2 为保护电路。D_1用于防止输入短路时,C_3 通过稳压器放电而损坏稳压器;D_2用于防止输出短路时,C_2 通过调整端放电而损坏稳压器。在输出电压小于 7 V 时,也可不接。

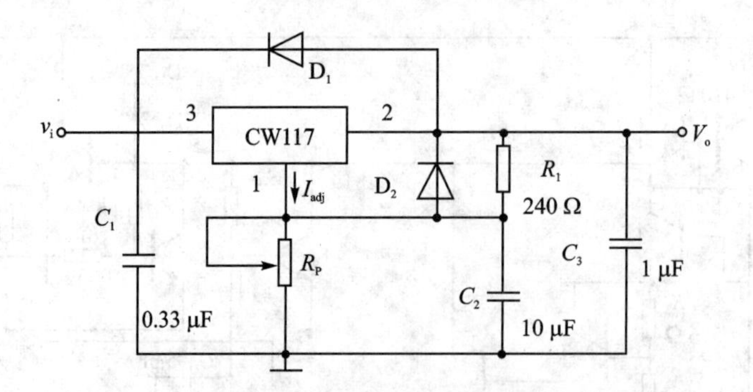

图 7.3.7 三端可调输出正电源

常温下，输出端和调整端电压的典型值是 1.25 V，由图可知

$$V_o = 1.25 \times \left(1 + \frac{R_P}{R_1}\right) + I_{adj} R_P \approx 1.25 \times \left(1 + \frac{R_P}{R_1}\right) \tag{7-9}$$

式中：I_{adj}为调整端的电流，因其值小(一般为微安级)，计算时可忽略。

图 7.3.8 所示为 LM317 和 LM337 为例的输出可调正负电源电路可输出(－1.2 V～－20 V)、(1.2 V～20 V)正负电压。其分析、计算方法和正电源相同。

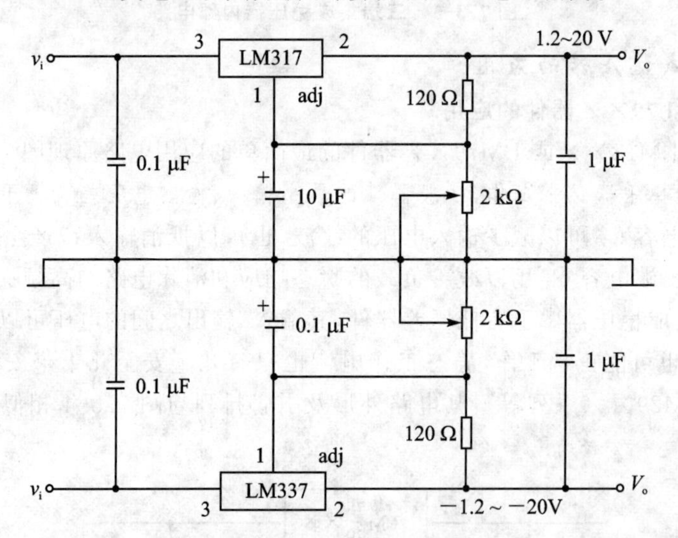

图 7.3.8 可调正负电源

(3) 三端稳压器的应用形式多样

通过对三端稳压器的正确连接，可以做出多种多样的电源。如可调正负稳压电源、恒流源，也可通过扩展得到几倍于它的输出电流的电源等。总之，只要能掌握三端稳压器的特点和正确的使用方法，就不难设计出各种应用电路。

由于集成稳压器的稳定性高和内部电路有完善的保护措施，又具有使用方便、可靠、价格低廉等优点，因此得到广泛的应用。表 7.3.1 列出几种常用型号集成稳压器的性能指标。

表 7.3.1 几种集成稳压器的型号与性能指标

符号			类型									
			三端固定		三端可调		大电流可调		正负双路		基准电压源（并联式）	
			78M×× 正压	79L×× 负压	LM317 正压	LM337 负压	LM318	LM196	MC1468 SW1568	MC 1403 带隙	LM199 稳压管	TL431 可调 基准
输入电压	V_i	V	8～40	8～40	3～40	－3～40	35	20	±30	4.5～15		
输出电压	V_o	V	5～24	5～24	1.2～37	－1.2～37	1.2～32	1.2～15	±15	2.5	2.95	2.75
最小(输出-输入)电压差	$\begin{pmatrix}V_1\\V_2\end{pmatrix}_{min}$	V	2.5	2.5	2	2				±0.025		
电压调整率	ΔV_o S_V	mV %V	1～15	3～18	0.02	0.02	0.005	0.05	$<10V_1=$ (18～30)V	0.002		
电流调整率	ΔI_o S_V	mV %V	12～15	12～15	20 0.3	20 0.3	0.1	0.1	$<10I_o=$ (0～50)mA	0.06		0.5
温度系数	S_T	10^{-6}/℃	300	300	1% (0～75)℃	1% (0～75)℃				10	0.5～15	10
纹波抑制比	RR	dB	53～62	60	65	80	60～75	54～74	75			
整流端电流	I_d	μA			50	65						
输出电阻	Z_o	Ω								1	1	0.3
最小负载电流	$I_{o,min}$	mA			3.5	3.5						
输出电流	I_o	A	空挡(1.5) M(0.5) L(0.1)		空挡(0.4)M(0.25) L(0.05)		5	10		0.01	0.000 5～0.1	0.1～0.15
最大功率	P_{max}	W			0.6～20	62－20		70				1

① 78××、79×× 电压挡极　±5，±6，±9，±12，±15，±18，±24（$|V_i|>V_o\pm2.5$V）。

② 电流调整率 S_I　是指 I_o 从零变到最大时，输出电压相对变化，即$(\Delta V_o/V_o)\times100\%\Big|_{\Delta T_o=I_{max}}^{\Delta T=0}$。有时也定义为恒温下，负载电流变化10%时引起的输出电压的变化，单位为mV。

③ 温度系数 S_T　S_T 常用相对变化量 $\Delta V_o/V_o$ 表示，记作 10^{-6}/℃。其含义是温度变化1℃时，输出电压 V_o 相对变化的百万分之一时。

④ 纹波抑制比 RR　RR（Ripple Rejection 的缩写）$=20\lg\dfrac{\widetilde{V}_{IP-P}}{\widetilde{V}_{OP-P}}$，式中 $\widetilde{V}_{IP-P}$ 和 $\widetilde{V}_{OP-P}$ 分别

表示输入纹波电压和输出纹波电压的峰-峰值。

7.3.3 稳压电源的质量指标

稳压电源的技术指标分为两种：一种是特性指标，包括允许的输入电压、输出电压、输出电流及输出电压调节范围等；另一种是质量指标，用来衡量输出直流电压的稳定程度，包括稳压系数、输出电阻、温度系数及纹波电压等。这些质量指标的含义简述如下：

由于输出直流电压 V_o 随输入直流电压 V_i（即整流滤波电路的输出电压，其数值可近似认为与交流电源电压成正比）、输出电流 I_o 和环境温度 T(℃)的变动而变动，即输出电压 $V_o=f(V_i, I_o, \mathrm{T})$，因而输出电压变化量的一般式可表示为

$$\Delta V_o=\frac{\partial V_o}{\partial V_i}\Delta V_i+\frac{\partial V_o}{\partial I_o}\Delta I_o+\frac{\partial V_o}{\partial T}\Delta T$$

或

$$\Delta V_o=K_V\Delta V_i+R_o\Delta I_o+S_T\Delta T$$

式中的三个系数分别定义如下：

输入调整因数为

$$K_V=\left.\frac{\Delta V_o}{\Delta V_i}\right|_{\substack{\Delta I_o=0\\ \Delta T=0}}$$

K_V 反映了输入电压波动对输出电压的影响。实际上常用输入电压变化 ΔV_I 时引起输出电压的相对变化来表示，称为电压调整率，即

$$S_V=\left.\frac{\Delta V_o/V_o}{\Delta V_i}\times 100\%\right|_{\substack{\Delta I_o=0\\ \Delta T=0}}\quad (\%/\mathrm{V})$$

电压调整率也可定义为：在温度和负载恒定条件下，输入电压变化 10%，输出电压的变化，单位为 mV。有时也以输出电压和输入电压的相对变化之比来表征稳压性能，称为稳压系数，其定义可写为

$$\gamma=\left.\frac{\Delta V_o/V_o}{\Delta V_i/V_i}\times 100\%\right|_{\substack{\Delta I_o=0\\ \Delta T=0}}$$

输出电阻为

$$R_o=\left.\frac{\Delta V_o}{\Delta I_o}\right|_{\substack{\Delta V_o=0\\ \Delta T=0}}\quad (\Omega)$$

R_o 反映负载电流 I_o 变化对 V_o 的影响。

温度系数为

$$S_T=\left.\frac{\Delta V_o}{\Delta T}\right|_{\substack{\Delta V_i=0\\ \Delta I_o=0}}\quad (\mathrm{mV/℃})$$

上述的系数越小，输出电压越稳定，它们的具体数值与电路形式和电路参数有关。

至于纹波电压，是指稳压电路输出端交流分量的有效值，一般为毫伏数量级，它表示输出电压的微小波动。

应当指出的是，稳压系数 γ 较小的稳压电路，它的输出纹波电压一般也较小。

7.4 开关稳压电源

前面讨论过的线性稳压电源，其调整管在稳压过程中的电压和电流是连续的，但由于其自

身体积和功耗太大，使稳压电源的效率降低，也不利于电源的安全稳压工作。为了解决上述问题，设计了开关型稳压电源。

所有开关电源的调整管都是工作在开关状态。如果调整管饱和导通，那么管压降小；如果调整管截止，那么电流又为零。可见调整管的功耗（$P_C=V_{CE}I_C$）很小，因此输出效率很高，一般可达80%～90%。所以对调整管来说一般不需装大的散热器，还可省略笨重的电源变压器。具有体积小、重量轻的优点。因而在微机、通信设备和声像设备中得到广泛应用。

开关稳压电源，按激励方式（振荡方式）不同，可分为他励式和自励式开关稳压电路。按控制方式分类，可分为脉冲宽度调制型（简称PWM），脉冲频率调整型（简称PFM）、混合调制型（同时改变脉宽和频率的调制方式）等。

由于开关电源的种类繁多、形式多种多样，本节仅介绍实际应用广泛的脉宽调制器组成的开关稳压电源和三端单片集成开关稳压电源，其他形式的开关稳压电源请读者参阅有关电源资料。

7.4.1　开关稳压电源基本原理

如图7.4.1开关稳压电源原理框图。方波发生器由比较放大器、基准电压源、比较器、锯齿波发生器等构成。图中产生的方波，用以控制开关功率管T的通断。T亦称调整管；D为续流二极管；L为储能电感，与C一起构成滤波电路，使输出电压变平滑。当T的基极为高电平，即图中μ_B在$0\sim t_{on}$时，T饱和导通，D反偏截止，输入电压V_I通过调整管在L中产生电流i_L并向电容C充电。在方波为低电平，即$t_1\sim t_2(t_{off})$时，T的基极为低电平，T截止，L产生左负右正的自感电动势以反抗电流的减小，使D导通，使储能电感L中电流通过D构成回路，向C充电和向R_L输送电流，同时电容C也向R_L放电。

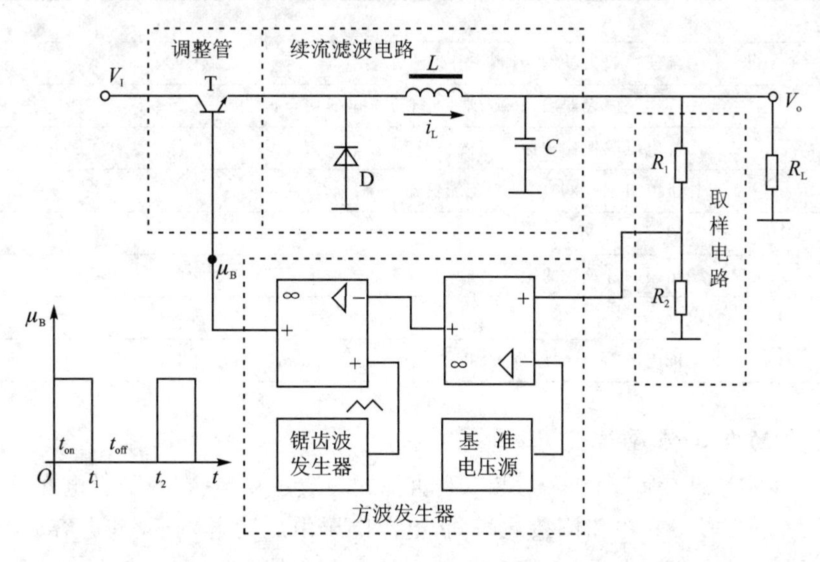

图7.4.1　开关稳压电源原理框图

通过R_1、R_2获得取样输出电压V_o的变化量，去控制方波发生器的方波脉冲宽度，从而控制T的导通时间t_{on}与截止时间t_{off}。将导通时间与开关时间T_n之比定义为占空比，即

$$D=\frac{t_{on}}{t_{on}+t_{off}}\times 100\%=\frac{t_{on}}{T_n}\times 100\% \tag{7-10}$$

在开关周期 T_n 一定的情况下，调节导通时间长短，就可调节输出电压 $V_{o(av)}$ 的大小。输出电压与占空比、输入电压的关系式为

$$V_{o(av)} = DV_1 \tag{7-11}$$

由式(7-11)，通过调节占空比 D，就可调节 $V_{o(av)}$ 值，使输出电压保持恒定。

7.4.2　集成脉宽调制器组成的开关电源

由集成脉宽调制器组成的开关电源种类很多，常使用的芯片有 TL494、UC3842 等。本节以芯片 UC3842 组成的脉宽调制(也称 PWM)为例，通过其性能指标、引脚功能详细说明其电路工作原理，使读者达到触类旁通的作用。

1. UC3842 系列控制芯片的性能指标

UC3842/3/4/5 系列是工业中常用电流控制型 PWM 控制芯片，其主要性能指标如下：最高电源电压 36 V；驱动输出峰值电流 1 A；最高工作频率 500 kHz；基准源电压 5 V；误差放大器开环增益 90 dB；单位增益宽带 1 MHz；输入失调电流 0.1 μA；电流放大器发大倍数 3；最大输入差分电压 1 V。而 UC3842 的导通门限电压(启动电压)16 V；欠电压封锁关断门限电压为 10 V，最大占空比为 100 ％。

2. UC3842 系列控制芯片的引脚功能

UC3842 系列引脚排列如图 7.4.2 所示，其系列引脚功能见表 7.4.1。当采用 SOJ-14 封装形式时，其 9 脚(PWR GND)为功率地，是电路中大电流地线接地点，作用是提高抗干扰能力。11 脚接输出级电源电压。

表 7.4.1　UC3842 引脚功能

引　脚	符　号	功　能
1	COMP	内部误差放大补偿端，频率补偿输入端
3	U_{FB}	内部误差放大器反相输入端，取样反馈电压接至该端
5	I_{SENSE}	内部电压取样比较器同相输入端，当该电压为 1 V 时，芯片停止工作，关闭输出脉冲
7	R_T/C_T	外接电阻 R_T、电容 C_T 决定振荡器频率
9	GND	接地端
10	OUT PUT	输出驱动开关管的矩形波形，为图腾柱式输出
12	V_{CC}	电源端
14	U_{REF}	基准电压输出端，输出+5 V 电压，电流可达 5 mA，可给外电路供电

3. 电路启动及工作原理

图 7.4.3 中 UC3842 为 DIP-8 封装双列直插式集成芯片，它自身的供电在 10～30 V 之间，低于 10 V 停止工作。在电路刚接通瞬间，电源电压由启动电阻 R_2 和电容 C_2 引入 7 脚，C_2 充电，使 7 脚的电压逐渐升至+16 V 时，达到控制电路的启动电压，控制芯片开始工作，这种在电路通电后过一段时间才能工作的启动称为软启动。开关电源开始工作后，通过开关变压器 T 的反馈绕组 N_2 引入交变电压，经 D_1 整流、C_2 滤波后引入 UC3842 的 7 脚供给工作电源。8 脚输出 5 V 基准电压。5 脚接低电位。1、2 脚接芯片内部误差放大器，R_5 为放大器外接反馈电阻和 C_4 一起调整误差放大器的增益和频率响应。

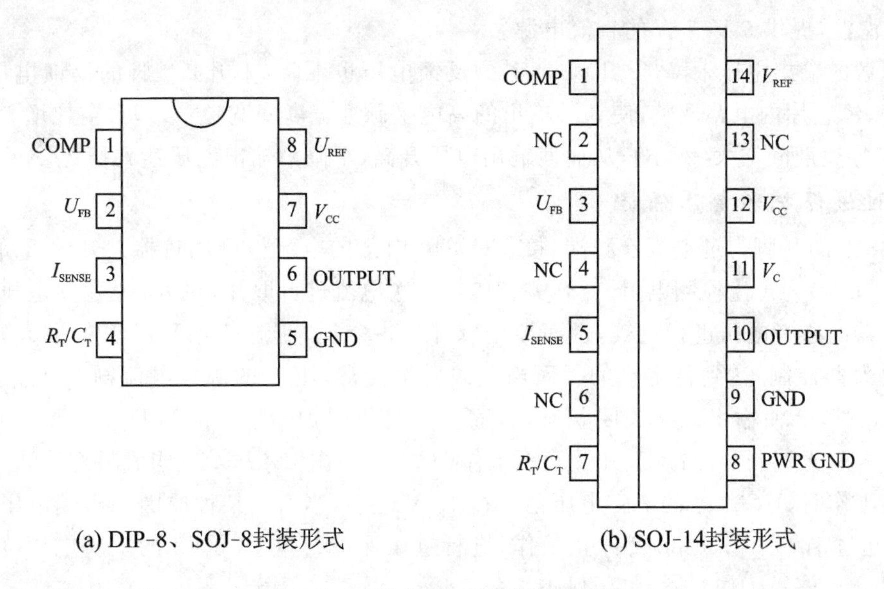

图 7.4.2　UC3842 系列引脚排列图

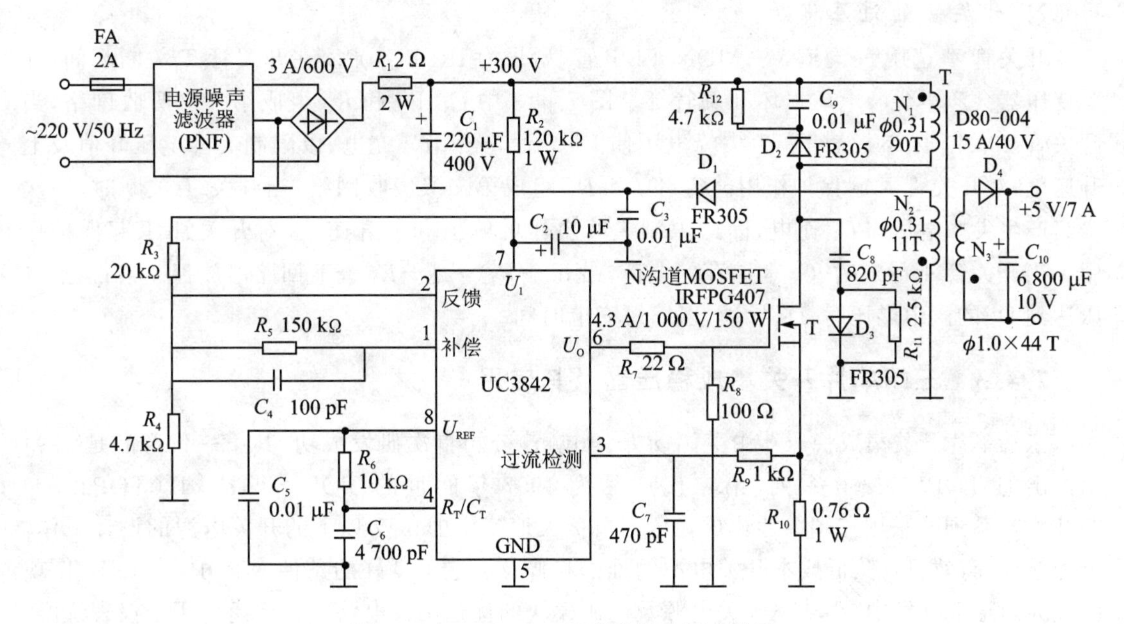

图 7.4.3　5 V、35 W 开关稳压电源电路图

4. 电路开关频率的估算

图 7.4.3 中 UC3842 的 4 脚外接 R_6、C_6 决定芯片的振荡频率，振荡频率估算为

$$f_8(\text{kHz}) = \frac{1.72}{R_6(\text{k}\Omega)C_6(\mu\text{F})} \tag{7-12}$$

这也是 UC3842 的输出频率。

5. 稳压原理

图 7.4.3 中 UC3842 的 6 脚输出脉宽调制信号，通过限流电阻 R_8、R_7 加到开关管 T 的栅极，控制 T 的导通或截止。开关变压器 T 一次绕组 N_1 通过脉冲电流，经二次绕组 N_3，由 D_4

整流、C_{10}滤波，提供5 V、7 A的直流电源。

若电源的输出电压下降(上升)，N_2上的反馈电压也下降(上升)，2脚的反馈电压随之下降(上升)，经芯片内电路调整，使6脚输出的高电平脉冲宽度变宽(窄)，即占空比增大(变小)，开关管T导通期间增大(变小)，从而使输出电压升高(下降)，输出电压达到稳定。

6. 过流保护和电压保护

UC3842的3脚为过电流检测端，接UC3842内部的电流检测比较器。开关T的源极电阻R_{10}(0.76 Ω)为过流检测电阻，对开关变压器一次电流进行取样，在R_{10}上建立电压，与电流检测比较器的参考电压进行比较，进而控制脉冲的占空比，使流过开关管T的最大峰值电流受误差放大器控制，达到稳定目的。而当电源发生异常，使T的源极电流剧增，$U_{R_{10}}$剧增，当$U_{R_{10}}=1$ V时，会使输出处于关闭状态，从而实现过流保护。本电路当开关管源极电流达到1.3 A时，6脚无调制脉冲输出，开关管不工作，起到保护作用。R_9、C_7构成阻容滤波器。

正常工作时，UC3842的7脚电压稳定在13 V左右，当由于某种原因输出端电压过高，使7脚电压超过16 V时，UC3842停止工作，进行过压保护。当UC3842的7脚电压降至10 V时，UC3842也停止工作，进行欠压保护。

7. 开关管的过压保护

开关管T选用N沟道V-MONSFET管，型号为IRFPG407。在开关管T关断瞬间，开关变压器会产生尖峰电压损坏开关管T。图7.4.3中C_9、D_2和R_{12}组成第一级吸收网络，当开关管T关断时，N_1绕组产生尖峰电压使D_4导通，经由C_{10}充电，以限制尖峰电压峰值及上升速率，对开关管T起保护作用。C_8、D_3和R_{11}组成第二级吸收网络，当开关T关断时，一次绕组产生尖峰电压向C_8充电，因此限制尖峰电压的峰值和上升速率，对开关管T起保护作用。当开关管T导通时，C_8上储存的电荷，沿$C_8 \rightarrow R_{11} \rightarrow$地$\rightarrow R_{10} \rightarrow$T回路泄放掉。当$C_8$上电压达到$D_3$的阀值电压时，$D_3$导通，以缩短充电时间。

7.4.3 三端单片开关集成稳压器及其应用

三端单片开关集成稳压器由美国动力(Power)公司首次研发成功，其第一代产品是1994年推出的TOP100/200系列，第二代产品为1997年问世的TOP Swith-Ⅱ(TOP221～TOP227)系列。采用三端单片集成稳压器可极大地简化150 W以下的开关电源的设计工作，也为新型、高效、精密、低成本开关电源的推广和普及创造了良好的条件。TOP Switch-Ⅱ现已成为国际上开发中、小功率开关电源及电源模块的优选集成电路。它广泛应用于仪表仪器、笔记本电脑、移动电话、电视机、摄录像机、功率放大器、电池充电器等设备中。

1. TOP Switch-Ⅱ的引脚及其作用

TOP Switch-Ⅱ的引脚排列如图7.4.4所示。图(a)为TO-220封装，其外形与三端稳压器相同(自带小散热片)，属于典型的三端器件。图(b)为DIP-8和SMD-8封装，虽然有8个引脚，但均可简化成为三个，DIP-8可配8脚IC插座，DIP-8为表面装贴器件。

TOP Switch-Ⅱ的三引脚分别为控制端C(Control)、源极S(Source)和漏极D(Drain)。其中控制端有如下作用：

① TOP Switch-Ⅱ属于电流控制型开关电源，利用控制电流I_C的大小来调节占空比D。当I_C由6.0 mA减到2.0 mA时，D就由1.7%增至67%，比例系数(即宽带调整增益)为

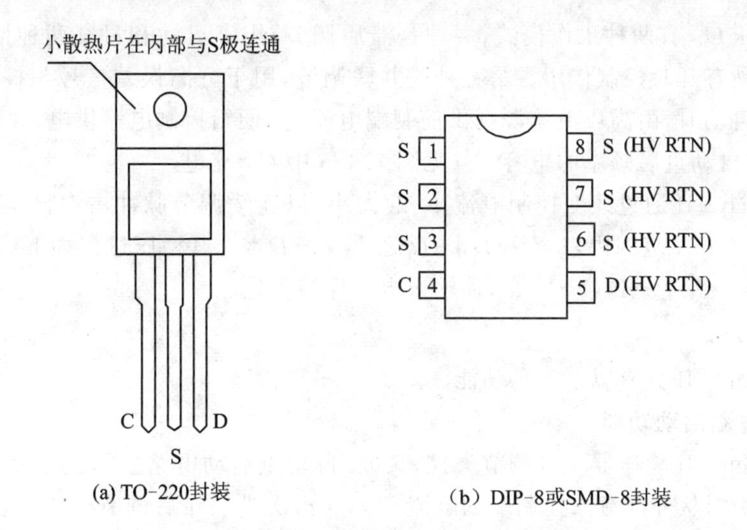

图 7.4.4　TOP Switch－II 的引脚排列图

$$K=\frac{\Delta D}{\Delta I_C}=\frac{1.7\ \%-67\ \%}{6.0\ \text{mA}-2.0\ \text{mA}}=-16.3\ \%/\text{mA}$$

② 通过控制端 C 调整放大电路，为芯片内的电路提供正常工作所需偏流。

③ 该端还作为电源支路和自动重启动/补偿电容的连接点，通过外接旁路电容来决定自动重启频率。

④ 用控制端回路进行补偿，其控制端控制电压 U_C 典型值为 5.7 V，极限值 $U_{CM}=9$ V，控制端最大允许电流 $I_{CM}=100$ mA。

漏极 D 与芯片内功率开关管漏极连通，漏-源击穿电压 $U_{(BR)DS}\geqslant 700$ V。源极 S 与内部功率开关管的源极相连，TO－220 封装内部 S 极与小散热片接通，作为脉冲变压器一次电路的公共地。对于 DIP－8 与 SMD－8 封装，设计 6 个 S 端，其内部都是连通的，而在左边的三个 S 端作为信号地接旁路电路，右边三个 S 端称为高压返回端(HV RTN)，即功率地。

对于 TO－220 封装，需在小散热片上加装散热器，使芯片正常工作时结温 $T_j<100$℃。对于 DIP－8 和 SMD－8 封装，可借助印制电路板上的公共地线区域的敷铜箔来代替散热片，若源极直接焊接在面积 6.45 cm^2 的敷铜箔上，则其热阻 $R_{(th)A}=35$℃/W。有时为了减小开关电源模块的体积，将凹型铝散热板直接粘贴在 DIP－8 或 SMD－8 封装的芯片表面或引脚上，起散热作用。

2. 工作原理

TOP Switch－II 芯片将控制电压源、带隙基准电压源、振荡器、误差放大器、脉宽调制器、输出级及过流、过热保护电路、关断/自动重启动电路和高压电流源电路集成在同一芯片内。为较小电磁干扰，提高电源效率，TOP Switch－II 的振荡频率设计为 100 kHz，振荡频率由芯片内的振荡电容决定。

需要指出的是，对于 TOP Switch 而言，它的占空比定义为脉宽调制信号中低电平时间 t 占周期 T 的百分比，即 $D=t/T\times100\%$。其最小典型值 $D_{min}=1.7\ \%$，对应于空载运行；最大典型值 $D_{max}=67\%$，对应于满载运行。

控制端电压 U_C 有两种工作模式，一种是滞后调节，用于启动和过载两种情况，是芯片在这两种情况下具有延时控制作用。另一种是并联调节，用于分离误差信号与控制电路的高电流源。芯片刚启动时，由高压电流源提供控制端电流 I_C，便给控制电路供电，并对外接在 C－S 端的、用来决定自动重启频率的电容 C_T（见图 7.4.5 中 C_5）充电。

TOP Switch－II 通过改变控制电流 I_C 的大小，以连续调节脉冲占空比，实现脉宽调制。在 $I_C=2.0\sim6.0$ mA 范围内，$I_C\uparrow\rightarrow D\downarrow$；反之 $I_C\downarrow\rightarrow D\uparrow$。其稳压过程如下：某种原因使 V_o 上升，导致 $V_o\uparrow\rightarrow I_C\uparrow\rightarrow \mathrm{D}\downarrow\rightarrow V_o\downarrow$，使输出电压保持恒定。

3. 保护功能

TOP Switch－II 具有以下 3 种功能。

(1) 自动重新启动功能

TOP Switch－II 稳压器一旦调节失控，关断/自动重启动电路立即使芯片在 5 %占空比下工作。同时切断从外部流入控制端的电流 I_C，V_C 再次进入滞后调节模式。若故障已排除，V_C 又回到并联调节模式，自动重新启动芯片恢复正常工作。自动重新启动的时间频率由外接电容 C_T 决定，在 $C_T=47\ \mu$F 的情况下，自动重新启动的频率为 1.2 Hz。

在启动或滞后调节的情况下，其电流源经过内部电子开关给内电路提供偏置，并对 C_T 充电。开关电源工作正常时，内部开关将高压电流源关断。

(2) 过流保护功能

当工作电流 $I_D>I_{L.min}$ 时，过流保护电路动作，关断内部开关功率管，起到过流保护作用。各型号极限电流如表 7.4.2 所列。

表 7.4.2 TOP Switch－II 的极限电流典型值

型　号	221Y/P	222Y/P	223Y/P	224Y/P	225Y	226Y	227Y
$I_{L.min}$/A	0.25	0.50	1.00	1.50	2.00	2.50	3.00

(3) 过热保护功能

当结温 $T_j>135$℃时，过热保护电路工作，关断输出级。此时控制电压 V_C 进入滞后调节模式。若要重新启动电路，需断电后再接通电源开关，或者将 V_C 降至 3.3 V 以下（正常工作时 V_C 为 4.7～5.7 V，典型值为 5.7 V），电路自动使输出级恢复正常工作。

4. 实用电路举例

由 TOP221P 构成的 5V、4W 的开关电源如图 7.4.5 所示。

电路中 IC_2 为 PC817A 型光耦合器。T 为高频变压器，N_1 为一次绕组，N_2 为二次绕组，N_3 为三次绕组。图中 RTN 为＋5 V 输出的返回端，即公共接地端。

在图 7.4.5 中，当 TOP221P 内的开关功率管导通时，N_1 上产生上正下负的电压，N_2 上感应电压极性为上负下正，D_2 截止，N_1 储存能量。当 TOP221P 内开关功率管截止时，N_1 上产生上负下正的感应电动势，N_2 上感应出极性为上正下负，D_2 导通。经 C_2、L、C_3 滤波后提供＋5 V 输出电压。

图中电感 L、电容 C_2、C_3，其中 L 选用称为“磁珠”的 3.3 μH 穿心电感。图中 R_1 为光电耦合电路 IC_2 的限流电阻，输入工作电流很小，R_1 上的压降可忽略不计，因此输出电压 V_{o1} 近似等于稳压二极管 D_Z 和 LED 正向压降 V_F 之和，即：$V_{o1}=V_Z+V_F$。

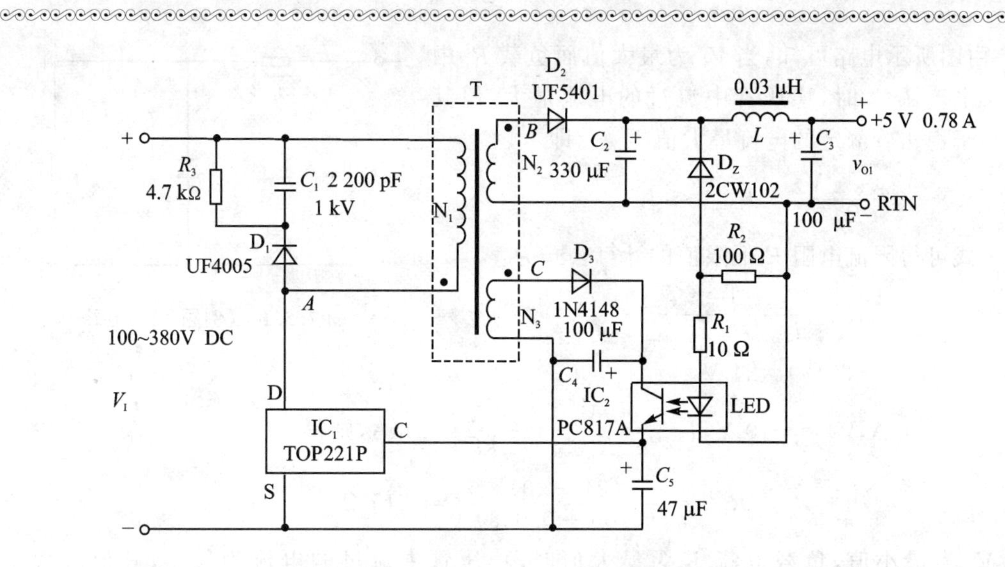

图 7.4.5　5 V、4 W 开关电源

为提高高频整流效率，降低损耗，D_2 选用肖特基二极管或超快恢复二极管。

N_3 上感应的交流电压经 D_3 整流、C_4 滤波输出电压为光耦合器中的光电三极管集电极供电。光耦合器 PC817A 中 LED 发出的光激励光电三极管，产生的发射极电流送至 TOP221P 的控制端，用来调整占空比。

电路稳压过程如下：当某种原因使 V_{o1} 减小，$V_{o1}<V_Z+V_F$ 时，LED 中的 I_F 相应减小，经过光电耦合后，光电三极管的发射极电流 I_E 减小，使得 TOP221P 控制端电流 I_C 减小，从而使空占比 D 增大，导致 V_{o1} 增加，实现稳压目的。反之，$V_{o1}\uparrow\rightarrow I_F\uparrow\rightarrow I_E\uparrow\rightarrow I_C\uparrow\rightarrow D\downarrow\rightarrow V_{o1}\downarrow$，同样达到稳压的目的。

R_3、C_1 和 D_1 组成一次侧保护电路，保护 TOP221P 内部的开关功率管不受损坏。D_1 选用反向耐压为 600 V 的超快速恢复二极管 UF4005。当 TOP221P 中的开关功率管导通时，N_1 上产生上正下负的电压，D_1 截止，保护电路不起作用。在开关管截止瞬间，N_1 的电压瞬时极性为上负下正，此时 D_1 导通，尖峰电压就被 R_2、C_1 吸收掉。

C_5 为控制端的旁路电容，它对控制环路进行补偿并设定自动重启频率。当 $C_5=47\ \mu F$ 时，自动重启频率为 1.2 Hz，周期为 0.83 s，即出现故障关断功率开关时，每隔 0.83 s 检测一次调节失控的故障是否已排除，若确定已被排除，就自动重新启动开关电源恢复正常工作。

总之，开关电源和线性电源都是现代电子电源发展的两个主要方面，两者缺一不可。不过，功耗小、效率高，体积小，重量轻，高稳定性和可靠性、抗干扰能力强等，仍然是电源发展的永恒方向。

7.5　例　　题

【例题 1】稳压管稳压电路如图 7.5.1 所示。已知 $V_i=20$ V，变化范围 ±20%，稳压管稳压值 $V_Z=+10$ V，负载电阻 R_L 变化范围为 1～2 kΩ，稳压管的电流范围 I_Z 为 10～60 mA。试确定限流电阻 R 的取值范围。

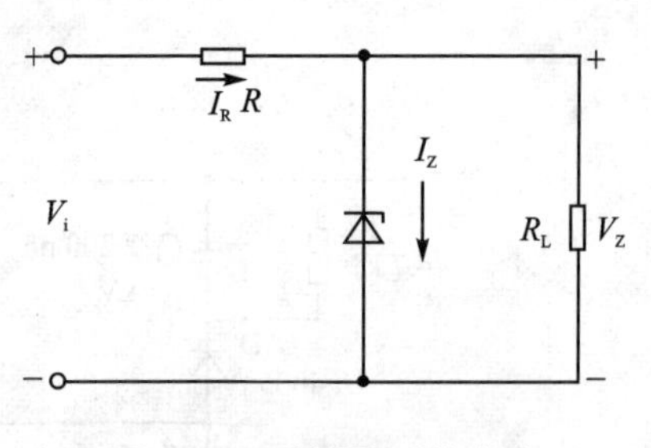

图 7.5.1 【例题 1】的电路

解：由图所示电路可知，当 V_i 为最大值而负载 R_L 中流过最小电流 $I_{L,min}$ 时，稳压管中流过的电流最大，但其值必须小于稳压管额定的电流最大值 $I_{Z,max}$，即

$$\frac{V_{i,max}-V_Z}{R}-I_{L,min}<I_{Z,max}$$

由上式可得限流电阻 R 下限值的计算公式为

$$R>\frac{V_{i,max}-V_Z}{I_{Z,max}+I_{L,min}}$$

式中，$V_{i,max}=V_i(1+20\%)=24\ V$。

$I_{Z,max}=60\ mA, V_Z=+10\ V, I_{L,min}=\frac{V_Z}{R_{L,max}}=\frac{10\ V}{2\ k\Omega}=5\ mA$，则得

$$R_{max}=\frac{(24-10)V}{(0.06+0.005)A}=215\ \Omega$$

当 V_i 为最小值，负载电流 I_L 为最大值时，稳压管中流过的电流为最小，其值应大于 $I_{Z,min}$，即

$$\frac{V_{L,min}-V_Z}{R}-I_{L,max}>I_{Z,min}$$

由上式可得限流电阻 R 上限值的计算公式为

$$R<\frac{V_{L,min}-V_Z}{I_{Z,min}+I_{L,max}}$$

式中 $V_{L,min}=V_i(1-20\%)=16\ V, I_{Z,min}=10\ mA$

$$I_{L,max}=\frac{V_Z}{R_{L,min}}=\frac{10\ V}{1\ k\Omega}=10\ mA$$

$$R<\frac{V_{L,min}-V_Z}{I_{Z,min}+I_{L,max}}=\frac{(16-10)V}{(10+10)\times10^{-3}A}=300\ \Omega$$

因此，限流电阻的取值范围为 215 Ω<R<300 Ω。

【例题 2】 如图 7.5.2 所示为单相桥式整流电容滤波电路的输出电压 $V_o=30\ V$，负载电流 I_L 为 250 mA，试选择整流二极管的型号和滤波电容器 C 的大小，并计算变压器次级的电流、电压值。

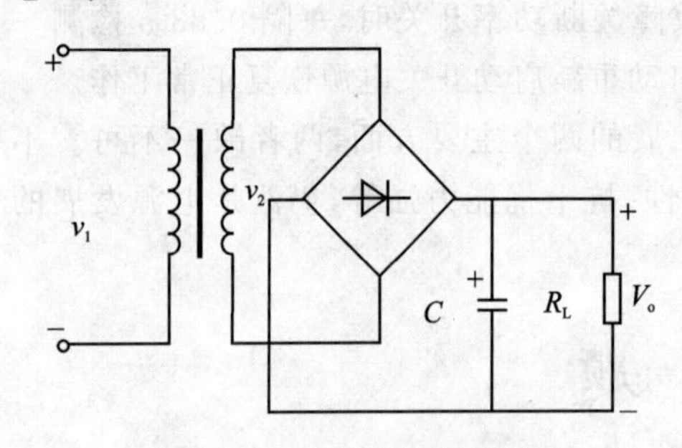

图 7.5.2 【例题 2】的电路

(1) 选择整流二极管

解：

$$I_D=\frac{1}{2}I_L=\frac{1}{2}\times250\ mA=125\ mA$$

二极管承受最大方向电压

$$V_{RM}=\sqrt{2}V_2$$

又

$$V_o=1.2V_2,\quad V_2=\frac{V_o}{1.2}=\frac{30}{1.2}V=25\ V$$

$$V_{RM}=\sqrt{2}V_2=\sqrt{2}\times25\ V=35\ V$$

查手册 2CP21A，参数 $I_F=3\ 000\ mA, V_{RM}=50\ V$。

(2) 选择滤波电容

根据 $RC \geqslant (3\sim5)\dfrac{T}{2}$，$R_L=\dfrac{V_o}{I_o}=\dfrac{30\ \text{V}}{250\ \text{mA}}=0.12\ \text{k}\Omega$，$C=\dfrac{5T}{2R_L}=\dfrac{5\times0.02}{2\times120\ \Omega}=0.000\ 417\ \text{F}=417\ \mu\text{F}$。

(3) 求变压器次级电压和电流

变压器次级电流在充放电过程中已不是正弦电流，一般取 $I_2=(1.1\sim3)I_L$，所以取

$$I_2 = 1.5I_L = 1.5\times 250\ \text{mA} = 375\ \text{mA}$$

【例题 3】电路如图 7.5.3 所示，图中运放 A 为理想组件，7805 为三端稳压器，试求输出电压 V_o 的可调范围。

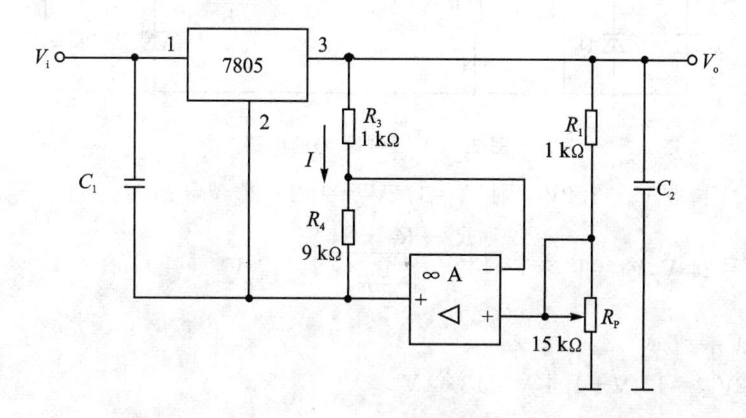

图 7.5.3 【例题 3】的电路

解：本例电路是以三端稳压块 7805 为核心，外加取样、比较等外围电路组成的串联反馈式稳压电路。7805 在正常工作时，其输出电压 V_{32} 恒为 5 V。再根据理想运算放大器的特性，便可确定调压电位器在最大调整区间输出电压的变化范围。

三端稳压器输出电压一定，即 $V_{32}=5$ V，则 $I=\dfrac{V_{32}}{R_3+R_4}$，根据理想运算放大器特点 $V_-=V_+=\dfrac{R_P}{R_1+R_P}V_o$，又有 $I=\dfrac{(V_o-V_-)}{R_3}=\dfrac{\frac{R_1}{R_3}}{R_1+R_P}V_o$，所以 $\dfrac{V_{32}}{R_3+R_4}=\dfrac{\frac{R_1}{R_3}}{R_1+R_p}V_o$，得输出电压

$$V_o=\frac{(R_1+R_P)}{(R_3+R_4)}\frac{R_3}{R_1}V_{32}$$

当 $R_P=0$ 时，$V_o=0.5$ V，当 R_P 最大为 15 kΩ 时，$V_o=8$ V。可见，V_o 的可调节范围是 0.5～8 V。

【例题 4】电路如图 7.5.4 所示，

① 设变压器副边电压的有效值 $V_2=20$ V，求 $V_i=$？说明电路中 T_1、R_1、D_{Z2} 的作用。

② 当 $V_{Z1}=6$ V，$V_{BE}=0.7$ V，电位器 R_P 箭头在中间位置，不接负载电阻 R_L 时，试计算 A、B、C、D、E 点的电位和 V_{CE3} 的值。

③ 计算输出电压的调节范围。

④ 当 $V_o=12$ V，$R_L=150\ \Omega$，$R_2=510\ \Omega$ 时，计算调整管 T_3 的功耗 P_{C3}。

解：① T_1、R_1 和 D_{Z2} 为启动电路，当输入电压 V_i 为一定值，即

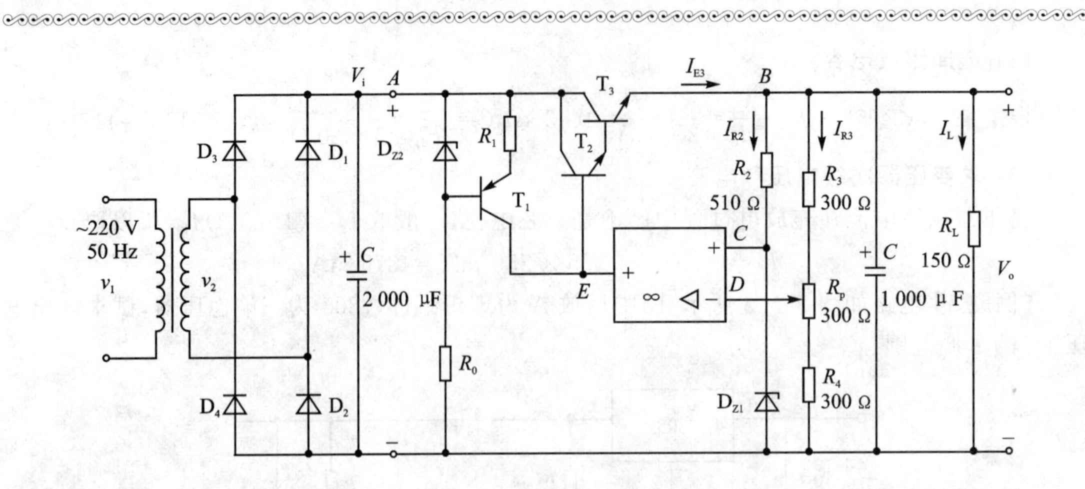

图 7.5.4 【例题 4】的电路

$V_i=(1.1\sim1.2)V_2$，取 $V_i=1.2V_2$，则 $V_i=1.2V_2=1.2\times20\ \text{V}=24\ \text{V}$。

② $V_A=V_i=24\ \text{V}, V_B=V_o=V_{Z1}\left(\dfrac{R_3+R_P+R_4}{R_4+\frac{1}{2}R_P}\right)=12\ \text{V}$

$V_C=V_D=V_{Z1}=6\ \text{V}$

$V_E=V_o+2V_{BE}=12\ \text{V}+1.4\ \text{V}=13.4\ \text{V}$

$V_{CE3}=V_A-V_o=24\ \text{V}-12\ \text{V}=12\ \text{V}$

③ $V_{o,\min}=V_{Z1}\left(\dfrac{R_3+R_P+R_4}{R_4+R_P}\right)$，　$V_{o,\max}=V_{Z1}\left(\dfrac{R_3+R_P+R_4}{R_4}\right)$

④ $I_L=\dfrac{V_o}{R_L}=\dfrac{12\ \text{V}}{150\ \Omega}=0.08\ \text{A}=80\ \text{mA}$

$I_{R_3}=\dfrac{V_o}{R_3+R_p+R_4}=\dfrac{12\ \text{V}}{900\ \Omega}=13.3\ \text{mA}$

$I_{R_2}=\dfrac{V_o-V_{Z1}}{R_2}=\dfrac{12\ \text{V}-6\ \text{V}}{510\ \Omega}=11.7\ \text{mA}$

所以，

$I_{C3}=I_L+I_{R_3}+I_{R_2}=80\ \text{mA}+13.3\ \text{mA}+11.7\ \text{mA}=105\ \text{mA}$

$P_{C3}=V_{CE3}\times I_{C3}=(V_A-V_o)\times I_{C3}(24\ \text{V}-12\ \text{V})\times105\ \text{mA}=1.26\ \text{W}$

7.6 研究性课题

【课题 1】分别利用 1N4733\LM7805\LM2576 设计出相应的二极管、线性和开关稳压电路，要求输出固定电压为 5 V，并在电压输出相同的情况下，分别测量输出电流（从小渐渐增大）。列表说明三种电路的最大输出电流、稳压性能、不同电流时电路的输出效率。

【课题 2】列表总结，说明开关稳压电路和线性稳压电路各自的优缺点，如何选择并应用好这两种电源，并举例说明；有条件时，开发一个±12 V 直流稳压电源，实验仿真，并撰写设计与实现技术报告。

7.7　本章小结及复习要求

直流稳压电源由整流电路、滤波电路和稳压电路组成。整流电路将交流电压变为脉动的直流电压;滤波电路可减小脉动使直流电压平滑;稳压电路的作用是在电网电压波动或负载电流变化时保持输出电压基本不变。

整流电路有半波和全波两种,最常用的是单相桥式整流电路。分析整流电路时,应分别判断在变压器副边电压正、负半周两种情况下二极管的工作状态,从而得到负载两端电压、二极管端电压及其电流波形并由此得到输出电压和电流的平均值,以及二极管的最大整流平均电流和所能承受的最高反向电压。

滤波电路通常有电容滤波、电感滤波和复式滤波,本章重点介绍了电容滤波电路。

稳压管稳压电路结构简单,稳压效果差,仅适用于负载电流较小且其变化范围也较小的情况。

在串联型稳压电源中,调整管、基准电压电路、输出电压取样电路和比较放大电路是基本组成部分。电路中引入了深度电压负反馈,从而使输出电压稳定。

集成稳压器仅有输入端、输出端和公共端三个引出端,使用方便,稳压性较好。

开关稳压电源种类繁多、形式多种多样,实际应用广泛的多为脉宽调制器组成的开关稳压电源和单片集成开关稳压电源。它具有输出效率高、体积小、重量轻等优点。

7.8　习　题

【习题7-1】画出单相半波整流、带变压器中心头的全波整流电路。列表说明单相半波整流、带变压器的全波整流和桥式整流的主要参数和特点。

【习题7-2】电路原理图如图7.8.1所示,图中标出了变压器二次电压(有效值)和负载电阻值,若忽略二极管的正向压降和变压器内阻,试求:

① R_{L1}、R_{L2}两端的电压V_{L1}、V_{L2}和电流I_{L1}、I_{L2}(平均值);

② 通过整流二极管D_1、D_2、D_3的平均电流和二极管承受的最大反向电压;

③ 若D_3断路再求①、②。

【习题7-3】桥式整流滤波电路如图7.8.2所示,$v_i=10\sqrt{2}\sin\omega t(\mathrm{V})$。

① 分析电路工作原理,定性画出V_o波形。

② 求输出电压的直流分量$V_o=$?

③ 若电容C脱焊,$V_o=$?

④ 若R_L开路,$V_o=$?

【习题7-4】在图7.1.1所示电路中,若已知变压器副边电压有效值$v_2=30\ \mathrm{V}$,负载电阻$R_L=100\ \Omega$,试问:

① 输出电压与输出电流平均值各为多少?

② 当电网电压波动范围为±10%,二极管的最大整流平均电流与最高反向工作电压至少应选取多少?

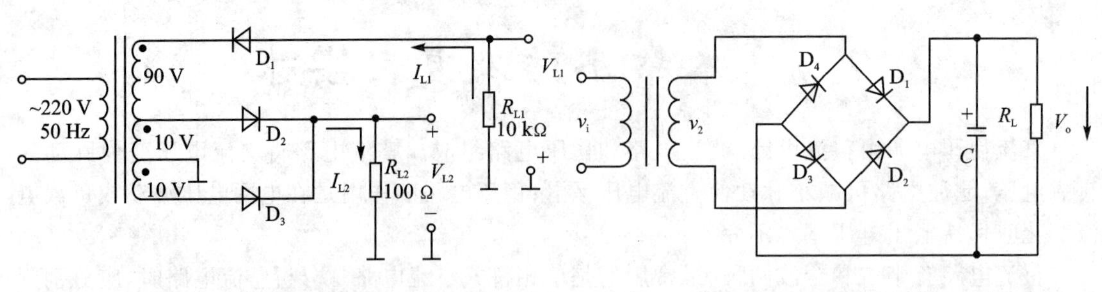

图 7.8.1 【习题 7-2】图　　　　图 7.8.2 【习题 7-3】图

【习题 7-5】如图 7.8.3 所示，稳压管的电流范围 I_Z 为 1～20 mA，$v_i=20$ V。要求：$V_o=10$ V，确定输出电流 I_L、电阻 R_L 及 R 值。

【习题 7-6】倍压整流电路如图 7.8.4 所示，简述其工作原理。当 $R_L=\infty$ 时，输出电压 $\dot{V}_o$ 为多少？

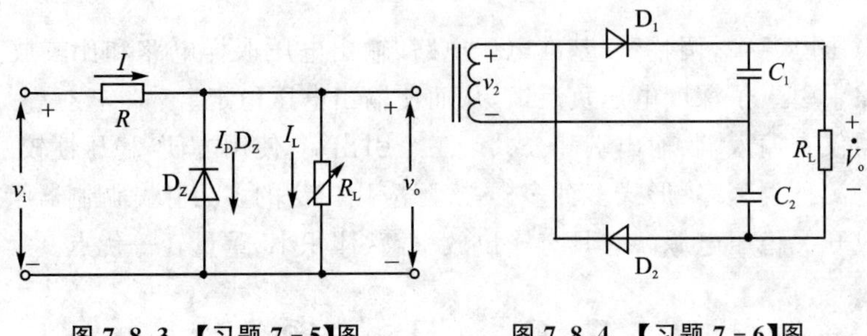

图 7.8.3 【习题 7-5】图　　　　图 7.8.4 【习题 7-6】图

【习题 7-7】串联稳压电路如图 7.8.5 所示，已知 $V_Z=6$ V，$I_{Z,\min}=10$ mA，指出电路中的四处错误。

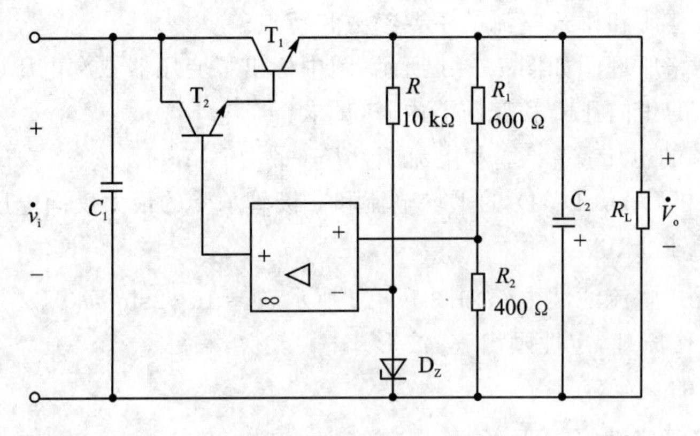

图 7.8.5 【习题 7-7】图

【习题 7-8】试写出如图 7.8.6 所示稳压电路最大输出和最小输出电压的表达式。

【习题 7-9】用三端集成稳压器构成的直流稳压电路如图 7.8.7 所示，求输出电压 V_o 的表达式。

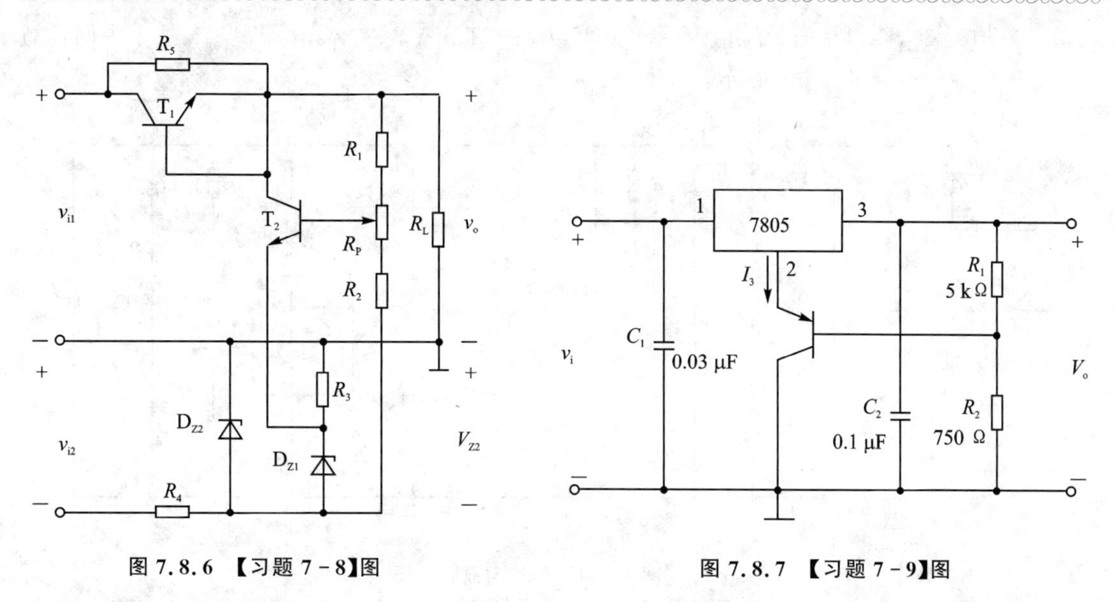

图 7.8.6 【习题 7-8】图　　　　图 7.8.7 【习题 7-9】图

【习题 7-10】如图 7.8.8 所示电路为 LM78XX 系列集成稳压器扩展输出电流的应用电路。当稳压电路所需输出电流大于 2 A 时，利用电阻 R 的作用，使外接的功率晶体管导通来扩大输出电流 I_o。若功率管 $\beta=10$，$V_{BE}=-0.3$ V，电阻 $R=0.5$ Ω，$I_3=1$ A，试计算扩展输出电流 I_o（设公共端的电流 $I_2\approx0$）。

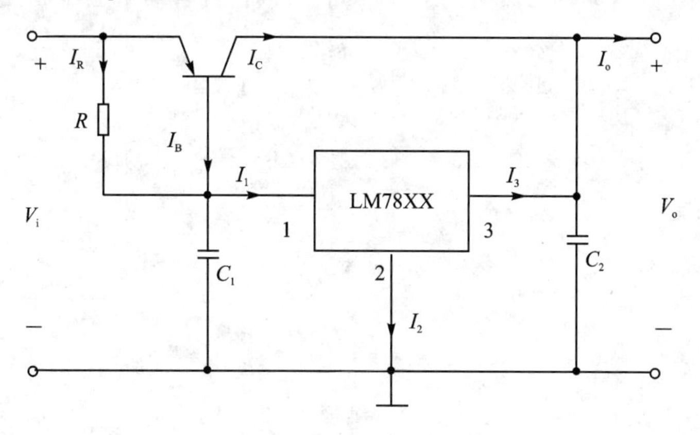

图 7.8.8 【习题 7-10】图

【习题 7-11】说明如何使图 7.3.7 三端可调输出正电源的输出电压从 0 V 输出可调，并画出设计的电路。

【习题 7-12】画出 RC 型 Π 滤波电路和 LC 型 Π 滤波电路，结合图 7.4.3 中 PNF 电源噪音滤波器说明其在电路中的作用。

【习题 7-13】如何接法以测量图 7.4.5 中 A、B、C 各点的波形，并简单地进行描绘。

【习题 7-14】请说出图 7.4.1 开关稳压电源的稳压原理（过程）。

7.9　仿真习题

【仿真习题】带放大器的串联式直流稳压电路如仿真习题图 7.9.1 所示。设三极管的放

大倍数 β 均为 60，D_5、D_6 的稳压值 $V_Z=6.2\ V$，$I_{ZM}=31\ mA$，$V=26\sin\omega t$，当 R_P 处于中间位置时，试用仿真软件 Multisim 10 分析该电路。

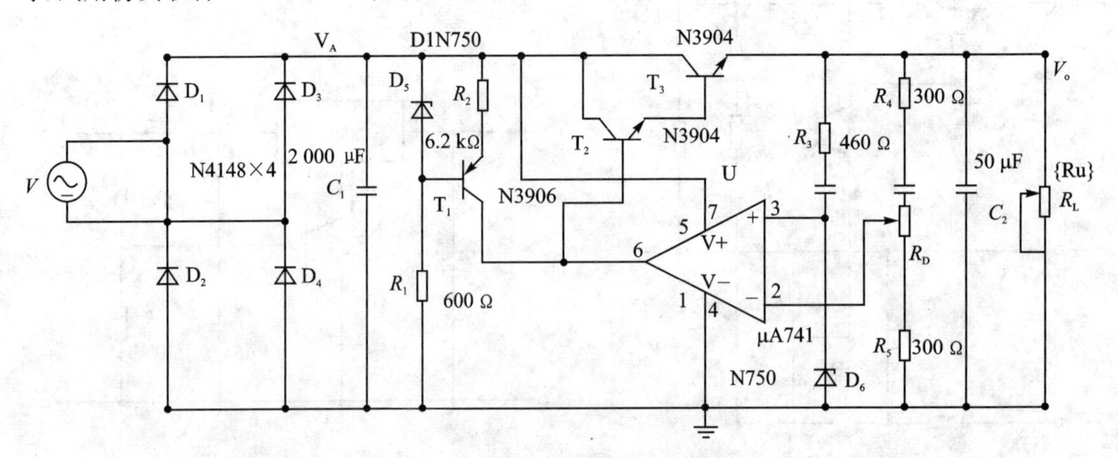

图 7.9.1　仿真习题

① 给出 V_A、V_o 的波形，观察输出电压的上电建立和稳定的过程；

② 求输出电压稳定后，V_A 的直流平均值及其纹波大小和 V_o 的直流平均值及其纹波大小；

③ 改变负载大小，当负载电流从 0.1 A 变到 1 A 时，观察输出电压的变化情况，并求输出电阻；

④ 当输入电压增加 10％时，观察输出电压的变化情况。

第8章　电子系统综合分析与设计

本章内容概要

对半导体电路进行研究分析，最终要归到对电子系统的设计中去。对电子工程师而言，电子系统的分析和设计是工程实践的主要内容。本章将在介绍电子系统基本概念和分析设计方法的基础上，通过实例，让读者理解、掌握电子系统分析设计的过程和方法。

电子系统分为模拟型和数字型或两者兼而有之的混合型电子系统，无论哪一种形式的电子系统，它们都是能够完成某种任务的电子设备。一般把规模较小、功能单一的称为单元电路；而功能复杂，即由若干个单元电路（功能块）组成规模较大的电子电路称为电子系统。由于电子系统的复杂性和综合性，很少有只包含模拟的电子系统或只包含数字电路的电子系统。虽然本书以模拟电子电路为主，但本章所述的电子系统，考虑到实际情况，会包含简单的数字电路，如果有少量的知识盲点，可参阅其他相关资料或教材。

对于电子工程师而言，电子系统的分析和设计是工程实施的主要内容。此处所述的电子系统分析是指，面对已存在的电子系统，根据所掌握的电子电路知识，或者对它的一系列测试，确定该电子系统的功能和性能。因此分析是一个自顶向下的过程。而设计，则是一个相反的、自底向上的过程，即根据所提出的电子系统的功能和性能，利用电子电路知识、辅助设计手段，设计出符合要求的电子系统。分析和设计往往不是孤立存在的，在一个工程实施中，往往会交叉进行。比如，对一个成熟电子系统的少量改进，就不需要重新设计，只需要在对原有电子系统全面分析的基础上，进行少量的改进性设计。此时，分析的比重大于设计的比重；另一种情况，要设计一个全新的电子系统，虽然大部分是全新设计的，但有些单元电路是成熟的并可以借鉴的，经过对这些单元电路进行分析确认和针对性的修改后，就可以应用到新的系统中。此时，设计的比重大于分析的比重。分析，重在辨识；设计，重在构建。在工程实施中，不必拘泥于某一种形式，关键在于对两种手段的灵活和合理的运用。

8.1　电子系统的组成

通常电子系统由输入、输出、信息处理三大部分组成，用来实现对某些信息的处理、控制或带动某种负载。图8.1.1所示为电子系统基本组成方框图。

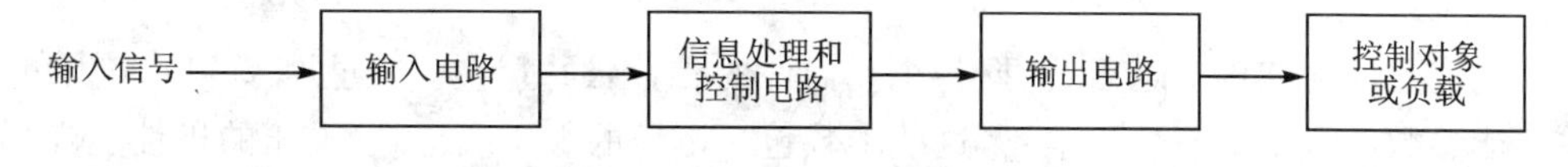

图8.1.1　电子系统方框图

对于模拟型电子系统，输入电路主要起到系统与信号源的阻抗匹配、信号的输入与输出连接方式的转换、信号的综合等作用；输出电路主要解决与负载或被控对象的匹配并输出足够大的功率去带动负载。而对于数字型电子系统，输入与输出电路主要解决现场信号与控制对象的接口问题。输入电路往往由 A/D 转换器组成,而输出电路则由 D/A 转换器或加功率放大器或驱动电路组成。

8.2 电子系统分析的方法

电子系统的分析方法和分析者的经验相关性很大,但从总体上来讲是自顶向下的过程,可以分为单元电路划分、单元电路功能和性能分析、电子系统功能性能确定等步骤,如图 8.2.1 所示。

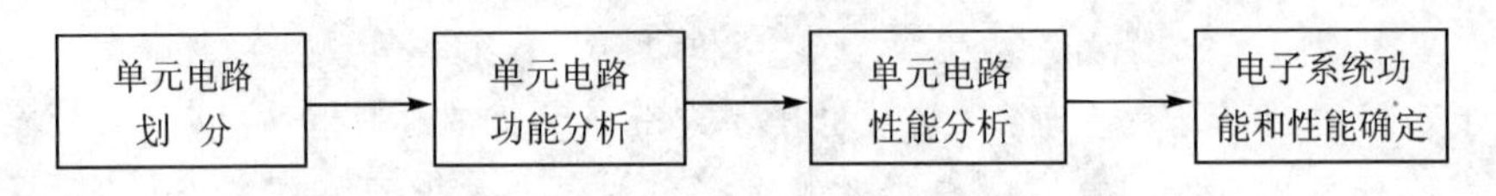

图 8.2.1 电子系统流程

8.2.1 单元电路划分

电子电路本身有很强的规律性,不管多复杂的电路,经过分析可以发现,它都是由少数几个单元电路组成的。常用的单元电路有电源电路、放大电路、振荡电路、调频和鉴频电路等。各类单元电路都有着明显的特点,根据这些特点就可以方便地进行单元电路划分和功能确定。随着微电子技术的发展,很多原先由分离元件实现的单元电路都集成到了一个芯片里,根据芯片的型号,单元电路的划分和功能确定会更简单一些。要注意的是,芯片一般不是孤立存在的,一般都有一定的外围电路,在单元划分时,一定要把这些外围电路也划分进去。经过单元划分之后,整个电子系统的电路就简化为少数的几个模块,这样就对系统功能的理解和性能的分析带来了便利。

单元电路的划分还存在一个层次的概念。如果划分后的功能单元电路还是足够复杂,不便于分析,则可以继续细分下去,直到能够确定其功能和进行性能分析为止。

8.2.2 单元电路功能分析

单元电路基本上是根据功能进行划分的,所以单元电路划分好之后,基本的功能也就确定了。但是,详细的功能还需要进一步确定,比如说电源电路,一般由整流电路、滤波电路、稳压电路组成;放大电路也分低频电压放大电路、功率放大电路、直流放大电路、集成运算放大电路等,针对集成运算放大也有比例运算、加法运算、减法运算、积分运算、微分运算等功能之分。所以,在单元划分后,还需要进一步的分析才能明晰单元电路的功能。

8.2.3 单元电路性能分析

单元电路的功能确定之后,根据各个元器件的参数,通过计算或仿真,就可以确定电路的具体性能参数。对于电源单元电路,这些参数包括电压的大小或范围、电压的极性、纹波大小、提供电流的能力等;对于放大电路,性能参数包括放大倍数、输入电阻、输出电阻、频率效应等。以集成芯片为核心的单元电路,其性能参数主要由芯片的性能参数和外围电路参数确定,可以通过查阅芯片的技术手册和简单的计算来确定。

8.2.4 系统功能和性能的确定

经过对整个系统的逐块、逐级的划分和分析之后，最后把整个电路从前到后全面综合贯通起来，整个系统的功能和性能也就确定了。值得注意的是，随着电路仿真软件的发展，借助于电路仿真软件进行电子系统的分析是一个比较快捷、方便的方法。但是，这并不是说前面的单元划分、功能和性能确定就不需要了。通过仿真来进行电路分析是建立在对电路有一定了解的基础上的，不然难以达到分析的目的。比如测试点的设置，必须是在单元电路划分之后才能知道哪里是测试的关键点，也才能知道测试点如何设置。所以，仿真是辅助，电子系统分析最重要的还是分析者的电路知识和经验的积累。

8.3 电子系统设计的方法

电子系统的设计方法，没有一成不变的步骤，它往往与设计者的经验、兴趣、爱好密切相关，但从总的设计过程来讲，是一个自底向上的过程，可以归纳成以下四个步骤。

8.3.1 课题分析

根据技术指标的要求，首先要明晰系统所要求的功能和性能指标以及目前该领域中类似系统所达到的水平；有没有能完成技术指标所要求功能的类似电路可以借鉴。如有可以借鉴的类似电路，则要进一步明晰电路需经何种改动或电路参数需要哪些设计计算等，从而对课题的可行性做出判断。

8.3.2 方案论证

按照系统要求，把电路划分成若干功能块，从而得到系统框图。每个方框即是一个单元电路。按系统指标要求，规划出各单元电路要完成的任务，确定输出与输入的关系，决定单元电路的结构。单元电路的划分要遵循低耦合原则。为完成总任务，由系统框图到单元电路的具体结构应是多解的，应该经过较为详细的方案比较和论证，以技术上的可行性和较高的性能价格比为依据，最后选定方案。

8.3.3 方案实现

尽量选用市场上可以提供的中大规模集成电路，并通过应用性设计来实现各功能块的要求以及各功能块之间的协调。

该步骤的要点是：

① 熟悉目前数字或模拟集成电路的分类、特点，合理选择所用芯片，方便地实现各功能块的要求，并且工作可靠、价格低廉。

② 对所选各功能块进行应用性设计时，要根据集成电路的技术要求和功能块的任务，正确计算外围电路的参数，对于数字集成电路则要正确处理各功能输入、输出端。

③ 要保证各功能块协调一致地工作。

对于模拟系统，按需要采用不同耦合方式把它们连接起来；对于数字系统，协调工作主要通过控制器来完成。控制器作为一个功能块，通常由移位寄存器或计数器构成的脉冲分配器

(又称节拍发生器)来组成,控制各功能块按一定顺序有条不紊地工作。因此,对该控制器的要求较严格,不允许有竞争冒险和过渡干扰脉冲出现,以免发生控制失误。目前在计算机或较大的数字系统中,这种控制多由所谓微程序控制器来实现。

8.3.4 安装和调试

设计电子系统的安装与调试大多在通用实验板或逻辑实验箱上进行,用来验证是否达到任务书中各项要求。若达到,设计任务即可告一段落,可以进行样机研制阶段。若未达到,则需查找原因,从而决定返回以上相应步骤重新进行,直到达到设计目的。

安装与调试过程按照先局部后整机的原则,即把系统划分为若干个功能块,根据信号的流向逐块装调,使各功能块达到各自技术指标的要求,然后把它们连接起来进行统调和系统测试。在局部电路调试中,要注意各信号输入端的正确处理和恢复,一般不允许悬空,以便使调试工作顺利进行。

8.3.1~8.3.4 节讲述内容是电子系统设计的中心环节。而在一般的工程设计中,还要进行工艺设计、样机制作、检验测试鉴定、小批量生产等工作。

8.4 典型电子系统分析案例

本节针对一个实际的电子系统(高压带电显示系统)进行分析。高压带电显示装置的电路原理图如图 8.4.1 所示。

从图中可以明显看出,A 区在图中是以 7812 和 7805 三端稳压模块为核心的电源单元电路,其功能是从市电 220 V 交流,经变压、整流、滤波、稳压后,为系统提供直流 12 V 和 5 V 两个电压级别的直流电压。详细电路如图 8.4.2 所示,其中 FA_1 为保险丝,防止系统因过载而损害,起保护作用。

图 8.4.1 中的 B 区中的电路由三个完全相同的部分组成,可以通过分析其中一个部分来确定其功能,其中一部分的电路如图 8.4.3 所示。整个单元电路主要由多级的运算放大电路构成,所用电压为直流 12 V。左端的“A - PHASE”为把 A 相高压线路的传感器采集到的交流电压、频率为 50 Hz 的信号经电阻和电容耦合到后面的运算放大电路。前端的 TVS 管起到电压保护的作用,防止前端有瞬间的高压损坏后端的电路。而后面的一对二极管则是起到限压作用,把输出电压限制在二极管的正向导通范围内。第一级运算放大电路为反相放大电路,可以按照前面的章节学到的运算放大电路分析方法进行分析,发现它是一个放大倍数为无限大的放大电路,这种电路在被放大信号为低频的较小信号时会用到。跨接在运放输入端和输出端的电容 C_{31} 起到防止运放自激的作用。同相端接入的是二分之一的电源电压。经第一级放大后的信号经电容耦合到第二级运算放大电路。第一级运算放大电路同样是一个反相比例运算,经分析后放大系数在 18 倍左右,其中 C_{32} 的作用与 C_{31} 相同。经第二级放大电路后,信号经电阻和电容耦合到第三级运放电路。第三级运放电路比较特殊,它的作用是把前级的交流信号进行整流,转变为脉动的直流信号,建议大家通过电路仿真软件仿真、分析其具体功能,此处不再详述。整流后的脉动直流 R_{53} 与后级电路耦合,电容 C_{49} 是滤波电容,作用是让直流的脉动减小。第四级运放电路是电压比较电路。比较参考电压通过反相端的电阻和可调电阻分压而得到。经放大输出的直流信号经过电阻 R_{78} 输出到三极管 T_4,三极管电路在这里的作用是电压转换和反相,利用的是三极管的开关特性。

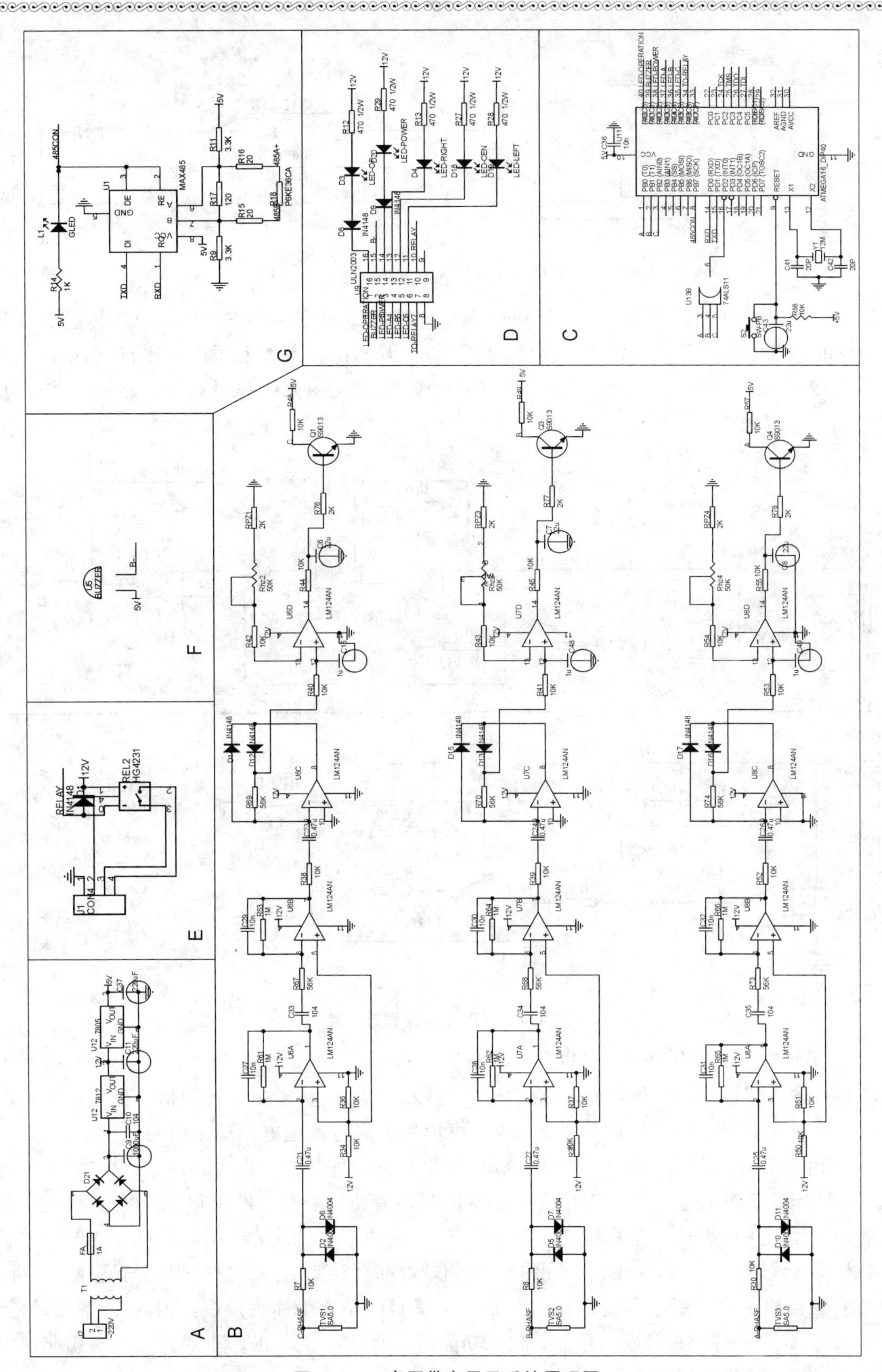

图 8.4.1　高压带电显示系统原理图

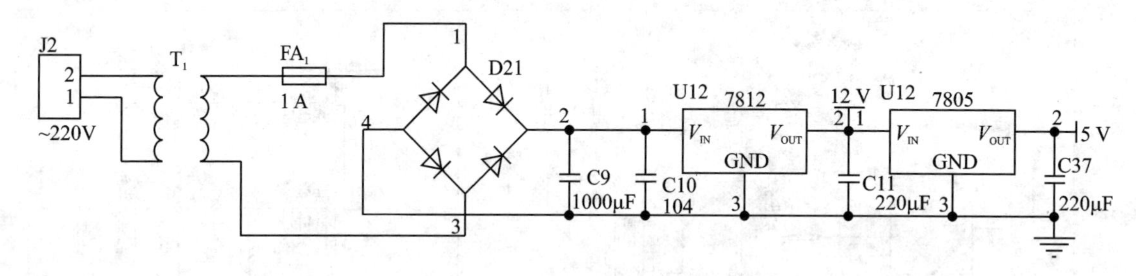

图 8.4.2　电源单元电路

经过对 B 区中电路的分析，三个信号调理电路完成的是同样的功能，即从传感器获得 50 Hz的小电压信号后，经两级放大和整流后，与可调的比较参考电压进行比较，如果高于所设的比较参考电压则输出低电平，则认为高压线带电，并交由后级信号处理电路进行处理；反之输出 5 V 高电平。

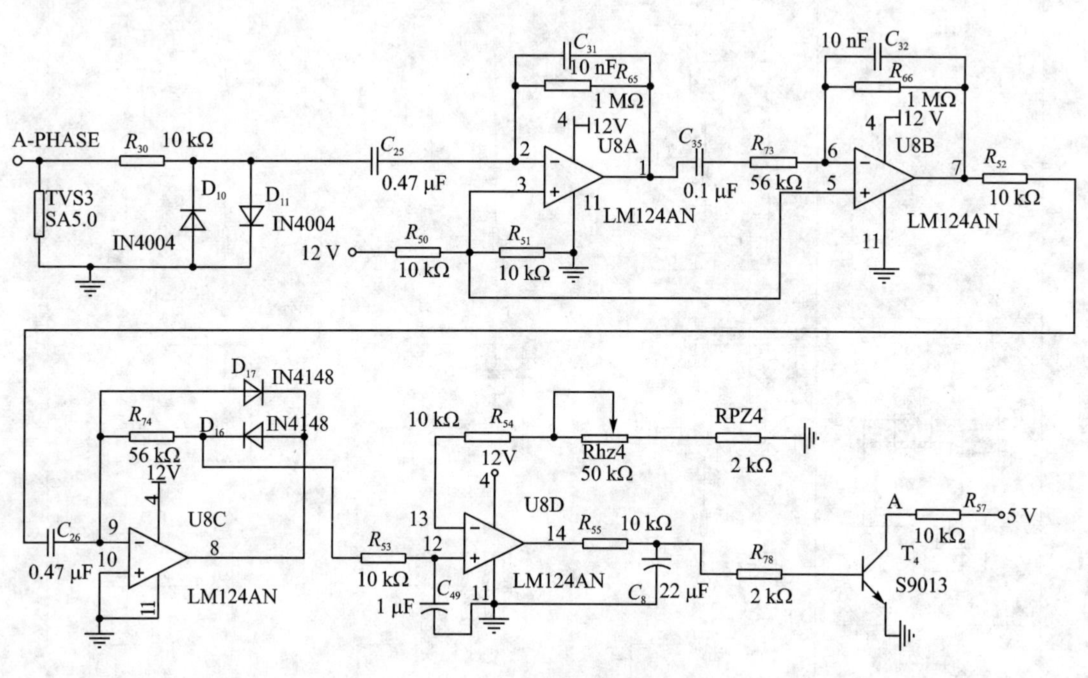

图 8.4.3　信号采集调理电路

图 8.4.1 中 C 区中的电路是以单片机 ATMEGA16 为核心的信号处理电路，可以通过编程实现对输入信号的采集和处理，并决定输出信号的状态。基于单片机的信号处理电路如图 8.4.4 所示，此部分电路的电源为直流 5 V。由信号采集与调理电路输出的三路电平信号 A、B、C，经由 74LS11 后输出到单片机的 16 脚，即单片机的外部中断脚。74LS11 是三输入的与门，即 A、B、C 三路信号中任一路信号为低电平，则单片机的外部中断引脚为低电平（触发单片机的中断程序并对信号进行识别与处理）。经过前面的分析可知，A、B、C 某路为低电平就代表某相高压线带电，所以，A、B、C 三相中任一相带电都会触使单片机进行识别与处理。另外，A、B、C 三路电平信号还分别接到了 1、2、3 引脚，其目的是让单片机辨识：当有中断触发时，辨识是 A、B、C 中的哪一相触发的中断。这一功能可以通过对单片机编程，读取 1、2、3 引脚的电平，并判断哪一相为低电平而实现。

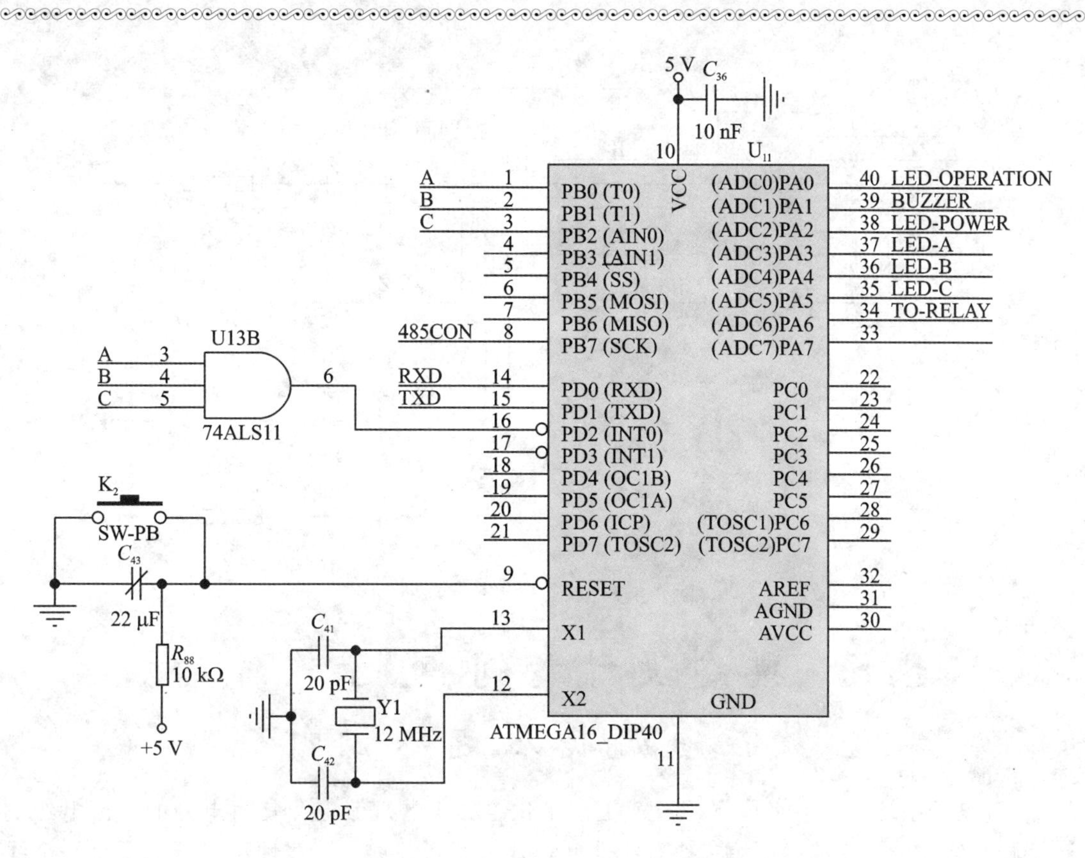

图 8.4.4　基于单片机的信号处理电路

图 8.4.1 中的 D 区中的电路是以 ULN2003 芯片为核心的状态输出单元，主要是对 LED、蜂鸣器和继电器等状态输出器件的驱动，如图 8.4.5 所示。ULN2003 为高耐压、大电流达林顿管芯片，在 5 V 的工作电压下它能与 TTL 和 CMOS 电路直接相连，可以直接处理原先需要标准逻辑缓冲器来处理的数据，灌电流可达 500 mA，主要用来弥补直接由单片机引脚驱动 LED 和继电器电流不足的缺点。单片机通过对输入的采集信号的判断后，得出哪一相带电的结论，然后驱动相应的 LED 发光、继电器动作、蜂鸣器鸣响等。LED 发光二极管支路中串联电阻起到限流的作用。

图 8.4.1 中的 E、F 区中的电路属于状态输出的执行单元，E 区电路为继电器单元电路，实现在某相带电的情况下，为开闸或合闸提供一个控制输出信号的功能；而 F 区是蜂鸣器电路，由状态输出单元进行驱动，作用是提供声音报警信号，以提醒工作人员注意。

图 8.4.1 中的 G 区中的电路是以 MAX485 芯片为核心的通信电路，作用是把检测到的高压线带电信息远传到远程的控制中心。

经过总体分析，该“高压带电检测系统”的功能是：利用采集调理电路单元对高压带电传感器采集过来的信号进行放大和整流处理，并通过电压比较电路判断带电与否；以单片机为核心的信号处理电路通过对带电信号的处理，驱动相关的状态指示和控制输出信号，以提醒现场工作人员进行安全操作，并把检测结果远传到控制中心。

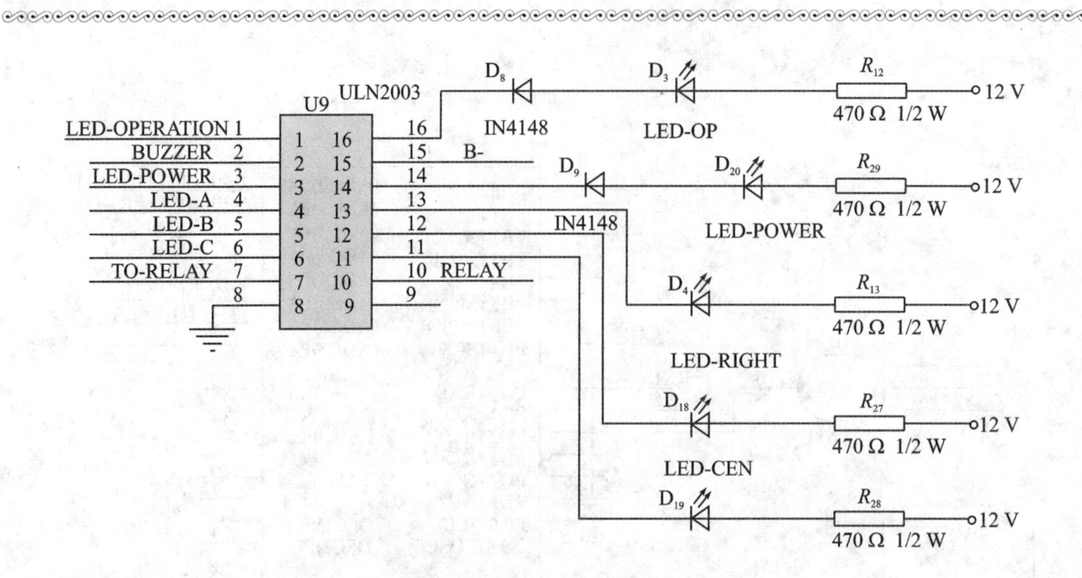

图 8.4.5 状态输出单元电路

8.5 典型设计案例:电子系统的数控直流稳压电源设计

各种电子系统都要求有稳定的直流电源来供电。多数直流电源是由电网的交流电经整流、稳压来实现的。直流稳压源主要有线性型和开关型两种形式。线性型稳压电源是一个线性反馈系统,其调整管、误差放大器都工作于线性放大状态。它的特点是性能优良,设计制作较简单。但它必须使用一只工频变压器,这样不但增加了体积和重量而且增加损耗、降低效率,同时调整管的管耗也比较大。

开关型稳压源的特点是调整管工作在开关状态,而且工作频率较高,大多在 20 kHz 以上,因此可采用体积很小的高频变压器来实现变压任务。由于调整管工作在开关状态,管子截止时管压降虽然很大,但流过电流几乎为零;而管子导通时电流虽然很大,但此时管压降非常小,因而调整管的管耗很小,提高了电源的效率。目前被广泛地用于各类电子系统和计算机中。开关电源的形式很多,可分为自激式和他激式两种。根据能量的传送方式,可分为电感储能式和变压器耦合式两类。自激式开关电源电路简单,输出电压可调范围较小,且电压稳定性不够高,所以常用于要求较低的场合。他激式开关电源需要集成脉宽调制器芯片和辅助直流电源,因此电路较复杂,但它输出电压稳定,各项技术指标都可做得很好,所以可用在要求较高的场合。电感储能式适用于小功率的开关稳压源,而变压器耦合适用于大功率的开关稳压源中。

8.5.1 设计任务

设计一个输出电压可调的数控电压源,并由数码管显示其输出值,具体参数如下:

① 输出电压:2～20 V 之间,调节单位为 0.1 V;

② 电压稳定度($\Delta V_o/V_o$):小于 0.2%,纹波电压小于 10 mV;

③ 输出电流:1 A;

④ 输出电压值由数码管显示，并由"＋"、"－"两键分别控制输出电压步进增减；

⑤ 电源应具有输出短路保护和功率器件的过热保护功能。

8.5.2　方案论证

1. 方案一

根据本任务的要求，首先想到要实现输出电压的数字控制和数字显示，可利用数模转换器(DAC)和数字逻辑控制电路来控制通常的线性型稳压电源。由此可得出如图 8.5.1 所示的框图。本方案中的逻辑控制部分若采用中小规模器件来实现，则比较繁琐而且对可靠性及抗干扰能力会带来一些影响。显然逻辑控制电路功能完全可以用单片机来实现，这样虽然有些大材小用，但可使本系统的功能便于扩展。

2. 方案二

众所周知，DAC 可以方便地实现一个程控电源的基本功能，如图 8.5.2 所示的电路。图中的数字量 $X_1, X_2, \cdots, X_3$ 可以由拨盘开关设定或用单片机来控制。输出电压由式(8－1)决定，即

$$V_o = \frac{V_{REF}}{R_{REF}} R_{FB}(X_1 2^{-1} + X_2 2^{-2} + \cdots + X_n 2^{-n}) \tag{8-1}$$

但这样的简单电路，输出功率较小，满足不了本任务的要求。为此可在此基础上再加以功率放大，由此可得如图 8.5.3 所示框图。

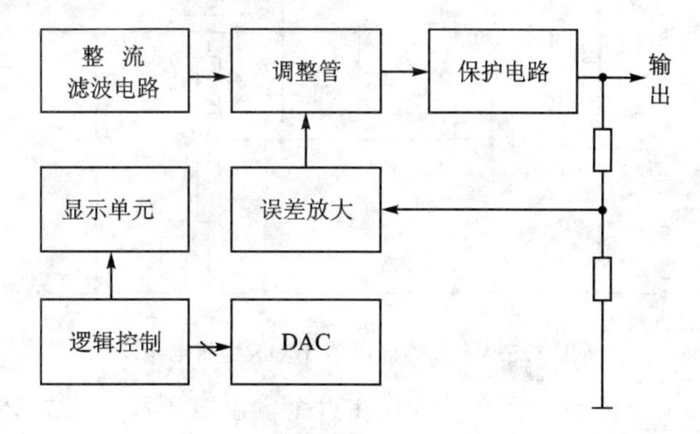

图 8.5.1　数控稳压电源方框图

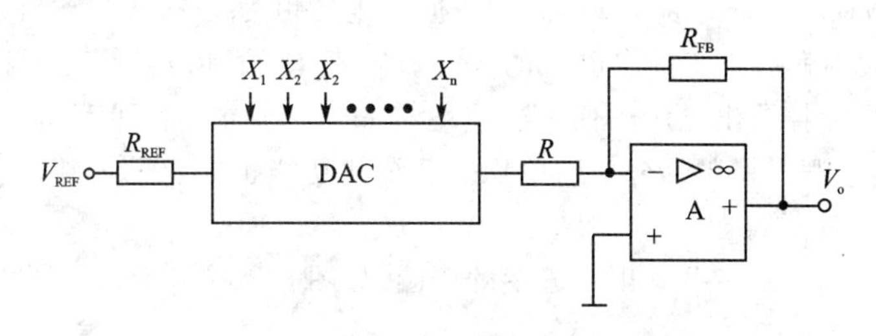

图 8.5.2　数字可编程电源框图

本方案的主要特点是输出部分不再用传统的调整管，功率放大电路可用运放作前级，再用分立元件的功率放大级，也可采用功率集成芯片。由于功放输出的波形与 DAC 输出波形相同，因此该系统除能输出直流电压外，还可以很容易地实现具有功率输出的信号发生器。

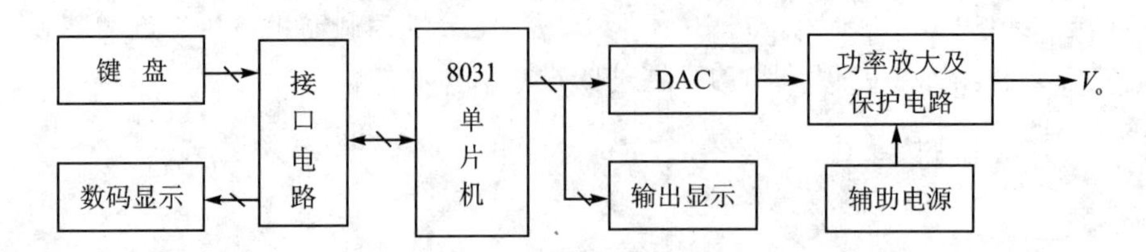

图 8.5.3 带功率放大的数字可编程电源框图

3. 方案三

本任务中的输出电压、电流值并不很大,输出电压可调范围也并不很宽,因此当前已有集成三端稳压器能满足要求,而且这类芯片内部都有过流和过热的保护电路。例如 W117,其额定电流可达 1.5 A,输出电压的调节范围为 1.2～37 V,内部有过热和过流保护电路。W117价格不贵,所以采用这种芯片为主体来组成所要求的系统是比较合理的。

W117 的基本稳压电路如图 8.5.4 所示。图中 V_o有以下关系式

$$V_o = 1.25 + V_B \tag{8-2}$$

$$V_B = \left(I_R + \frac{1.25}{R_1}\right)R_2 \tag{8-3}$$

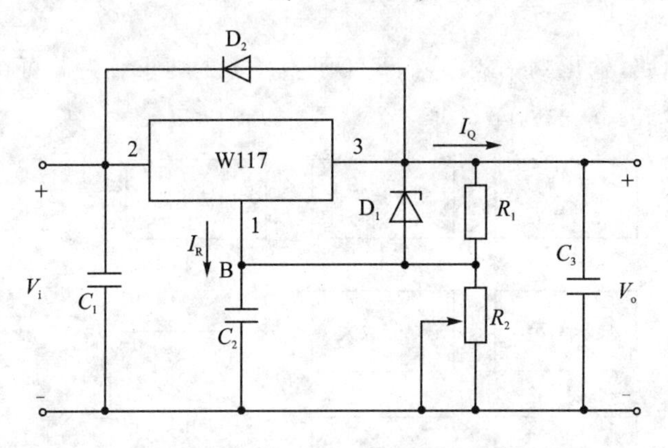

图 8.5.4 三端稳压器 W117 稳压电路

式中,I_R为流出调整端的电流,约为 50 μA,且在整个输出电压和电流的变化范围内可近似看做不变。而 I_o 由输出端流出,为保证在负载开路时电路工作正常,必须正确选择电阻 R_1,使 I_o 不小于 5 mA,W117 的输出端 3 和调整端 1 间的电压恒为 1.25 V(能带间隙式基准源),所以只要调节 R_2的大小就可改变输出电压的大小。若把 R_2 设计成一个电阻网络,用开关来切换其阻值,就可实现数控输出电压的任务。图中接入二极管 D_2后,可为负载电容的存储电荷提供一条放电通路。逻辑控制部分采用单片机系统使功能扩展比较灵活,硬件电路结构比较简单。

综上所述,决定用方案三并画出本方案的框图,如图 8.5.5 所示。

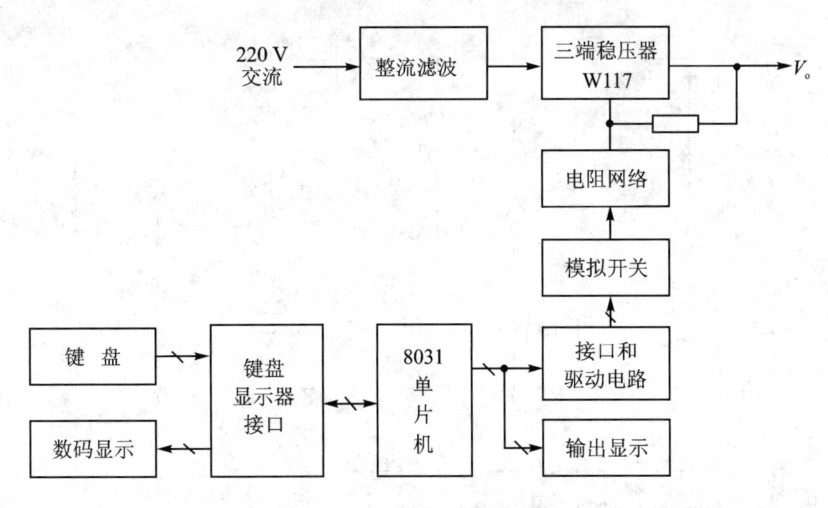

图 8.5.5 单片机控制的数控电压源方框图

8.6 本章小结及复习要求

本章首先介绍了电子系统分析、设计的基本概念，然后以实例的方式分别对电子系统分析、设计的流程和方法。电子系统分析与设计是对电子电路知识进行综合运用的一个过程，通过本章的学习可以发现，把前面几章的知识有机地结合起来，就能够对未知功能的电路进行功能、性能分析，也可以面向具体应用设计出实际可行的电子电路。为了进一步巩固和深化对本章分析、设计流程和方法的掌握，本章还设置了课后习题和课后仿真习题，请参看 8.7 节和8.8 节。

8.7 习 题

【习题 8-1】 图 8.4.3 中的 R_{53} 能不能换成电容，为什么？通过电路分析，提出改进建议。

【习题 8-2】 请分析如图 8.7.1 所示电路的功能。

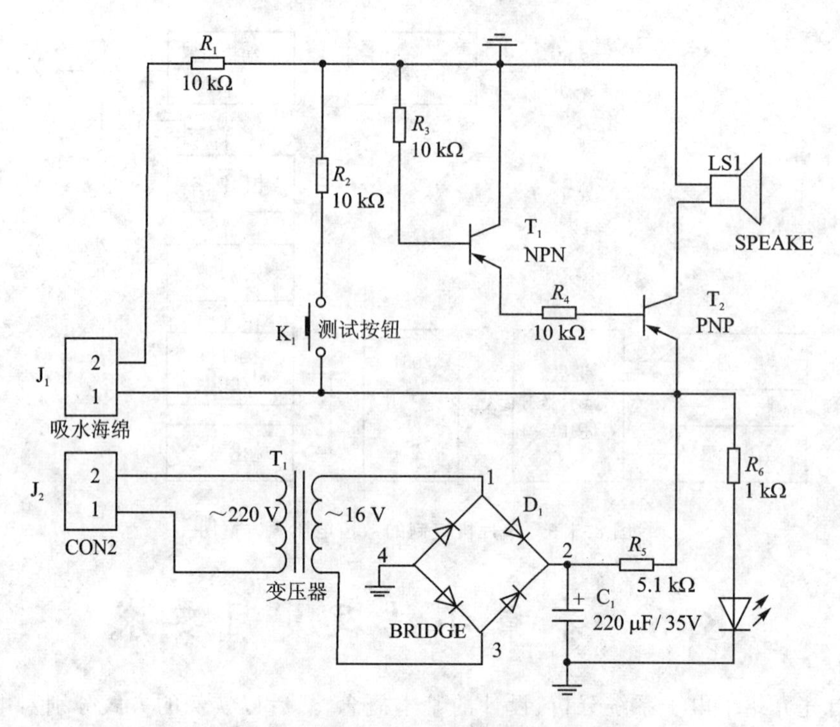

图 8.7.1 【习题 8-2】漏水检测报警电路

【习题 8-3】试利用光敏电阻、三极管、运算放大器、继电器等器件设计一个光控路灯电路，夜晚时继电器闭合，路灯开启；白天时继电器断开，路灯熄灭。

8.8 仿真习题

【仿真习题 8-1】用 Multisim 仿真分析图 8.4.3 中第三级运放电路的功能。

【仿真习题 8-2】用 Multisim 仿真分析如图 8.7.1 所示中电路的功能。

参考文献

[1] 华中科技大学电子技术课程组,康华光主编. 电子技术基础(模拟部分)[M]. 第六版. 北京:高等教育出版社,2013.

[2] Sedra , Adel S, Smith Keneth C. Microeletronic Circuits[M]. 6th ed. NewYork:Oxford Univesity Press,2009.

[3] 清华大学电子学教研组, 华成英,童诗白主编. 模拟电子技术基础[M]. 第四版. 北京:高等教育出版社,2006.

[4] 孙肖子主编. 模拟电子技术基础[M]. 北京:高等教育出版社,2012.

[5] 张元敏,王红玲主编. 电子技术导论[M]. 西安:西安交通大学出版社,2008.

[6] 谢嘉奎主编. 电子线路(线性部分)[M]. 第四版. 北京:高等教育出版社,1999.

[7] 冯民昌主编. 模拟集成电路系统[M]. 第二版. 北京:中国铁道出版社,1998.

[8] 吴运昌编著. 模拟集成电路原理与应用[M]. 广州:华南理工大学出版社,1995.

[9] 江冰主编. 电子技术[M]. 北京:机械工业出版社,2006.

[10] 秦曾煌主编. 电工学(下册)[M]. 第七版. 北京:高等教育出版社,2009.

[11] 浙江大学电工电子学基础教学中心电子技术课程组编,郑家龙等主编. 集成电子技术基础教程 上册[M]. 第二版. 北京:高等教育出版社,2008.

[12] 王兆安,刘进军主编,电力电子技术[M]. 第 5 版. 机械工业出版社,2010.

[13] Donald A. Neamen 著. 王宏宝,于红云,刘俊岭译. 电子电路分析与设计:半导体器件及其基本应用[M]. (第 3 版). 清华大学出版社,2009.

[14] 华中科技大学电子技术课程组,康华光主编,陈大钦,张林副主编. 电子技术基础(模拟部分)[M]. 第五版. 北京:高等教育出版社,2006.

[15] 西安交通大学电子学教研组,杨拴科主编,赵进全副主编. 模拟电子技术基础[M]. 第二版. 北京:高等教育出版社,2010.

[16] 清华大学电子学教研室组,杨素行主编. 模拟电子技术简明教程[M]. 第三版. 北京:高等教育出版社,2006.

[17] 清华大学电子学教研组编,童诗白主编. 模拟电子技术基础(上下册)[M]. 第三版. 北京:北京人民教育出版社,2001.

[18] 孙肖子等编. 模拟电子电路及技术基础. 第二版. [M]. 西安:西安电子科技大学出版社,2008.

[19] 瞿安连编著. 电子电路分析与设计[M]. 武汉:华中科技大学出版社,2010.

[20] 毕满青,高文华主编. 模拟电子技术基础学习指导及习题详解[M]. 北京:电子工业出版社.

[21] 邵世凡. 模拟电子技术[M]. 杭州:浙江大学出版社,2007.

[22] 陈梓城主编. 模拟电子技术[M]. 第二版. 北京:高等教育出版社,2007.